普通高等教育"十一五"国家级规划教材

安徽省"十二五"职业教育规划教材
安徽省"十四五"职业教育规划教材

建筑电气

第 3 版

主　编　汪永华　汤　萍
副主编　曹文霞　黄均安　余茂全
参　编　钱多德　金　明　张雅洁

机械工业出版社

本书共分 8 章，分别介绍了建筑电气基础知识、常用低压电气设备及其控制电路、建筑工程供配电、建筑电气照明、建筑电气安全技术、智能建筑电气技术、建筑电气工程设计与施工、建筑电气工程图识读。

本书可作为应用型院校、高等职业院校、开放大学、成人高校的建筑工程、给水排水工程技术、建设工程管理等专业教材，也可作为建筑行业工程技术人员及相关专业大中专院校师生参考用书。

图书在版编目（CIP）数据

建筑电气/汪永华，汤萍主编. —3 版. —北京：机械工业出版社，2024.1

普通高等教育"十一五"国家级规划教材
ISBN 978-7-111-75228-8

Ⅰ.①建…　Ⅱ.①汪…②汤…　Ⅲ.①房屋建筑设备-电气控制-高等学校-教材　Ⅳ.①TU85

中国国家版本馆 CIP 数据核字（2024）第 046947 号

机械工业出版社（北京市百万庄大街 22 号　邮政编码 100037）
策划编辑：王莹莹　　　　　　责任编辑：王莹莹　王靖辉
责任校对：张勤思　张昕妍　　封面设计：马精明
责任印制：刘　媛
北京中科印刷有限公司印刷
2024 年 5 月第 3 版第 1 次印刷
184mm×260mm·20 印张·493 千字
标准书号：ISBN 978-7-111-75228-8
定价：54.00 元

电话服务　　　　　　　　　　网络服务
客服电话：010-88361066　　　机 工 官 网：www.cmpbook.com
　　　　　010-88379833　　　机 工 官 博：weibo.com/cmp1952
　　　　　010-68326294　　　金 书 网：www.golden-book.com
封底无防伪标均为盗版　　　机工教育服务网：www.cmpedu.com

前　言

　　本书是普通高等教育"十一五"国家级规划教材和安徽省"十一五""十二五""十四五"职业教育规划教材。为了全面贯彻党的教育方针，落实为党育人、为国育才的根本任务，深化三全育人及课程思政改革，积极培育和践行社会主义核心价值观，同时，随着科学技术的快速发展，信息技术已渗透到各个领域，建筑电气技术也不断地发展和进步，新的标准规范不断实施，这些都促使编者对本书再次修订。

　　本次修订力求做到：以岗位需求为原则，培养创新型人才，课程定位与目标、教学过程等都突出职业能力的培养，体现职业教育课程的本质特征。本书遵循产教融合、校企双元开发，紧跟行业发展趋势和人才需求，强调系统设计，不仅适用于传统的课堂教学，更是将新型的教学方法融入课堂，另外还配套有数字化资源，以多种形式强化学生对知识点的理解掌握。本书在阐述建筑电气专业知识的同时，也介绍了建筑电气的新技术。本书内容理论联系实际，便于学生学习和解决工程实际问题。

　　本书的参考学时为 60~80 学时，各职业院校可根据不同专业的教学要求做相应增减。

　　本书由安徽水利水电职业技术学院汪永华、汤萍任主编，由安徽水利水电职业技术学院曹文霞、黄均安、余茂全任副主编，本书编写分工如下：第 1 章由余茂全编写；第 2 章由汪永华编写；第 3 章由曹文霞编写；第 4 章由安徽江淮汽车集团股份有限公司发动机公司钱多德编写；第 5 章由安徽水利水电职业技术学院张雅洁编写；第 6 章由汤萍编写；第 7 章由黄均安编写；第 8 章由安徽水利水电职业技术学院金明编写。

　　本书在编写过程中，查阅了大量的资料，参考和引用了有关书籍的部分内容，谨向被本书引用的作者表示衷心的感谢。由于编者水平有限，书中缺点错误在所难免，恳切希望使用本书的广大师生和读者批评指正。

编　者

目 录

前言

第1章　建筑电气基础知识 ⋯⋯⋯⋯⋯⋯ 1
1.1 电路的基本概念 ⋯⋯⋯⋯⋯⋯ 1
1.2 电路的基本定律 ⋯⋯⋯⋯⋯⋯ 5
1.3 单相交流电路 ⋯⋯⋯⋯⋯⋯ 6
1.4 三相交流电路 ⋯⋯⋯⋯⋯⋯ 18
1.5 磁路与变压器 ⋯⋯⋯⋯⋯⋯ 25
1.6 三相异步电动机 ⋯⋯⋯⋯⋯⋯ 33
复习思考题 ⋯⋯⋯⋯⋯⋯⋯⋯⋯⋯ 44

第2章　常用低压电气设备及其控制电路 ⋯⋯⋯⋯⋯⋯ 47
2.1 低压电器的基本知识 ⋯⋯⋯⋯⋯⋯ 47
2.2 开关电气设备 ⋯⋯⋯⋯⋯⋯ 50
2.3 低压熔断器 ⋯⋯⋯⋯⋯⋯ 57
2.4 控制电器 ⋯⋯⋯⋯⋯⋯ 60
2.5 智能化低压电器 ⋯⋯⋯⋯⋯⋯ 62
2.6 常见电动机控制电路 ⋯⋯⋯⋯⋯⋯ 64
复习思考题 ⋯⋯⋯⋯⋯⋯⋯⋯⋯⋯ 69

第3章　建筑工程供配电 ⋯⋯⋯⋯⋯⋯ 70
3.1 电力系统概述 ⋯⋯⋯⋯⋯⋯ 70
3.2 负荷分级、供电要求及电能质量 ⋯⋯⋯ 77
3.3 负荷计算 ⋯⋯⋯⋯⋯⋯ 81
3.4 变配电所 ⋯⋯⋯⋯⋯⋯ 87
3.5 成套装置 ⋯⋯⋯⋯⋯⋯ 100
3.6 预装式变电站 ⋯⋯⋯⋯⋯⋯ 105
3.7 室内供配电 ⋯⋯⋯⋯⋯⋯ 107
3.8 电力线路 ⋯⋯⋯⋯⋯⋯ 110
3.9 供配电线路的导线选择 ⋯⋯⋯⋯⋯⋯ 117
复习思考题 ⋯⋯⋯⋯⋯⋯⋯⋯⋯⋯ 122

第4章　建筑电气照明 ⋯⋯⋯⋯⋯⋯ 124
4.1 照明技术的基本概念 ⋯⋯⋯⋯⋯⋯ 124
4.2 常见电光源 ⋯⋯⋯⋯⋯⋯ 129
4.3 照明灯具 ⋯⋯⋯⋯⋯⋯ 136
4.4 照明种类和基本照明要求 ⋯⋯⋯⋯⋯ 143
4.5 电气照明计算 ⋯⋯⋯⋯⋯⋯ 160
复习思考题 ⋯⋯⋯⋯⋯⋯⋯⋯⋯⋯ 166

第5章　建筑电气安全技术 ⋯⋯⋯⋯⋯⋯ 167
5.1 建筑工程的防雷 ⋯⋯⋯⋯⋯⋯ 167
5.2 建筑电气接地 ⋯⋯⋯⋯⋯⋯ 177
5.3 触电事故及救护 ⋯⋯⋯⋯⋯⋯ 187
5.4 漏电保护技术 ⋯⋯⋯⋯⋯⋯ 193
5.5 电涌保护技术 ⋯⋯⋯⋯⋯⋯ 199
复习思考题 ⋯⋯⋯⋯⋯⋯⋯⋯⋯⋯ 203

第6章　智能建筑电气技术 ⋯⋯⋯⋯⋯⋯ 204
6.1 智能建筑概述 ⋯⋯⋯⋯⋯⋯ 204
6.2 现场总线技术 ⋯⋯⋯⋯⋯⋯ 205
6.3 综合布线系统 ⋯⋯⋯⋯⋯⋯ 208
6.4 共用天线电视（CATV）系统 ⋯⋯⋯ 217
6.5 安全防范系统 ⋯⋯⋯⋯⋯⋯ 219
6.6 火灾自动报警与消防联动控制系统 ⋯⋯⋯⋯⋯⋯ 230
6.7 办公自动化系统 ⋯⋯⋯⋯⋯⋯ 233
6.8 电话通信系统 ⋯⋯⋯⋯⋯⋯ 235
6.9 智能建筑系统集成 ⋯⋯⋯⋯⋯⋯ 238
复习思考题 ⋯⋯⋯⋯⋯⋯⋯⋯⋯⋯ 243

第7章　建筑电气工程设计与施工 ⋯⋯⋯ 244
7.1 概述 ⋯⋯⋯⋯⋯⋯ 244
7.2 建筑电气设计的任务与组成 ⋯⋯⋯⋯ 246
7.3 建筑电气设计与有关的单位及专业间

的协调 ·················· 247
7.4　建筑电气设计的原则与程序 ········ 248
7.5　建筑电气设计的具体步骤 ········ 250
7.6　建筑电气设计施工图的绘制 ········ 252
7.7　建筑电气设计说明 ·············· 258
7.8　建筑电气设计施工图预算简介 ······ 260
7.9　建筑电气施工质量验收 ·········· 264
　　复习思考题 ···················· 276

第8章　建筑电气工程图识读 ·········· 277

8.1　建筑电气工程图的种类及用途 ······ 277
8.2　建筑电气工程图的基本规定 ········ 279
8.3　建筑电气工程图的图形符号和文字
　　符号 ······················ 282
8.4　建筑电气工程图的识读方法 ········ 287
8.5　建筑电气工程图图例 ············ 290
8.6　建筑弱电工程图图例 ············ 300
　　复习思考题 ···················· 312

参考文献 ·························· 313

第1章 建筑电气基础知识

1.1 电路的基本概念

1.1.1 电路的组成及作用

1. 电路的组成 电路是由电工设备和元器件按一定方式连接起来的总体,为电流流通提供了路径。图 1-1 所示电路是一个手电筒电路,它由电源、负载和中间环节(包括连接导线和开关)三部分组成。其中,干电池为电源,灯泡为负载,连接导线和开关为中间环节。在电路中随着电流的流动,进行着不同形式能量之间的转换。

电路中供给电能的设备和器件称为电源,它是将非电能转换为电能的装置,如发电机、干电池等。电路中使用电能的设备和元件称为负载,它是将电能转换成非电能的装置。

中间的环节是把电源与负载连接起来的部分,起传递和控制电能的作用。

对于一个完整的电路来说,电源(或信号源)、负载和中间环节是三个基本组成部分,它们缺一不可。

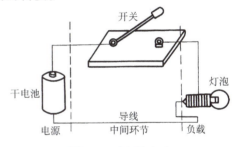

图 1-1 手电筒电路

在实际应用中,通常用电路图来表示电路。在电路图中,各种电器元件都不需要画出原有的形状,而是采用国家统一规定的图形符号来表示。图 1-2 为图 1-1 所示的手电筒电路图。这种用理想元件构成的电路也称为实际电路的"电路模型",在进行理论分析时所指的电路,就是这种电路模型。

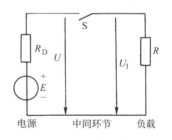

图 1-2 手电筒电路图

2. 电路的作用 电路按其功能可分为两类:一类是电力电路,它主要起实现电能的传输和转换作用,因此,在传输和转换过程中,要求尽量减少能量损耗以提高效率;另一类是信号电路,其主要作用是传输和处理信号等(例如语言、音乐、图像、温度等),在这种电路中,一般所关心的是信号传递的质量,如要求不失真、准确、灵敏、快速等。

1.1.2 电路的基本物理量

1. 电流 电流是一种物理现象,是带电粒子(电荷)的定向运动形成的。电流的大小用电流强度来衡量,电流强度是指单位时间内通过导体横截面的电荷量。

大小和方向均不随时间改变的电流叫作恒定电流,简称直流,用符号 I 表示。如果电流的大小和方向都随时间变化，则称为变动电流。其中一个周期内电流的平均值为零的变动电流称为交变电流，如正弦波电流等，用符号 i 来表示。

对于直流电流，单位时间内通过导体横截面的电荷量是恒定不变的，其大小为

$$I = \frac{Q}{t} \tag{1-1}$$

对于变动电流，在很短的时间间隔 dt 内，通过导体横截面的电荷量为 dq，则该瞬间电流的大小为

$$i = \frac{dq}{dt} \tag{1-2}$$

电流的单位是安培，国际符号为 A。当 1s 内通过横截面的电荷为 1 库仑（C），其电流便为 1A。电流的单位有时也会用千安（kA）、毫安（mA）或微安（μA）表示。

习惯上，规定正电荷移动的方向为电流的方向。

电流的方向是客观存在的，但在电路分析中，有时某段电流的实际方向难以判断，甚至实际方向在不断改变，为了解决这一问题，需引入电流参考方向的概念。

在一段电路中任意选定一个方向为电流的参考方向，在电路图中用实线箭头表示，有时也用双下标表示，如 i_{AB}，其参考方向是由 A 指向 B。当然选定的参考方向不一定就是电流的实际方向。当电流的参考方向与实际方向一致时，电流为正值（$I>0$）；当电流的参考方向与实际方向相反时，电流为负值（$I<0$）。这样，在选定的电流参考方向下，根据电流的正负，就可以确定电流的实际方向，如图 1-3 所示。

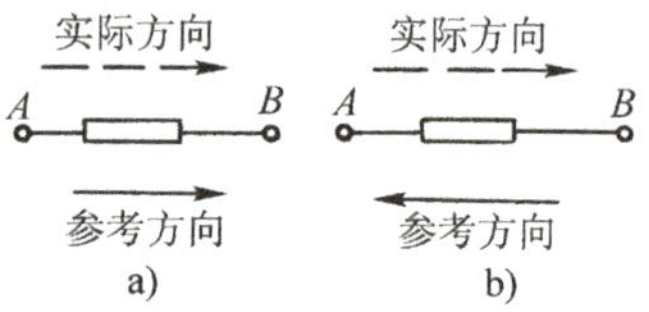

图 1-3 电流参考方向与实际方向的关系
a) $I>0$ b) $I<0$

电流的参考方向是电路分析计算的一个重要概念。不规定参考方向而谈电流则是讨论一个不确定的事物。今后在分析电路时，首先要假定电流的参考方向，并以此为准去分析计算，最后从答案的正负来确定电流的实际方向。本书后面电路图上所标出的电流方向都是参考方向。

2. 电压与电位 在电磁学中已经知道：电荷在电场中会受到电场力的作用。当将电荷由电场中的一点移至另一点时，电场对电荷做功。处在电场中的电荷具有电位（势）能。恒定电场中的每一点有一定的电位，由此引入重要的物理量：电压与电位。

电场中某两点 A、B 间的电压（或称电压降）U_{AB} 等于将单位正电荷 q 由 A 点移至 B 点所做的功 W。它的定义式为

$$U_{AB} = \frac{dW}{dq} \tag{1-3}$$

在国际单位制中能量的单位名称是焦耳，简称焦，符号是 J，电荷的单位名称是库（仑），符号是 C；电压的单位名称是伏特，简称伏，符号是 V。将 1C 的电荷由一点移至另一点，电场所做的功等于 1J，此两点间的电压便等于 1V。度量大电压有时用千伏（kV，10^3V），度量小电压有时用毫伏（mV，10^{-3}V）、微伏（μV，10^{-6}V）等单位。

在电场中可取一点，称为参考点，记为 P，设此点的电位为零。电场中的一点 A 至参考点 P 的电压 U_{AP} 规定为 A 点的电位，记为 v_A，即

$$v_A = U_{AP}$$

在电路中可以任选一点作为参考点,例如取"地"作为参考点。另外,两点间的电压不随参考点的不同而改变。用电位表示 A、B 两点间的电压,就有

$$U_{BA} = v_B - v_A \tag{1-4}$$

显然有

$$U_{BA} = v_B - v_A = -U_{AB} \tag{1-5}$$

即两点间沿两个相反方向(从 A 至 B 与从 B 至 A)所得的电压符号相反。

两点之间电压的实际方向是由高电位点指向低电位点,描述这一电压必须先取定一个参考方向。其选取常用三种表示法,如图 1-4 所示。

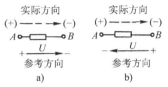

图 1-4 电压的方向
a) $U>0$ b) $U<0$

1) 在 A 点标以"+"号,在 B 点标以"-"号,或在 B 点标以"+"号,在 A 点标以"-"号。

2) 用从 A 指向 B 的箭头表示,或从 B 指向 A 的箭头表示。

3) 用双下标表示,如 U_{AB} 表示电压从 A 指向 B。

电压参考方向的选取是任意的。在图 1-4 中,若 A 点的电位高于 B 点的电位,即 $v_A>v_B$,则沿此参考方向的电压为正值,$U>0$,即电压的实际方向与此参考方向相同;反之,若 A 点的电位低于 B 点的电位,即 $v_A<v_B$,则沿此参考方向的电压为负值,$U<0$,即电压的实际方向与此参考方向相反。所以凡提到电压必须先指明它的参考方向。

3. 电动势 电路中,正电荷在电场力作用下,由高电位移动到低电位,形成了电流。要维持电流,还必须要有非电场力(如化学力、电磁力等)把正电荷从低电位处经电源内部转移到高电位,这就是电源的作用。在电源内部,非电场力克服电场力做了功。电源的做功能力用电动势度量。

电源的电动势的数值等于将单位正电荷从负极经电源内部移到正极电源所做的功。电动势用 E 表示,它的单位与电压相同,也是伏特(V)。电动势的实际方向规定为由低电位端指向高电位端。

在电路中电源两端 A、B 间的电动势与其电压关系为

$$E_{BA} = U_{AB} \tag{1-6}$$

即由 B 点至 A 点的电动势等于由 A 至 B 的电压降。

4. 电功率与电能 电气设备消耗电能并将电能转换为机械能、热能等其他能量,电能表示电气设备在一段时间内所转换的能量。对电源来说,其产生的电能是电源力做的功 W_S 即

$$W_S = Eq \tag{1-7}$$

式中 W_S——电源力做的功(J);
q——电荷量(C);
E——电源电动势(V)。

负载所消耗的电能,就是电流通过用电器所做的功 W_L 为

$$W_L = Uq = UIt = Pt \tag{1-8}$$

式中 P——负载功率(W);

t——持续时间（s）。

实际中常用 kW·h（千瓦·小时）作为衡量电能的单位。即

$$1\text{kW·h} = 3.6 \times 10^6 \text{J} \tag{1-9}$$

电功率表示电气设备做功的能力，即电能量对时间的变化率。电功率又简称为功率，单位为 W 或 kW，对电源来说，单位时间 t 内产生的电能 W_S 即电源电功率 P_S，表示为

$$P_S = \frac{W_S}{t} = \frac{Eq}{t} = EI \tag{1-10}$$

1.1.3 电路的工作状态

根据电源与负载之间连接方式及工作要求的不同，电路有开路（断路）、短路、通路等不同的状态。

1. 开路（断路） 当开关 S 打开，电源没有与外电路接通，如图 1-5 所示，此时，电源的输出电流为零，这就称为电路处于开路状态。开路时，可能是电源开关未闭合，也可能是某地方接触不良、导线断开或熔断器熔断所致。前者称正常开路，后者属于事故开路。开路时相当于电源接入一个无穷大的负载电阻，故输出电流 $I=0$，输出功率 $P=0$，此时，电源为空载状态，其输出电压称为开路电压，它等于电源的电动势。

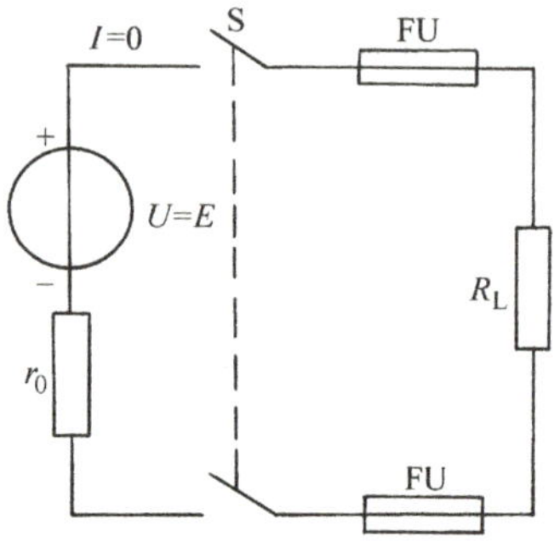

可见，开路时的特征可用下列各式表达：

$$\begin{cases} I = 0 \\ U = E \\ P = 0 \end{cases} \tag{1-11}$$

图 1-5 开路

2. 短路 当电源两端的两根导线由于某种事故而直接相连，如图 1-6 所示，这称为短路。由于短路处电阻为零，且电源内阻很小，故短路电流 I_S 极大；电能全部消耗在内阻上；对外端电压为零。

可见，短路时的特征可用下列各式表达：

$$\begin{cases} I = I_S = \dfrac{E}{r_0} \\ U = 0 \\ P_E = I_S^2 r_0 \\ P = 0 \end{cases} \tag{1-12}$$

式中 P_E——电源内阻消耗的功率（W）；

P——电源供给负载的功率（W）。

电源短路是危险的，常见的保护措施是在电源与负载之间串联安装熔断器，即图 1-6 中 FU。一旦发生短路，大电流立即将熔断器烧断，迅速切断故障电路，电气设备就得到了保护。

3. 通路 将图 1-7 中的开关合上，使电源与负载接通，电路即处于通路状态，电路中有电流，有能量转换。电路通路时，电源电动势等于负载端电压与电源内阻压降之和，由于内阻有压降，电流越大，负载端电压下降得越多。同时，电源产生的功率等于负载消耗的功率与电源内阻损耗的功率之和，符合能量守恒定律。

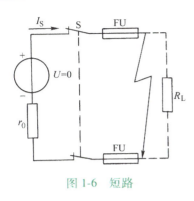

图1-6 短路

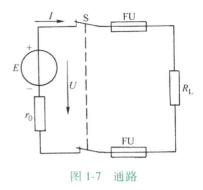

图1-7 通路

1.2 电路的基本定律

1.2.1 欧姆定律

欧姆定律是表示电路中电压、电流和电阻这三个物理量之间关系的定律。它指出：导体中流过的电流 I 与加在导体两端的电压 U 成正比，与导体的电阻 R 成反比，它可以用下式表示为

$$I = \frac{U}{R} \tag{1-13}$$

式（1-13）是通过试验得出的，遵循欧姆定律的电阻称为线性电阻。

国际单位制中，电阻的单位是欧姆，简称欧，符号为 Ω。它表示当电路两端的电压为 1V，通过电流为 1A 时，该段电路的电阻为 1Ω。

1.2.2 基尔霍夫定律

基尔霍夫定律是电路的基本定律之一，它包括第一、第二两个定律，分别称为基尔霍夫电流定律和基尔霍夫电压定律。

1. 基尔霍夫电流定律（KCL） 该定律又叫节点电流定律。它指出：电路中任一节点处，流入节点的电流之和等于流出节点的电流之和。节点是指三条或三条以上支路的汇合点，用数学式表达为

$$\sum I_I = \sum I_O \tag{1-14}$$

如果规定流入节点的电流为正时，则流出节点的电流为负。则基尔霍夫电流定律表达为

$$\sum I = 0 \tag{1-15}$$

上式表明：电路的任一节点上，电流的代数和永远等于零。基尔霍夫电流定律反映了电流的连续性，它表明在任一节点上，电荷既不会产生和消失，也不会积聚。

如图1-8所示电路中，已知，$I_1 = 1A$，$I_2 = -3A$，$I_3 = 4A$，$I_4 = -5A$，则根据 KCL 可知：$I_2 + I_5 = I_1 + I_3 + I_4$ 或 $I_2 + I_5 - I_1 - I_3 - I_4 = 0$，代入数值得：$I_5 = 3A$。

该定律不仅适用于电路中的一个实际节点，而且可以推广到电路中所取的任意封闭面。即通过电路中任一假想闭合面的各支

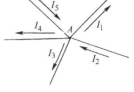

图1-8 基尔霍夫电流定律的说明

路电流的代数和恒等于零。该假想闭合面称为广义节点。

必须指出，基尔霍夫电流定律反映了电路中任一节点处各支路电流必须服从的约束关系，与各支路上是什么元件无关。

2. 基尔霍夫电压定律（KVL） 该定律是反映电路中任一回路上各支路电压之间的关系。它指出：任一瞬时，作用于电路中任一回路各支路电压的代数和恒等于零。回路是指由若干支路所组成的闭合路径。用数学式表达为

$$\sum U = 0 \tag{1-16}$$

该定律用于电路的某一回路时，必须首先假定各支路电压的参考方向并指定回路的循环方向（顺时针或逆时针），当支路电压与回路方向一致时取"+"号，相反时取"-"号。

图 1-9 是某电路的一部分，考察其中的一个回路 ABCFA。在如图所示的各支路电压的参考方向和回路循环方向下，则有

$$U_{AB} + U_{BC} + U_{CD} + U_{DF} - U_{GF} - U_{AG} = 0 \tag{1-17}$$

或

$$U_{AB} + U_{BC} + U_{CD} + U_{DF} = U_{GF} + U_{AG} \tag{1-18}$$

上式表明，基尔霍夫电压定律实质是能量守恒的体现。对于电阻电路，把电阻上的电压、电流关系代入，得到基尔霍夫电压定律的另一种表达式。

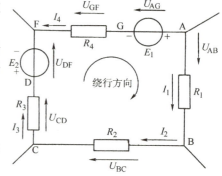

图 1-9 基尔霍夫电压定律的说明

在图 1-9 中 $U_{AB} = I_1 R_1$，$U_{BC} = I_2 R_2$，$U_{CD} = I_3 R_3$，$U_{GF} = I_4 R_4$，$U_{DF} = E_2$，$U_{AG} = E_1$，代入式（1-18）得

$$I_1 R_1 + I_2 R_2 + I_3 R_3 - I_4 R_4 = -E_2 + E_1$$

通式为

$$\sum IR = \sum E \tag{1-19}$$

式（1-19）指出：在任意一个闭合回路中，各段电阻上的电压降代数和等于各电源电动势的代数和。列写此方程时，把回路中所有的电源电动势写在等号的一边，而把所有电阻上的电压降写在等号的另一边。至于电动势和电阻上的电压降的正负号，由回路的绕行方向来确定。当电动势的参考方向与回路的绕行方向一致时，取正；反之，取负。

基尔霍夫电压定律不仅可以应用于闭合回路，还可以推广到任一不闭合的电路上，但要将开口处的电压列入方程。现在以图 1-10 为例，根据 $\sum U = 0$ 得

$$U + IR - E = 0$$

在应用 $\sum U = 0$ 时，电源两端用电压来代替电动势，电压的大小等于电动势 E，方向由正极指向负极。

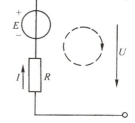

图 1-10 基尔霍夫电压定律的推广

同样，基尔霍夫电压定律反映了电路中任一回路上各支路电压必须服从的约束关系，而与构成回路的各支路上是什么元件无关。

1.3 单相交流电路

正弦电压与正弦电流在电工技术中应用非常广泛，在电力工程中几乎所有的电压与电流均随时间按正弦规律变化。通信工程上使用的非正弦周期函数，都可以分解为一个频率成整

数倍的正弦函数的无穷级数。因此了解正弦交流电路的分析方法具有十分重要的意义。

1.3.1 正弦交流电的概念

1. 正弦电流及其三要素　随时间按正弦规律变化的电流称为正弦电流，同样也有正弦电压、正弦电动势、正弦磁通等。这些按正弦规律变化的物理量统称为正弦量。

设图 1-11 中通过元件的电流 i 是正弦电流，其参考方向如图所示。正弦电流的一般表达式为

$$i(t) = I_m \sin(\omega t + \psi) \quad (1\text{-}20)$$

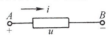

图 1-11　电路元件

它表示电流 i 是时间 t 的正弦函数，不同的时间 i 有不同的量值，称为 i 的瞬时值，用小写字母表示。电流 i 的时间函数曲线如图 1-12 所示，称为波形图。电流值有正有负，当电流值为正时，表示电流的实际方向与参考方向一致；当电流值为负时，表示电流的实际方向与参考方向相反。符号的正负只有在规定了参考方向时才有意义，这与直流电路是相同的。

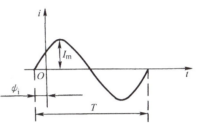

图 1-12　正弦电流波形图

在式（1-20）中，I_m 为正弦电流的最大值（幅值），即正弦量的振幅，用大写字母加下标 m 表示，例如 I_m、U_m、E_m 等，它反映了正弦量变化的幅度。$(\omega t + \psi)$ 随时间做直线变化，称为正弦量的相位，它描述了正弦量变化的进程或状态。ψ 为 $t = 0$ 时刻的相位，称为初相位（初相角），简称初相。习惯上取 $|\psi| \leqslant 180°$。图 1-13 分别表示初相位为正值（a 图）和负值（b 图）时正弦电流的波形图。

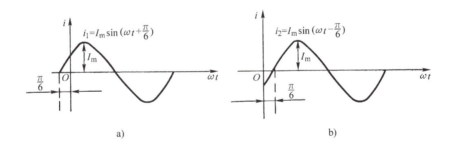

图 1-13　正弦电流的初相位

正弦电流每重复变化一次所经历的时间间隔称为它的周期，用 T 表示，周期的单位为秒（s）。正弦电流每经过一个周期 T，对应的角度变化了 2π 弧度，所以

$$\omega T = 2\pi$$

$$\omega = \frac{2\pi}{T} = 2\pi f \quad (1\text{-}21)$$

式中　ω——角频率（rad/s）；

$f = \dfrac{1}{T}$——频率（1/s 或 Hz）。

角频率表示正弦量在单位时间内变化的角度,反映正弦量变化的快慢。频率则表示单位时间内正弦量变化的循环次数。我国电力系统用的交流电的频率(工频)为 50Hz。

最大值、角频率和初相位称为正弦量的三要素。知道了这三个要素,就可以确定一个正弦量。例如,已知一个正弦电流 $I_m = 10A$,$\omega = 314 rad/s$,$\psi = 60°$,就可以写出

$$i(t) = 10\sin(314t + 60°)A$$

正弦量的初相位 ψ 的大小与所选的计时时间起点有关。计时起点不同,初相位就不同。当研究一个正弦量时,常选用 $\psi = 0$,此时

$$i(t) = I_m \sin\omega t \tag{1-22}$$

称为参考正弦量。

2. 相位差　在正弦交流电路分析中,经常要比较两个同频率正弦量之间的相位。设任意两个同频率的正弦电流为

$$i_1(t) = I_{m1}\sin(\omega t + \psi_1)$$
$$i_2(t) = I_{m2}\sin(\omega t + \psi_2)$$

其相位差为

$$\varphi_{12} = (\omega t + \psi_1) - (\omega t + \psi_2) = \psi_1 - \psi_2 \tag{1-23}$$

相位差等于它们初相位之差,它是与时间无关的常量,习惯取 $|\varphi_{12}| \leq 180°$。若两个同频率正弦电流的相位差为零,即 $\varphi_{12} = 0$,则称这两个正弦量为同相位,如图 1-14 中的 i_1 与 i_3;否则称为不同相位,如 i_1 与 i_2。如果 $\psi_1 - \psi_2 > 0$,则称 i_1 超前 i_2,意指 i_1 比 i_2 先到达正峰值,反过来也可以说 i_2 滞后 i_1。超前或滞后有时也需指明超前或滞后多少角度或时间,以角度表示时为 $\psi_1 - \psi_2$,若以时间表示,则为 $(\psi_1 - \psi_2)/\omega$。如

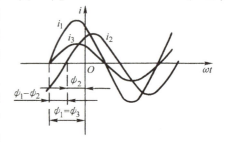

图 1-14　正弦量的相位关系

果两个正弦电流的相位差为 $\varphi_{12} = \pi$,则称这两个正弦量为反相。如果 $\varphi_{12} = \dfrac{\pi}{2}$,则称这两个正弦量为正交。

3. 有效值　正弦电流是随时间变化的,要完整地描述它们需要用它的表达式或波形图。在电工技术中,往往并不要求知道每一瞬时电流的大小,这时可用有效值表征大小。其定义如下:周期电流 i 流过电阻 R 在一个周期所产生的能量与直流电流 I 流过电阻 R 在时间 T 内所产生的能量相等,则此直流电流的量值为此周期性电流的有效值。其表达式为

$$I = \sqrt{\frac{1}{T}\int_0^T i^2 dt} \tag{1-24}$$

式(1-24)表明,周期电流的有效值是瞬时值的平方在一个周期内的平均值再开二次方,所以有效值又称为方均根值。对正弦电流则有

$$I = \sqrt{\frac{1}{T}\int_0^T i^2 dt} = \sqrt{\frac{1}{T}\int_0^T I_m^2 \sin^2(\omega t + \psi) dt}$$

$$= \frac{I_m}{\sqrt{2}} \approx 0.707 I_m \tag{1-25}$$

同理可得
$$U = \frac{U_m}{\sqrt{2}} \quad E = \frac{E_m}{\sqrt{2}}$$

在工程上凡谈到周期性电流或电压、电动势等量值时，若无特殊说明总是指有效值，一般电气设备铭牌上所标明的额定电压值和电流值也是指有效值，如灯泡上注明电压 220V 字样则指额定电压的有效值为 220V。但是电气设备的绝缘水平——耐电压，则是按最大值考虑。大多数交流电压表和电流表都是测量有效值。

1.3.2 正弦交流电路的计算方法

一个正弦量用三角函数式或正弦曲线表示时其运算是很烦琐的，有必要研究如何简化。由于在正弦交流电路中，所有的电压、电流都是同频率的正弦量，所以要确定这些正弦量，只要确定它们的有效值和初相就可以了。相量法就是用复数来表示正弦量，使正弦交流电路的稳态分析与计算转化为复数运算的一种方法。

1. 复数及其表示形式　设 A 是一个复数，并设 a 和 b 分别为它的实部和虚部，则有

$$A = a + jb \quad (j = \sqrt{-1}) \tag{1-26}$$

电工中选用 j 表示虚单位以避免与电流 i 混淆。上式为复数的代数形式。

复数可以用复平面上所对应的点表示。做一直角坐标系，以横轴为实轴，纵轴为虚轴，此直角坐标所确定的平面称为复平面。复数 A 可以用复平面上坐标为 (a, b) 的点来表示，如图 1-15 所示。复数 A 还可以用原点指向点 (a, b) 的矢量来表示，如图 1-16 所示。该矢量的长度称复数 A 的模，记作 $|A|$。

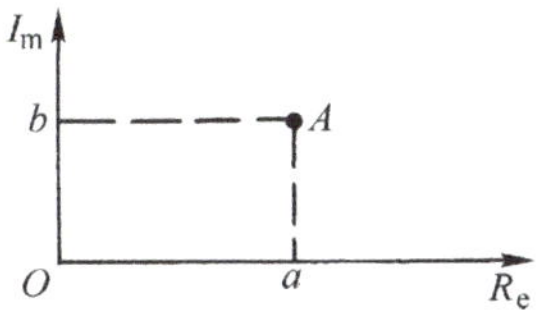

$$|A| = \sqrt{a^2 + b^2} \tag{1-27}$$

复数 A 的矢量与实轴正向间的夹角 ψ 称为 A 的辐角，记作

$$\psi = \arctan \frac{b}{a} \tag{1-28}$$

图 1-15　复数在复平面上的表示

从图 1-16 中可得如下关系：

$$\begin{cases} a = |A|\cos\psi \\ b = |A|\sin\psi \end{cases} \tag{1-29}$$

复数　　　　$A = a + jb = |A|(\cos\psi + j\sin\psi) \tag{1-30}$

称为复数的三角形式。

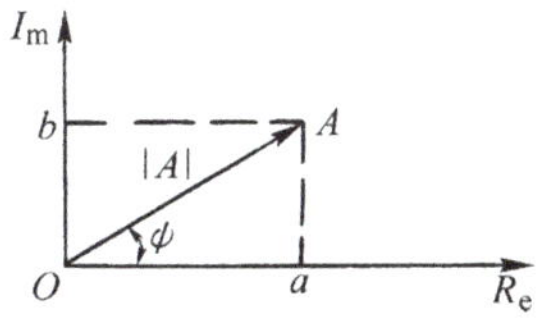

再利用欧拉公式　　$e^{j\psi} = \cos\psi + j\sin\psi$

又得　　　　$A = |A|e^{j\psi} \tag{1-31}$

图 1-16　复数的矢量表示

称为复数的指数形式。在工程上简写为 $A = |A|\underline{/\psi}$。

2. 正弦量的相量表示　下面说明如何用复数表示正弦量。对应于正弦电压

$$u = U_m \sin(\omega t + \psi)$$

可以写作　　　　$\dot{U} = U e^{j\psi} \tag{1-32}$

简写为　　　　$\dot{U} = U\underline{/\psi} \tag{1-33}$

$\dot{U}$ 称为正弦量的相量，它包含了正弦量的有效值 U 和初相角 ψ，复数上面的小圆点表示相量。

复数 $e^{j\psi} = 1\underline{/\psi}$ 是一个模等于 1、辐角等于 ψ 的复数。任意复数 $A = |A|e^{j\psi_1}$ 乘以 $e^{j\psi}$ 等于

$$|A|e^{j\psi_1}e^{j\psi} = |A|e^{j(\psi_1+\psi)} = |A|\underline{/\psi_1+\psi}$$

即复数的模不变，辐角变化了 ψ 角，此时复数矢量按逆时针方向旋转了 ψ 角。所以 $e^{j\psi}$ 称为旋转因子。使用最多的旋转因子是 $e^{j90°}=j$ 和 $e^{j(-90°)}=-j$。任何一个复数乘以 j，相当于将该复数矢量按逆时针旋转 90°；而乘以 -j（或除以 j）则相当于将该复数相量按顺时针旋转 90°；-1 也是旋转因子，任何复数乘以 -1，相当于将复数相量旋转 180°。

用相量表示正弦量时，必须把正弦量和相量加以区分。正弦量是时间的函数，而相量只包含了正弦量的有效值和初相位，它只能代表正弦量，而并不等于正弦量。正弦量和相量之间存在着一一对应关系。给定了正弦量，可以得出表示它的相量；反之，由一已知的相量，可以写出所代表它的正弦量。

相量和复数一样，可以在复平面上用相量表示，这种表示相量的图，称为相量图。如图 1-17 所示。为了清楚起见，图上省去了虚轴 +j，今后有时实轴也可以省去。

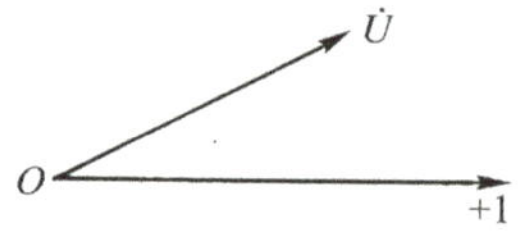

图 1-17 电压相量图

例 1-1 已知两频率均为 50Hz 的电压，它们的相量分别为 $\dot{U}_1 = 380\underline{/30°}$ V，$\dot{U}_2 = 220\underline{/-60°}$ V，试写出这两个电压的解析式。

解
$$\omega = 2\pi f = 2\pi \times 50 \text{rad/s} = 314 \text{rad/s}$$
$$u_1 = 380\sqrt{2}\sin(314t+30°) \text{V}$$
$$u_2 = 220\sqrt{2}\sin(314t-60°) \text{V}$$

例 1-2 已知 $i_1 = 100\sqrt{2}\sin\omega t$ A，$i_2 = 100\sqrt{2}\sin(\omega t - 120°)$ A，试用相量法求 i_1+i_2。

解
$$\dot{I}_1 = 100\underline{/0°} \text{ A}$$
$$\dot{I}_2 = 100\underline{/-120°} \text{ A}$$
$$\dot{I}_1 + \dot{I}_2 = (100\underline{/0°} + 100\underline{/-120°}) \text{ A}$$
$$= 100\underline{/-60°} \text{ A}$$
$$i_1 + i_2 = 100\sqrt{2}\sin(\omega t - 60°) \text{ A}$$

由此可见，正弦量用相量表示，可以使正弦量的运算简化。

3. 电阻电路

（1）正弦电压与电流的关系　如图 1-18 所示，当电压与电流为关联参考方向时，如电阻两端的电压 $u_R = U_{Rm}\sin(\omega t + \psi_u)$，则电阻上的电流为

$$i_R = \frac{u_R}{R} = \frac{U_{Rm}\sin(\omega t + \psi_u)}{R} = I_{Rm}\sin(\omega t + \psi_i) \quad (1\text{-}34)$$

式中
$$I_{Rm} = \frac{U_{Rm}}{R}; \quad \psi_i = \psi_u$$

有效值关系为

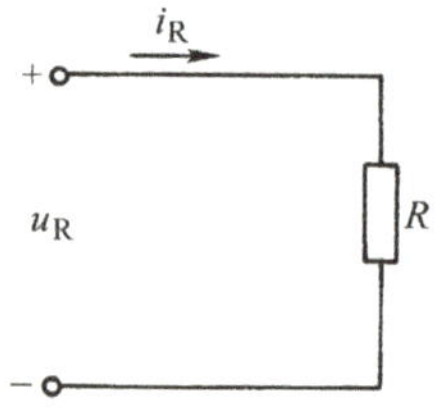

$$I_R = \frac{U_R}{R} \quad (1\text{-}35)$$

图 1-18 电阻电路

从以上分析可知，电阻电路中：
1）电阻两端的电压与电流同频率、同相位。
2）电压与电流有效值（或最大值）之间的关系符合欧姆定律。其波形如图 1-19 所

示（设 $\psi_i = 0$）。

（2）电压与电流的相量关系　设流过电阻 R 的电流为
$$i_R = \sqrt{2} I_R \sin(\omega t + \psi_i)$$
其相量　　　　　$\dot{I}_R = I_R \underline{/\psi_i}$

根据电压与电流的基本关系
$$u_R = Ri_R = \sqrt{2} RI_R \sin(\omega t + \psi_i)$$
其相量　　　　　$\dot{U}_R = RI_R \underline{/\psi_i}$

比较上式可得

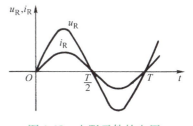

图 1-19　电阻元件的电压、电流波形图

$$\dot{U}_R = R\dot{I}_R \tag{1-36}$$

式（1-36）就是电阻元件上电压与电流的相量关系，它也是相量形式的欧姆定律。

将上式改写为
$$U_R \underline{/\psi_u} = RI_R \underline{/\psi_i}$$

比较上式可得
$$U_R = RI_R \tag{1-37}$$
$$\psi_u = \psi_i \tag{1-38}$$

式（1-37）与式（1-35）完全一致。可见相量关系式既能表示电压与电流有效值的关系，又能表示其相位关系。

图 1-20 为电阻元件的相量模型及相量图。

（3）电阻元件的功率　在交流电路中，任意电路元件上的电压瞬时值与电流瞬时值的乘积称作该元件的瞬时功率，用小写字母 p 表示。

当 u_R、i_R 取关联参考方向时，设初相角为 $0°$，则正弦交流电路中电阻元件上的瞬时功率为
$$p = u_R i_R = U_{Rm}\sin\omega t \cdot I_{Rm}\sin\omega t = U_{Rm}I_{Rm}\sin^2\omega t = U_R I_R(1 - \cos2\omega t) \tag{1-39}$$
其电压、电流及功率的波形图如图 1-21 所示。

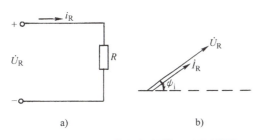

图 1-20　电阻元件的相量模型及相量图
a）相量模型　b）相量图

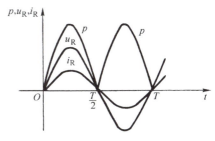

图 1-21　电阻元件电压、电流及功率的波形图

从图中可知：只要有电流流过电阻，电阻 R 上的瞬时功率 $p \geq 0$，即总是吸收功率（消耗功率）。其吸收功率的大小在工程上都用平均功率来表示。周期性交流电路中的平均功率就是瞬时功率在一个周期的平均值。

$$P = \frac{1}{T}\int_0^T p\,\mathrm{d}t = \frac{1}{T}\int_0^T U_R I_R(1 - \cos2\omega t)\,\mathrm{d}t = U_R I_R$$

又因
$$U_R = RI_R$$
所以
$$P = U_R I_R = I_R^2 R = \frac{U_R^2}{R} \tag{1-40}$$

式（1-40）与直流电路中电阻功率有相似的公式，要注意 U 与 I 是正弦电压与正弦电流的有效值。由于平均功率反映了元件实际消耗电能的情况，所以又称有功功率。习惯上常简称功率。

例 1-3　一额定电压为 220V、功率为 100W 的电烙铁，误接在 380V 的交流电源上，此时它消耗的功率是多少？会出现什么现象？

解　已知额定电压和功率可求出电烙铁的等效电阻
$$R = \frac{U_R^2}{P} = \frac{(220\text{V})^2}{100\text{W}} = 484\Omega$$

当误接在 380V 电源上时，电烙铁实际消耗的功率为
$$P_1 = \frac{380^2\text{V}^2}{484\Omega} = 300\text{W}$$

此时，电烙铁内的电阻很可能被烧断。

4. 电感元件

（1）正弦电压和电流的关系　设一电感 L 中通入正弦电流，$i_L = I_{Lm}\sin(\omega t + \psi_i)$，其参考方向如图 1-22 所示。则电感两端的电压为

$$u_L = L\frac{di_L}{dt} = L\frac{dI_{Lm}\sin(\omega t + \psi_i)}{dt} = I_{Lm}\omega L\cos(\omega t + \psi_i)$$
$$= U_{Lm}\sin\left(\omega t + \psi_i + \frac{\pi}{2}\right) = U_{Lm}\sin(\omega t + \psi_u)$$

式中
$$U_{Lm} = \omega L I_{Lm} \tag{1-41}$$

有效值为
$$U_L = \omega L I_L, \quad \psi_u = \psi_i + \frac{\pi}{2} \tag{1-42}$$

图 1-22　电感元件电路

从以上分析可知：

1）电感两端的电压与电流同频率。

2）电感两端的电压在相位上超前电流 90°。

3）电感两端的电压与电流有效值（或最大值）之比为 ωL。

令
$$X_L = \omega L = 2\pi f L \tag{1-43}$$

式中　X_L——感抗（Ω）。

感抗是表示电感元件对电流阻碍作用的一个物理量，它与角频率成正比。

在直流电路中，$\omega = 0$，$X_L = 0$，所以电感在直流电路中视为短路。将式（1-43）代入式（1-42）得
$$U_L = X_L I_L \tag{1-44}$$

电感元件的电压、电流波形图如图 1-23 所示（设 $\psi_i = 0$）。

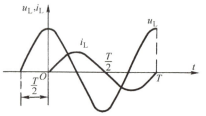

图 1-23　电感元件的电压、电流波形图

（2）电压与电流的相量关系　设电感 L 的电流为

$$i_L = \sqrt{2}I_L\sin(\omega t + \psi_i)$$

相量为
$$\dot{I}_L = I_L\underline{/\psi_i}$$

电感两端电压为
$$u_L = \sqrt{2}\omega L I_L \sin\left(\omega t + \psi_i + \frac{\pi}{2}\right)$$

其相量形式为
$$\dot{U}_L = \omega L I_L\underline{/\psi_i + 90°} = j\omega L\dot{I}_L = jX_L\dot{I}_L \tag{1-45}$$

式（1-45）就是电感元件上电压与电流的相量关系式。

将上式改写为
$$U_L\underline{/\psi_u} = X_L I_L\underline{/\psi_i + 90°}$$

比较上式等号两边可得
$$U_L = X_L I_L \quad \psi_u = \psi_i + 90°$$

这与式（1-42）完全一致。图 1-24 给出了电感元件的相量模型及相量图。

（3）电感元件的功率　设电压与电流取关联参考方向且 $\psi_i = 0$，则电感元件的瞬时功率
$$p = u_L i_L = U_{Lm}\sin\left(\omega t + \frac{\pi}{2}\right)I_{Lm}\sin\omega t = U_{Lm}I_{Lm}\sin\omega t\cos\omega t = U_L I_L\sin 2\omega t \tag{1-46}$$

其电压、电流及功率的波形图如图 1-25 所示。

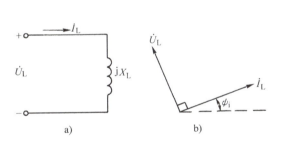

图 1-24　电感元件的相量模型及相量图
a）相量模型　b）相量图

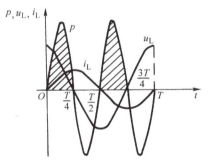

图 1-25　电感元件电压、电流及功率的波形图

电感平均功率为
$$P = \frac{1}{T}\int_0^T p\mathrm{d}t = \frac{1}{T}\int_0^T U_L I_L\sin 2\omega t\mathrm{d}t = 0 \tag{1-47}$$

这意味着电感元件不消耗能量，它是储能元件。但电感吸收的瞬时功率不为零，在第 1 和第 3 个 1/4 周期内，瞬时功率为正值，电感吸取电源的电能，并将其转换成磁场能量储存起来；在第 2 和第 4 个 1/4 周期内，瞬时功率为负值，将储存的磁场能量转换成电能返送给电源。

为了衡量电源与电感元件间的能量交换的大小，把电感元件瞬时功率的最大值称为无功功率，用 Q_L 表示。
$$Q_L = U_L I_L = I_L^2 X_L = \frac{U_L^2}{X_L} \tag{1-48}$$

无功功率的单位为乏（var），工程中有时也用千乏（kvar）。

5. 电容元件

（1）正弦电压和电流的关系　设一电容 C 中通入正弦交流电 $u_C = U_{Cm}\sin(\omega t + \psi_u)$，其参考方向如图 1-26 所示。

则电路中电流

$$i_C = C\frac{du_C}{dt} = C\frac{dU_{Cm}\sin(\omega t + \psi_u)}{dt} = U_{Cm}\omega C\cos(\omega t + \psi_u)$$

$$= I_{Cm}\sin\left(\omega t + \psi_u + \frac{\pi}{2}\right) = I_{Cm}\sin(\omega t + \psi_i) \quad (1\text{-}49)$$

式中 $\qquad I_{Cm} = U_{Cm}\omega C$

写成有效值为 $\qquad I_C = \omega C U_C,\ \psi_i = \psi_u + \dfrac{\pi}{2} \qquad (1\text{-}50)$

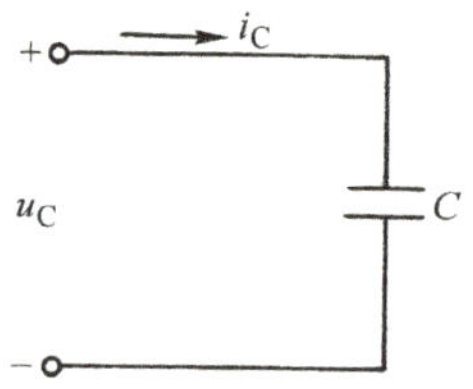

图 1-26　电容元件电路

从以上分析可知：
1）电容两端的电压与电流同频率。
2）电容两端的电压在相位上滞后电流 $90°$。
3）电容两端的电压与电流有效值之比为 $1/\omega C$。

令 $\qquad\qquad X_C = \dfrac{1}{\omega C} = \dfrac{1}{2\pi f C} \qquad (1\text{-}51)$

式中　X_C——电抗（Ω）。

电抗是表示电容元件对电流阻碍作用的一个物理量，它与角频率成反比。

将式（1-51）代入式（1-50），得

$$U_C = X_C I_C \qquad (1\text{-}52)$$

电容元件的电压、电流波形图如图 1-27 所示（设 $\psi_u = 0$）。

（2）电容元件上电压与电流的相量关系　设电容两端的电压

$$u_C = \sqrt{2}\,U_C\sin(\omega t + \psi_u)$$

其相量 $\qquad \dot{U}_C = U_C\underline{/\psi_u}$

根据式（1-49），则流过电容的电流

$$i_C = \sqrt{2}\,\omega C U_C\sin\left(\omega t + \psi_u + \frac{\pi}{2}\right)$$

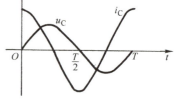

图 1-27　电容元件的电压、电流波形图

其相量形式为

$$\dot{I}_C = \omega C U_C\underline{/\psi_u + 90°} = j\omega C\dot{U}_C = j\frac{\dot{U}_C}{X_C}$$

或 $\qquad\qquad \dot{U}_C = -jX_C\dot{I}_C \qquad (1\text{-}53)$

式（1-53）就是电容元件上电压与电流的相量关系式。

图 1-28 给出了电容元件的相量模型及相量图。

（3）电容元件的功率　电压与电流取关联参考方向，设 $u_C = U_{Cm}\sin\omega t$ 则电容元件的瞬时功率为

$$p = u_C i_C = U_{Cm}\sin\omega t \times I_{Cm}\sin\left(\omega t + \frac{\pi}{2}\right)$$

$$= U_{Cm}I_{Cm}\sin\omega t\cos\omega t = U_C I_C \sin 2\omega t \tag{1-54}$$

其电压、电流及功率的波形图如图 1-29 所示。

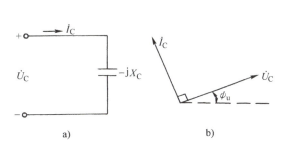

图 1-28 电容元件的相量模型及相量图
a) 相量模型　b) 相量图

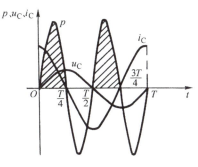

图 1-29 电容元件的电压、电流及功率的波形图

电容平均功率为

$$P = \frac{1}{T}\int_0^T p\,dt = \frac{1}{T}\int_0^T U_L I_L \sin 2\omega t = 0 \tag{1-55}$$

这意味着与电感元件相同，电容元件也不消耗能量，而是储能元件。电容吸收的瞬时功率也不为零，在第 1 和第 3 个 1/4 周期内，瞬时功率为正值，电容吸收电源的电能，并将其转换成电场能量储存起来。在第 2 和第 4 个 1/4 周期内，瞬时功率为负值，将储存的电场能量转换成电能返送给电源。

与电感元件相似用无功功率 Q_C 表示电源与电容间的能量交换

$$Q_C = U_C I_C = I_C^2 X_C = \frac{U_C^2}{X_C} \tag{1-56}$$

6. RLC 串联电路　电阻、电感和电容串联电路如图 1-30 所示。根据相量形式的 KVL 有

$$\dot{U} = \dot{U}_R + \dot{U}_L + \dot{U}_C = R\dot{I} + j\omega L\dot{I} + \frac{1}{j\omega C}\dot{I}$$

$$= \left(R + j\omega L + \frac{1}{j\omega C}\right)\dot{I} = [R + j(X_L - X_C)]\dot{I} = Z\dot{I} \tag{1-57}$$

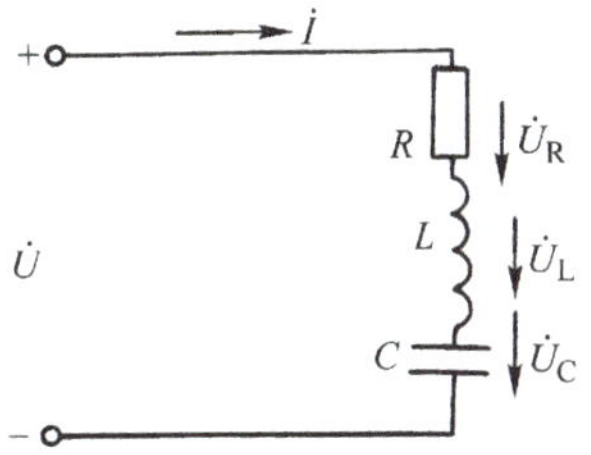

式中　　　　　　　$Z = R + j(X_L - X_C)$

令　　　　　　　　$X = X_L - X_C$

则有

$$Z = \frac{\dot{U}}{\dot{I}} = R + jX \tag{1-58}$$

图 1-30 RLC 串联电路

可见，在 RLC 串联电路中，电压相量 $\dot{U}$ 与电流相量 $\dot{I}$ 之比为一复数 Z，它的实部为电路的电阻 R，虚部为电路的感抗 X_L 与容抗 X_C 之差，X 称为电路的电抗，Z 称为电路的复阻抗。注意 Z 不是代表正弦量的复数，故在它的符号上面不打点。将复阻抗写成指数形式，则为

$$Z = \sqrt{R^2 + X^2}\;\bigg/\arctan\frac{X}{R} = |Z|\underline{/\varphi},$$

其中模

$$|Z| = \sqrt{R^2 + X^2} = \sqrt{R^2 + (X_L - X_C)^2} \tag{1-59}$$

辐角
$$\varphi = \arctan\frac{X}{R} = \arctan\frac{X_L - X_C}{R} \qquad (1\text{-}60)$$

上式可见，复阻抗的模$|Z|$和R及X构成一个直角三角形，如图1-31所示，称为阻抗三角形，辐角φ又称为阻抗角。由图可得

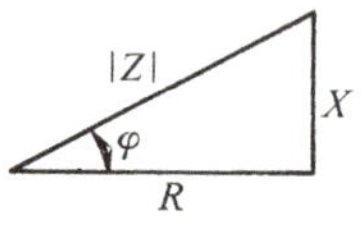

$$R = |Z|\cos\varphi$$
$$X = |Z|\sin\varphi$$

图1-31 阻抗三角形

由式（1-58）和式（1-33）可得

$$Z = \frac{\dot{U}}{\dot{I}} = \frac{U\underline{/\psi_u}}{I\underline{/\psi_i}}$$
$$= \frac{U}{I}\underline{/\psi_u - \psi_i} = |Z|\underline{/\varphi}$$

可见复阻抗的模$|Z|$等于电压的有效值与电流的有效值之比，辐角φ等于电压与电流的相位差角，即

$$|Z| = \frac{U}{I}, \quad \varphi = \psi_u - \psi_i \qquad (1\text{-}61)$$

由此可见，复阻抗Z决定了电压、电流的有效值大小及相位间的关系。所以复阻抗是正弦交流电路中一个十分重要的概念，为了简明，复阻抗可简称为阻抗。

下面我们讨论电路中参数对电路性质的影响。

根据电路参数可得出RLC串联电路的性质：

1）当$X_L > X_C$时，$\varphi = \arctan\dfrac{X_L - X_C}{R} > 0$，即电压超前电流$\varphi$角；电路呈感性。

2）当$X_L < X_C$时，$\varphi < 0$，即电压滞后电流，电路呈容性。

3）当$X_L = X_C$时，$\varphi = 0$，即电压与电流同相位，电路呈电阻性。

三种情况的相量图如图1-32所示。

由上面分析可知：$-90° < \varphi < 90°$，当电源频率不变时，改变电路参数L或C可以改变电路的性质；若电路参数不变，也可以改变电源频率达到改变电路的性质。

从图1-32的相量图还可看出，电阻电压$\dot{U}_R$、电抗电压$\dot{U}_X = \dot{U}_L + \dot{U}_C$和端电压$\dot{U}$三个相量组成一个直角三角形，又叫电压三角形，它与阻抗三角形是相似三角形，即

$$U = \sqrt{U_R^2 + (U_L - U_C)^2} = \sqrt{U_R^2 + U_X^2}$$

其中
$$U_X = |U_L - U_C|$$

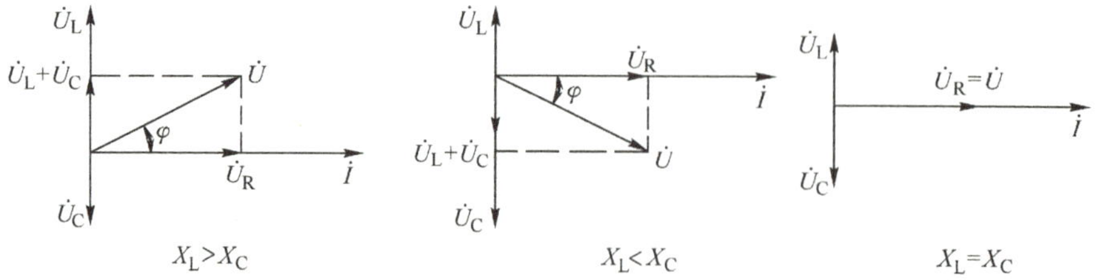

图1-32 RLC串联电路相量图

例1-4 电路如图1-33a所示为正弦交流电路中的一部分，已知电压表V_1的读数为6V，

V_2 的读数为 8V，试求端口电压 U。

解 以电流为参考相量，画出相量图如图1-33b所示。

由相量图可见，$\dot{U}_R$、$\dot{U}_L$、$\dot{U}$ 三者组成一个直角三角形，故得

$$U = \sqrt{U_R^2 + U_L^2} = \sqrt{6^2 + 8^2} \text{ V} = 10\text{V}$$

本例也可用相量法计算：

设电流相量为 $\dot{I} = I\underline{/0°}$

则 $\dot{U}_R = 6\underline{/0°}\text{V} = 6\text{V}$

$\dot{U}_L = 8\underline{/90°}\text{V} = j8\text{V}$

由 KVL 得 $\dot{U} = \dot{U}_R + \dot{U}_L = (6 + j8)\text{V} = 10\underline{/53.1°}\text{V}$

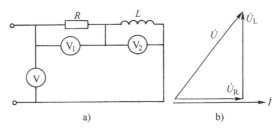

图 1-33 例 1-4 图
a) 电路图 b) 相量图

1.3.3 功率因数及其改善的方法

1. 功率因数 二端网络电压、电流参考方向如图1-34所示，则网络在任一瞬间时吸收的功率即瞬时功率为

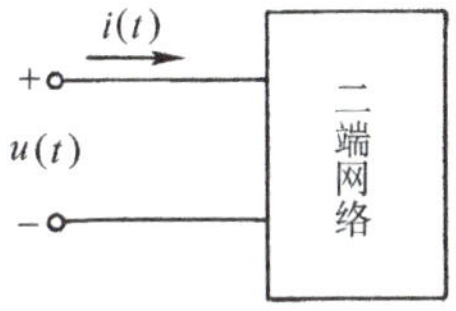

$$p(t) = u(t)i(t) = \sqrt{2}U\sin(\omega t + \varphi)\sqrt{2}I\sin\omega t$$
$$= UI\cos\varphi - UI\cos(2\omega t + \varphi) \quad (1-62)$$

其中 φ 为电压与电流的相位差。

图 1-34 二端网络电路

二端网络所吸收的平均功率即有功功率 P 为

$$P = \frac{1}{T}\int_0^T p\,dt = \frac{1}{T}\int_0^T [UI\cos\varphi - UI\cos(\omega t + \varphi)]dt = UI\cos\varphi \quad (1-63)$$

可见，正弦交流电路的有功功率等于电压、电流的有效值和电压、电流相位差角余弦 $\cos\varphi$ 的乘积。这里 $\cos\varphi$ 称为二端网络的功率因数 λ，φ 称为功率因数角。φ 有几种特殊值：$\varphi=0$，功率因数 $\lambda=\cos\varphi=1$，二端网络为一等效纯电阻，网络吸收的有功功率 $P_R=UI$，没有能量的交换；$\varphi=\pm 90°$，功率因数 $\lambda=\cos\varphi=0$，二端网络为纯电抗，则网络吸收的有功功率 $P_X=0$，这与前面的结果完全一致；$\varphi\neq 0$ 时，说明二端网络中必有储能元件，因此，二端网络与电源间有能量的交换。对于感性负载，电压超前电流，$\varphi>0$，$Q>0$；对于容性负载，电压滞后电流，$\varphi<0$，$Q<0$。

电源的额定输出功率为 $P_N=S_N\cos\varphi$，它除了决定于本身容量（即额定视在功率）外，还与负载功率因数有关。

2. 改善功率因数的意义 建筑用电设备除了电热设备、电阻炉和白炽灯外，基本上都是电感性负荷，运行时需要电力系统供给大量的无功功率，功率因数较低。由于无功功率的存在使得系统中的电流增大，从而使电力系统的有功损耗增加。为了最大效率发挥发、供、配电设备的能力，减少功率损耗和电能损耗，节约电能，减小电压损失，改善电压质量，必须进行无功功率补偿。

供电部门一般要求新建企业的月平均功率因数达到 0.9 以上，当企业的自然总平均功率因数较低，单靠提高用电设备的自然功率因数达不到要求时，应装设必要的无功功率补偿设备，以进一步提高企业用电系统的功率因数，节约电能。

3. 改善功率因数的方法　提高功率因数的方法，基本上分为：改善用电设备自然功率因数和安装人工补偿装置两种。提高用电设备的自然功率因数即合理选择电动机，使其尽可能在高负荷率状态下运行。人工补偿一般选用电力电容器补偿。

下面分析利用并联电容器来提高功率因数的方法。

一感性负载功率因数 λ_1 为 $\cos\varphi_1$，电流为 $\dot{I}_1$，在其两端并联电容 C，如图 1-35 所示，并联电容以后由相量图可知，

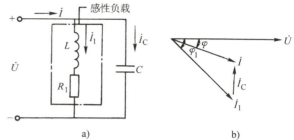

图 1-35　感性负载并联电容提高功率因数

a）电路图　b）相量图

电容电流补偿了负载中的无功电流，总电流减小，电路的总功率因数值 $\cos\varphi$ 提高了。

通过相量图还可计算由 $\cos\varphi_1$ 提高到 $\cos\varphi$ 时需并联补偿的电容容量

$$C = \frac{P}{\omega U^2}(\tan\varphi_1 - \tan\varphi) \tag{1-64}$$

在实际生产中并不要求把功率因数提高到 1，因为这样做需要并联的电容较大，不经济。功率因数提高到什么程度为宜，需进行具体的技术经济分析和比较确定。通常只将功率因数提高到 0.9~0.95 之间。

补偿电容器的接线通常可分为三角形和星形两种形式；安装地点则有集中安装和就地补偿两种，如对较大容量异步电动机并联电容器应进行单独就地无功补偿。

1.4　三相交流电路

1.4.1　三相交流电源

1. 三相交流电流　在前一节介绍的正弦交流电路中，其电路系统由单一的正弦电源供电，也称单相交流电路。若系统是由三个频率相同，幅值相等但相位不同的电动势，且按一定的方式连接起来的交流电源供电，称为三相交流电路。当今绝大多数电力系统均采用三相电路来传输电能，工厂中的电力设备大多数也是三相设备，如三相交流电动机。三相交流电路在工农业生产中广泛应用，是由于它与单相交流电路相比有着许多优点。

1）在同一尺寸下，三相发电机发出的功率大。

2）在输出距离和功率一定时，采用三相制可以节约非铁金属。

3）三相交流电动机等用电设备结构简单，性能良好，价格便宜。

组成三相交流电路的每一相电路是单相交流电路。整个三相交流电路则是由三个单相交流电路所组成的复杂电路，它的分析方法是以单相交流电路的分析方法为基础的。

三相交流电一般是由三相交流发电机产生的，其原理图如图 1-36 所示。

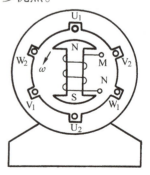

图 1-36　三相交流发电机原理图

在发电机中有三个相同的绕组。三个绕组的首端分别用 U_1、V_1、W_1 表示，尾端分别用 U_2、V_2、W_2 表示。这 U_1U_2、V_1V_2 和 W_1W_2 三个绕组分别称为 U 相、V 相、W 相绕组。当转子以角速度 ω 转动时，这三个绕组中便感应出幅值相等、频率相同、相位互差 120°的三个电动势，这样的三相电动势称为对称三相电源。对称三相电源的瞬时值表达式

$$\left.\begin{aligned} e_U &= E_m \sin(\omega t) \\ e_V &= E_m \sin(\omega t - 120°) \\ e_W &= E_m \sin(\omega t + 120°) \end{aligned}\right\} \tag{1-65}$$

相量形式为

$$\left.\begin{aligned} \dot{E}_U &= E\underline{/0°} \\ \dot{E}_V &= E\underline{/-120°} \\ \dot{E}_W &= E\underline{/+120°} \end{aligned}\right\} \tag{1-66}$$

对称三相电动势的波形图和相量图如图 1-37 和图 1-38 所示。

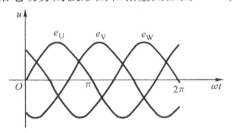

图 1-37　对称三相电动势的波形图　　图 1-38　对称三相电动势的相量图

从波形图和相量图可得对称三相电动势瞬时值的和恒等于零，即

$$e_U + e_V + e_W = 0 \tag{1-67}$$

对称三相电动势的相量和也为零，即

$$\dot{E}_U + \dot{E}_V + \dot{E}_W = 0 \tag{1-68}$$

这是对称三相电源的重要特点。

通常三相发电机产生的都是对称三相电源。本书今后若无特殊说明，提到的三相电源均为对称三相电源。

三相电源中电压到达最大值（或零值）的先后次序称为相序。从图 1-37 可以看出，其三相电动势到达最大值的次序依次为 e_U、e_V、e_W，则其相序为 U-V-W-U，称为顺序或正序，工业上常以此顺序在发电机的三相引出线涂黄、绿、红三种颜色。

三相发电机的每一相绕组产生的电动势都是独立的电源。将此独立电源的三个绕组以一定的方式联结起来就构成三相电源。三相电源通常有两种联结方式。一种方式是星形（也称丫联结，另一种方式是三角形（也称△）联结。对三相发电机来说，通常采用星形联结，但三相变压器也有接成三角形联结的。

2. 三相电源的星形联结　将对称三相电源的尾端 U_2、V_2、W_2 联在一起，分别由三个首端 U_1、V_1、W_1 引出三条输电线，这种联结称为三相电源的星形联结。这三条输电线称为相线或端线，俗称火线，常用 A、B、C 表示（按国家标准应用 L_1、L_2、L_3 表示，但目前未广泛使用）；U_2、V_2、W_2 的联结点称为中性点。由三条输电线向用户供电，称为三相三线

制供电方式。在低压系统中，一般采用三相四线制，即由中性点再引出一条称为中性线（零线）的线路与三条相线一同向用户供电，如图1-39所示。

星形联结时，三相电源的每一相线与中线构成一相，其电压称为相电压，即每相绕组的电压，常用 $\dot{U}_A$、$\dot{U}_B$、$\dot{U}_C$ 表示；而端线之间的电压称为线电压，用 $\dot{U}_{AB}$、$\dot{U}_{BC}$、$\dot{U}_{CA}$ 表示。一般规定线电压的方向是由 A 线指向 B 线，B 线指向 C 线，C 线指向 A 线。下面分析星形联结时对称三相电源线电压与相电压的关系。

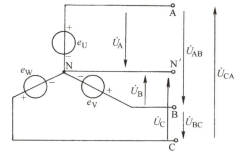

图1-39 三相电源的星形联结

根据图1-39，由 KVL 可得，三相电源的线压与相电压有以下关系：

$$\dot{U}_{AB} = \dot{U}_A - \dot{U}_B$$
$$\dot{U}_{BC} = \dot{U}_B - \dot{U}_C$$
$$\dot{U}_{CA} = \dot{U}_C - \dot{U}_A$$

假设 $\dot{U}_A = U\angle 0°$、$\dot{U}_B = U\angle -120°$、$\dot{U}_C = U\angle 120°$

则

$$\dot{U}_{AB} = \dot{U}_A - \dot{U}_B = \sqrt{3}U\angle 30° = \sqrt{3}\dot{U}_A\angle 30°$$
$$\dot{U}_{BC} = \dot{U}_B - \dot{U}_C = \sqrt{3}U\angle -90° = \sqrt{3}\dot{U}_B\angle 30°$$
$$\dot{U}_{CA} = \dot{U}_C - \dot{U}_A = \sqrt{3}U\angle 150° = \sqrt{3}\dot{U}_C\angle 30°$$

(1-69)

由式（1-69）可得，三相线电压对称，线电压的有效值是相电压有效值的 $\sqrt{3}$ 倍，相位分别超前对应相电压 30°。对称三相系统线电压通常用 U_l 表示，相电压用 U_p 表示，则 $U_l = \sqrt{3}U_p$。其相量图如图1-40所示。

三相四线制给用户提供相、线两种电压。目前电力网的低压供电系统（又称民用电）为三相四线制，此系统供电的线电压为 380V，相电压为 220V，通常写作电源电压 380V/220V。

3. 三相电源的三角形联结 将对称三相电源中的三个绕组按相序依次联结如图1-41所示，由三个连接点引出三条端线，这样的连接方式称为三角形（△）联结。

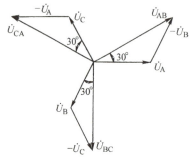

图1-40 三相电源Y联结相量图

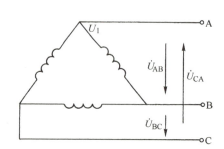

图1-41 三相电源的△联结电路图

由图1-41可见，三相电源作三角形联结时，线电压就是相应的相电压，对称三相电源接成△联结时，它一定是三相三线制。此时，$U_l = U_p$。

△联结的三相绕组形成闭合回路，三相电压之和 $\dot{U}_{AB} + \dot{U}_{BC} + \dot{U}_{CA} = 0$，所以回路中不会有

电流。但若有一相电源极性接反,造成三相电源电压之和不为零,将会在回路中产生很大的电流。所以三相电源作为△联结时,联结前必须认真检查。

1.4.2 三相负载的组成与连接

三相电源和三相负载相连组成三相电路。

1. 负载的组成 负载即用电设备,它包括单相负载和三相负载两类,一些小功率用电设备(例如电灯、家用电器等)为使用方便都制成单相的,用单相交流电供电,称为单相负载;三相负载有对称与不对称两种,对称三相负载即指三相用电设备内部结构是相同的三部分,且三个复阻抗相同,例如三相异步电动机等。根据要求它们可接成丫联结或△联结,如图 1-42 所示,对称三相负载用对称三相电源供电。

2. 负载的丫联结 图 1-43 中,三相电源作丫联结,三相负载也作丫联结,且有中线。这种联结称丫—丫联结的三相四线制。

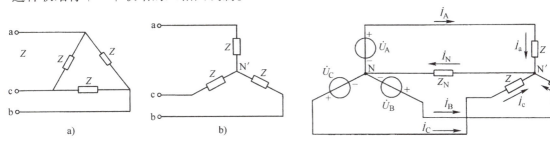

图 1-42 负载的连接
a) 负载的△联结 b) 负载的丫联结

图 1-43 负载丫联结的三相四线制电路

设每相负载阻抗均为 $Z=|Z|\underline{/\varphi}$。N 为电源中点,N′为负载的中点,NN′为中线。设中线的阻抗为 Z_N。每相负载上的电压称为负载相电压,用 $\dot{U}_a$、$\dot{U}_b$、$\dot{U}_c$ 表示;负载端线之间的电压称为负载的线电压,用 $\dot{U}_{ab}$、$\dot{U}_{bc}$、$\dot{U}_{ca}$ 表示。各相负载中的电流称为相电流,用 $\dot{I}_a$、$\dot{I}_b$、$\dot{I}_c$ 表示;相线中的电流称为线电流,用 $\dot{I}_A$、$\dot{I}_B$、$\dot{I}_C$ 表示。线电流的参考方向从电源端指向负载端,中线电流 $\dot{I}_N$ 的参考方向从负载端指向电源端。对于负载丫联结的电路,线电流就是相电流。

三相电路实际是一个复杂正弦交流电路,采用电路理论中的节点法可得 $\dot{U}_{NN'}=0$。即负载中点与电源中点是等电位的,它与中线阻抗的大小无关。

由此可得
$$\begin{cases}\dot{U}_a=\dot{U}_A\\ \dot{U}_b=\dot{U}_B\\ \dot{U}_c=\dot{U}_C\end{cases} \tag{1-70}$$

式(1-70)表明:在输电线阻抗不计时负载相电压等于电源相电压,即负载三相电压也为对称 三相电压。进一步计算可得,三相电流也是对称的。因此,对称丫—丫联结电路的计算可归结为一个单相的计算(如 A 相),算出 $\dot{I}_A$ 后,根据对称性即可推知其他两相电流 $\dot{I}_B$、$\dot{I}_C$。

由于三相电流对称,而中线电流 $\dot{I}_N=\dot{I}_A+\dot{I}_B+\dot{I}_C=0$,即中线中无电流。

若对称丫—丫联结电路中无中线,即 $Z_N=\infty$ 时,由节点法分析可知 $\dot{U}_{NN'}=0$ 即负载中点与电源中点仍然等电位,注意前提是对称Y—Y联结,此时每相电路仍然是独立的。因此,电路计算仍可用三相四线制的计算方法,即采用计算一相,推知其他两相的方法。

综上所述,对称Y—Y联结的电路,不论有无中线以及中线阻抗的大小,都不会影响各相负载的电流和电压。在进行电路计算时,可将电源中点和负载中点用一导线连接,先计算一相,从而推算其他两相。

由于 $\dot{U}_{NN'}=0$,所以负载的线电压与相电压的关系同电源的线电压与相电压的关系相同。

即

$$\left.\begin{array}{l}\dot{U}_{ab}=\sqrt{3}\,\dot{U}_{a}\underline{/30°}\\ \dot{U}_{bc}=\sqrt{3}\,\dot{U}_{b}\underline{/30°}\\ \dot{U}_{ca}=\sqrt{3}\,\dot{U}_{c}\underline{/30°}\end{array}\right\} \quad (1\text{-}71)$$

$$U_1'=\sqrt{3}\,U_p'$$

式中 U_1'、U_p'——负载的线电压和相电压(V)。

当忽略输电线阻抗时,$U_1'=U_1$,$U_p'=U_p$。U_1、U_p 为电源的线电压和相电压。

综上所述可知,负载星形联结的对称三相电路其负载电压、电流有以下特点:

1)线电压、相电压、线电流、相电流都是对称的。

2)线电流等于相电流。

3)线电压等于 $\sqrt{3}$ 倍的相电压。

例 1-5 如图 1-44 所示为一对称三相电路,对称三相电源的线电压为 380V,每相负载的阻抗 $Z=80\underline{/30°}\,\Omega$,输电线阻抗 $Z_1=1+j2\Omega$,求三相负载的相电压、线电压、相电流。

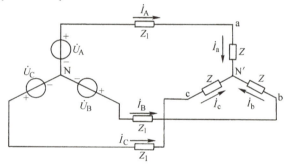

图 1-44 例 1-5 电路图

解 电源相电压

$$U_p=\frac{380}{\sqrt{3}}\text{V}=220\text{V}$$

设

$$\dot{U}_A=220\underline{/0°}\,\text{V}$$

则

$$\dot{I}_A=\frac{\dot{U}_A}{Z+Z_1}=\frac{220\underline{/0°}}{80\underline{/30°}+1+j2}\text{A}=\frac{220\underline{/0°}}{81.9\underline{/30.9°}}\text{A}$$

$$=2.69\underline{/-30.9°}\,\text{A}$$

由对称性得

$$\dot{I}_B=2.69\underline{/-150.9°}\,\text{A}$$

$$\dot{I}_C=2.69\underline{/89.1°}\,\text{A}$$

故相电流为 $\dot{I}_a=\dot{I}_A$,$\dot{I}_b=\dot{I}_B$,$\dot{I}_c=\dot{I}_C$

三相负载的相电压

$$\dot{U}_a=Z\dot{I}_A=80\underline{/30°}\times 2.69\underline{/-30.9°}\,\text{V}$$

$$=215.2\underline{/-0.9°}\,\text{V}$$

$$\dot{U}_b=215.2\underline{/-120.9°}\,\text{V}$$

$$\dot{U}_{\text{c}} = 215.2\underline{/119.1°}\text{V}$$

三相负载的线电压

$$\dot{U}_{\text{ab}} = \sqrt{3}\,\dot{U}_{\text{an}}\underline{/30°}\text{V} = 372.7\underline{/29.1°}\text{V}$$

$$\dot{U}_{\text{bc}} = 372.1\underline{/-90.9°}\text{V}$$

$$\dot{U}_{\text{ca}} = 372.1\underline{/149.1°}\text{V}$$

可见，由于输电线路阻抗的存在，负载的相电压、线电压与电源的相电压、线电压不相等，但仍是对称的。

3. 负载的△联结　负载作三角形联结，如图 1-45 所示。由图可以看出，与负载相联的 3 个电源一定是线电压。因此，在分析负载作三角形联结的电路时，只要知道三个线电压就够了。而不必追究电源是星形联结还是三角形联结。

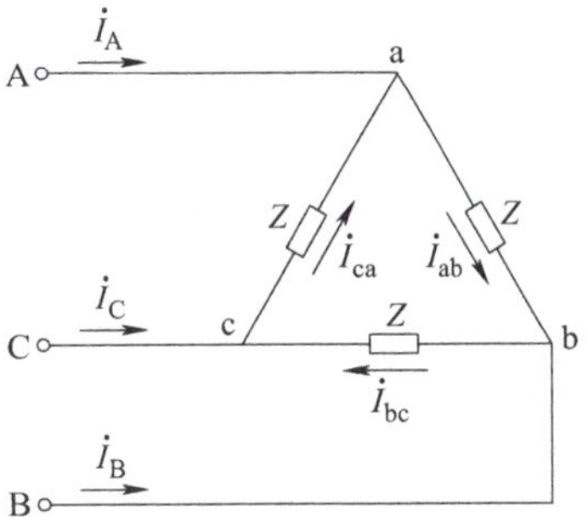

负载三角形联结时，设三相负载相同，每相负载阻抗为 $Z = |Z|\underline{/\varphi}$，其负载线电流为 $\dot{I}_{\text{A}}$、$\dot{I}_{\text{B}}$、$\dot{I}_{\text{C}}$，相电流为 $\dot{I}_{\text{ab}}$、$\dot{I}_{\text{bc}}$、$\dot{I}_{\text{ca}}$，其方向如图 1-45 所示。

设 $\dot{U}_{\text{AB}} = U_1\underline{/0°}\text{V}$，当忽略输电线阻抗时，负载线电压等于电源线电压。负载的相电流为

图 1-45　负载的三角形联结

$$\dot{I}_{\text{ab}} = \frac{\dot{U}_{\text{ab}}}{Z} = \frac{\dot{U}_{\text{AB}}}{Z} = \frac{U_1}{|Z|}\underline{/-\varphi}$$

$$\dot{I}_{\text{bc}} = \frac{\dot{U}_{\text{bc}}}{Z} = \frac{\dot{U}_{\text{BC}}}{Z} = \frac{U_1}{|Z|}\underline{/-\varphi-120°}$$

$$\dot{I}_{\text{ca}} = \frac{\dot{U}_{\text{ca}}}{Z} = \frac{\dot{U}_{\text{CA}}}{Z} = \frac{U_1}{|Z|}\underline{/-\varphi+120°} \tag{1-72}$$

线电流

$$\dot{I}_{\text{A}} = \dot{I}_{\text{ab}} - \dot{I}_{\text{ca}} = \sqrt{3}\,\dot{I}_{\text{ab}}\underline{/-30°}$$

$$\dot{I}_{\text{B}} = \dot{I}_{\text{bc}} - \dot{I}_{\text{ab}} = \sqrt{3}\,\dot{I}_{\text{bc}}\underline{/-30°}$$

$$\dot{I}_{\text{C}} = \dot{I}_{\text{ca}} - \dot{I}_{\text{bc}} = \sqrt{3}\,\dot{I}_{\text{ca}}\underline{/-30°} \tag{1-73}$$

以上分析可知：负载三角形联结的对称三相电路，负载中的三相电压和电流都是对称的。每相负载上的线电压与相电压相等，线电流的大小是相电流 $\sqrt{3}$ 倍，且滞后相应的相电流 30°。电压、电流相量图如图 1-46 所示。

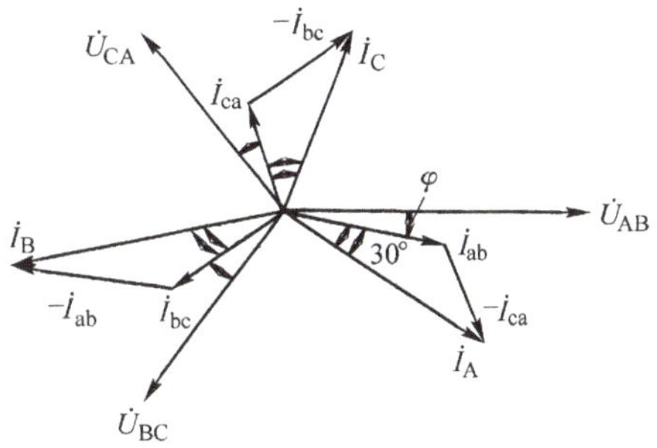

综上所述可知，负载 △ 联结的对称三相电路，其负载电压、电流有以下特点：

1) 相电压、线电压、相电流、线电流均对称。
2) 线电压等于相电压。
3) 线电流的有效值等于相电流有效值的 $\sqrt{3}$ 倍。

例 1-6　已知负载 △ 联结的对称三相电路，电源为 Y 联结，其相电压为 110V，负载每相阻抗 $Z = 4+\text{j}3\Omega$。求负载的相电压和线电流。

图 1-46　负载三角形联结时电压、
　　　　　电流相量图

解　电源线电压　　　　　　$U_1 = \sqrt{3}\,U_{\text{p}} = \sqrt{3} \times 110\text{V} = 190\text{V}$

设 $\dot{U}_{AB} = 190\underline{/0°}$ V

则相电流 $\dot{I}_{ab} = \dfrac{\dot{U}_{AB}}{Z} = \dfrac{190\underline{/0°}}{4+j3}\text{A} = 38\underline{/-36.9°}$ A

根据对称性得 $\dot{I}_{bc} = 38\underline{/-156.9°}$ A

$\dot{I}_{ca} = 38\underline{/83.1°}$ A

线电流 $\dot{I}_A = \sqrt{3}\dot{I}_{ab}\underline{/-30°} = \sqrt{3}\times 38\underline{/-36.9°-30°}\text{A} = 66\underline{/-66.9°}$ A

$\dot{I}_B = 66\underline{/-186.9°}\text{A} = 66\underline{/173.1°}$ A

$\dot{I}_C = 66\underline{/53.1°}$ A

1.4.3 三相功率

在三相电路中，三相负载的有功功率等于每相负载上的有功功率之和，即
$$P = P_A + P_B + P_C$$

若负载是对称三相负载，各负载吸收的功率相同，即
$$P = 3P_A = 3U_p I_p \cos\varphi \tag{1-74}$$

当对称负载丫联结时， $U_l = \sqrt{3}U_p$， $I_l = I_p$；

当负载是△联结时， $U_l = U_p$， $I_l = \sqrt{3}I_p$。

代入式（1-74）得 $P = \sqrt{3}U_l I_l \cos\varphi \tag{1-75}$

由此可见，丫联结和△联结的对称三相负载的有功功率，均可用线电压、线电流以及每相的功率因数来表示。

同理，对称三相负载时三相无功功率为
$$Q = 3U_p I_p \sin\varphi = \sqrt{3}U_l I_l \sin\varphi \tag{1-76}$$

三相电路的总视在功率 $S = \sqrt{P^2 + Q^2} \tag{1-77}$

若为对称三相负载，则 $S = \sqrt{3}U_l I_l \tag{1-78}$

三相负载的功率因数为
$$\lambda = \cos\varphi' = \dfrac{P}{S} = \dfrac{P}{\sqrt{P^2+Q^2}} \tag{1-79}$$

在对称情况下，$\cos\varphi' = \cos\varphi$ 就是一相负载的功率因数，$\varphi' = \varphi$，即为负载的阻抗角。在不对称负载中，各相的功率因数不同，因此三相负载的功率因数值无实际意义。

例 1-7 某三相异步电动机每相绕组的等值阻抗 $|Z| = 27.74\Omega$，功率因数 $\lambda = \cos\varphi = 0.8$，正常运行时绕组作△联结，电源线电压为380V。试求：

1) 正常运行时相电流、线电流和电动机的输入功率。

2) 为了减小起动电流，在起动时改接成丫，试求此时的相电流、线电流及电动机输入功率。

解 （1）正常运行时，电动机作△联结

$$I_p = \dfrac{U_l}{|Z|} = \dfrac{380}{27.74}\text{A} = 13.7\text{ A}$$

$$I_l = \sqrt{3}I_p = \sqrt{3}\times 13.7\text{A} = 23.7\text{ A}$$

$$P = \sqrt{3}\,U_1 I_1 \cos\varphi = \sqrt{3} \times 380 \times 23.7 \times 0.8 \text{kW} = 12.51 \text{kW}$$

（2）起动时，电动机丫联结

$$I_\text{p} = \frac{U_\text{p}}{|Z|} = \frac{380/\sqrt{3}}{27.74}\text{A} = 7.9\text{ A}$$

$$I_1 = I_\text{p} = 7.9\text{ A}$$

$$P = \sqrt{3}\,U_1 I_1 \cos\varphi = \sqrt{3} \times 380 \times 7.9 \times 0.8\text{ kW} = 4.17\text{ kW}$$

从此例可以看出，同一个对称三相负载接于一电路，当负载作△联结时的线电流是丫联结时线电流的3倍，作△联结时的功率也是作丫联结时功率的3倍。

1.5　磁路与变压器

1.5.1　磁路的基本物理量及基本定律

1. 磁路　磁路是磁通经过的闭合回路，实质上也就是局限在一定路径内的磁场。常见几种电气设备的磁路如图1-47所示。磁路中磁通可以由励磁线圈中的励磁电流产生，如图1-47a、b、d所示；也可由永久磁铁产生，如图1-47c所示；磁路中可以有气隙，如图1-47b、c、d所示；也可以没有气隙，如图1-47a所示。一般情况下，由电流产生的磁通是分布于整个空间的。但是，在电磁铁中，由于采用了铁磁材料制成的导磁体，使磁通主要集中于导磁体和空气气隙之中，全部通过导磁体形成的磁通称为主磁通或工作磁通，常用Φ_m表示。而导磁体的磁导率是空气的几千倍到几万倍，但是还有一部分磁通通过部分导磁体和周围空气气隙形成回路，这些磁通称漏磁通，用Φ_L表示。当空气气隙较小，而且磁路不太饱和时，漏磁通远小于主磁通，往往可以忽略不计。

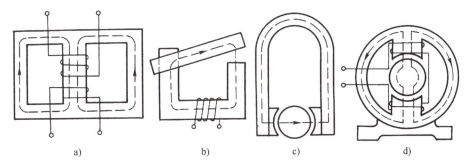

图1-47　常用电气设备的磁路

a）变压器　b）电磁铁　c）磁电式电表　d）直流电机

2. 全电流定律　当导体中有电流流过时，就会产生与该载流导体相交链的磁通。全电流定律就是描述电产生磁的本质，阐明电流与其磁场的大小及方向的关系。

设空间有n根载流导体，导体中的电流分别为I_1、I_2、$I_3\cdots$，则沿任何闭合回路径l，磁场强度H的线积分$\oint H \text{d}l$等于该回路所包围的导体电流的代数和，即

$$\oint H\text{d}l = \sum I \tag{1-80}$$

式中 $\sum I$——回路所包围的全电流。

若导体电流的方向与积分路径的方向符合右手螺旋关系，该电流取正号，反之取负号。电流的正方向与由它所生的磁场正方向必符合右手螺旋关系。

在电机和变压器中，常把整个磁路分成若干段，每一段磁路内的磁场强度 H、导磁材料及导磁面积 S 相同，如图 1-48 所示，则全电流定律简化为

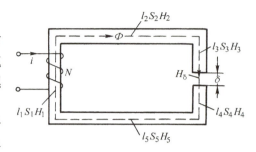

图 1-48　无分支磁路

$$H_1 l_1 + H_2 l_2 + H_3 l_3 + H_\delta \delta + H_4 l_4 + H_5 l_5 = NI$$

即
$$\sum H_k l_k = NI = F \tag{1-81}$$

式中　H_k——第 k 段磁路的磁场强度（A/m）；

l_k——第 k 段磁路的平均长度（m）；

F——作用在整个磁路上的磁通势（A），$F=NI$；

N——线圈匝数；

$H_k l_k$——第 k 段磁路上的磁压降。

式（1-81）表明，作用在整个磁路上的总磁通势等于各段磁路的磁压降之和。

第 k 段磁路上的磁压降可以写成

$$H_k l_k = \frac{B_k}{\mu_k} l_k = \frac{1}{\mu_k} \frac{\Phi}{S_k} l_k = \Phi R_{mk}$$

式中　$R_{mk} = \dfrac{l_k}{\mu_k S_k}$——第 k 段磁路的磁阻。

对于图 1-48 所示的无分支磁路可以写成

$$F = NI = \sum H_k l_k = \sum \Phi R_{mk} = \Phi \sum R_{mk}$$

或
$$\Phi = \frac{F}{\sum R_{mk}}$$

式中　$\sum R_{mk}$——整个磁路的总磁阻。

3. 磁路欧姆定律　图 1-49 是一个无分支磁路，铁心上绕有 N 匝线圈，通以电流 i，铁心中有磁通 Φ 通过。假设铁心的截面积为 A、平均磁路长度为 l、材料的磁导率为 μ（μ 不是常数，随 B 而变化）。假设不考虑漏磁，认为沿整个磁路的磁通 Φ 是相等的，于是，根据全电流定律

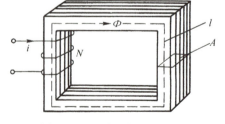

图 1-49　磁路欧姆定律

$$\oint \vec{H} d\vec{l} = Hl = Ni$$

又因磁场强度 $H = \dfrac{B}{\mu}$、磁感应强度 $B = \dfrac{\Phi}{A}$，故得 $\dfrac{\Phi l}{\mu A} = Ni$，于是有

$$\Phi = \frac{Ni}{\dfrac{l}{\mu A}} = \frac{F}{R_m} = \Lambda_m F \tag{1-82}$$

式中　　F——磁通势，$F=Ni$；

　　　　R_m——磁阻，$R_m=\dfrac{l}{\mu A}$；

　　　　Λ_m——磁导，$\Lambda_m=\dfrac{1}{R_m}=\dfrac{\mu A}{l}$。

式（1-82）即是磁路的欧姆定律。

1.5.2 变压器

1. 变压器的作用与结构

（1）变压器的作用　变压器是利用电磁感应原理变换电压（升压或降压）、传输电能的交流电气设备，它还可以变换交流电流、变换阻抗等。它的种类很多，应用十分广泛，例如在电力系统中用电力变压器把发电机发出的电压升高后进行远距离输电，到达目的地以后再用变压器把电压降低供用户使用；在实验室用自耦调压器改变电源电压；在测量上利用仪用变压器扩大对交流电压、电流的测量范围；在电子设备和仪器中用小功率电源变压器提供多种电压；用耦合变压器传递信号等。变压器虽然大小悬殊，用途各异，但其基本结构和工作原理是相同的。

（2）变压器的结构　如图1-50所示，一般电力变压器主要由铁心和绕组两个基本部分组成。通常绕组套在铁心上，绕组与绕组之间以及绕组与铁心之间都是绝缘的。变压器常用符号如图1-51所示。

1）铁心。铁心是构成变压器的磁路部分。为了减少涡流及磁滞损耗，铁心常用0.35～0.5mm厚两面有绝缘层的硅钢片交错叠成。变压器铁心有心式、壳式两种形式，如图1-52所示。其中心式变压器的铁心被绕组包围，它适用于容量较大的单相变压器；壳式变压器的铁心则包围绕组，它多用于小容量变压器；此外，还有一种C形铁心，其铁损较小，广泛用作电子技术中的变压器。

2）绕组。绕组构成变压器的电路部分，用铜线或铝线绕制成。单相小型变压器多用高强度漆包线绕制成圆筒形套在铁心上。按照高压绕组与低压绕组在铁心上的相互位置，绕组分为同心式和交叠式两种，如图1-53所示。

2. 变压器的工作原理　变压器是利用电磁感应原理把某一电压值的交流电转变成频率相同的另一电压值的交流电的电气设备。图1-54所示是一个简单的单相变压器。它的铁心是一

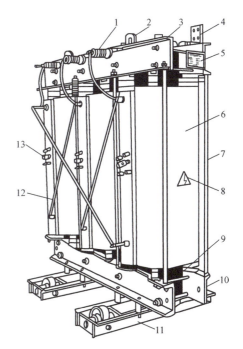

图1-50　三相树脂浇注绝缘干式电力变压器

1—高压出线套管　2—吊环　3—上夹件
4—低压出线接线端子　5—铭牌　6—树脂
浇注绝缘绕组　7—上下夹件拉杆
8—警示标牌　9—铁芯　10—下夹件
11—底座　12—高压绕组相同连接杆
13—高压分接头及连接杆

个闭合磁路，共有两个线圈，套在同一个铁心柱上，以增大其耦合作用。为了画图及分析时简单起见，常把两个线圈画成分别套在铁心的两边。一个线圈接交流电源，称为一次绕组，匝数为 N_1；另一个线圈接负载，称为二次绕组，匝数为 N_2。

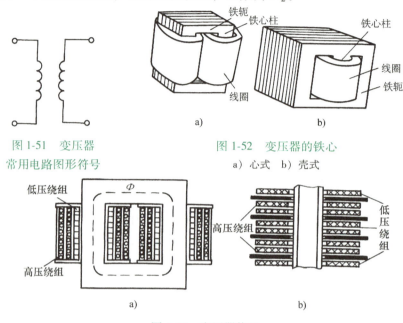

图 1-51 变压器
常用电路图形符号

图 1-52 变压器的铁心
a）心式 b）壳式

图 1-53 变压器绕组
a）同心式 b）交叠式

（1）变压器的空载运行与电压比 变压器的一次绕组接交流电压 u_1，二次绕组开路，这种运行状态就叫作变压器的空载运行，如图 1-54 所示。这时二次绕组中的电流 $i_2 = 0$，电压为开路电压 u_{20}，一次绕组中便有空载电流 i_0 通过，空载电流很小，一般仅为变压器额定电流的 1%～8%。由于电流的磁效应，电流 i_0 通过匝数为 N_1 的一次绕组，产生磁动势 $i_0 N_1$。在其作用下，铁心中产生正弦交变磁通，主磁通为 Φ，其最大值为 Φ_m。它既穿过一次绕组，又穿过二次绕组，还有很小一部分磁通穿过一次绕组后沿周

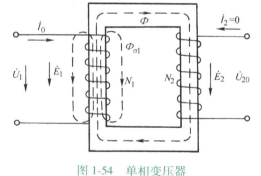

图 1-54 单相变压器

围空气而闭合，此为一次绕组的漏磁通。根据电磁感应原理，交变主磁通必定在一次绕组、二次绕组中产生感应电动势 E_1、E_2，根据理论计算，一次绕组、二次绕组中产生的自感电动势为

$$\left. \begin{array}{l} E_1 = 4.44 f N_1 \Phi_m \\ E_2 = 4.44 f N_2 \Phi_m \end{array} \right\} \tag{1-83}$$

式中 f——电源频率（Hz）。

若不计一次绕组、二次绕组的电阻和铁耗，并认为两个绕组的磁耦合甚为紧密，无漏磁通，则可认为一次绕组、二次绕组上电势的有效值近似等于其电压有效值，即

$$U_1 \approx E_1$$
$$U_{20} \approx E_2 \tag{1-84}$$

若一次绕组、二次绕组的电压、电动势的瞬时值均按正弦规律变化,将式(1-83)代入上式可得

$$\frac{U_1}{U_{20}} \approx \frac{E_1}{E_2} = \frac{N_1}{N_2} = K \tag{1-85}$$

式中 K——匝数比,也称电压比或变压器的变比。

由式(1-85)可见,变压器空载运行时,一次绕组、二次绕组上电压的比值等于两者的匝数比。一次绕组、二次绕组匝数不同时,变压器就可实现电压变换作用。当一次绕组匝数 N_1 比二次绕组匝数 N_2 多时,$K>1$,称为降压变压器;反之,若 $N_1<N_2$,$K<1$,称为升压变压器。

(2)变压器的负载运行 变压器的一次绕组接交流电压 u_1,二次绕组接负载 Z_L,这种运行状态称为变压器的负载运行。如图 1-55 所示,此时二次就有电流 i_2 产生。i_2 产生的磁动势 i_2N_2 将产生磁通 Φ_2。磁通 Φ_2 的绝大部分与一次磁动势产生的磁通共同作用在同一闭合磁路上,仅有很少一部分沿二次绕组周围的空间闭合,形成漏磁通。不计铁心中

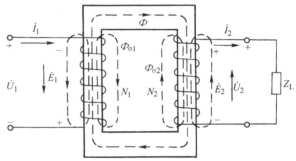

图 1-55 变压器负载运行

由磁通量交变所引起的损耗,根据能量守恒原理可得,这时铁心中的主磁通 Φ 是由 i_1N_1 和 i_2N_2 共同产生的。由式 $U \approx E \approx 4.44fN\Phi_m$ 可知,当电源的电压和频率不变时,铁心中的磁通最大值应保持基本不变,那么磁通势也应保持不变,即

$$i_0N_1 = i_1N_1 + i_2N_2$$

或
$$\dot{I}_1N_1 + \dot{I}_2N_2 = \dot{I}_0N_1 \tag{1-86}$$

由于变压器空载电流很小,一般只有额定电流的百分之几,因此当变压器额定运行时,$\dot{I}_0N_1$ 可忽略不计,于是

$$\dot{I}_1N_1 \approx -\dot{I}_2N_2 \tag{1-87}$$

可见变压器负载运行时,一次绕组、二次绕组的磁通势方向相反,即二次电流 I_2 对一次电流 I_1 产生的磁通有去磁作用。因此,当负载阻抗减小,二次电流 I_2 增大时,铁心中的磁通 Φ_m 将减小,于是一次电流 I_1 必然增加,以保持磁通 Φ_m 基本不变,所以二次电流变化时,一次电流也会相应地变化。

由式(1-87)可得一次、二次电流有效值的关系为

$$\frac{I_1}{I_2} \approx \frac{N_2}{N_1} = \frac{1}{K} \tag{1-88}$$

由式(1-88)可见,当变压器额定运行时,一次、二次的电流之比近似等于其匝数比的倒数。改变一次、二次的匝数,可以改变一次、二次绕组电流的比值,这就是变压器的电流变换作用。

比较式（1-85）和式（1-88）可见，变压器的电压比与电流比互为倒数。所以匝数多的绕组电压高、电流小；匝数少的绕组电压低、电流大。

例 1-8 已知一变压器 $N_1 = 800$，$N_2 = 200$，$U_1 = 220V$，$I_2 = 8A$，负载为纯电阻，忽略变压器的漏磁和损耗，求变压器的二次电压 U_2，一次侧电流 I_1 和输入、输出功率。

解 变压比

$$K = \frac{N_1}{N_2} = \frac{800}{200} = 4$$

二次电压

$$U_2 = \frac{U_1}{K} = \frac{220}{4}V = 55V$$

一次电流

$$I_1 = \frac{I_2}{K} = \frac{8}{4}A = 2A$$

输入功率 $P_1 = U_1 I_1 = 220 \times 2W = 440W$

输出功率 $P_2 = U_2 I_2 = 55 \times 8W = 440W$

可见当变压器的功率损耗忽略不计时，它的输入功率与输出功率相等，这是符合能量守恒定律的。

在远距离输电中，线路损耗 P_l 与电流的二次方 I^2 和线路电阻 R_l 的乘积成正比，在输送同样功率的情况下，如果所用电压越高，电流就越小，相应输电线上的损耗就越小，因而输电导线的所需截面积就可以减小，成本降低，这也是目前我国大功率远距离输电中都采用35kV、110kV、220kV、500kV 等高压的原因。由于交流发电机的额定电压目前只有 3.15kV、6.3kV、10.5kV 等几种，所以电厂在输送前，必须用升压变压器将电压升高，送到用户时再用降压变压器将电压降低为 380V/220V 供一般用户使用。

（3）**阻抗变换** 变压器除了有变压和变流的作用外，还有变换阻抗的作用。即对电源来说，变压器连同负载 Z 可等效为一个复数阻抗 Z'，如图 1-56 所示。从变压器的一次侧得

$$\frac{\dot{U}_1}{\dot{I}_1} = Z'$$

用变压器二次电压、电流表示一次电压、电流则得

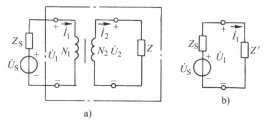

图 1-56 变压器的阻抗变换
a) 电路图 b) 等效图

$$Z' = \frac{\dot{U}_1}{\dot{I}_1} \approx \frac{-K\dot{U}_2}{-\dot{I}_2/K} = K^2 \frac{\dot{U}_2}{\dot{I}_2} = K^2 Z \tag{1-89}$$

可见，二次阻抗换算到一次侧的等效阻抗等于二次阻抗乘以变压比的二次方。

应用变压器的阻抗变换折算可以实现阻抗匹配，即选择适当的变压器匝数比能够把负载阻抗折算为电路所需的数值。

（4）**变压器的运行及效率** 变压器从空载到满载（$I_2 = I_{2N}$ 时），二次电压 U_2 的变化量与空载时二次电压 U_{20} 的比值称为变压器的电压变化率，通常用百分数 $\frac{U_{20} - U_2}{U_{20}} \times 100\%$ 表示。对负载来说总希望电压越稳定越好，即电压变化率越小越好。电力变压器的电压变化率约为 2%～3%，它是一个重要的技术指标，直接影响到电力变压器的供电质量，一般来说容量大

的变压器，电压变化率较小。

为了合理、经济地使用三相电力变压器，还需考虑它的效率问题。因为变压器在传输电能的过程中，一次、二次绕组和铁心都要消耗一部分功率，即有铜损 ΔP_{Cu} 和铁损 ΔP_{Fe}，所以输出电功率 P_2 将略小于输入电功率 P_1。输出电功率 P_2 与输入电功率 P_1 之比称为变压器的效率 η，通常用百分数表示。

$$\eta = \frac{P_2}{P_1} \times 100\% = \frac{P_2}{P_2 + \Delta P_{Cu} + \Delta P_{Fe}} \times 100\% \tag{1-90}$$

由式（1-90）可见，变压器的效率与负载有关，空载时，$P_2 = 0$，$\eta = 0$，随着负载的增大，开始时 η 也增大，但后来因铜损 ΔP_{Cu} 增加得很快（铜损与电流平方成正比，铁损因主磁通不变也保持不变），η 反而有所减小，在接近额定负载时 η 达最大值。其效率与负载电流的关系如图 1-57 所示。三相电力变压器在额定负载时的效率可达 96%~99%，轻载时的效率很低，因此应合理选用电力变压器的容量，避免长期轻载运行或空载运行。

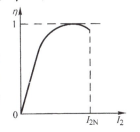

图 1-57 变压器的效率与负载电流的关系

3. 三相变压器　电力系统一般采用三相制供电，因而三相变压器得到了广泛的应用。实际中对于三相电源进行电压变换时，可用三台单相变压器组成的三相变压器组，或用一台三相变压器来完成。

三相变压器的铁心有三个芯柱，每个芯柱上装有属于同一相的两个绕组，如图 1-58 所示。就每一相来说，其工作情况和单相变压器完全相同。

三相变压器或三相变压器组的一次绕组和二次绕组都可分别接成星形或三角形。最常见的联结方式是 Y/Y_0 和 $Y/\triangle$，新规定的标准法为 Yn0 和 Yd。即用大写字母表示高压边，小写字母表示低压边，Y 或 y 表示星形联结，D 或 d 表示三角形联结，N 或 n 表示接中性线。

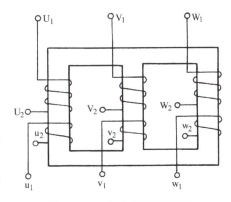

由于三相绕组可以采用不同的联结，使得三相变压器一次、二次绕组的线电压会出现不同的相位差，因此按一次、二次线电压的相位关系把变压器绕组的联结分成不同的联结组，具体用"时钟法"判定。实践和理论证明，对于三相绕组，无论采用什么联结法，一次、二次线电压的相位差总是 30°的整数倍。因此，采用时钟表面上的 12 个数字来表示这种相位差很简明，即把高压侧线电压相量作为时钟上的长针，始终指着"12"，而以低压侧线电压相量作为短针，这个"短针"指的数字即称为三相变压器联结组的组号，这时它指的数字与 12 之间的角度就表示高、低压侧线电压相量之间的相位差。

图 1-58 三相变压器原理图

联结组的数目很多，为了避免混乱和考虑并联运行的方便，国家标准规定，电力变压器的联结组有 Yn0、Dyn11、Yzn11、Yd11、YNd11 五种标准联结组。Yn0 联结组的二次侧可引出中性线，成为三相四线制，用作配电变压器时可兼供动力和照明负载；Yd11 联结组用于二次侧电压超过 400V 的电路中，这时二次侧接成三角形，对运行有利；YNd11 联结组主要用于高压输电线路中，使电力系统的高压侧有可能接地。

4. 变压器的型号及参数　为了使变压器安全、经济合理地运行，同时使用户对变压器的性能有所了解，变压器出厂时安装了一块铭牌，上面标明了其型号及各种额定数据，用户使用变压器时，必须掌握其铭牌上的数据。

下面主要介绍变压器的型号和额定值。

（1）变压器的型号　变压器的型号表明了变压器的结构特点、额定容量（kVA）和高低压侧电压等级（kV）。基本型号字母所表示的含义见表1-1。

表 1-1　变压器型号含义

分类项目	代表符号	分类项目	代表符号	分类项目	代表符号
单相变压器	D	双绕组变压器	—	有载调压	Z
三相变压器	S	三绕组变压器	S	铝线变压器	L
油浸式	—	自耦变压器	O	铜线变压器	—
空气冷却	A	分裂变压器	F	干式空气自冷	G
水冷式	W	无励磁变压器	—	干式浇注绝缘强	C

（2）变压器的额定值

1）额定容量 S_N。S_N 是指额定工作状态下变压器的视在功率，单位为 kVA。

2）额定电压 U_{1N}、U_{2N}。U_{1N} 是指加到变压器一次侧的额定电源电压值。U_{2N} 是指当一次侧额定电压，而二次侧开路时的空载电压值，以 V 或 kV 表示。对三相变压器，额定电压是指线电压。

3）额定电流 I_{1N}、I_{2N}。I_{1N}、I_{2N} 是指根据额定容量和额定电压算出的一次、二次额定电流，以 A 表示。对三相变压器，额定电流是指线电流。

对单相变压器
$$I_{1N}=\frac{S_N}{U_{1N}}, \qquad I_{2N}=\frac{S_N}{U_{2N}} \tag{1-91}$$

对三相变压器
$$I_{1N}=\frac{S_N}{\sqrt{3}\,U_{1N}}, \qquad I_{2N}=\frac{S_N}{\sqrt{3}\,U_{2N}} \tag{1-92}$$

4）额定频率 f_N。我国规定标准工频为 50Hz。

5）短路电压。短路电压表示二次绕组在额定运行情况下的电压降落，用 u_K 表示。

此外，额定运行时变压器的效率、温升等均属于额定值。另外，铭牌上还标有变压器的相数、联结组和接线图、变压器的运行方式及冷却方式等。为考虑运输，有时还标有变压器的总重、器身重量和外形尺寸等附属数据。

例 1-9　有一台三相油浸自冷式铝线变压器，$S_N=180\mathrm{kVA}$，Yyn0 接法，$U_{1N}/U_{2N}=10/0.4\mathrm{kV}$，试求一次、二次绕组的额定电流各是多大？

解
$$I_{1N}=\frac{S_N}{\sqrt{3}\,U_{1N}}=\frac{180\times 10^3}{\sqrt{3}\times 10\times 10^3}\mathrm{A}=10.4\ \mathrm{A}$$

$$I_{2N}=\frac{S_N}{\sqrt{3}\,U_{2N}}=\frac{180\times 10^3}{\sqrt{3}\times 0.4\times 10^3}\mathrm{A}=259.8\ \mathrm{A}$$

1.6 三相异步电动机

实现机械能与电能互相转换的机械称为电机。把机械能转换为电能的电机称为发电机，把电能转换为机械能的电机称为电动机。

现代各种生产机械都广泛应用电动机来拖动。电动机按所消耗的电能种类可分为交流电动机和直流电动机，交流电动机又分为异步电动机和同步电动机，其中异步电动机由于结构简单、运行可靠、维护方便、价格便宜，是所有电动机中应用最广泛的一种。各种机床、起重机、传送带、鼓风机、水泵以及各种农副产品的加工等都普遍使用三相异步电动机，各种家用电器、医疗器械和许多小型机械则使用单相异步电动机。异步电动机因其工作原理又叫感应电动机，其容量从几十瓦到几兆瓦，约占全部电动机总容量的85%以上。

1.6.1 三相异步电动机的结构与铭牌

1. 三相异步电动机的结构 与其他旋转电机一样，三相异步电机主要由定子和转子两大部分组成，定子、转子之间有气隙。图1-59所示为一种封闭式小型三相笼型异步电动机的结构。

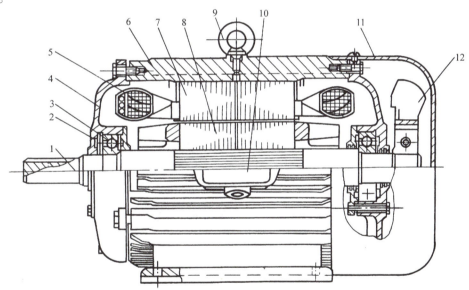

图1-59 封闭式小型三相笼型异步电动机的结构
1—轴 2—弹簧片 3—轴承 4—端盖 5—定子绕组 6—机座 7—定子铁心
8—转子铁心 9—吊环 10—出线盒 11—风罩 12—风扇

（1）定子部分

1）定子铁心。定子铁心是异步电动机主磁通磁路的一部分。为了减少旋转磁场在铁心中引起的涡流损耗和磁滞损耗，定子铁心是由导磁性能较好、厚度为0.5mm且两面有绝缘层硅钢片叠压而成。在定子铁心内圆开有均匀分布的槽，槽内放置定子绕组。

2）定子绕组。定子绕组是异步电动机定子的电路部分，它由许多线圈按一定的规律连接而成。线圈则由高强度漆包圆铜线或圆铝线绕成；或用高强度漆包扁铝线或扁铜线，或用玻璃丝包扁铜线绕成。放置线圈的槽壁之间必须隔有槽绝缘，以免电动机在运行时绕组出现击穿或短路故障。

三相异步电动机的定子绕组共分三组，分布在定子铁心槽内，它们在定子内圆周空间彼此相隔120°电角度，构成对称的三相绕组。三相绕组共有六个出线端，通常接在置于电动机外壳上的接线盒中，三个绕组的首端接头分别用 U_1、V_1、W_1 表示，其对应的末端接头分别用 U_2、V_2、W_2 表示，三相定子绕组可以根据需要接成星形或三角形，如图1-60所示。

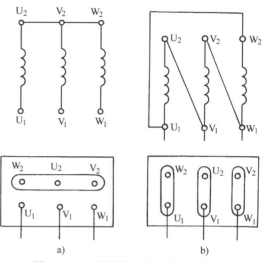

图1-60 三相异步电动机的定子接线
a) 星形联结　b) 三角形联结

3）机座。机座的作用主要是为了固定与支撑定子铁心，所以要求它有足够的机械强度和刚度。对中小型异步电动机，通常采用铸铁机座；对大型电动机，一般则用钢板焊接机座。

（2）转子部分

1）转子铁心。转子铁心的作用与定子铁心相同，一方面作为电动机磁路的一部分，另一方面用来安放转子绕组。它用厚0.5mm且冲有转子槽型的硅钢片叠压而成，小型电机的转子铁心一般都直接固定在转轴上，而中大型异步电机的转子则套在转子支架上，然后让支架固定在转轴上。

2）转子绕组。转子绕组的作用是产生感应电动势、流过电流并产生电磁转矩。按其结构形式分为笼型和绕线型两种。下面分别说明这两种绕组特点。

①笼型转子绕组。它由嵌放在转子槽内的铜条或铝条，两端由金属环相互连接而构成，它使所有导体处于短路状态。如图1-61a所示，转子绕组形如鼠笼，故又称为鼠笼式电动机。100kW以下的异步电动

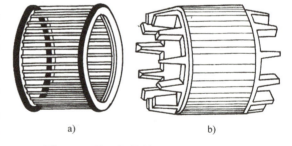

图1-61 笼型铜排转子绕组及铸铝转子
a) 铜排转子绕组　b) 铸铝转子

机，一般采用铸铝转子，如图1-61b所示。笼型转子结构简单、制造方便、成本低，运行可靠，从而得到广泛运用。

②绕线型转子绕组。与定子绕组一样，绕线型转子绕组也是一个对称三相绕组。一般接成星形，三根引出线分别接到转轴上的三个与转轴绝缘的集电环上，通过电刷装置与外电路相接。如图1-62所示，它可以把外接电阻串联到转子绕组回路中去，以便改善异步电动机的起动及调速性能。为了减少电刷引起的损耗，中等容量以上的电动机还装有一种提刷短路装置。

（3）其他部分及气隙　除了定子、转子外，还有端盖、风扇等。端盖除了起防护作用外，还装有轴承，用以支撑转子轴。风扇则用来通风冷却。

异步电动机的定子与转子之间的气隙,比同容量直流电动机的气隙小得多,一般为 0.2~2mm。气隙的大小,对电动机的运行性能影响很大。气隙越大,由电网供给的励磁电流也越大,则功率因数 cosφ 越低,要提高功率因数,气隙应尽可能地减小。但由于装配上的要求及其他原因,气隙又不能过小。

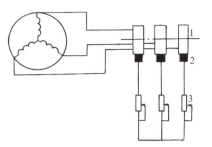

图 1-62 绕线型转子绕组与外加变阻器的联结

1—集电环 2—电刷 3—变阻器

2. 三相异步电动机的铭牌数据 异步电动机铭牌上标注着电动机的一些必要技术数据,因此使用时必须按照电动机规定的数据来使用。铭牌上标注的额定值主要有以下几项。

(1) 额定功率 P_N 是指电动机在额定运行时,转轴上输出的机械功率,单位是瓦(W)或千瓦(kW)。

(2) 额定电压 U_N 是指额定运行时电网加在定子绕组上的线电压,单位是伏(V)。

(3) 额定电流 I_N 是指电动机在额定电压和额定频率下,输出额定功率时,定子绕组中的线电流,单位是安(A)。

(4) 额定转速 n_N 是指额定运行时电动机的转速,单位是转/分(r/min)。

(5) 额定频率 f_N 是指电动机所接电源的频率,单位是 Hz。我国的工频频率为 50Hz。

(6) 绝缘等级 目前电机常用绝缘材料的等级按允许温升由低到高有 B、F、H、N 共 4 个等级。

(7) 接法 星形或三角形联结,常用 Y 或 △ 表示。它表示定子绕组在额定运行时采用的联结方式。

铭牌上除了上述的额定数据外,还标明了电动机的型号。它一般用来表示电动机的种类和几何尺寸等。如异步电动机用字母 Y 表示,并用中心高表示电动机的直径大小;机座长度则分别用 S、M、L 表示,S 最短,L 最长;电动机的防护形式由字母 IP 和两个数字表示,I 是 International(国际)的第一个字母,P 为 Protection(防护)的第一个字母,IP 后面的第一个数字代表第一种防护形式(防固体)的等级,第二个数字代表第二种防护形式(防水)的等级,数字越大,表示防护能力越强。

1.6.2 三相异步电动机的工作原理

三相异步电动机的定子绕组是一个空间位置对称的三相绕组,当此三相定子绕组通入三相交流电流后就会在定子内产生一个可以旋转的磁场,称为旋转磁场。

1. 旋转磁场

(1) 一对极(两极)的旋转磁场 一对极(两极)三相异步电动机的每相定子绕组只有一个线圈,如图 1-63 所示。为了清楚起见,三相对称绕组每相只用一匝线圈表示。设三相绕组接成星形,如图 1-64 所示。当三相绕组的首端接通三相交流电源时,绕组中的三相对称电流分别为

$$\begin{cases} i_A = I_m \sin\omega t \\ i_B = I_m \sin(\omega t - 120°) \\ i_C = I_m \sin(\omega t + 120°) \end{cases}$$

三相电流的波形如图 1-65 所示。图中 T_1 为电流周期。设从线圈首端流入的电流为正,从线圈末端流入的电流为负,则在 t_1 到 t_4 的各瞬间三相绕组中的电流的合成磁场如图 1-66 所示。对照图 1-65 与图 1-66 分析如下。

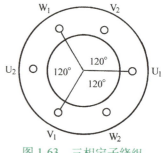

图 1-63 三相定子绕组的布置图

1) 在 t_1 时刻,即 $\omega t = 90°$ 时,$i_A = I_m$、$i_B = i_C = -\dfrac{1}{2}I_m$,用右手螺旋定则判定,三相电流产生的合成磁场为一两极磁场,如图 1-66a 所示。

2) 经过 $T_1/3$ 的时间,在 t_2 时刻,即 $\omega t = 210°$ 时,$i_B = I_m$、$i_A = i_C = -\dfrac{1}{2}I_m$,三相电流产生的合成磁场如图 1-66b 所示,此时两极磁场在空间的位置较 $\omega t = 90°$ 时沿顺时针方向旋转了 120°。

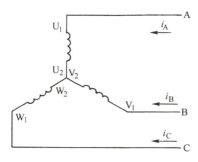

图 1-64 三相定子绕组的接线图

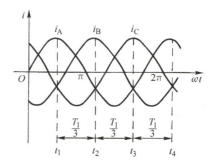

图 1-65 三相电流的波形

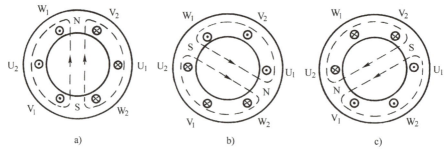

图 1-66 两极旋转磁场
a) $\omega t = 90°$ b) $\omega t = 210°$ c) $\omega t = 330°$

3) 又经过 $\dfrac{T_1}{3}$ 的时间,在 t_3 时刻,即 $\omega t = 330°$ 时,$i_C = I_m$,$i_A = i_B = -\dfrac{1}{2}I_m$,三相电流产生的合成磁场如图 1-66c 所示,此时两极磁场在空间的位置较 $\omega t = 210°$ 时又沿顺时针方向旋转了 120°。

4) 再经过 $\dfrac{T_1}{3}$ 的时间,即 t_4 时刻,两极磁场沿顺时针方向又转到图 1-66a 所示的位置。

可见,三相电流经过一个周期,相位变化了 360°,产生的合成磁场在空间也旋转了一周,磁场旋转的速度与电流的变化同步,且磁场的旋转方向与通入定子的三相绕组的电流相序有关。当 i_A 电流从 U_1 端通入,i_B、i_C 分别从 V_1 端和 W_1 端通入,相序为顺时针方向,磁

场顺时针方向旋转；反之，磁场逆时针方向旋转。旋转磁场转速为

$$n_1 = 60\frac{1}{T_1} = 60f_1 \tag{1-93}$$

式中　f_1——定子电流的频率（Hz）。

（2）同步转速与磁极对数的关系　除了一对极以外，三相绕组通入三相对称正弦电流还可产生两对极（四极）、三对极（六极）及更多极数。此时，同步转速的表达式为

$$n_1 = 60\frac{1}{pT_1} = \frac{60f_1}{p} \tag{1-94}$$

在工频 $f_1 = 50$Hz 时，同步转速 n_1 与磁极对数 p 的关系见表 1-2。

表 1-2　同步转速与磁极对数的关系

p	1	2	3	4	5	6
$n_1/$（r/min）	3000	1500	1000	750	600	500

2. 三相异步电动机的工作原理　图 1-67 绘出了三相异步电动机的工作原理示意图。前已讲述电机工作的前提是产生一旋转磁场。图中 N-S 磁极则用来表示此旋转磁场。在两个磁极中间装有一个能够转动的圆柱形铁心，在铁心外圆槽内嵌放有导体，导体两端各用一圆环把它们连在一起。

假设磁场转速为 n_1，如图即 N-S 磁极以 n_1 的速度顺时针方向旋转，这时转子导体就会切割磁力线而感应电动势。用右手定则可以判定，在转子上半部分的导体中感应电动势方向为 ⊙，下半部分导体的感应电动势方向为 ⊗。由于转子绕组是闭合回路，所以在感应电动势的作用下出现感应电流，感应电流的方向与电动势相同。感应电流同旋转磁场相互作用产生电磁力，由左手定则可以判定电磁力 F 所形成的电磁转矩 T，该转矩使转子以 n 的速度旋转，旋转方向与磁场的旋

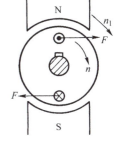

图 1-67　三相异步电动机的工作原理

转方向相同，这就是感应电动机的基本工作原理。当然，转子速度必然低于旋转磁场的转速，否则，转子绕组不受旋转磁场切割而不能产生感应电动势和电流，当然也就不能产生电磁力和转矩。异步电动机即由此而得名。

转子转速 n 与旋转磁场转速 n_1 之差称为转差 Δn。转差 Δn 与同步转速 n_1 之比称为转差率 s。

$$s = \frac{n_1 - n}{n_1} \tag{1-95}$$

转速

$$n = n_1(1 - s) \tag{1-96}$$

在电动机的起动瞬间，电动机的转速 $n = 0$，即 $s = 1$。随着转速的提高，转差率 s 减小。正常运行时，异步电动机的转差率 s 在 0 与 1 之间，即 $0 < s \leqslant 1$。一般异步电动机的额定转速 n_N 很接近同步转速 n_1，所以额定转差率 s_N 数值很小，在 0.01~0.06 之间。

1.6.3　三相异步电动机的运行特性

1. 电磁转矩　三相异步电动机是通过一种旋转磁场与由这种旋转磁场借助于感应作用

在转子绕组内所感生的电流相互作用,从而产生电磁转矩而转动,最终实现拖动。可见,电磁转矩起着至关重要的作用。

三相异步电动机的电磁转矩是指电动机的转子受到电磁力的作用而产生的转矩,它是由旋转磁场的每极磁通 Φ 与转子电流 I_2 相互作用而产生的。由于转子绕组中不但有电阻而且有电感存在,使转子电流滞后感应电动势一个相位角 φ_2。可以分析得到,异步电动机的电磁转矩

$$T = C_T \Phi_m I_2 \cos\varphi_2 \tag{1-97}$$

式中 C_T——转矩结构常数,它与电动机结构参量有关;
 Φ_m——旋转磁场主磁通最大值;
 I_2——每相转子电流有效值;
 $\cos\varphi_2$——转子电路功率因数值。

三相异步电动机的电磁转矩表达式还有

$$T = C \frac{sR_2 U_1^2}{R_2^2 + (sX_{20})^2} \tag{1-98}$$

式中 C——常数;
 U_1——电源电压;
 s——电动机的转差率;
 R_2——转子每相绕组的电阻;
 X_{20}——转子静止时每相绕组的电抗。

式(1-98)更具体地表示出了异步电动机的转矩与外加电源电压、转差率及转子电路参数的关系。

2. 机械特性 电动机的机械特性是指电动机的转速与电磁转矩之间的关系,即 $n=f(T)$。相对应的曲线也称为机械特性曲线。由于转差率与转速之间存在线性关系,$s=\frac{n_1-n}{n_1}$,因此通常也用 $T=f(s)$ 表示三相异步电动机的机械特性。

为了分析电动机的运行性能,正确使用电动机,应注意 $T=f(s)$ 和 $n=f(T)$ 曲线上对应的两个区域和3个重要转矩,如图1-68所示。

(1)稳定区和不稳定区 以最大转矩 T_{max} 为界,$n=f(T)$ 曲线把机械特性分为两个区,上边为稳定运行区,下面为不稳定运行区;同理,$T=f(s)$ 曲线左边为稳定运行区,右边为不稳定运行区。

当电动机工作在稳定区上某一点时,电磁转矩 T 与轴上的负载转矩 T_L 平衡(忽略空载损耗转矩),此时电动机匀速转动。以图1-69说明,例如当轴上的负载转矩 $T_L = T_a$ 时,电动机匀速运行在 a 点,此时的电磁转矩 $T = T_a$,转速为 n_a,如

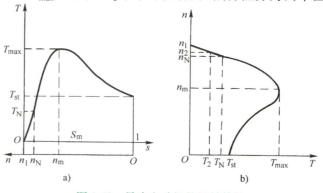

图1-68 异步电动机的机械特性
a) $T=f(s)$ b) $n=f(T)$

果负载转矩 T_L 变化,如 T_L 增大到 T_b,在最初瞬间由于机械惯性的作用,电动机转速仍为 n_a,因而电磁转矩不能立即改变,故 $T<T_L$,于是转速 n 下降,工作点将沿特性曲线下移,电磁转矩自动增大,直至增大到 $T=T_b$,即 $T=T_L$ 时,n 不再降低,电动机便稳定运行在 b 点,即在较低的转速下达到新的平衡。同理,当负载转矩 T_L 减小时,工作点上移,电动机又可自动调节到较高的转速下稳定运行。

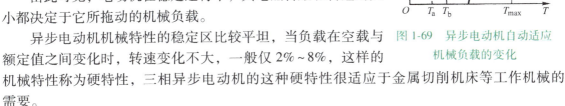

图 1-69 异步电动机自动适应机械负载的变化

由此可见,电动机在稳定运行中,其电磁转矩和转速的大小都决定于它所拖动的机械负载。

异步电动机机械特性的稳定区比较平坦,当负载在空载与额定值之间变化时,转速变化不大,一般仅 2%~8%,这样的机械特性称为硬特性,三相异步电动机的这种硬特性很适应于金属切削机床等工作机械的需要。

如果电动机工作在不稳定区,则电磁转矩不能自动适应负载转矩的变化,因而不能稳定运行。例如负载转矩 T_L 增大使转速 n 降低时,工作点将沿特性曲线下移,电磁转矩反而减小,会使电动机的转速越来越低,直到停转(堵转);当负载转矩 T_L 减小时,电动机转速又会越来越高,直至进入稳定区运行。

(2) 三个重要转矩

1) 额定转矩 T_N。额定转矩是电动机在额定负载电压下,以额定转速运行,输出额定功率时,其轴上输出的转矩。当电动机等速转动时,电动机的转矩与阻尼转矩相平衡。阻尼转矩包括负载转矩 T_2 和空载损耗转矩(主要是电动机本身的机械损耗转矩)T_0。由于 T_0 很小,通常可忽略,所以

$$T = T_2 + T_0 \approx T_2 = \frac{P_2}{2\pi n/60} \approx 9.55 \frac{P_2}{n} \tag{1-99}$$

式中　P_2——异步电动机的输出功率(W);
　　　n——异步电动机的转速(r/min);
　　　T——异步电动机的输出转矩(N·m)。

在实际应用中,P_2 的单位常用 kW,上式变为

$$T = 9550 \frac{P_2}{n} \tag{1-100}$$

额定转矩是电动机在额定功率时的输出转矩,当从电动机的铭牌上查得额定功率 P_{2N} 和额定转速 n_N 时,可得到

$$T_N = 9550 \frac{P_{2N}}{n_N} \tag{1-101}$$

异步电动机的额定工作点通常大约在机械特性稳定区的中部,为了避免电动机出现过热现象,一般不允许电动机在超过额定转矩的情况下长期运行,但有时候允许短期过载运行。

2) 最大转矩 T_{max}。最大转矩 T_{max} 是电动机能够提供的极限转矩,又称临界转矩。此时,它对应的转速 n_m 称为临界转速,转差率 s_m 称为临界转差率。电动机运行中机械负载不可超过最大转矩,否则电动机的转速将越来越低,很快导致堵转。异步电动机堵转时电流很大,

一般达到额定电流的 4~7 倍,这样大的电流如果长时间通过定子绕组,会使绕组过热,甚至烧毁。

为了避免电动机出现过热现象,不允许电动机在超过额定转矩的情况下长期运行。另外,只要负载转矩不超过电动机的最大转矩,即电动机的最大过载可以接近最大转矩,过载时间也比较短时,电动机不至于立即过热,这是允许的。最大转矩 T_{max} 反映了电动机短时容许过载能力。通常以过载系数 λ 表示,即

$$\lambda = \frac{T_{max}}{T_N} \tag{1-102}$$

一般三相异步电动机的过载系数为 1.8~2.3,在电动机的技术数据中可以查到。一些特殊电动机过载系数可以更大。过载系数是反映电动机过载性能的重要指标。T_{max}、s_m 用数学方法也可以求得

$$\left. \begin{array}{l} T_{max} = k \dfrac{U_1^2}{2X_{20}} \\ s_m = \dfrac{R_2}{X_{20}} \end{array} \right\} \tag{1-103}$$

式中　k——常数。

3)起动转矩 T_{st}。电动机刚接通电源起动时,转速 $n=0$,转差率 $s=1$,这时的转矩称为起动转矩 T_{st}。如果起动转矩小于负载转矩,即 $T_{st}<T_L$,则电动机不能起动。这时与堵转情况一样,电动机的电流达到最大,容易过热。因此当发现电动机不能起动时,应立即断开电源停止起动,在减轻负载或排除故障以后再重新起动。

如果起动转矩大于负载转矩,即 $T_{st}>T_L$ 时,则电动机的工作点会沿着 $n=f(T)$ 曲线从底部上升,电磁转矩 T 逐渐增大,转速 n 越来越高,很快越过最大转矩 T_{max},然后随着 n 的升高,T 又逐渐减小,直到 $T=T_L$ 时,电动机就以某一转速稳定运行,由此可见,只要异步电动机的起动转矩大于负载转矩,一经起动,便迅速进入机械特性的稳定区运行。

异步电动机的起动能力通常用起动转矩与额定转矩的比值 T_{st}/T_N 来表示。

一般三相笼型异步电动机的起动能力是不大的,T_{st}/T_N 约为 1.0~2.2。绕线转子异步电动机由于转子可以通过集电环外接电阻器,因而起动能力显著提高。起动能力也可在电动机的技术数据中查到。

T_{st} 也可用数学方法求得

$$T_{st} = kU_1^2 \frac{R_2}{R_2^2 + X_{20}^2} \tag{1-104}$$

式中　k——常数。

3. 外加电压和转子电阻对机械特性的影响　由上式可得,最大转矩 T_{max} 和起动转矩 T_{st} 跟定子电路外加电压 U_1 的平方成正比,而临界转差率 s_m 或临界转速 n_m 则与 U_1 无关。因此,当 U_1 降低时,T_{max}、T_{st} 减小,n_m 不变,机械特性曲线向左移,如图 1-70 所示。例如当电源电压降到额定电压的 70% 时,最大转矩和起动转矩降为额定电压时的 49%;若电压降到额定值的 50%,则转矩降到额定电压时的 25%。可见电源电压对异步电动机的电磁转矩的影响是十分显著的。

同理可知，当 U_1 一定时，临界转差率 s_m 与 R_2 成正比，最大转矩 T_{max} 与 R_2 无关，而起动转矩 T_{st} 与 R_2 有关。因此，当 R_2 增大时，s_m 增加、n_m 下降、T_{max} 不变，而 T_{st} 也有所增大，机械特性曲线向下移，如图 1-71 所示。可见异步电动机在转子电阻增大时，其机械特性变软。绕线转子异步电动机就是利用这种特性，在转子电路中串联电阻来改善其起动性能和进行调速的。

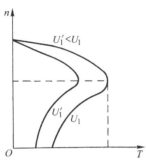

图 1-70 对应不同电源电压 U_1 的机械特性曲线（R_2 = 常数）

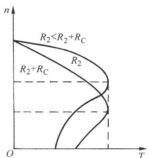

图 1-71 对应不同转子电阻 R_2 的机械特性曲线（U_1 = 常数）

1.6.4 三相异步电动机的起动

异步电动机从接入电源开始转动到稳定运转的过程称为起动。对异步电动机起动的要求主要有以下几点：

1) 起动电流不能太大。普通笼型异步电动机起动电流约为额定电流的 4~7 倍。起动电流太大会使得供电线路电压降增大，同时绕组发热，如果长时间频繁起动会使绕组过热，造成绝缘老化，大大缩短寿命。

2) 要有足够的起动转矩。

3) 起动设备要简单、价格低廉、便于操作及维护。

直接起动只能用于较小容量电动机，对于笼型异步电动机，其自身的机械强度和热稳定性允许直接起动，但同时受电网容量的限制。一般规定：功率小于 7.5kW 时允许直接起动；功率大于 7.5kW 时，符合下式也可直接起动。

$$K_I = \frac{I_{st}}{I_N} \leq \left[\frac{3}{4} + \frac{电源总容量(kVA)}{4 \times 电动机容量(kW)}\right] \qquad (1-105)$$

不能直接起动时可采用减压起动，具体方法如下。

1. 定子回路串接电阻或电抗减压起动 起动时，在定子回路中串入起动电阻 R_{st} 或电抗，则根据分压原理，降低了实际加在定子绕组上的电压，也减小了起动电流。

定子串电阻减压起动原理如图 1-72 所示。起动时接触器 1KM 闭合，2KM 断开，电动机定子绕组通过 R_{st} 接入电网减压起动；起动后 2KM 闭合，切除 R_{st}，电动机开始正常运行。

该方法起动电阻消耗能量，效率较低。

2. 自耦变压器减压起动 自耦变压器减压起动原理图如图 1-73 所示，TA 为自耦变压器。起动时接触器 2KM、3KM 闭合，1KM 断开，电动机定子绕组经 TA 接至电网，降低了定子电压。当转速接近额定转速时，2KM、3KM 断开，1KM 闭合，TA 被切除，电动机定子绕组经 1KM 接入电网，起动结束。

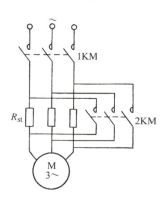

图 1-72　定子串电阻减压起动原理

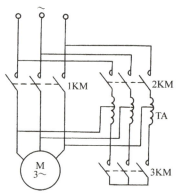

图 1-73　自耦变压器减压起动原理图

该方法优点是起动电流较小、起动转矩较大，但设备体积大、笨重、价格贵、维修不方便。

3. Y-△减压起动　对于正常运行时定子绕组为△联结，并有六个出线端子的笼型异步电机，起动时将定子绕组接成Y，以降低起动电压，起动后再接成△。Y-△起动原理图如图 1-74 所示。起动时 1KM、3KM 闭合，2KM 断开，定子绕组接成Y，当转速接近额定转速时，3KM 断开、2KM 闭合，定子绕组接成△，起动完毕。

该方法起动时，起动电流和起动转矩都降低为全压起动时的 1/3。其起动设备简单，价格便宜，操作方便。它适用于 30kW 以下的电动机空载或轻载起动。

4. 绕线转子异步电动机转子绕组串变阻器起动　绕线转子异步电动机的主要优点之一是：能够在转子绕组中串接外接电阻来改善电动机的起动性能。绕线转子异步电动机转子串电阻起动原理图如图1-75所示，起动时，一般采用转子串多级起动电阻，然后分级切除起动电阻的方法。

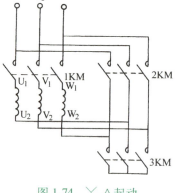

图 1-74　Y-△起动原理图

起动开始时，1KM~3KM 断开、KM 闭合，定子接入三相电源，转子串入全部起动电阻，电动机加速。随着转速的升高，1KM 闭合，切除第一段起动电阻；转速再升高，2KM 闭合，同理，3KM 闭合，起动电阻全部短路直至起动完毕。

实际使用中，为了克服逐级切除起动电阻的麻烦，以及消除切除电阻时引起的对电流和转矩的冲击，常选用频敏变阻器起动，其结构示意图如图 1-76 所示，它能实现无级起动，其阻抗随转速的升高而自动平滑的减小。频敏变阻器是由厚钢板叠成铁心，并在铁心柱上套有线圈的电抗器，它如同一台没有二次绕组的三相变压器。国产的频敏变阻器有 BP1、BP2、BP3、BP4 等系列。

5. 其他方法　随着电子和计算机技术的日益发展，传统的起动器不断被新型的软起动器所替代。软起动器有磁控式软起动器和电子式软起动器。

磁控式软起动器是将电子技术和磁控技术相结合,采用磁控原理进行调感调压,使电动机在减压起动过程中电压无级平滑地从初始值按给定斜率上升到额定电压。电动机具有软起动特性,且具有短路、过载、欠电压、三相不平衡等保护功能。电子式软起动器是微处理器和大功率晶闸管相结合的新技术。软起动实质也是一种减压起动,但具有传统起动方法不可比拟的优越性。笼型异步电动机凡不需要调速的场合都可使用,特别适用于各种泵类或风机类负载需要软起动与软停车的场合。

此外,变频器也具有软起动功能,同时具有调速和显著的节能性能。但由于价格较高,一般不单纯用于软起动,常用于电动机需要调速的场合。

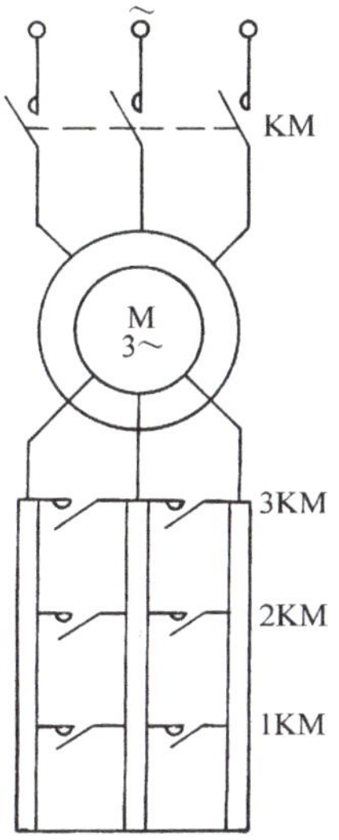

1.6.5 三相异步电动机的调速

工业生产中,为了满足生产过程的需要,常利用人为的方法,改变电动机的机械特性,使得在同一负载下获得不同的转速称为电动机调速。

由异步电动机的转速关系可知:

$$n = n_1(1-s) = \frac{60f_1}{p}(1-s) \qquad (1\text{-}106)$$

要改变电动机的转速,可用改变电源频率 f_1、电动机的磁极对数 p 及转差率 s 三种方法来实现。

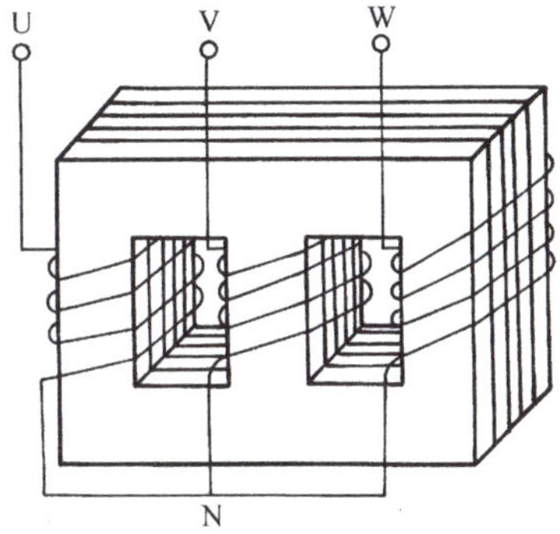

1. 变极调速 改变异步电动机定子绕组的接线,可以改变磁极对数,从而得到不同的转速。由于磁极对数 p 只能成倍地变化,所以这种调速方法不能实现无级调速。

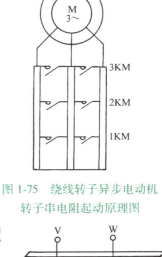

图 1-75 绕线转子异步电动机转子串电阻起动原理图

图 1-76 频敏变阻器的结构示意图

变极调速虽然不能实现平滑无级调速,但它比较简单、经济,如在定子上安装两套三相绕组,可制成三速、四速电动机。这种多速电动机常用在金属切削机床上。

2. 变频调速 我国电网的固有频率为 50Hz,要改变电源的频率 f_1 进行调速,需要专门的变频电源设备。目前普遍采用由功率半导体器件构成的静止变频器。

变频调速具有优异的性能,主要是调速范围较大、平滑性好、能适应不同负载的要求,它是交流电动机调速的发展方向。随着半导体变流技术的不断发展,工作可靠、性能优异、价格便宜的变频调速线路不断出现,变频调速的应用已日益广泛,从根本上解决了笼型异步电动机的调速问题。

3. 变转差率调速 降低电源电压、绕线转子异步电动机转子回路串电阻等都属于变转差率调速。这里只介绍转子回路串电阻调速方法。

在绕线转子异步电动机转子回路接入一个调速变阻器,根据绕线转子异步电动机转子回路串电阻转差率改变的人为特性,此时转差率改变即转速改变,如果电阻连续可调,则能实现无级调速,其原理如图 1-77 所示。设负载转矩为 T_L,当转子回路总电阻为 R_a 时,电动机稳定运行在 a 点，转速为 n_a；如 T_L 不变，转子回路电阻增加到总电阻为 R_b 时，则电动机的机械特性变软，转差率 s 增大，工作点由 a 点移至 b 点，于是转速降低为 n_b。转子回路串电阻越大，则转速越低。

变转差率调速方法简单，调速平滑，但调速范围不大，而且要消耗能量，常用于起重设备上。

此外，绕线转子异步电动机还可采用串级调速，具体可参阅电机学方面书籍。

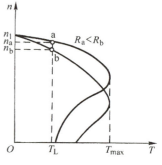

图 1-77 变转差率调速原理

复习思考题

1. 什么是电路？它由哪几个基本部分组成？每个部分起什么作用？
2. 已知参数如图 1-78 所示，求 U_{ab} =？
   （1）$I=-5A$，$R=10\Omega$。
   （2）$I=5A$，$R=10\Omega$，$E=2V$。
   （3）$I=-5A$，$R=10\Omega$，$E=2V$。
3. 上题中三个电路，哪个电路从外电路吸取功率？哪个电路向外电路发出功率？吸收或发出的功率是多少？
4. 有一 220V，3kW 的电炉，接在 220V 的电源上，每天用 4h，问一个月（计 30 天）用电多少 kW·h？
5. 额定值分别为 110V、60W 和 110V、40W 的两个灯泡，能否串联起来接在 220V 的电源上工作？
6. 试求图 1-79 所示电路中的电流 I。

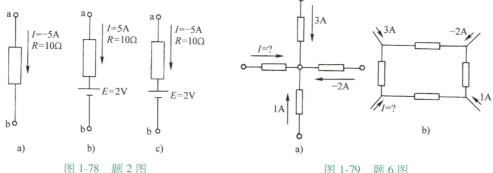

图 1-78 题 2 图　　　　图 1-79 题 6 图

7. 图 1-80 所示，已知蓄电池电动势为 $E=6V$，内阻 $R_i=0.1\Omega$，求开关 S 分别与 $R_1=1.1\Omega$ 和 $R_2=0.2\Omega$ 相连接、短路、断路时的电流及电源的端电压。
8. 指出正弦电压 $u=1410\sin(6280t+45°)$ V 的最大值、有效值、频率、角频率、周期、相位和初相位各是多少？
9. 为什么说直流电路中只有一种参数 R 起作用？而交流电路中三种参数 R、L、C 都起作用？
10. 设有两个正弦电压，$u_1=220\sqrt{2}\sin(314t+30°)$ V，$u_2=220\sqrt{2}\sin(628t+30°)$ V，问这两个电压是否相等？为什么？它们的有效值是否相等？为什么？
11. 一线圈 $R=3\Omega$，$L=12.73$mH，接到 50Hz、220V 的电源上，试求电路的功率因数、有功功率、无功功率、视在功率。
12. 已知 $i_1=10\sqrt{2}\sin(\omega t+45°)$ A，$i_2=20\sqrt{2}\sin(\omega t-45°)$ A，试用相量表示 i_1、i_2，画出相量图，并写出 $i=i_1+i_2$ 的表达式。
13. 为了测出某线圈的电感，可先用万用表测出它的电阻 $R=16\Omega$，再把它接到 110V、50Hz 的电压上，

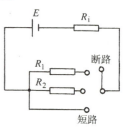

图 1-80 题 7 图

测出电流 $I=5\text{A}$。试由这些数据确定线圈的电感。

14. 一只电容量 $0.47\mu\text{F}$ 的电容器，接到 $u=10\sqrt{2}\sin(1000t+30°)\text{V}$ 的电压上，选定电压、电流参考方向一致。求流过电容器的电流 i 的表达式，并画出电压、电流相量图。

15. 有两个正弦量

$$u = 10\sqrt{2}\sin(314t+30°)\text{V}$$
$$i = 0.5\sqrt{2}\sin(314t-60°)\text{A}$$

试求：

（1）它们各自的幅值、有效值、角频率、频率、周期、初相位。
（2）它们之间的相位差，并说明其超前与滞后关系。
（3）试绘出它们的波形图。

16. 某电路只具有电阻，$R=2\Omega$，电源电压 $u=14.1\sin(\omega t-30°)\text{V}$，试写出电阻的电流瞬时值表达式；如果用电流表测量该电路的电流，其读数应为多少？电路消耗的功率是多少？若电源频率增大一倍，电源电压值不变，又如何？

17. 某线圈的电感为 0.5H（电阻可忽略），接于 220V 的工频电源上（设电压的初相位为 $30°$），求电路中电流的有效值及无功功率，画出相量图；若电源频率为 100Hz，其他条件不变，又如何？

18. 如图 1-81 所示，$R=5\Omega$，$L=0.05\text{H}$，$\dot{I}=1\text{A}$，$\omega=200\text{rad/s}$，试求 $\dot{U}_R$、$\dot{U}_L$ 和 $\dot{U}_S$，并作出相量图。

19. 已知图 1-82 所示电路中电压表的读数 V_1 为 6V，V_2 为 8V，V_3 为 14V，电流表的读数 A_1 为 3A、A_2 为 8A、A_3 为 4A。求电压表和电流表的读数。

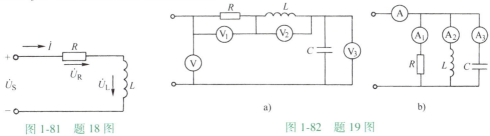

图 1-81　题 18 图　　　　图 1-82　题 19 图

20. 荧光灯等值电路如图 1-83 所示，已知灯管电阻 $R_2=190\Omega$，镇流器的电阻 $R_1=120\Omega$，电感 $L_1=1.9\text{H}$，电源电压 $U=220\text{V}$，频率 $f=50\text{Hz}$。试求电路中的电流 I，镇流器电压 U_1，灯管电压 U_2 及电路功率因数，并画出相量图。

21. 在 R、L、C 串联电路中，已知 $R=10\Omega$，$X_L=\text{j}15\Omega$，$X_C=-\text{j}5\Omega$，电源电压 $u=10\sqrt{2}\sin(314t+30°)\text{V}$。求此电路的复阻抗 Z，电流 $\dot{I}$，电压 $\dot{U}_R$、$\dot{U}_L$、$\dot{U}_C$，并画出相量图。

22. 有一个电压为 110V、功率为 75W 的白炽灯泡，不得不在电压为 220V 的线路上工作。为了使白炽灯泡两端的电压等于 110V，可以用一个电阻与白炽灯串联，也可用一个电感线圈与其串联（电感线圈电阻忽略不计）。试求所需的电阻或电感，并比较这两种方法的效率及功率因数。设电源的频率为 50Hz。

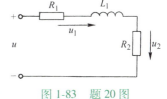

图 1-83　题 20 图

23. 一台三相笼型异步电动机，铭牌上标有 $380\text{V}/220\text{V}$，Y/△字样，如将它接在线电压为 380V 电源上，应怎样联结？如接在线电压为 220V 电源上，又该怎样联结？

24. 电源和负载都是Y联结的三相对称电路，有中线和没有中线有什么不同？

25. 一台三相异步电动机，额定功率为 10kW，功率因数为 0.8，规定在 380V 时，其三相绕组作Y联结，现误接成△联结方式，将造成什么样的后果？

26. 对称三相电路的瞬时功率有什么特点？

27. 某三相电阻炉，其每相电阻 $R=10\Omega$，试求：

（1）三相电阻作Y联结，接在线电压为 380V 的对称电源上，电炉从电网吸收多少功率？
（2）三相电阻作△联结，接在线电压为 380V 的对称电源上，电炉从电网吸收多少功率？

(3) 从（1）和（2）的结果，可得到什么结论？

28. 有一台容量为10kVA的单相变压器，电压为3300V/220V。变压器在额定状态下运行，试求：

(1) 一次、二次额定电流。

(2) 二次可接40W、220V 的白炽灯（$\cos\varphi = 1$）多少盏？

(3) 二次改接40W、220V、$\cos\varphi = 0.44$ 的日光灯，可接多少盏？

29. 某三相电力变压器的额定容量为$S_N = 400$kVA、额定电压为$U_{1N}/U_{2N} = 10$kV/0.4kV，采用Yd联结，试求一次、二次的额定线电流。

30. 什么叫异步电动机的同步转速？它与转子转速有什么区别？

31. 三相异步电动机稳定运行时，当负载转矩增加时，异步电动机的电磁转矩为什么也会相应增大？当负载转矩大于异步电动机的最大转矩时，电动机将会发生什么情况？

32. 有一台异步电动机，额定频率为50Hz，额定转速$n_N = 720$r/min，试求电动机的极对数、同步转速及额定运行时的转差率。

33. 已知一台三相笼型异步电动机额定线电压为380V，额定功率为7kW，额定功率因数$\lambda\cos\varphi_N = 0.82$，效率$\eta_N = 0.86$，求电动机的额定线电流。

34. 某异步电动机的额定功率为32kW，额定转速$n_N = 1470$r/min，$T_{st}/T_N = 2.0$，$T_{max}/T_N = 2.2$，$U_N = 380$V。

(1) 试求这台电动机的机械特性，并画出机械特性曲线。

(2) 当它带额定负载运行时，电源电压短时间降低，最低允许降到多少伏？

35. 某异步电动机的额定功率为15kW，额定转速$n_N = 970$r/min，额定频率为50Hz，最大转矩为295N·m，求电动机的过载系数λ。

36. 某异步电动机$T_{st}/T_N = 1.4$，如果将电动机的端电压降低25%，起动时轴上负载转矩$T_L = T_N/2$，问电动机能否起动？为什么？

37. 异步电动机拖动恒转矩负载运行，采用降压调速方法，在低速运行时会有什么问题？

第2章 常用低压电气设备及其控制电路

2.1 低压电器的基本知识

低压电器通常是指交流1200V以下与直流1500V以下电路中起通断、控制、保护和调节作用的电气设备，以及利用电能来控制、保护和调节非电过程和非电装置的用电装备。在建筑工程中常见的低压电气设备有刀开关、低压断路器、熔断器、接触器、各种继电器等。

2.1.1 低压电器分类

1. 按动作方式分类 可分为自动电器和非自动电器。

（1）自动电器 按照电信号或非电信号的变化而自动动作的电器，如继电器、接触器等。

（2）非自动电器 由人工直接操作而动作的电器，如按钮、开关等。

2. 按控制作用分类 可分为执行电器、控制电器、主令电器和保护电器。

（1）执行电器 用来完成某种动作或传递功率，如电磁铁。

（2）控制电器 用来控制电路的通断，如开关、继电器。

（3）主令电器 用来控制其他自动电器的动作，以发出控制指令，如按钮、主令开关。

（4）保护电器 用来保护电源、电路及用电设备，使它们不会在短路过载状态下运行，免遭损坏，如熔断器、热继电器等。

3. 按工作原理分类 可分为电磁式电器和非电量控制电器。

（1）电磁式电器 根据电磁感应原理来工作的电器，如接触器、继电器。

（2）非电量控制电器 依靠外力或非电量的变化而动作的电器，如按钮、温度继电器。

2.1.2 低压电器结构形式

各类低压电器从基本结构上看，大部分由触头系统、推动机构和灭弧装置组成。

1. 触头系统 触头是电器的执行部分，用来接通和分断电路。

（1）触头接触形式 如图2-1所示，点接触式适用于小电流；面接触式适用于大电流；线接触式（又称指形接触）适用于通断次数多、大电流的场合。

（2）触头分类 如图2-2所示，固定不动的称为静触头，由连杆带着移动的称为动触头。电器触头在电器未通电或没有受到外力作用时所处的闭合位置称为动断（又称常闭）触头，常态时相互分开的动、静触头称为动合（又称常开）触头。

2. 推动机构 推动机构与动触头的连杆相连，以推动动触头动作。

对于非电量控制电器，推动力是电磁机构产生的电磁力。电磁机构通常采用电磁铁形式，由吸引线圈、铁心和衔铁三部分组成。其结构形式按铁心形式分为单E形、单U形、螺管形、双E形等；按动作方式分为直动式、转动式等。其工作原理是：吸引线圈通入电流后，产生磁场，磁通经铁心、衔铁和工作气隙形成闭合回路，产生电磁吸力，衔铁即被吸向铁心。

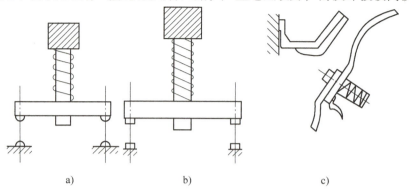

图 2-1 触头的三种接触形式
a）点接触 b）面接触 c）线接触

根据吸引线圈通电电流的性质不同，电磁铁可分为直流电磁铁和交流电磁铁。

直流电磁铁吸引线圈通入的是恒稳电流，即在外加电压和线圈电阻 R 一定的条件下其电流值 I 也一定，与空气气隙的大小无关。但作用在衔铁上的吸力 F 与空气气隙的大小有关。当电磁铁刚起动时，空气气隙最大，此时磁路中磁阻最大，磁感应强度较小，故吸力最小；当衔铁完全吸合后，空气气隙最小，此时磁路中磁阻最小，磁感应强度较大，吸力最大。

交流电磁铁吸引线圈通入的是交变电流，它所产生的磁场是交变磁场。因磁场是交变的，电磁吸力的大小也是时刻变化的。由于吸力是脉动的，使得衔铁以两倍电源频率振动，既会引起噪声，又会使电器结构松散，触头接触不良，容易被电弧火花熔焊与蚀损。因此，必须采取有效措施，使得线圈在交流电变小和过零时仍有一定的电磁吸力以消除衔铁的振动。为此，在磁极的部分端面上嵌入一个铜环（又称短路环或分磁环），如图 2-3 所示。当磁极的主磁通发生变化时，由于在短路环中产生感应电流和磁通，将阻碍主磁通的变化，使得磁极两部分中的磁通之间产生相位差，因而磁极各部分的磁通不会同时降为零，磁极一直具有一定的电磁吸力，这就消除了衔铁的振动，也除去了噪声。

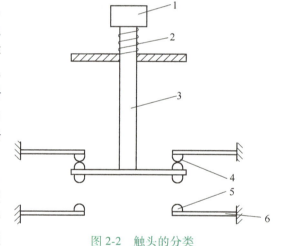

图 2-2 触头的分类
1—推动机构 2—复位弹簧 3—连杆 4—动断静触头 5—动合静触头 6—动触头

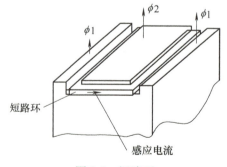

图 2-3 短路环

交流电磁铁刚起动时，气隙最大，磁阻最大，电感和感抗最小，因而这时的电流最大；在吸合过程中，随着气隙的减小，磁阻减小，线圈电感和感抗增大，电流逐渐减小。当衔铁完全吸合后,电流最小。在电磁铁起动时,线圈的电流虽最大,但这时的磁阻要增大到几百倍,而线圈的电流受到漏阻抗的限制,不能增加相应的倍数。因此起动时磁动势的增加小于磁阻的增加,于是磁通、磁感应强度减小,吸力较小,当衔铁吸合后,磁阻减小较多,磁动势减小较少,于是磁通、磁感应强度增大,吸力增大。

交流电磁铁工作时,衔铁与铁心之间一定要吸合好。如果由于某种机械故障,衔铁或机械可动部分被卡住,通电后衔铁吸合不上,线圈中流过超过额定值的较大电流,将使线圈严重发热,甚至烧坏。

3. 灭弧装置　电器触头在闭合或断开的瞬间,都会在触头间隙中由电子流产生弧状的火花,也称电弧。炽热的电弧会烧坏触头,还会因电弧造成短路、火灾或其他事故,故应采取适当的措施熄灭电弧。

在低压控制电器中,常用的灭弧方法和装置有以下几种。

(1) 电动力灭弧　图2-4所示为双断口桥式触头。

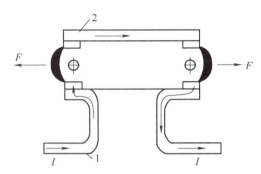

图2-4　双断口桥式触头

1—静触头　2—动触头

当触头打开时,在断口处产生电弧。两个电弧相当于平行载流导体,产生互相推斥的电动力,使电弧向外运动,电弧被拉长并接触冷却介质使电弧冷却而熄灭。

这种灭弧方法不要专门灭弧装置,但电流较小时,电动力也小,多用在小容量的交流接触器中。当交流电流过零时,电弧更易熄灭。

(2) 磁吹灭弧　如图2-5所示,在触头回路串一电流线圈,回路电流及其产生的磁通方向如图所示。当触头分断产生电弧时,根据左手定则,电弧受到由纸面向里的电磁力,使电弧拉长迅速冷却而熄灭。这种串联磁吹灭弧,电流越大,灭弧力越强。当线圈绕制方向定好后,磁吹力与电流方向无关。也可用并联磁吹线圈,这时应注意线圈的极性。

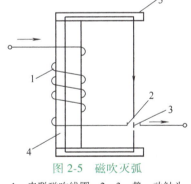

图2-5　磁吹灭弧

1—串联磁吹线圈　2、3—静、动触头
4—铁心　5—导磁钢片

交直流电器均可采用磁吹灭弧方式。以直流接触器用此法为多,因为直流电弧较难熄灭。

(3) 灭弧栅灭弧　图2-6为栅片灭弧示意图,在耐热绝缘罩内卡放一组镀锌钢片称为灭弧栅片。当触头分开时所产生的电弧由于电动力作用被推向灭弧栅,电弧与金属片接触易于冷却,并且电弧被分割成许多段,每一个栅片相当于一个电极,当交流电弧过零时在新阴极表面产生阴极压降,使电弧被熄灭。

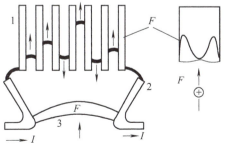

图2-6　栅片灭弧示意图

1—灭弧栅片　2—弧角　3—电弧

栅片灭弧效果用在交流时比直流时好得多,交流电器多采用栅片灭弧。

（4）灭弧罩灭弧　比灭弧栅更简单的是采用一个陶土和石棉水泥做成的耐高温的灭弧罩。电弧进入灭弧罩后，可以降低弧温和隔弧。在直流接触器的触头上广泛采用这种灭弧装置。

2.2　开关电气设备

2.2.1　刀开关

1. 低压刀开关　低压刀开关是一种结构较简单的手动电器，它的最大特点是有一个刀形动触头。基本组成部分是闸刀（动触头）、刀座（静触头）和底板，接通或切断电路是由人工操纵闸刀完成的。刀开关的型号是以 H 字母打头的，种类规格繁多，并有多种衍生产品。按其操作方式分，有单投和双投；按极数分，有单极、双极和三极；按灭弧结构分，有带灭弧罩的和不带灭弧罩的等。刀开关常用于不频繁地接通和切断交流和直流电路，装有灭弧室的可以切断负荷电流，其他的只作隔离开关使用。低压刀开关的技术参数见表2-1。

表2-1　低压刀开关的技术参数

额定电压/V		AC 380、DC 220、440					
额定电流/A		100	200	400	600	1000	1500
通断能力/A	AC 380V、$\cos\phi=0.72\sim0.8$	100	200	400	600	1000	1500
	DC- $T=0.01\sim0.011s$　220V	100	200	400	600	1000	1500
	440V	50	100	200	300	500	750
机械寿命/次		10000	10000	10000	5000	5000	5000
电寿命/次		1000	1000	1000	500	500	500
1s 热稳定电流/kA		6	10	20	25	30	40
动稳定电流峰值/kA	杠杆操作式	20	30	40	50	60	80
	手柄式	15	20	30	40	50	—
操作力/N		35	35	35	35	45	45

2. 熔断器式刀开关　熔断器式刀开关是一种将低压刀开关和低压熔断器组合一起的开关，它具有刀开关与熔断器的双重功能。常见的 HR3 系列，把 HD 型或 HS 型闸刀换成 RT0 系列熔断器的具有刀形触头的熔管，适用于交流频率50Hz、额定工作电压380V 或直流440V、额定工作电流至1000A 的电路中，可以不频繁地接通和分断负荷电流，并提供线路及用电设备的过载与短路保护。

HR3 系列熔断器式刀开关的技术参数见表2-2。

表2-2　HR3 系列熔断器式刀开关的技术参数

型　号	刀开关与熔断体额定电流/A	熔体额定电流/A	刀开关分断能力/A		熔断器分断能力/kA	
			AC 380V $\cos\phi\geq0.6$	DC 440V $T\leq0.0045s$	AC 380V $\cos\phi\leq0.3$	DC 440V $T=0.015\sim0.02s$
HR3—100	100	30、40、50 60、80、100	100	100	50	25

(续)

型 号	刀开关与熔断体额定电流/A	熔体额定电流/A	刀开关分断能力/A		熔断器分断能力/kA	
			AC 380V $\cos\phi \geq 0.6$	DC 440V $T \leq 0.0045s$	AC 380V $\cos\phi \leq 0.3$	DC 440V $T = 0.015 \sim 0.02s$
HR3—200	200	80、100、120 150、200	200	200	50	25
HR3—400	400	150、200、250 300、350、400	400	400	50	25
HR3—600	600	350、400、450 500、550、600	600	600	50	25
HR3—1000	1000	700、800、900 1000	1000	1000	25	25

熔断器式刀开关除了 HR3 系列之外，还有 HR5、HR6、HR11 系列等。

3. 低压负荷开关 低压负荷开关由带灭弧罩的刀开关与熔断器串联组合而成，外装封闭的外壳。它既能有效地通断负荷电流，又能进行短路保护。具有操作方便、安全经济的特点，在可靠性要求不高、负荷不大的低压线路中应用广泛。

（1）封闭式负荷开关 又称铁壳开关，此开关的闸刀和熔断器装在封闭的钢壳或铁壳内，可以防止电弧溅出；但外壳不密封，不能防水、防爆。由刀形动触头、静触头座、熔断器、速断弹簧、操作手柄组成。速断弹簧的作用是使开关在分闸时刀形动触头很快地与静触头座分离，电弧被迅速拉长而熄灭。封闭式负荷开关常用的有 HH3 系列、HH4 系列、HH12 系列等。

HH12 系列封闭式负荷开关的技术参数见表 2-3。

表 2-3 HH12 系列封闭式负荷开关的技术参数

产品型号	额定工作电压/V	额定工作电流/A	额定熔断短路电流/kA $\cos\phi = 0.25$	额定通断能力/A $\cos\phi = 0.35 \sim 0.65$	介电性能/V	机械寿命/次	电寿命/次	操作力 $\leq$/N
HH12—20/3	415	20	50	80	2500	10000	5000	80
HH12—32/3	415	32	50	140	2500	10000	5000	120
HH12—63/3	415	63	50	250	2500	10000	5000	160
HH12—100/3	415	100	50	400	2500	3000	2000	200
HH12—200/3	415	200	50	800	2500	3000	2000	240

（2）开启式负荷开关 又称胶盖闸刀，是一种简单的手动操作开关，它价格便宜、使用方便，适用于交流 50Hz、额定电压为 220V（单相）和 380V（三相）的小容量线路中，作为手动不频繁通断负载电路，并提供短路保护。它由瓷质底座、静触头座、带手柄的闸刀形动触头、熔丝接头、胶盖组成。开启式负荷开关的型号有 HK2 系列、HK4 系列、HK8 系列等。

4. 低压刀开关的选择 选择低压刀开关要根据使用环境、功能要求选择适当的型号系列。刀开关的额定电压、额定电流要符合安装处的电压、通过负荷电流的要求。然后再按短路条件进行短路的动稳定、热稳定校验。在确定额定电流时要注意，一般的普通负荷，可以按负荷的正常工作电流来选择；如果用刀开关来接通像电动机这样的负荷时，考虑到电动机的起动电流比其工作电流大，因此刀开关的额定电流要在电动机的正常工作电流基础上再乘以一个倍数。具体的倍数要根据电动机的型号规格来定。刀开关如果带有熔断器，其熔体电流的确定按低压熔断器的电流选择原则进行。

2.2.2 低压断路器

低压断路器又称空气开关，或自动空气开关。它既能带负荷通断电路，又能在短路、过负荷和失压下自动断开电路，是低压线路中重要的开关设备。低压断路器的结构及原理如图 2-7 所示。

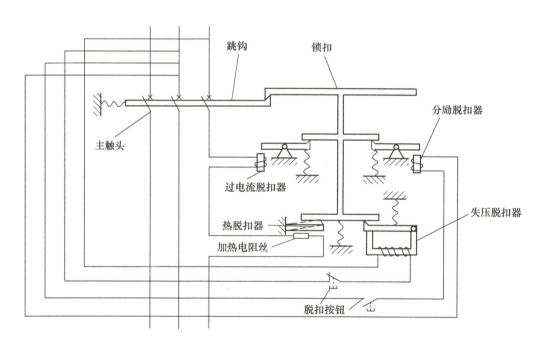

图 2-7 低压断路器的结构及原理

1. 结构组成 低压断路器的规格型号很多，具体结构各异，但基本组成通常都有以下几个部分。

（1）触头系统 触头系统有两个部分，一个用于接通或分断供电的主回路，一般有三档之分。一档的只有主触头，适用于小容量开关；双档的有主触头和弧触头；三档的有主触头、副触头和弧触头。主触头负责长期接通主回路，弧触头负责分断主回路的电弧以保护主触头，副触头给主触头提供双重保护。低压断路器的合闸过程是：首先弧触头闭合，其次副触头闭合，最后主触头闭合；分闸时相反，先断开主触头，然后是副触头，最后弧触头将电路断开。这样，电弧只在弧触头上形成，保证了主触头不被电弧烧灼。

触头系统的第二个部分是辅助触头（触头），用于与断路器有关的辅助回路中（如双回路供电断路器之间的自动切换回路等）。辅助触头一般装在触头盒内，有动合（常开）、动断（常闭）触头若干对。辅助触头和主触头是联动的，当主触头闭合时，辅助触头动合的闭合、动断的打开；当主触头分断时，辅助触头则动合的打开、动断的闭合。

（2）灭弧系统　灭弧系统的作用是熄灭断路器分闸时产生的电弧。其灭弧室内有铁磁材料的灭弧栅片，主要利用灭弧栅片形成的短弧来熄灭电弧。灭弧栅片的灭弧原理如图2-8所示。

断路器分断时，在动、静触头之间形成的电弧被拉入灭弧栅片之中，长电弧即被分割成一串短电弧。由于是交流，电弧在电流过零时会自然熄灭，短弧在当电流过零电弧熄灭时，几乎立即出现150～250V的绝缘强度。如果灭弧室内有n个

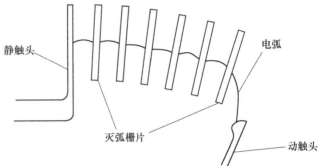

图2-8　灭弧栅片的灭弧原理

栅片，将形成n个短弧，n个短弧总的绝缘强度为$n(150\sim250)$V，如果加在触头之间的电压小于$n(150\sim250)$V时，电弧不能维持而熄灭。

（3）操动机构　操动机构负责断路器触头系统的开合。由传动机构和自由脱扣机构组成。传动机构负责将外力传入，可分为手柄传动、杠杆传动、电磁铁传动、电动机传动等。自由脱扣机构用于实现传动机构和触头系统之间的联系。

（4）智能脱扣器　脱扣器用于监测断路器所在电路的各种故障及不正常状态或接受外部指令，通过执行元件使断路器动作。低压断路器的脱扣器很多是智能型的，它除了具有传统脱扣器的过载长延时、短延时、瞬时动作等保护功能之外，还能实现过载报警、负载监控、自我诊断、故障记忆、实验监控等功能。

2. 自动跳闸原理　低压断路器首先利用操作手柄人工合闸，或用合闸线圈电动合闸，将电路接通。由于在合闸时已经将跳闸的能量储存好了，断路器的跳闸实际上是在"脱扣"。当线路上出现短路故障时其过电流脱扣器动作，使开关跳闸；如出现过负荷时，加热元件过热使双金属片弯曲，也使开关脱扣跳闸；当线路电压消失或严重下降时，失压脱扣器动作，开关跳闸；开关在正常接通情况下，按下失压回路的脱扣按钮，失压脱扣器失电跳闸；按下分励回路的脱扣按钮，分励脱扣器得电，使开关远控跳闸。

3. 低压断路器分类　低压断路器按照用途可分为配电用断路器、电机保护用断路器、直流保护用断路器、发电机励磁回路用的灭磁断路器、照明用断路器、漏电保护断路器等。

低压断路器按照分断短路电流的能力可分为经济型、标准型、高分断型、限流型、超高分断型等。

配电用低压断路器按保护特性分为A类和B类，A类是非选择型，B类是选择型。选择型是指断路器具有由过载长延时、短路短延时、短路瞬时保护构成的两段式或三段式保护。非选择型断路器一般只有短路瞬时保护，也有用过载长延时保护的。图2-9表示低压断路器的保护特性曲线。

配电用低压断路器按结构形式分为万能式和塑料外壳式。

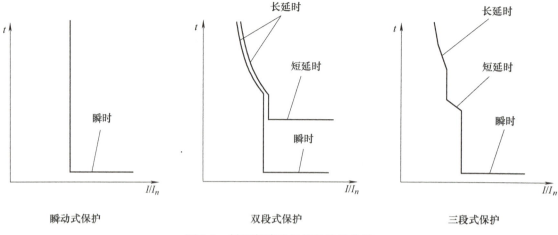

图 2-9 低压断路器的保护特性曲线

低压断路器的代号含义如下：

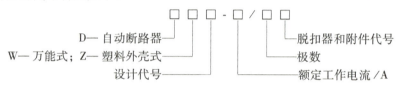

4. 万能式断路器 万能式断路器又称框架式断路器，它可以带多种脱扣器和辅助触头，操动方式多样，装设地点灵活。目前常用的型号有，AE 系列（日本三菱电机公司）、DW12 系列、DW15 系列、DW16 系列、DW17（ME）系列（德国 AEG 公司）等。DW16 系列万能式断路器的外形如图 2-10 所示，其保护特性曲线如图 2-11 所示，主要技术参数见表 2-4。它适用于 50Hz、额定电流 100～630A、额定工作电压 380V 的配电网络中，提供失压、过载、短路保护，以及 TN 接地系统中单相金属性接地故障保护，也可以用作电动机的保护之用。在正常条件下可作为线路不频繁通断及电动机的不频繁起动之用。DW16 系列的操作方式有手动、杠杆传动和电动方式。过电流保护有过负荷长延时及短路瞬时动作脱扣器，单相接地保护有瞬时或延时动作脱扣器。DW16 系列断路器触头选用特殊合金材料，灭弧罩采用耐弧塑料和栅片灭弧方式，提高了断路器的短路分断能力和抗熔焊性能。

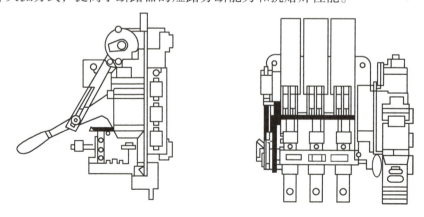

图 2-10 DW16 系列万能式断路器的外形

第2章 常用低压电气设备及其控制电路

5. 塑料外壳式断路器 又称装置式自动空气开关,它的全部元件都装在一个塑料外壳内,在壳盖中央露出操作手柄,用于手动操作,在民用低压配电中用量很大。其常见的型号有DZ13系列、DZ15系列、DZ20系列、DZ23系列、DZS3(3VE)系列、PX200C系列、TO系列、H系列、S系列、C45系列、C65系列等,其种类繁多。

6. 剩余电流断路器 在断路器上加装漏电保护器件,可以作为人身触电和线路设备漏电保护之用,并能用来保护线路与设备的过载和短路。漏电保护型的低压断路器在原有代号上再加上字母L,表示是漏电保护型的。如DZ12L-60系列剩余电流断路器。

DZ12L-60系列剩余电流断路器是用在交流50Hz、220V、240V电路中的。其技术参数见表2-5。

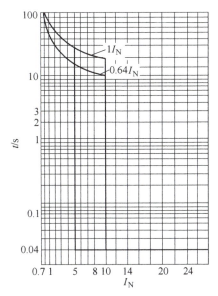

图2-11 DW16系列万能式断路器的保护特性曲线

表2-4 DW16系列万能式断路器的技术参数

壳架等级电流/A	额定电流 I_N/A	额定短路分断能力(有效值)/kA AC 380V	额定短路接通能力(有效值)/kA $\cos\phi=0.25$	额定接地接通分断能力/kA AC380V $\cos\phi=0.5$	飞弧距离/mm	长延时电流整定值调节范围	瞬时过电流脱扣器电流整定值 配电用	瞬时过电流脱扣器电流整定值 保护电动机用	额定接地动作电流 I_N 电子式	额定接地动作电流 I_N 电磁式	额定接地不动作电流 $I_{\Delta eo}$
							×I_N				×$I_{\Delta e}$
400	100 160 200 250 315 400	30	2.1×30	4.8	250	0.64~1	3~6	5~10	— 0.3	— 0.5	— 0.5
630	315 400 630			7.5							

表2-5 DZ12L-60系列剩余电流断路器技术参数

型号	极数	额定频率/Hz	额定电压 U_N/V	辅助电源额定电压 U_{sn}/V	壳架等级额定电流 I_{nm}/A	额定电流 I_N/A	额定漏电动作电流 $I_{\Delta n}$/A	额定漏电不动作电流 $I_{\Delta no}$	额定短路接通分断电流 240V $\cos\phi=0.8$ I_m/A	额定漏电接通分断电流 $I_{\Delta m}$/A
DZ12L—60/1	1极	50	220(240)	220(240)	60	6、10	0.02	0.5$I_{\Delta n}$	1000	1000
						15、20 30、40			3000	3000
DZ12L—60/2	2极		220(240)	220(240)					4500	3000
						15、20 30、40				
DZ12L—60/3	3极		380(415)	380(415)		50、60			3000	3000

7. 低压断路器的选择

1）低压断路器的额定电压应大于或等于安装处的线路额定电压；低压断路器的额定电流（主触头长期允许通过的电流）应大于或等于安装处线路在正常情况下的最大工作电流。

2）断路器的开断电流（容量）要大于或等于安装处的短路电流（容量）。

3）根据使用环境、工作要求、安装地点和供货条件选择适当的形式。

4）脱扣器额定电流（即脱扣器长期允许通过的最大电流）的选择，也按照大于或等于安装处线路在正常情况下的最大工作电流来进行。

5）选择脱扣器的动作整定电流或整定倍数，过载长延时脱扣器按躲开线路在正常情况下的最大工作电流整定；短路短延时和短路瞬时脱扣器按躲开线路在正常情况下的最大尖峰电流整定。

6）灵敏度校验。脱扣器的动作电流整定出来后，需要校验在保护范围末端，最小运行方式下发生两相或单相短路时，脱扣器是否能可靠地跳闸。要求算出来的灵敏系数大于或等于规定值。

2.2.3 交流接触器

接触器是利用电磁吸力来使触头动作的开关，它可以用于需要频繁通断操作的场合。接触器按电流可分为直流接触器和交流接触器。建筑工程中常用的是交流接触器。

1. 结构及原理 接触器的结构及原理如图 2-12 所示。当线圈通电后，衔铁吸合，拉杆移动将所有动合触头闭合、动断触头打开（注意：是动断触头先打开，动合触头再闭合）。线圈失电，衔铁随即释放并利用反作用力弹簧将拉杆和动触头恢复至初始状态。接触器的触头一般也有两类，

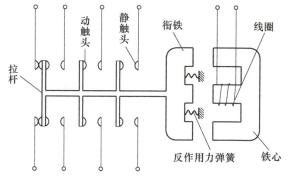

图 2-12 接触器的结构及原理

一类用于通断主电路的，叫主触头。主触头的容量较大，可以通过较大的电流，一般要加上灭弧罩。另一类叫辅助触头，用于控制回路，有动合的也有动断的，触头容量比较小。

2. 交流接触器主要技术参数 目前常见的交流接触器型号有 CJ12 系列、CJ20 系列、CJ21 系列、CJ24 系列、CJ26 系列、CJX1 系列、CJX2 系列、CJX3 系列、CJX5 系列、B 系列、LC1-D 系列、LC2-D 系列等。

以 CJX5 系列为例，CJX5 系列交流接触器的主要技术参数见表 2-6。

表 2-6 CJX5 系列交流接触器的主要技术参数

型号	CJX5-9/12	CJX5-16/22	CJX5-30	CJX5-40	CJX5-50	CJX5-62	CJX5-85
额定绝缘电压/V	660						
约定发热电流/A	20	25/32	50	60	80	100	135
机械寿命/次	10×10^6	5×10^6					

(续)

型号			CJX5-9/12	CJX5-16/22	CJX5-30	CJX5-40	CJX5-50	CJX5-62	CJX5-85
AC-3 负荷	额定工作电流/A	380V	9/12	16/22	30	40	50	62	85
		660V	5/7	9/9	12	17	26	35	52
	可控电动机功率/kW	380V	4/5.5	7.5/11	15	18.5	22	30	45
		660V	4/5.5	7.5/7.5	11	15	22	30	45
额定操作频率/次·h^{-1}			1800			1200			
电寿命/次			2×10^6			1×10^6			
吸引线圈工作电压 U_e 范围(%)			85～110						
吸引线圈消耗功率/VA	吸合		10/10	10/20	20		17		22
	起动		50/50	50/142	142		132		225
辅助触头额定绝缘电压/V			660						
辅助触头约定发热电流/A			10						
辅助触头额定工作电流/A	AC-11 380V		1.9						
	DC-11 220V		0.2						
飞弧距离/mm			5	5/10	10				

2.3 低压熔断器

低压熔断器是常用的一种简单的保护电器,主要作为短路保护,在一定的条件下也可以起过负荷保护的作用。熔断器工作时是串接于电路中的,其动作的原理是,当线路中出现故障时,通过熔体的电流大于规定值,熔体产生过量的热而被熔断,电路由此而被分断。

2.3.1 瓷插式熔断器

瓷插式熔断器又称瓷插保险,是低压常见的一种熔断器。瓷质底座内装有静触头,与底座触头相连接的导线用螺钉固定在触头的螺钉孔内;瓷桥上的熔体(保险丝)用螺钉固定在触头上。瓷桥插入底座后触头相互接触,线路接通。瓷插式熔断器灭弧能力差,只适用于故障电流较小的三相380V或单相220V的线路末端,作为导线及电气设备的短路保护之用。

2.3.2 密闭管式熔断器

密闭管式熔断器结构也比较简单,主要由变截面的熔片或熔丝与套在外面的耐高温密闭保护管组成。其适用于交流50Hz、额定电压到380V、660V或直流到440V的电路中,作为企业配电设备的过载和短路保护之用。此种熔断器采用的变截面熔片如图2-13所示。变截面熔片在通过短路的大电

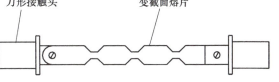

图 2-13 密闭管式熔断器变截面熔片

流时，熔片狭窄部分温度很快升高，熔片在狭窄部分熔断。熔片在几个狭窄部分同时熔断后，全部下落，会造成较大的弧隙，这更有利于灭弧。

RM10 系列密闭管式熔断器技术参数见表 2-7。

表 2-7 RM10 系列密闭管式熔断器技术参数

型 号	额定电流/A		交流极限分断能力/A
	熔 管	熔 体	
RM10-15	15	6、10、15	1.2
RM10-60	60	15、20、25、30、35、40、45、50、60、	3.5(660V 为 2.5)
RM10-100	100	60、80、100	10(660V 为 7)
RM10-200	200	100、125、160、200	10(660V 为 7)
RM10-350	350	200、225、260、300、350	10
RM10-600	600	350、430、500、600	10
RM10-1000	1000	600、700、850、1000	12

RM10 系列密闭管式熔断器的外形如图 2-14 所示。

2.3.3 螺旋式熔断器

螺旋式熔断器由瓷质螺母、熔管和底座组成。熔管由熔体和瓷质的外套管组成；熔管内充有石英砂，可以增加灭弧能力；熔管上还有一个与内部熔丝相连的色片作为熔体熔断的指示。底座装有上、下两个接线触头，分别与底座螺纹壳、底座触头相连。瓷质螺母上有一个玻璃窗口，放入熔管后可以透过玻璃窗口看到熔断指

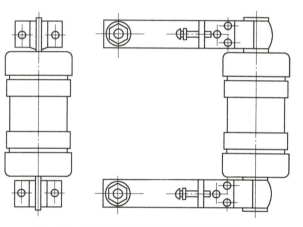

图 2-14 RM10 系列密闭管式熔断器的外形

示的色片；放有熔管的瓷质螺母旋入底座螺纹壳后熔断器接通。此熔断器的特点是在带电的情况下，不用特殊工具就可换掉熔管，同时不会接触到带电部分。

螺旋式熔断器有快速熔断式的，如 RLS1 系列、RLS2 系列等，可作为硅整流元件、晶闸管的保护之用。

2.3.4 填充料式熔断器

填充料式熔断器由熔管、熔体和底座组成。熔管是封闭的，里面充有石英砂。当熔管内的熔体熔断产生电弧后，周围的石英砂吸收电弧的热量，而使电弧很快熄灭。所以，填充料式熔断器有较大的断流能力。常见的填充料式熔断器有 RT0 系列、RT12 系列、RT14 系列、RT15 系列、RT16 系列、RT17 系列、RT20 系列等。RT20 系列为填充料封闭管式刀形触头的熔断器，其技术参数见表 2-8。

表 2-8　RT20 系列填充料式熔断器技术参数

尺码		000	00	1	2	3
熔体额定电压/V		AC 500				
底座额定绝缘电压/V		AC 660				
额定电流/A	熔管	4、6、10、16、20、25、32、40、50、63、80、100	125、160	80、100、125、160、200、(224)、250	125、160、200、(224)、250、315、(355)、400	315、(355)、400、(425)、500、630
	底座	(与00号通用)	160	250	400	600
额定分断能力	I_1/kA	120				
	$\cos\varphi$	0.1～0.2				
熔体额定耗散功率/W		7.5	12	21	32	45
额定底座接收功率/W		—	12	32	45	60
熔体过电流选择比		1∶1.6				

2.3.5　自复式熔断器

传统的熔断器在熔体熔断后，必须更换熔体才能继续供电。这会增加熔断器的运行代价，而且给使用带来不便；更换熔体造成的停电时间也较长，将给用户带来一定的损失。自复式熔断器克服了这个缺点，它既能切断短路电流，又能在故障排除后自动恢复供电。虽然叫作熔断器，其工作原理与传统的熔断器并不相同，自复式熔断器实际上属于热敏性的非线性电阻。

自复式熔断器是一种采用气体、超导材料或液态金属钠等作熔体的限流元件。自复式熔断器有限流型和复合型两种，限流型本身不能分断电路而常与断路器串联使用限制短路电流，从而提高分断能力。复合型的具有限流和分断电路两种功能。

自复式熔断器串联于电路当中，一般情况下电阻很小，电路正常供电；当通过故障的大电流时，自复式熔断器的电阻突然变得很大，限制故障电流至很小的数值从而保护设备的安全；在故障消除电流回落后，自复式熔断器的电阻会恢复到初始值，电路又会正常供电。如我国产的 RZ1 型自复式熔断器，采用金属钠作为熔体，结构原理如图 2-15 所示。在常温下金属钠的电阻很小，可以顺畅地流过工作电流；

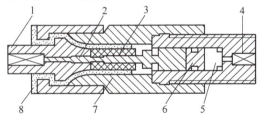

图 2-15　自复式熔断器结构原理图
1、4—端子　2—熔体　3—绝缘管　5—填充剂
6—钢套　7—活塞　8—氮气

在通过故障的巨大电流时，钠迅速气化，电阻变得很大，故障电流被限制；限制电流的任务完成后，钠蒸气冷却，又恢复到固体钠。

2.3.6　熔断器的选择

低压熔断器的选择包括：熔断器的规格型号、熔断器的额定电压、熔断器的额定电流、熔体的额定电流、熔断器的分断能力等。这里面比较重要的是熔体的额定电流选择，应该注意以下几点：

1）熔断器作为线路的保护时，熔体的额定电流应大于或等于线路的最大正常工作电流，并且要小于或等于线路的安全电流。

2）熔断器作为用电设备的保护时，除了要求熔体的额定电流应大于或等于设备的最大正常工作电流之外，还要考虑到设备运行可能出现的短时过负荷电流与瞬时尖峰电流，熔体的额定电流选取应保证在出现上述两种电流时不会造成熔体熔断。

3）熔断器属于保护设备，在其保护的范围内发生故障，熔断器是否都能可靠动作需要进行保护的灵敏度校验。

4）如果线路的上下级都用熔断器作为保护，需要考虑上下级熔断器熔体额定电流之间的相互配合，以满足保护的选择性要求。一般的可以让上下级熔体电流的额定值相差两个等级，基本上能满足选择性要求。

2.4 控制电器

电气设备的控制系统用于实现设备的起动与停止，以及运行参数的检测与状态的调整等。传统的控制系统主要由各种继电器组成；现在先进的控制系统都是微机控制。本节介绍传统控制系统中常用的电器。

2.4.1 按钮

按钮是一种简单的手动开关，用来手动通断小电流的控制回路。按钮结构原理如图 2-16 所示。手指按下按钮帽时，动触头下移，1、2 两个静触头之间构成的动断（常闭）触头先打开，然后 3、4 两个静触头之间构成的动断（常开）触头闭合。当手指离开按钮帽后，在复位弹簧的作用下，动触头复位，使动断（常开）触头先断开，动断（常闭）触头后闭合。按钮的种类很多，常用的有 LA2 系列、LA4 系列、LA10 系列、LA18 系列、LA19 系列、LA20 系列、LA25 系列、LA32 系列、LAY1 系列、LAY3 系列、LAY4 系列等。

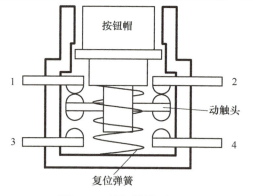

图 2-16 按钮结构原理图

2.4.2 行程开关

在生产中出于安全和工作的需要，对某一些机械的运动范围与位置必须进行限定。如行车移动有一个极限位置，行车在移动到此位置时必须要停下来，否则行车会从轨道上掉下；机床上往复运动的机件，其范围也需要进行限定，机件在达到此范围时即向相反方向运动等。像这一类的行程控制利用行程开关就可实现。

行程开关又称限位开关，规格种类很多，其工作原理和按钮非常类似。只不过，它是利用不同的推杆机构来"按动"装在密闭外壳内的开关。现在也有许多无触头的行程开关，叫接近开关，是电子或电磁感应式的。

常见的行程开关有 LX3 系列、LX5 系列、LX8 系列、LX10 系列、LX19 系列、LX21 系列、LX23 系列、LX25 系列、LX29 系列、LX33 系列、LXK3 系列、JLXK1 系列、LXP1 系列、LX37 系列、JLXW1、JW 系列微动开关、LJ5A 系列接近开关等。

2.4.3 控制继电器

自动控制电路利用各种控制用继电器实现对电气设备的自动控制与保护。控制继电器的规格种类很多，按使用的用途可分为：热继电器、时间继电器、中间继电器、过电流继电器、漏电继电器、温度继电器等。这里介绍几种常用的控制继电器。

1. 中间继电器　中间继电器在控制电路中有两大作用：①扩大控制触头数量。控制电路很多情况下，需要用一个触头去控制多个回路，中间继电器此时就可派上用场。把中间继电器的线圈接于控制触头回路，中间继电器自身的触头按要求接入需要进行控制的回路。控制触头通过控制中间继电器线圈的通断而间接达到控制多个回路目的。②扩大触头的容量（即允许通过电流）。自动控制电路中有许多用于检测参数的继电器，这些继电器非常灵敏，它内部触头的容量很小，用它不能起动控制回路。这时，就可以用中间继电器相对较大的触头容量来达到目的。

中间继电器的工作原理和交流接触器相同，都是利用电磁铁吸合原理来使触头动作，不同的是中间继电器的触头通常没有主、辅之分，触头容量较小，不像交流接触器是用于主回路中，中间继电器主要用于辅助的控制回路。

常用的中间继电器有 JZ7 系列、JZ11 系列、JZ14 系列、JZ15D 系列、JZ17 系列、JZC4 系列、CA2-DN1 系列、JZX5 系列、JZX10-33 系列、JZW1 系列等。

2. 热继电器　热继电器的工作原理与低压断路器中过负荷长延时脱扣器的相同，都是利用双金属片受热弯曲来使触头动作。它通常用于给电动机提供过载保护。热继电器的结构原理如图 2-17 所示。图中的三个双金属片旁边靠三个发热元件（电阻丝或电阻片），当电动机过载，供电线路电流超过额定值时，发热元件过量发热使双金属片弯曲，双金属片推动导板使杠杆移动压迫弹簧片变形，使动、静触头分开，而与螺钉（另一个静触头）接触。能看得出来，动、静触头之间是动合触头，动触头与螺钉之间是动断触头。

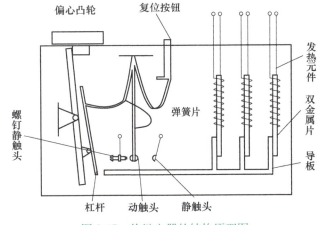

图 2-17　热继电器的结构原理图

热继电器常见的型号有 JR20 系列、JR21 系列、JRS1 系列、LR1-D 系列、T 系列、3UA 系列等。T 系列热继电器作为三相感应电动机的过载与断相保护，常与 B 系列交流接触器组成磁力起动器。

3. 时间继电器　时间继电器负责给控制电路提供延时触头，其种类很多，触头延时的原理也不同。常用的时间继电器有：JSK4 系列、JS7-A/N 系列空气延时继电器，JS11 系列、JS26 系列电动机式时间继电器，JS14A、14S 系列、JS20 系列、JSJ 系列、JJSB1 系列晶体管时间继电器，JS28 系列集成电路时间继电器，JSZ3 系列、JSZ6 系列、JSZ22 系列电子式时间继电器，JS38 系列、JSJ4 系列、JSS20 系列数字式时间继电器等。

JS7 系列时间继电器适用于交流 50Hz、电压到 380V 的电路中，一般用在自动或半自动控制系统中。其主要由电磁系统、触头和气室组成，气室与外面空气通过气孔相连，气孔可以通过调节螺钉来调节进气量。当时间继电器的线圈通电后，电磁铁吸合，与气室紧贴的橡胶膜随着进入气室空气量的不断增加而移动，与橡胶膜相连的活塞杆也随着缓慢移动，最后触及杠杆使继电器的触头按规定的延时动作。

2.5　智能化低压电器

智能化低压电器是利用计算器控制技术、传感器技术及通信技术，实现保护、控制、监测、记录、显示等功能于一体的低压电器。智能化低压电器具有自动监测和识别故障类型及操作命令类型的功能。

2.5.1　智能化低压电器的组成原理

智能化低压电器由执行单元和监控单元组成，其原理框图如图 2-18 所示。执行单元为开关电器元件，即低压电器本体；监控单元由输入量模块、中央控制模块、输出模块和通信模块四大模块组成。输入量经过相应的变换器变成与中央控制模块兼容的数字量和模拟量。中央控制模块是以微处理器为核心的最小系统，完成对低压电器运行状态和参数的处理，下达控制命令，进行合、分操作。输出模块接受中央控制模块操作控制信号，传送至低压电器的操动机构，使其按照指定方式操作。智能化低压电器的运行参数可以通过通信模块上传至中央控制计算机，并可接受计算机发送的信息和指令。监控单元的基本功能：①现场运行参量的监测。测量现场电压、电流、有功和无功功率、功率因数、电源频率、电能及需要监测的其他非电参量，并能实现本地数字化显示或上传至控制中心。②保护。根据现场运行参量的检测结果，判断有无故障及故障类型，在出现故障后完成相应的操作。③故障诊断和运行状态监测。包括对控制单元主要硬件设备的自诊断、被控对象和开关元件自身故障的诊断，监测开关电器的运行状态和参数。④本地、远程调控。现场通过键盘、面板开关，或由通信接口接收控制中心的操作信息，完成智能化低压电器功能投退、保护参数设置以及被控开关

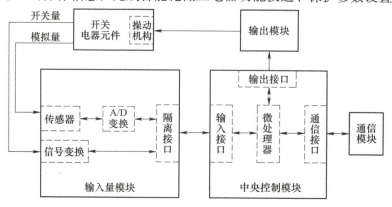

图 2-18　智能化低压电器原理框图

电器的分合操作。⑤通信。采用统一的通信协议或协议转换技术,保证控制中心与运行现场间各类信息的自动交换,实现对整个系统中各设备的综合监控和管理。

2.5.2 智能化低压电器的特点

1. 现场参量处理数字化 智能化低压电器运行现场的各种被测量全部采用数字化处理,提高了测量和保护精度,减少了产品保护特性的分散性,并通过软件改变处理算法,不需修改硬件结构设计,就可以实现不同的保护功能。

2. 功能多样化 智能化低压电器可以集成用户需要的各种功能,实现显示各种运行参数;可以根据工作现场的具体情况设置保护类型、保护特性和保护阈值;可以对运行状态进行事故分析;按用户要求保存运行的历史数据,编制并打印报表等。

3. 设备网络化 可以把智能化低压电器当作计算机通信网络中的通信节点,采用数字通信技术,组成低压电器智能化通信网络,完成信息的传输,实现网络化管理、设备资源共享。

4. 实现分布式管理与控制 智能化低压电器的智能监控单元能够完成对电器设备本身及监管对象要求的全部监控和保护,使现场设备具有完善的、独立的处理事故的能力和完成不同操作的能力,可以组建完全不同于集中控制或集散控制系统的分布式控制系统。

5. 组成全开放式系统 采用计算机通信网络中的分层模型建立起来的低压电器智能化通信网络,可以把不同生产厂商、不同类型但具有相同通信协议的智能电器互联,实现资源共享,达到系统的最优组合。通过网络互联技术,可以把不同地域、不同类型的电器智能化通信网络连接起来。

2.5.3 智能化低压电器的种类

典型智能化低压电器包括智能框架式断路器、智能塑料外壳式断路器、智能剩余电流动作保护器、智能交流接触器和智能化电动机保护器等。

1. 智能框架式断路器 基本功能包括过载长延时、短路短延时、短路瞬时保护,用户根据需要可以对其动作值进行现场整定;扩展功能包括电压、电流、频率、功率、功率因数、电能、谐波、电压不平衡测量、相序检测、过电压、欠电压、过频、欠频、相序逆功率保护、需用值保护,电压不平衡保护,接地漏电保护;附加功能包括故障记录、历史记录、波形记录、通信区域连锁等。

2. 智能塑料外壳式断路器 由于体积受限制,其保护功能较智能框架式断路器少得多,只有过载长延时、短路短延时、短路瞬时、接地故障和中性极等保护。智能塑料外壳式断路器电流测量精度高(误差为1%~3%)、计时准确、分断速度快(小于30ms)、保护特性多且可调。

3. 智能剩余电流动作保护器 将单片机和零序电流互感器嵌入到塑料外壳式断路器中成为剩余电流保护断路器。剩余动作电流可调,分为脱扣时间可调和只报警不脱扣(消防应用)两种,同时具有数码显示和通信联网功能。剩余电流变化量保护技术和自动调节剩余电流动作值的自适应保护技术的应用,消除了漏电保护死区,提高了剩余电流保护的智能化水平,保证了剩余电流保护的可靠性和有效性。

4. 智能交流接触器 将人工智能等技术引入接触器的控制系统,对接触器的动态吸合过程进行控制,保证大容量交流接触器实现零电压接通、无弧或少弧分断,提高接触器的电寿命和机械寿命。控制电路带延时通断功能并可现场设定,带现场总线接口便于组网。

5. 智能化电动机保护器 采用电子技术和单片机技术实现电动机的过载保护,扩大了过载保护电流整定范围和脱扣级别,降低了过载保护动作时间的分散性,可以替代热过载继电器,提高了电动机过载保护的可靠性。

2.6 常见电动机控制电路

除了用刀开关或组合开关直接起动和停止小型电动机以外,一般电动机的控制线路都由多种电器连接而成。其原理电路图分为主电路和辅助电路两部分,电动机等元件通过大电流的电路称为主电路,接触器或继电器线圈等元件通过小电流的电路称为辅助电路或控制电路。

2.6.1 点动控制电路

点动,即按下按钮时电动机转动工作,松开按钮时电动机停止工作。生产机械在调整状态时,需要进行点动控制。点动控制电路如图2-19所示,它由起动按钮SB1、热继电器FR和接触器KM组成,其控制过程如下:合上电源开关QS,按下按钮SB1,接触器KM的吸引线圈通电,动铁心吸合,其动合主触头KM闭合,电动机接通电源开始运转;松开SB1后,接触器吸引线圈断电,动铁心在弹簧力作用下与静铁心分离,动合主触头断开,电动机断电停转。

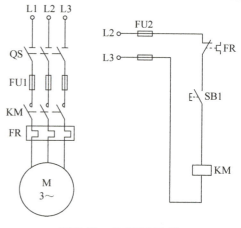

图2-19 点动控制电路

点动控制电路主要用在电动机短时运行的控制,例如施工现场的塔式起重机、行车、调整机床的主轴、快速进给、镗床和铣床的对刀、试车等。

2.6.2 连续工作控制电路

电动机在起动以后,如果没有发出停止信号,电动机将连续工作下去,这种控制称为连续工作控制或长动控制,图2-20就是这种控制的典型电路。

在图2-20中,主电路由电源开关QS、熔断器FU1、接触器主触头KM、热继电器发热元件FR和电动机M组成;辅助电路由停止按钮SB1、起动按钮SB2、接触器KM和热继电器的动断触头FR组成。注意这里有一个接触器的辅助动合触头KM与SB2并联,这种并联电路只要有一条支路接通,整个电路就被接通;只有所有支路断开时,电路才被切断。而停止按钮SB1和热继电器的动断触头是串联接在电路中,显然,对于串联电路,只要有一处被切断,整个电路就被断开。

工业上常将按钮、接触器和热继电器组合成套,用于异步电动机的起停控制,称为磁力起动器。

电动机起动时,合上电源开关 QS,接通三相电源,按下起动按钮 SB2,接触器 KM 的吸引线圈通电,动铁心被吸合带动其三个主触头闭合,电动机接通三相电源就直接起动。同时,在控制电路与起动按钮 SB2 并联的接触器辅助动合触头 KM 闭合。当松开按钮 SB2 时,虽然按钮的动合触头在弹簧作用下断开,但接触器 KM 的吸引线圈仍保持通电状态,接触器通过自己的辅助动合触头使其继续保持通电动作的状态,称为接触器的自锁或自保。这个辅助动合触头称为自锁(或自保)触头。

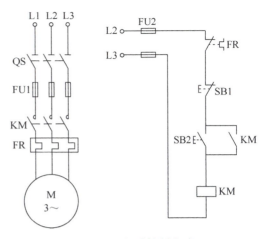

图 2-20 长动控制电路

要使电动机停止运转,只要按下停止按钮 SB1,接触器线圈 KM 断电,它的主触头全部复位断开,电动机便断电停转。而自锁触头 KM 也复位断开,失去自锁作用。因此,图 2-20 也称为接触器自锁控制电路。

电源开关 QS 在这里作为隔离开关使用,当电动机或控制电路进行检查或维修时,用它来隔离电源,以确保操作安全。

为了使电动机在运行时安全可靠,往往需要采取保护措施。图 2-20 所示的控制电路除了能实现电动机的直接起动与停止控制以外,还可实现以下保护:

(1)短路保护 起短路保护作用的元件是熔断器 FU1 和 FU2,当电路中发生短路事故时,熔断器的熔丝(或熔片)立即熔断,电动机迅速停止。

(2)失压保护 电动机不用接触器控制,而直接用闸刀开关或组合开关进行起停控制,在电源突然停电时未及时拉开开关,当电源恢复供电时,电动机自行起动,可能造成事故。用了接触器自锁控制以后,即使电源恢复供电,此时接触器线圈仍然断电,所有动合触头和自锁触头都复位断开,控制电路不会接通,电动机就不会自行起动,从而得到了保护。因此,接触器自锁控制电路不仅具有自锁作用,而且还具有失压保护作用。

(3)热继电器和过载保护 电动机输出的功率超过额定值称为过载。过载时电动机的电流超过额定电流,过载会引起绕组发热,温度升高。若电动机温升超过允许温升就会影响电动机的寿命,甚至会烧坏电动机。因此必须对电动机进行过载保护。由热继电器 FR 实现电动机的长期过载保护。当电动机出现长期过载时,串接在电动机定子电路中的发热元件使双金属片受热弯曲,经联动机构使串接在控制电路中的动断触头断开,切断 KM 线圈电路,KM 复位,KM 主触头断开电动机电源,实现过载保护。还应指出,由于热惯性,热继电器不能用作短路保护。故在电路中熔断器和热继电器这两个保护元件都是需要的。

2.6.3 电动机正反转控制电路

在生产上许多生产机械的运动部件都需要正反转工作,这就要求电动机能正反转。由异步电动机的工作原理可知,只要改变三相电源的相序即可改变电动机旋转方向。电动机可逆旋转控制电路常用的有以下几种。

1. 接触器互锁正反转控制电路 图 2-21 为接触器互锁正反转控制电路,KM1 为正转接触器,KM2 为反转接触器。在主电路中,KM1 的主触头和 KM2 的主触头可分别接通电动机的正转和反转电路。显然 KM1 和 KM2 两组主触头不能同时闭合，否则会引起电源短路。QS 为电源开关，FU 熔断器起短路保护作用，FR 热继电器起过载保护作用。

控制电路中，正、反转接触器 KM1 和 KM2 线圈支路分别串联了对方的动断触头，在这种电路中，任何一个接触器接通的条件是另一个接触器必须处于断电释放状态。例如正转接触器 KM1 线圈被接通得电，它的辅助动断触头被断开，将反转接触器 KM2 线圈支路切断，KM2 线圈在 KM1 接触器得电的情况下是无法接通得电的。反之 KM2 线圈得电后，KM1 线圈也就无法得电了。两个接触器之间的这种相互关系称为"互锁"（或联锁）。在图 2-21 所示电路中，互锁是用电气的方法依靠电气元件来实现的，所以也称为电气互锁。实现电气互锁的触头称为互锁触头。图 2-21 中所示接触器互锁正、反转控制电路工作原理为：按下正转起动按钮 SB2，正转接触器 KM1 线圈得电，一方面 KM1 主电路中的主触头和自锁触头闭合，使电动机正转；另一方面，动断触头 KM1 断开，切断反转接触器 KM2 线圈支路，使得它无法得电，实现互锁。此时，即使按下反转起动按钮 SB3，反转接触器 KM2 线圈因 KM1 互锁触头断开也不会得电。

要实现反转控制，必须先按下停止按钮 SB1，切断正转控制电路，然后才能起动反转控制电路。

同理可知，反转起动按钮 SB3 按下（正转停止）时，反转接触器 KM2 线圈得电。一方面接通主电路反转主触头和控制电路反转自锁触头，另一方面正转互锁触头断开，使正转接触器 KM1 线圈支路无法接通，进行互锁。接触器互锁正、反转控制电路存在的主要问题是，从一个转向过渡到另一个转向

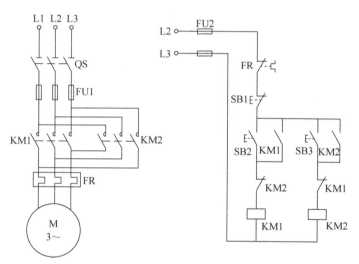

图 2-21　接触器互锁正反转控制电路

时，要先按停止按钮 SB1，不能直接过渡，显然这是十分不方便的。

2. 复合联锁正反转控制电路　在图 2-22 所示控制电路中，由于采用了接触器动断辅助触头的电气联锁和复式按钮的机械联锁，故称为复合（双重）联锁。当电动机从正转直接改为反转，只需要按下反转起动按钮 SB3，SB3 的动断触头断开，使正转接触器 KM1 的线圈断电，KM1 的主触头断开，电动机停止正转。与此同时，串接在反转接触器 KM2 线圈电路中的 KM1 动断辅助触头恢复闭合，使反转接触器 KM2 的吸引线圈得电，KM2 的主触头闭合，电动机反转。同时串接在正转接触器 KM1 线圈中的 KM2 动断辅助触头断开，起联锁保护作用。电动机从反转直接改为正转，原理同上。

应该指出，若只用复合按钮进行联锁，而不用接触器动断辅助触头联锁，控制是不可靠的。在实际工作中可能出现这种情况是由于负载短路或大电流的长期作用，主触头被强烈的电弧"熔焊"在一起，或接触器的机构失灵，使动铁心卡住，总是在吸合状态，这都可能使主触头不能断开，这时如另一只接触器动作，就会造成电源短路事故。

如果再用接触器动断触头联锁，不论是什么原因，只要有一个接触器是通电状态，它的动断辅助触头就必然将另一个接触器吸引线圈电路切断，可避免事故的发生。

2.6.4 行程开关控制的具有自动往返功能的可逆旋转电路

生产机械的运动部件往往有行程限制，为此常用行程开关来做控制元件来控制电动机的正反转，实质上，是在图2-21中的正、反转接触器的自锁电路与互锁电路的基础上，增加由行程开关动合触头并联在起动按钮动合触头两端构成另一条自锁电路，由行程开关动断触头串联在接触器线圈电路中构成互锁电路，再考虑运动部件的运动限位保护，即构成图2-23电路所示的行程开关控制具有自动往返功能的可逆旋转电路。图中 SB1 为停止按

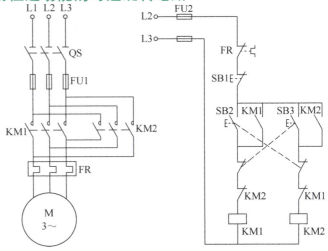

图 2-22 复合联锁正反转控制电路

钮，SB2、SB3 为电动机正、反转起动按钮，SQ1 为电动机反转转正转行程开关。SQ2 为电动机正转转反转行程开关，SQ3 为正向运动极限保护行程开关，SQ4 为反向运动极限保护行程开关。

当按下正转起动按钮 SB2 时，电动机正向起动旋转，拖动运动部件前进，当运动部件上的撞块压下换向行程开关 SQ2，正转接触器 KM1 断电释放，反转接触器 KM2 通电吸合，电动机由正转变为反转，拖动运动部件后退。当运动部件上的撞块压下换向开关 SQ1 时，又使电动机由反转变为正转，拖动运动部件前进，如此循环往复，实现电动机可逆旋转控制，拖动运动部件实现自动往返运动。当按下停止按钮 SB1 时，电动机便停止旋转。行程开关 SQ3、SQ4 安装在运动部件的正、反向极限位置。当由于某种故障，运动部件到达

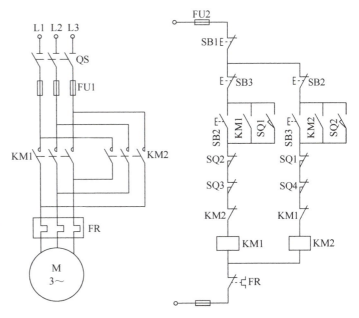

图 2-23 行程开关控制的具有自动往返功能的可逆旋转电路

换向开关位置时，未能切断 KM1 或 KM2 时，运动部件继续移动，撞块压下极限行程开关 SQ3 或 SQ4，使 KM1 或 KM2 断电释放，电动机停止，从而避免运动部件由于越出允许位置

而导致事故发生。因此，SQ3、SQ4 起限位保护作用。该图采用按钮互锁，可实现直接由正向转反向或由反向转正向，无须按下停止按钮再操作。

2.6.5 顺序控制电路

许多生产机械对多台电动机的起动和停止有一定的要求，必须按预先设计好的次序先后起、停。这都要求几台电动机按一定顺序工作，能够实现这种控制要求的电路，就是顺序控制电路。

图 2-24 为顺序控制电路。图 2-24a 是主电路，接触器 KM1 和 KM2 分别控制两台电动机 M1 和 M2。图 2-24b、c、d 是不同的控制电路，其共同点是 KM1 动合触头串联在 KM2 线圈电路中，所以只有在 M1 电动机起动后，M2 电动机才能起动，电动机工作的顺序是 M1→M2。

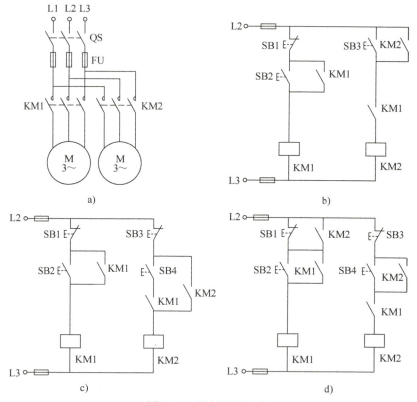

图 2-24　顺序控制电路

以图 2-24b 为例，电路工作原理为：按下 M1 电动机起动按钮 SB2，接触器 KM1 线圈得电，除了 KM1 的自锁触头和主触头闭合使 M1 电动机得电运转外，与接触器 KM2 线圈串联的 KM1 动合触头也闭合。只有在这种情况下，按下 SB3 按钮，接触器 KM2 线圈才能得电，从而起动电动机 M2。也就是说，电动机 M2 只能在电动机 M1 起动后才能起动。M2 可以不起动，但按下停止按钮 SB1 时，则同时停止电动机 M1 和 M2。

图 2-24c 所示控制电路中，电动机 M1 起动后 M2 才能起动，而停止时，相互之间没有影响。图 2-24d 所示控制电路中，起动情况与图 2-24b 一样，停止时，由于动合触头 KM2 并联在起动按钮 SB1 两端，所以只有在 M2 停止后 M1 才能停止。

综上所述，顺序控制所采用的基本方法是用动合触头进行互锁。先起动的电动机的接触器动合触头串联到后起动电动机的接触器线圈中；先停止的电动机的接触器动合触头并联到后停止电动机的停止按钮两端。

复习思考题

1. 什么是低压电器？低压电器是如何分类的？
2. 低压电器从基本结构上看，由哪几部分组成？触头形式有哪些？各适用于什么场合？
3. 在低压控制电器中，常用的灭弧方法有哪些？
4. 低压刀开关有哪些种类？
5. 低压断路器有哪些组成部分？
6. 低压断路器的灭弧原理是什么？
7. 低压断路器的自动跳闸原理是什么？
8. 交流接触器的动作原理是什么？
9. 低压熔断器的种类有哪些？
10. 自复式熔断器有何特点？
11. 熔断器的选择应注意哪几点？
12. 按钮中的动合触头和动断触头动作的次序是怎样的？
13. 一般使用的控制继电器有哪些？
14. 中间继电器的作用有哪些？
15. 热继电器有什么作用？
16. 什么是"自锁"？画出自锁回路的接线。什么是"互锁"？画出互锁回路的接线。
17. 智能化低压电器的特点是什么？有哪些种类？
18. 电动机常见控制电路有哪些？请举例各应用于什么场合。
19. 电动机正反转控制回路能不能让电动机由正转直接变成反转？为什么？

第 3 章　建筑工程供配电

3.1　电力系统概述

3.1.1　电力系统的组成

电力从生产到供给用户应用，通常都要经过发电、输电、变电、配电及用电等 5 个环节。电力从生产到应用的全过程，客观上就形成了电力系统。严格地说，由发电厂的发电部分、输配及变配电网络，以及各种用电设备所组成的整体称为电力系统，其示意如图 3-1 所示。

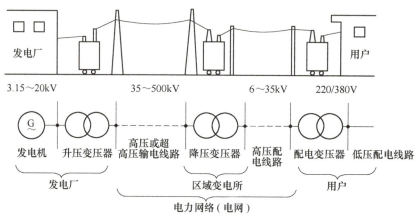

图 3-1　电力系统示意图

在电力系统中，各级电压的电力线路及其所联系的变电所，称为电力网，简称电网。它是电力系统的一个重要组成部分，承担了将电力由发电厂发出来之后供给用户的工作，即担负着输电、变电与配电的任务。

电力网按其在电力系统中的作用，分为输电网和配电网。输电网是以输电为目的，采用高压或超高压甚至特高压将发电厂、变电所或变电所之间连接起来的送电网络，它是电力网中的主网架。直接将电能送到用户去的网络称为配电网或配电系统，它是以配电为目的。配电网的电压由系统及用户的需要而定，因此配电网又分：高压配电网（通常指 35kV 及以上的电压，目前最高为 110kV）、中压配电网（通常指 10kV、6kV 和 3kV）及低压配电网（通常指 220/380V）。

电力网按其电压高低和供电范围大小分为区域电网和地方电网。区域电网的范围大，电压一般在 220kV 及以上。地方电网的范围小，电压一般为 35~110kV。建筑供配电系统属于地方电网的一种。

在电力系统中，电力是由发电厂生产的，它是将自然界蕴藏的各种一次能源转换为电能（二次能源）的工厂。发电厂按所使用的能源不同，可分为火力发电厂、水力发电厂、核能发电厂以及风力发电厂、太阳能发电厂、生物质能发电厂等。

1. 火力发电厂　火力发电厂简称火电厂，它是利用煤、石油、天然气等燃料的化学能来生产电能的。我国的火电厂主要是燃煤。煤粉在锅炉的炉膛内充分燃烧，将锅炉内的水烧成高温高压的蒸汽，推动汽轮机转动，使与它联轴的发电机旋转发电。其能量转换过程是：燃料的化学能 $\xrightarrow{锅炉}$ 热能 $\xrightarrow{汽轮机}$ 机械能 $\xrightarrow{发电机}$ 电能。

火力发电厂按其作用可分为单纯发电的和既发电又兼供热的两种类型。前者指一般的火力发电厂，后者指供热式火力发电厂，或称热电厂。一般火力发电厂应尽量建设在燃料基地或矿区附近。将发出的电，用高压或超高压线路送往用电负荷中心。通常把这种火力发电厂称为"坑口电厂"。坑口电厂是当前和今后建设大型火力发电厂的主要发展方向。热电厂的建设是为了提高热能的利用效率。由于它要兼供热，所以必须建设在大城市或工业区的附近。

目前，在世界上的绝大多数国家中，火力发电厂在电力系统中所占的比重都是较大的。

2. 水力发电厂　水力发电厂简称水电厂或水电站。它是利用水流的位能来生产电能的。当控制水流的闸门打开时，水流沿进水管进入水轮机蜗壳室，冲动水轮机，带动发电机发电。其能量转换过程是：水流位能 $\xrightarrow{水轮机}$ 机械能 $\xrightarrow{发电机}$ 电能。

水力发电厂的容量大小决定于上下游的水位差（简称水头）和流量的大小。因此，水力发电厂往往需要修建拦河大坝等水工建筑物以形成集中的水位差，并依靠大坝形成具有一定容积的水库以调节河水流量。根据地形、地质、水能资源特点的不同，水力发电厂可分为坝式水电站、引水式水电站、混合式水电站。坝式水电站的水头是由挡水大坝抬高上游水位而形成的。若厂房布置在坝后，称为坝后式水电站。若厂房起挡水坝的作用，承受上游水的压力，称为河床式水电站。引水式水电站的水头由引水道形成。这类水电站的特点是具有较长的引水道。混合式水电站的水头由坝和引水道共同形成。这类水电站除坝具有一定高度外，其余与引水式水电站相同。

3. 核能发电厂　核能发电厂又称为原子能发电厂，简称为核电厂或核电站。它主要是利用原子核的裂变能来生产电能。它的生产过程与火电厂基本相同，主要区别是以核反应堆（俗称原子锅炉）代替了燃煤锅炉，以少量的核燃料代替了大量的煤炭。其能量转换过程是：核裂变能 $\xrightarrow{核反应堆}$ 热能 $\xrightarrow{汽轮机}$ 机械能 $\xrightarrow{发电机}$ 电能。

核电站具有节省燃料，燃烧时不需要空气助燃、无污染、缓解交通等一系列优点。

4. 风力发电厂　风力发电厂又称风电站，它是利用自然界的风能通过风轮带动发电机来生产电能。风力发电机组一般由风轮、发电机、齿轮箱、塔架、对风装置、刹车装置和控制系统组成。风力发电机组通常有独立运行和并网运行两种运行方式。其能量转换过程是：风能→机械能→电能。

风电的特点和常规发电相比主要是有功功率是波动的。有功功率是根据风速变化而变化，不像常规火电、水电，主要是按照电力系统调度的需求来发电的。

5. 太阳能发电厂　太阳能发电厂是利用太阳光能和太阳热能来生产电能的。太阳是地球永恒的能源，太阳能因其分布广泛，取之不尽、用之不竭，且无污染，被公认为是人类社会可持续发展的重要清洁能源。太阳内部不断进行核聚变反应，每秒钟投射到地球上的能量约为 1.757×10⁷J，相当于 6×10⁶t 标准煤的能量。据估算，地球上每年接受的太阳辐射能高达 1.8×10¹⁸kW·h，相当于地球上每年燃烧其他燃料所获能量的 3000 倍。利用太阳能发电的方式有多种，目前主要应用的有太阳能光伏发电和太阳能热发电。

6. 生物质能发电厂 生物质能是指以化学能形式贮存在生物质中的太阳能，是仅次于煤炭、石油、天然气的第四大能源，是可再生能源利用的一种形式，其中发电利用占比较高。生物质能发电主要利用农业、林业和工业废弃物、甚至城市垃圾为原料，采取直接燃烧或气化等方式发电，包括农林废弃物直接燃烧发电、农林废弃物气化发电、垃圾焚烧发电、垃圾填埋气发电、沼气发电以及与煤混合燃烧发电等。生物质能发电技术是目前生物质能应用方式中最普遍、最有效的方法之一。

世界生物质能发电起源于 20 世纪 70 年代，1990 年以来，生物质能发电在欧美国家大力发展。进入 21 世纪后，我国开始开发利用生物质资源，主要是消费一些多余的农作物秸秆。从我国能源结构以及生物质能地位变化情况来看，近年来，随着生物质能发电持续快速增长，生物质能装机和发电量占可再生能源的比重和地位不断上升，生物质能发电正逐渐成为我国可再生能源利用中的新生力量。

中国生物质能源非常丰富，随着《可再生能源法》和《可再生能源发电价格和费用分摊管理试行办法》等法律、法规的颁布，生物质能越来越受到人们的重视。生物质能发电技术的发展，不仅可以减少人们在日常生活和工作中对化石能源的依赖，而且可以最大程度地减少在燃烧秸秆的过程中对环境的污染问题，从而达到环境保护的根本作用。在政策和市场的双重推动下，生物质能发电技术具有十分广阔的发展空间。

截至 2021 年年底，我国全口径非化石能源发电装机容量达到 11.2 亿 kW、煤电 11.1 亿 kW，占总发电装机容量的比重分别为 47%、46.7%。这是全口径非化石能源发电装机容量首次超过煤电，以新能源为主题的新型电力系统逐步形成。它将是以新能源为供给主体，以确保能源电力安全为基本前提，以满足经济社会发展电力需求为首要目标，以智能电网为枢纽平台，以源网荷储互动与多能互补为支撑，具备清洁低碳、安全可控、灵活高效、智能友好、开放互动基本特征的电力系统。这将为建设全国统一电力市场体系奠定坚实的基础。

3.1.2 电力系统的电压

1. 额定电压 额定电压是指能使各类电气设备处在设计要求的额定或最佳运行状态的工作电压。我国标准规定的三相交流电网和用电设备的额定电压标准见表 3-1。

表 3-1 我国标准规定的三相交流电网和用电设备的额定电压 （单位：kV）

分类	电网和用电设备额定电压	发电机额定电压	电力变压器额定电压	
			一次绕组	二次绕组
低压	0.22 0.38 0.66	0.23 0.40 0.69	0.22 0.38 0.66	0.23 0.40 0.69
高压	3 6 10 — 35	3.15 6.3 10.5 13.8,15.75,18,20 —	3 及 3.15 6 及 6.3 10 及 10.5 13.8,15.75,18,20 35	3.15 及 3.3 6.3 及 6.6 10.5 及 11 — 38.5

(续)

分　类	电网和用电设备额定电压	发电机额定电压	电力变压器额定电压	
			一次绕组	二次绕组
高压	63 110 220 330 500 ±500（直流） 750 ±800（直流） 1000	— — — — — — — — —	63 110 220 330 500 ±500（直流） 750 ±800（直流） 1000	69 121 242 363 550 ±500（直流） 825 ±800（直流） 1100

（1）电网（电力线路）的额定电压　电网的额定电压等级是国家根据国民经济发展的需要及电力工业的水平，经全面的技术经济分析研究后确定的。它是确定各类电力设备额定电压的基本依据。

（2）用电设备的额定电压　由于用电设备运行时线路上要产生电压降，所以线路上各点的电压都略有不同，如图 3-2 中虚线所示。但是成批生产的用电设备，其额定电压不可能按使用处的实际电压来制造，而只能按线路首端与末端的平均电压即电网的额定电压 U_N 来制造，以利于大批量生产。所以用电设备的额定电压规定与其接入电网的额定电压相同。

（3）发电机的额定电压　由于同一电压的线路一般允许的电压偏差是 ±5%，即整个线路允许有 10% 的电压损耗值，因此为了维持线路的平均电压在额定值，线路首端（即电源端）的电压应较电网

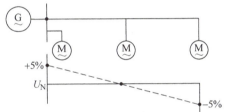

图 3-2　用电设备和发电机的额定电压

额定电压高 5%，而线路末端则可较电网额定电压低 5%，如图 3-2 所示。所以发电机额定电压规定高于同级电网额定电压 5%。

（4）变压器的额定电压　当变压器的一次绕组与发电机直接连接时，其一次绕组的额定电压等于发电机额定电压，即高于同级电网额定电压 5%。当变压器不与发电机相连，而是连接在线路上时，则可把它看作用电设备，其一次绕组额定电压应与电网额定电压相同。

变压器二次绕组的额定电压也分两种情况。首先确定变压器二次绕组的额定电压是如何定义的。变压器二次绕组的额定电压，是指变压器一次绕组加上额定电压，而二次绕组开路的电压即空载电压。在满载时，二次绕组内约有 5% 的电压降，因此当变压器二次侧供电线路较长时，变压器二次绕组的额定电压应高于同级电网额定电压 10%，一方面补偿变压器满载时内部 5% 的电压降，另一方面要考虑变压器满载时输出的二次电压还要高于电网额定电压的 5%，以补偿线路上的电压降。当变压器二次侧供电线路不长时，如采用低压配电或直接供给用电设备，则变压器二次绕组的额定电压只需高于电网额定电压 5%，仅考虑补偿变压器内部 5% 的电压降。

2. 电压偏差

（1）基本定义与规定　当供配电系统改变运行方式和负荷缓慢地变化时，供配电系统

各点的电压也随之变化,各点的实际电压与系统额定电压之差 ΔU 称为电压偏差。电压偏差 ΔU 也常用与系统额定电压的比值,以百分数表示,即

$$\Delta U = \frac{U - U_N}{U_N} \times 100\% \tag{3-1}$$

式中　ΔU——电压偏差;

　　　U——用电设备的实际电压;

　　　U_N——用电设备的额定电压。

根据国家标准《供配电系统设计规范》(GB 50052—2009),在正常运行情况下,用电设备端子处电压偏差允许值如下:

1) 电动机为±5%。

2) 照明设备。在一般工作场所为±5%;对于远离变电所的小面积一般工作场所,难以满足上述要求时,可为+5%、-10%;应急照明、道路照明和警卫照明等为+5%、-10%。

3) 其他用电设备,当无特殊规定时为±5%。

(2) 危害　如果用电设备的端电压与其额定电压有偏差,则用电设备的工作性能和使用寿命将受到影响,总的经济效果将会下降。电压偏差对不同用电设备的影响如下。

1) 对感应电动机的影响。由于电动机转矩与其端电压的平方成正比,因此当电动机的端电压比其额定电压低10%时,其实际转矩将只有额定转矩的81%,而负荷电流将增大5%~10%,温升将提高10%~15%,绝缘老化程度将比规定增加1倍以上,从而明显地缩短电机的使用寿命。而且电于转矩减小,转速下降,不仅会降低生产效率,减少产量,而且还会影响产品质量,增加废次品。当其端电压偏高时,负荷电流和温升一般也要增加,绝缘也要受损,对电动机也是不利的,但不像电压偏低时那么严重。

2) 对同步电动机的影响。当同步电动机的端电压偏高或偏低时,转矩也要按电压平方成正比变化。因此同步电动机的端电压偏差,除了还会影响其转速外,其他如对转矩、电流和温升等的影响,是与感应电动机相同的。

3) 对照明的影响。电压偏差对白炽灯的影响最为显著。当白炽灯的端电压较其额定电压降低10%时,灯泡的使用寿命将延长2~3倍,但其发光效率将下降30%以上,灯光明显变暗,照度降低,严重影响人的视力健康,降低工作效率,还可能增加事故发生率。当其端电压较其额定电压升高10%时,发光效率将提高1/3。电压偏差对荧光灯等气体放电灯的影响不像对白炽灯那么明显,但也有一定的影响。当其端电压偏低时,灯管不易起燃。如果多次反复起燃,则灯管寿命将大受影响。而且电压降低时,照度下降,影响视力及工作。当其电压偏高时,灯管寿命又要缩短。

3. 电压波动

(1) 基本定义与规定　供配电系统的电压波动主要是由于系统中的冲击负荷引起的。冲击负荷引起的电压对工频来说是调幅波(即交流电压波的包络线)性质。为了表征电压波动的大小,用电压调幅波中相邻两个极值(极大和极小)电压均方根值之差(U_{max} - U_{min})对额定电压 U_N 的百分数来表示,即

$$\delta U = \frac{U_{\max} - U_{\min}}{U_N} \times 100\% \tag{3-2}$$

为了区别电压波动（电压的快变化）和电压偏差（电压的慢变化），《电能质量 电压波动和闪变》（GB/T 12326—2008）中规定，电压波动的变化速度应不低于每秒 0.2%。

电压闪变反映了电压波动引起的灯光闪烁对人视觉产生影响的效应。引起照度闪变的电压波动现象称为电压闪变。因灯光照度急剧变化使人眼感到不适的电压，称为闪变电压。

《电能质量 电压波动和闪变》（GB/T 12326—2008）中规定了电力系统公共供电点由冲击性负荷产生的电压波动限值和闪变限值见表3-2和表3-3。

表3-2　电压波动限值

r/（次/h）	d/%		r/（次/h）	d/%	
	LV、MV	HV		LV、MV	HV
r≤1	4	3	10<r≤100	2	1.5
1<r≤10	3*	2.5*	100<r≤1000	1.25	1

注：1. 很少的变动频度（每日少于1次），电压变动限值 d 还可以放宽，但不在本标准中规定。
　　2. 对于随机性不规则的电压波动，如电弧炉负荷引起的电压波动，表中标有"*"的值为其限值。
　　3. 参照《标准电压》（GB/T 156—2017），本标准中系统标称电压 U_N 等级按以下划分：
　　　低压（LV）　　　　$U_N \leq 1kV$
　　　中压（MV）　　1kV$<U_N \leq$35kV
　　　高压（HV）　　35kV$<U_N \leq$220kV
　　　对于220kV以上超高压（EHV）系统的电压波动限值可参照高压（HV）系统执行。

表3-3　闪　变　限　值

P_h	
≤110kV	>110kV
1	0.8

（2）电压波动和闪变的危害

1）引起照明灯光闪烁，使人的视觉容易疲劳和不适，从而降低工作效率。

2）电视机画面亮度发生变化，垂直和水平幅度摇动。

3）影响电动机正常启动，甚至无法启动；导致电动机转速不均匀，危及本身的安全运行，同时影响产品质量。例如使造纸、制丝不均匀，降低精加工机床制品的光洁度，严重时产生废品等。

4）使电子仪器设备（例如示波器、X光机）、计算机、自动控制设备工作不正常。

5）使硅整流器的出力波动，导致换流失败等。

6）影响对电压波动较敏感的工艺或试验结果。例如，使光电比色仪工作不正常，使化验结果出差错。

4. 谐波

（1）基本定义与规定　国际上公认的谐波含义为："谐波是一个周期电气量的正弦波分量，其频率为基波频率的整倍数"。由于谐波的频率是基波频率的整数倍，也常称为高次谐波。

谐波将引起供配电系统正弦波形畸变，为了表示畸变波形偏离正弦波形的程度，最常用的特征量有谐波总含量、总畸变率和 h 次谐波的含有率。

公用电网谐波电压（相电压）极值见表3-4。

表 3-4 公用电网谐波电压（相电压）极值

电网额定电压 /kV	电压总谐波畸变率(%)	各次谐波电压含有率(%)	
		奇 次	偶 次
0.38	5.0	4.0	2.0
6	4.0	3.2	1.6
10			
35	3.0	2.4	1.2
66			
110	2.0	1.6	0.8

（2）谐波产生的原因　在电能的生产、传输、转换和使用的各个环节中都会产生谐波。在供配电系统中，谐波产生的主要原因是系统中存在具有非线性特性的电气设备，主要有：

1）具有铁磁饱和特性的铁心设备，如变压器、电抗器等。

2）以具有强烈非线性特性的电弧为工作介质的设备，如气体放电灯、交流弧焊机、炼钢电弧炉等。

3）以电力电子元件为基础的开关电源设备或装置，如各种电力交流设备（整流器、逆变器、变频器）、相控调速和调压装置、大容量的电力晶闸管可控开关设备等。它们大量的用于化工、电气铁道、冶金、矿山等工矿企业以及各式各样的家用电器中。

上述非线性电气设备的显著特点是从供配电系统中取用非正弦电流，也就是说，即使电源电压是正弦波形，但由于负荷具有其电流不随着电压同步变化的非线性的电压—电流特性，使得流过负荷的电流是非正弦波形，它由基波及其整数倍的谐波组成。产生的谐波使供配电系统电压严重失真。这些向供配电系统注入谐波电流的非线性电气设备通称为谐波源。在电力电子装置普及以前，变压器是主要谐波源，目前各种电力电子装置已成为主要谐波源。

（3）谐波的危害　目前，国际上公认谐波"污染"是供配电系统的公害，其具体危害有以下几个方面。

1）谐波会大大增加供配电系统发生谐波的可能，从而造成很高的过电流或过电压而引发事故的危险性。

2）谐波电压可使变压器的磁滞及涡流损耗增加，使绝缘材料承受的电气应力加大，而谐波电流使变压器的铜耗增加，从而使铁心过热，加速绝缘老化，缩短变压器使用寿命。

3）谐波电流可能使电容器过负荷和出现不允许的温升，可使线路电能损耗增加，还可能使供配电系统发生电压谐振，损坏设备绝缘。

4）谐波电流流过供配电线路时，可使其电能损耗增加，导致电缆过热损坏。

5）谐波电流可使电动机铁损明显增加，并使电动机转子出现振动现象，严重影响机械加工的产品质量。

6）谐波可使计费的感应式、电子式电能表的计量不准。

7）谐波影响设备正常工作，可使继电保护和自动装置发生误动和拒动，可使计算机失控、电子设备误触发、电子元件的测试无法进行。

8）谐波可干扰通信系统，降低信号的传输质量，破坏信号的正常传递，甚至损坏通信设备。

5. 三相电压不平衡度

（1）基本定义与规定　电压不平衡度 ε_U 是衡量多相系统负荷平衡状态的指标，用电压负序分量的均方根值 U_2 与电压正序分量的均方根值 U_1 的百分比来表示，即

$$\varepsilon_U = \frac{U_2}{U_1} \times 100\% \tag{3-3}$$

国家标准《电能质量 三相电压不平衡》（GB/T 15543—2008）规定：

1）电力系统公共连接点，正常时三相电压不平衡度允许值为2%，短时不超过4%。

2）接于系统公共连接点的每个用户，三相电压不平衡度一般不得超过1.3%。

（2）危害　三相电压不平衡度偏高，说明电压的负序分量偏大。电压负序分量的存在，将对电力设备的运行产生不良影响。例如，电压负序分量可使感应电动机出现一个反向转矩，削弱电动机的输出转矩，降低电动机的效率，同时使电动机绕组电流增大，温度增高，加速绝缘老化，缩短使用寿命。三相电压不平衡，还会影响多相整流设备触发脉冲的对称性，出现更多的高次谐波，进一步影响电能质量。

（3）降低不平衡度的措施　由于造成三相电压不平衡的主要原因是单相负荷在三相系统中的容量分配和接入位置不合理、不均衡。因此在供配电系统的设计和运行中，应采取如下措施：

1）均衡负荷。对单相负荷应将其均衡地分配在三相系统中，同时要考虑用电设备的功率因数不同，尽量使有功功率和无功功率在三相系统中均衡分配。在低压供配电系统中，各相之间的容量之差不宜超过15%。

2）正确接入照明负荷。由地区公共低压供配电系统供电的220V照明负荷，线路电流小于或等于30A时，可采用220V单相供电；大于30A时，宜以220/380V三相四线制供电。

3.2　负荷分级、供电要求及电能质量

3.2.1　电力负荷的分级

用电负荷应根据供电可靠性及中断供电所造成的损失或影响的程度，分为一级负荷、二级负荷、三级负荷。各级负荷应符合下列规定。

1. 一级负荷　符合下列情况之一时，应为一级负荷。

1）中断供电将造成人身伤亡。

2）中断供电将造成重大影响或重大损失。

3）中断供电将破坏有重大影响的用电单位的正常工作，或造成公共场所秩序严重混乱。例如：重要交通枢纽、重要通信枢纽、重要的经济信息中心、特级或甲级体育建筑、国宾馆、承担重大国事活动的会堂、经常用于重要国际活动的大量人员集中的公共场所等的重要用电负荷。

在一级负荷中，当中断供电将发生中毒、爆炸和火灾等情况的负荷，以及特别重要场所的不允许中断供电的负荷，视为特别重要的负荷。

2. 二级负荷　符合下列情况之一时，应为二级负荷。
1) 中断供电将造成较大影响或损失。
2) 中断供电将影响重要用电单位的正常工作，或造成公共场所秩序混乱。
3. 三级负荷　不属于一级和二级负荷者应为三级负荷。

民用及工业建筑的负荷分级列表分类，见表3-5。

表3-5　民用及工业建筑的负荷分级表

建筑类别	建筑物名称	用电设备及部位	负荷级别
住宅建筑	高层普通住宅	电梯、照明	二级
旅馆建筑	高级旅馆	宣传厅、新闻摄影、高级客房、电梯等	一级
	普通旅馆	主要照明	二级
办公建筑	省、市、部级办公楼	会议室、总值班室、电梯、档案室、主要照明	一级
	银行	主要业务用计算机及外部设备电源、防盗信号电源	一级
教学建筑	教学楼	教室及其他照明	二级
	重要实验室		一级
科研建筑	科研所重要实验室、计算中心、气象台	主要用电设备	一级
		电梯	二级
文娱建筑	大型剧院	舞台、电声、贵宾室、广播及电视转播、化装照明	一级
医疗建筑	县级及以上医院	手术室、分娩室、急诊室、婴儿室、理疗室、广场照明	一级
		细菌培养室、电梯等	二级
商业建筑	省辖市及以上百货大楼	营业厅主要照明	一级
		其他附属照明	二级
博物建筑	省、市、自治区级及以上博物馆、展览馆	珍贵展品展室的照明、防盗信号电源	一级
		商品展览用电	二级
商业仓库建筑	冷库	大型冷库、有特殊要求的冷库压缩机及附属设备、电梯、库内照明	二级
司法建筑	监狱	警卫信号	一级

3.2.2　各级负荷对供电电源的要求

1. 一级负荷

（1）由两个电源供电　一级负荷应由两个电源供电，当一个电源发生故障时，另一个电源不应同时受到损坏。

（2）两个电源与应急电源供电　对一级负荷中特别重要的负荷，除由两个电源供电外，尚应增设应急电源，并严禁将其他负荷接入应急供电系统。

1) 应急电源是与电网在电气上独立的各式电源。可以作为应急电源的电源如下：
①独立于正常电源的发电机组。
②供电网络中独立于正常电源的专用的馈电线路。
③蓄电池。
④干电池。

2）应急电源可根据允许中断供电的时间进行选择：

①允许中断供电时间为 15s 以上的供电，可选用快速自启动的发电机组。

②自动装置的动作时间能满足允许中断供电时间的，可选用带有自动投入装置的独立于正常电源的专用馈电线路。

③允许中断供电时间为毫秒级的供电，可选用蓄电池静止型不间断供电装置、蓄电池机械储能电机型不间断供电装置或柴油机不间断供电装置。

2. 二级负荷　二级负荷的供配电系统，宜采用两回线路供电。供电变压器也应有两台（两台变压器不一定在同一变电所）。在其中一回路或一台变压器发生常见故障时，二级负荷应不致中断供电，或中断后能迅速恢复供电。只有当负荷较小或地区供电条件困难时，才允许由一回路 6kV 及以上的专用架空线供电。这主要考虑电缆发生故障后，有时检查故障点和修复需时较长，而一般架空线路修复方便。当线路自配电所引出采用电缆线路时，必须要采用两根电缆组成的电缆线路，其每根电缆应能承受的二级负荷 100%，且互为热备用，即同时处于运行状态。

3. 三级负荷　三级负荷供电可靠性要求较低，对供电电源无特殊要求。但在条件许可时，应尽量提高供电的可靠性和连续性。

3.2.3　建筑电气的自备电源

建筑的电源绝大多数是由公共电网供电的，但在下述情况下可建立自备电源：本建筑有大量重要负荷，需要独立的备用电源，而从电网取得有困难。

对于有重要负荷的建筑，除了正常的供电电源外，还需要设置应急电源。常用的应急电源有柴油发电机组。对于特别重要的负荷如计算机系统，则除设柴油发电机组外，还须另设不停电电源（也称不间断电源，Uninterrupted Power Supply，缩写为 UPS）。对于频率和电压稳定性要求较高的场合，宜采用稳频稳压式不停电电源。

1. 柴油发电机组　它利用柴油机作为原动力来拖动发电机进行发电，如图 3-3 所示。柴油发电机组具有下述优点：

1）柴油发电机组操作简便，起动迅速。一般能在公共电网停电 10~15s 内起动并接上负荷。

2）柴油发电机组效率高，功率范围大，体积小，重量轻，搬运和安装方便。

3）柴油发电机组燃料的储存和运输方便。

4）柴油发电机组的运行可靠，维修方便。

由于以上特点，故柴油发电机组得到了广泛的应用，但它也有诸如噪声和震动大、过载能力较差的缺点，在柴油发电机组装设房间的选址和布置方面应充分考虑其对环境的影响。

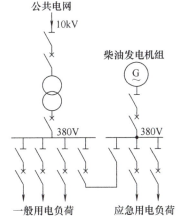

图 3-3　采用柴油发电机组作为备用电源的主接线

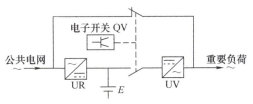

图 3-4　交流不停电电源（UPS）组成示意图

2. 交流不停电电源（UPS）　交流不停电

电源（UPS）主要由整流器（UR）、逆变器（UV）和蓄电池（E）等三部分组成，如图 3-4 所示。

当公共电网正常工作时，交流电源经晶闸管整流器 UR 转换为直流，对蓄电池 GB 充电。当公共电网突然停电时，电子开关 QV 在保护装置的作用下自动进行切换，使 UPS 投入工作，蓄电池 GB 放电，经逆变器 UV 转换为交流电对重要负荷供电。

不间断电源 UPS 的选择见表 3-6。

表 3-6 不间断电源 UPS 的选择

参数名称	技 术 要 求
输出功率 P_u	给电子计算机供电时，单台 UPS 的 $P_u > 1.5\sum P_e$（$\sum P_e$ 为电子计算机各设备额定功率总和） 对其他用电设备供电时，$P_u > 1.3 P_{js}$（P_{js} 为最大计算负荷）
额定电流 I_u	负荷的最大冲击电流 $I_e \leq 1.5 I_u$
蓄电池额定放电时间 t_u	为保证用电设备按照操作顺序进行停机，t_u 可按停机所需最长时间来确定，$t_u = 8 \sim 15\text{min}$ 当有备用电源时，为保证用电设备供电连续性，t_u 按等待备用电源投入考虑，$t_u = 10 \sim 30\text{min}$，设有应急发电机时，UPS 应急供电时间可以短一些 若有特殊要求，t_u 应根据负荷特性来确定

3. 应急电源（EPS） 应急电源（EPS）主要由充电器、逆变器、蓄电池、隔离变压器、切换开关、监控器和显示、保护等装置及机箱组成，如图 3-5 所示。当电网有电时，QF 吸合经整流给逆变器提供直流电，同时充电器对电池组充电；当电网断电或低于 380V 的 15% 时，KM 吸合由电池组给逆变器提供直流电。当需要电机负载工作时，给予起动信号（如运行信号、远程控制、消防联动信号等），逆变器立即输出，从 0~50Hz，电动机变频起动，其频率到达 50Hz 后保持正常运行。手动/自动选择转换开关，在自动位置可进行远程控制和消防联动（DC24V）操作，在手动位置可进行本机操作，此时远程控制和消防联动无效，运行信号和手动或者自动位置消防中心可监控。

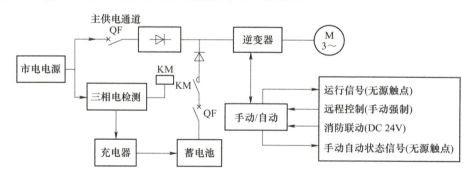

图 3-5 可变频应急电源（EPS）工作原理图

应急电源（EPS）是利用绝缘栅双极晶体管技术及相关的逆变技术而开发的一种把直流电能逆变成交流电能的大型应急电源，容量为 0.5~400kW，是一种新型的、静态无公害、免维护、无人值守、安全可靠的集中供电式应急电源装置，有不可变频应急电源和可变频应急电源。

应急电源 EPS 的选择见表 3-7。

表 3-7 应急电源 EPS 的选择

参数名称	技 术 要 求
应急供电切换时间	0.1~0.25s
应急供电时间	60min、90min、120min 可根据用户需要选择更长的
容量选择	负载中最大的单台直接起动的电机容量只占 EPS 容量的 1/7 以下
	是所供负载中同时工作容量总和的 1.1 倍以上
	直接起动风机、水泵时，EPS 的容量应为同时工作的风机、水泵容量的 5 倍以上
	若风机、水泵为变频起动，则 EPS 的容量为同时工作的电机总容量的 1.1 倍
	若风机、水泵采用星—三角降压起动，则 EPS 的容量为同时工作的电机总容量的 3 倍以上

3.2.4 对电能质量的要求

电能质量也即用电点的供电质量，主要由以下四个方面来决定。

1. 供电安全 把人身触电事故和设备损坏事故降低到最低的限度。

2. 供电可靠 供电要具有不间断性。

3. 优质供电 电压和频率偏差要在允许的范围之内。

4. 经济供电 供电系统的投资要少，运行费用要低，减少金属材料的消耗等。

3.3 负荷计算

3.3.1 用电设备的工作制

现代建筑的用电设备种类繁多，用途各异，工作方式不同，按其工作制可分以下三类。

1. 长期连续工作制或长期工作制 电气设备在运行工作中需要能够达到稳定的温升，能在规定环境温度下连续运行，设备任何部分的温度和温升均不超过允许值。例如通风机、水泵、电动发电机、空气压缩机、照明灯具、电热设备等负荷比较稳定，它们在工作中时间较长，温度稳定。

2. 短时工作制 短时工作制是指运行时间短而停歇时间长，设备在工作时间内的发热量不足以达到稳定温升，而在间歇时间内能够冷却到环境温度，例如车床上的进给电动机等。电动机在停车时间内，温度能降回到环境温度。

3. 断续周期工作制 断续周期工作制即断续运行工作制或称反复短时工作制，该设备以断续方式反复进行工作，工作时间与停歇时间相互代替重复，周期性地工作或是经常停，反复运行。一个周期一般不超过 10min，例如起重电动机。断续周期工作制的设备用暂载率（或负荷持续率）来表示其工作特性，计算公式如下

$$\varepsilon = \frac{t}{T} \times 100\% = \frac{t}{t+t_0} \times 100\% \tag{3-4}$$

式中　ε——暂载率；

　　　t——工作周期内的工作时间；

　　　T——工作周期；

　　　t_0——工作周期内的间歇时间。

工作时间加停歇时间称为工作周期。根据我国的技术标准规定工作周期以 10min 为计算依据。起重机电动机的标准暂载率分为 15%、25%、40%、60%四种；电焊设备的标准暂载率分为 50%、65%、75%、100%四种。其中 100%为自动电焊机的暂载率。在建筑工程中通常按 100%考虑。

3.3.2 设备容量的计算方法

设备容量是把设备额定功率（用 P_N 表示）换算到统一工作制下的额定功率，用 P_e 表示，有时也称为设备的计算容量。对不同工作制的用电设备，其设备容量可按如下方法确定。

1. 长期工作制电动机的设备容量 电气设备的容量等于铭牌标明的"额定功率"（kW）。计算设备的容量不打折扣，即设备容量 P_e 与设备额定功率相等。

2. 反复短时工作制电动机的设备容量 反复短时工作制下设备的工作时间较短。按规定应该把反复短时工作制下的设备容量统一换算到 $\varepsilon=25\%$ 时的额定功率（kW）。若 ε 不等于 25%时，则应按下式算到 $\varepsilon=25\%$，如起重机类设备的 P_e 为

$$P_e = \frac{\sqrt{\varepsilon}}{\sqrt{\varepsilon_{25}}} P_N = 2P_N\sqrt{\varepsilon} \tag{3-5}$$

式中　P_e——换算到 $\varepsilon_{25}=25\%$ 时电动机的设备容量（kW）；

　　　ε——铭牌暂载率，以百分值代入公式；

　　　P_N——电动机铭牌额定功率（kW）。

例 3-1　某化工厂有起重机共 20kW，铭牌暂载率为 40%，求换算到 ε 为 25%时设备的容量是多少？

解

$$P_e = \frac{\sqrt{\varepsilon}}{\sqrt{\varepsilon_{25}}} P_N = 2P_N\sqrt{\varepsilon}$$

$$= \sqrt{\frac{0.4}{0.25}} \times 20\text{kW} = 25.30\text{kW}$$

3. 电焊设备的设备容量　规定要求应统一换算到 $\varepsilon=100\%$ 时的额定功率（kW）。若 ε 不等于 100%时，应按下式换算到 $\varepsilon=100\%$，即

$$P_e = \frac{\sqrt{\varepsilon}}{\sqrt{\varepsilon_{100}}} P_N = \sqrt{\varepsilon} S_N \cos\varphi \tag{3-6}$$

式中　P_e——换算到 $\varepsilon_{100}=100\%$ 后电焊机的设备容量（kW）；

　　　P_N——铭牌额定功率（直流焊机）（kW）；

　　　S_N——铭牌额定视在功率（交流焊机）（kVA）；

　　　$\cos\varphi$——铭牌额定功率因数；

　　　ε——是同 S_N 或 P_N 相对应的铭牌暂载率，用百分值代入公式计算。

4. 短时运行设备容量的换算　暂载率按 $\varepsilon=25\%$ 进行换算求得设备的容量 P_e，即

$$P_e = \sqrt{\varepsilon/\varepsilon_{25}} P_N \tag{3-7}$$

式中　ε——实际的暂载率；

　　　P_N——电动机铭牌额定功率。

例 3-2 某建筑工程工地有电焊机,铭牌功率共 40kVA,$\cos\varphi$ 为 0.6。铭牌 ε 为 40%,自动电焊机按换算到 $\varepsilon = 100\%$ 计算,求设备的容量是多少?

解
$$P_e = \sqrt{\varepsilon/\varepsilon_{100}} P_N \cos\varphi = \sqrt{40\%/100\%} \times 40 \times 0.6 \text{kW}$$
$$= 25.30 \times 0.6 = 15.18 \text{kW}$$

例题表明把暂载率小的设备换算为长时间运行($\varepsilon = 100\%$)下的容量,则计算容量变小。

总之,在实用中动力设备容量的计算有三种情况:

1)长期运行的电气设备暂载率按 100% 计算,即长期运行电器设备的铭牌额定功率。多台电气设备的容量为多台电气设备容量之和,就等于折合后的电气设备容量 P_e。如电动水泵、自动电焊机等。

2)断续运行的电气设备暂载率按 100% 计算,如起重电气设备等。铭牌上标注的暂载率不一定是 100%。如果小于 100%,经过折算后设备容量将小于铭牌上标定的额定功率,如例 3-2 所得结果。

3)短时运行的电气设备暂载率按 25% 计算,如起重机、电动门、机床升降架等。若铭牌标定的暂载率大于 25%,则折合后的设备容量将大于铭牌功率。

5. 电炉变压器和安全照明变压器的容量 因为各种变压器的容量是用视在功率 S_N 表示的,故应统一换算到额定功率因数时的额定功率(kW),即

$$P_e = S_N \cos\varphi_N \tag{3-8}$$

6. 380V 单相电气设备折算为三相计算负荷 首先将暂载率折合到所需要的情况,平均分配到三相电源,一般为三角形联结,求出每相的计算负荷,再找出相邻两相计算容量平均最大值,再乘以 3 即为三相计算容量。

7. 照明设备的设备容量

1)白炽灯、碘钨灯的设备容量等于灯泡的额定功率(kW),即

$$P_e = P_N \tag{3-9}$$

2)荧光灯的设备容量等于灯管额定功率的 1.2 倍(考虑镇流器中功率损失约为灯管额定功率的 20%),即

$$P_e = 1.2 P_N \cos\varphi_N \tag{3-10}$$

3)高压汞灯、金属卤化物灯的设备容量等于灯泡额定灯率的 1.1 倍(考虑镇流器功率损失约为灯泡额定功率的 10%),即

$$P_e = 1.1 S_N \cos\varphi_N \tag{3-11}$$

8. 不对称单相负载的设备容量 对多台单相设备应尽可能平均地接在三相上,若单相设备不平衡度(即偏离三相平均值的大小)与三相平均值之比小于 15% 时,按三相平衡分配计算,见式(3-12)。当单相设备不平衡度与三相平均值之比大于 15% 时,按单相最大功率的三倍计算,见式(3-13),即偶尔在短时工作制小容量设备的设备容量一般按零考虑,如电磁阀等可以忽略不计。

$$P_e = P_U + P_V + P_W \tag{3-12}$$
$$P_e = 3 P_{max} \tag{3-13}$$

例 3-3 新建办公楼照明设计用白炽灯 U 相 3.6kW、V 相 4kW、W 相 5kW,求设备容量是多少?如果改为 W 相 4.8kW,求设备容量是多少?

解 三相平均容量为 $(3.6+4+5)/3$ kW $= 12.6/3$ kW $= 4.2$ kW

三相负载不平衡容量占三相平均容量的百分率（即不平衡度）为

$$\varepsilon = (5-4.2)/4.2 = 0.8/4.2 = 0.19 = 19\%，大于 15\%$$

设备容量为 $\qquad P_e = 3P_{\max} = 3 \times 5\text{kW} = 15\text{kW}$

改善后 $\qquad \varepsilon = (4.8-4.2)/(4.2) = 0.6/4.2 = 0.1429 = 14.29\%，小于 15\%。$

$P_e = P_U + P_V + P_W = (3.6+4+4.8)\text{kW} = 12.4\text{kW}$，小于 15kW，计算容量减少了，可见设计三相负荷时越接近平衡越好。

3.3.3 用需要系数法确定计算负荷

1. 计算负荷的概念 用电设备组的计算负荷是指用电设备组从供电系统中取用的半小时最大负荷，它是作为按发热条件选择电气设备的依据。我们用半小时（30min）最大负荷 P_{30} 来表示有功计算负荷，其余 Q_{30}、S_{30}、I_{30} 分别表示无功计算负荷、视在计算负荷和计算电流。

计算负荷是供电设计计算的基本依据。计算负荷确定得是否正确合理，直接影响到电器和导线电缆的选择是否经济合理。如计算负荷确定过大，将使电器和导线电缆选得过大，造成投资和有色金属的浪费；如计算负荷确定过小，又将使电器和导线电缆处于过负荷下运行，增加电能损耗，产生过热，导致绝缘过早老化甚至烧毁，同样要造成损失。由此可见，正确确定计算负荷意义重大。

2. 需要系数的含义 以一组用电设备来分析需要系数的含义，如图3-6所示。该组设备有几台电动机，其额定容量为 P_e。由于该组电动机实际上不一定都同时运行，而且运行的电动机也不可能都满负荷，同时设备运行本身及配电线路也有功率损耗，因此该组电动机的有功计算负荷应为

$$P_{30} = \frac{K_\Sigma K_L}{\eta_e \eta_{WL}} P_e \qquad (3\text{-}14)$$

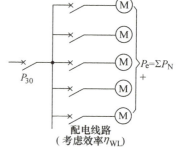

图3-6 用电设备组的计算负荷

式中　K_Σ——设备组的同时系数，即设备组在最大负荷时运行的设备容量与全部设备容量之和的比值。

K_L——设备组的负荷系数，即设备组在最大负荷时的输出功率与运行设备容量之比。

η_{WL}——配电线路的平均效率，即配电线路在最大负荷时的末端功率（设备组的取用功率）和首端功率（计算负荷）之比。

令 $K_\Sigma K_L / \eta_e \eta_{WL} = K_X$，这里的 K_X 称为需要系数。

$$K_X = P_{30}/P_e \qquad (3\text{-}15)$$

式中　P_e——经过折算后的设备容量。

用电设备组的需要系数，就是用电设备组在最大负荷时需要的有功功率与其设备容量的比值，一般小于1。

由此可得按需要系数确定三相用电设备组的有功功率的基本公式为

$$P_{30} = K_X P_e \qquad (3\text{-}16)$$

实际上，需要系数不仅与用电设备组的工作性质、设备台数、设备效率和线路损耗等因素有关，而且与操作工人的熟练程度和生产组织等多种因素有关，因此应尽量通过实际测量分析测定，以保证接近实际。

从表3-8、表3-9中可查出不同用电设备组和一般建筑照明负荷的需要系数。

表3-8　用电设备组的需要系数 K_X、$\cos\varphi$ 值及 $\tan\varphi$ 值

序号	用 电 设 备 名 称	需要系数 K_X	$\cos\varphi$	$\tan\varphi$
1	小批量生产的金属冷加工机床电动机	0.16～0.2	0.5	1.73
2	大批量生产的金属冷加工机床电动机	0.18～0.25	0.5	1.73
3	小批量生产的金属热加工机床电动机	0.25～0.3	0.5	1.73
4	大批量生产的金属热加工机床电动机	0.3～0.35	0.65	1.17
5	通风机、水泵、空压机、电动发电机组电机	0.7～0.8	0.8	0.75
6	非联锁的连续运输机械、铸造车间整纱机	0.5～0.6	0.75	0.88
7	联锁的连续运输机械、铸造车间整纱机	0.65～0.7	0.75	0.88
8	锅炉房、机加工、机修、装配车间的起重机($\varepsilon=25\%$)	0.1～0.15	0.5	1.73
9	自动连续装料的电阻炉设备	0.75～0.8	0.95	0.33
10	铸造车间的起重机($\varepsilon=25\%$)	0.15～0.25	0.5	1.73
11	实验室用小型电热设备(电阻炉、干燥箱)	0.7	1.0	0
12	工频感应电炉(未带无功补偿装置)	0.8	0.35	2.67
13	高频感应电炉(未带无功补偿装置)	0.8	0.6	1.33
14	电弧熔炉	0.9	0.87	0.57
15	点焊机、缝焊机	0.35	0.6	1.33
16	对焊机、铆钉加热机	0.35	0.7	1.02
17	自动弧焊变压器	0.5	0.4	2.29
18	单头手动弧焊变压器	0.35	0.35	2.68
19	多头手动弧焊变压器	0.4	0.35	2.68
20	单头弧焊电动发电机组	0.35	0.6	1.33
21	多头弧焊电动发电机组	0.7	0.75	0.88
22	变配电所、仓库照明	0.5～0.7	1.0	0
23	生产厂房及办公室、阅览室、实验室照明	0.8～1	1.0	0
24	宿舍、生活区照明	0.6～0.8	1.0	0
25	室外照明、事故照明	1.0	1.0	0

表3-9　一般建筑照明负荷的需要系数

建筑类别	需要系数	建筑类别	需要系数
生产厂房（有天然采光）	0.7～0.8	厨房	0.35～0.45
生产厂房（无天然采光）	0.8～0.9	食堂、餐厅	0.8～0.9
办公楼	0.7～0.8	高级餐厅	0.7～0.8
教学楼	0.8～0.9	一般旅馆、招待所	0.7～0.8
科研楼	0.8～0.9	旅游宾馆	0.35～0.45
图书馆	0.6～0.7	电影院、文化馆	0.7～0.8
幼儿园	0.8～0.9	剧场	0.6～0.7
小型商业、服务用房	0.85～0.9	礼堂	0.5～0.7
综合商业、服务楼	0.75～0.85	体育馆	0.65～0.75
展览厅	0.5～0.7	体育练习馆	0.7～0.8
博展馆	0.8～0.9	门诊楼	0.6～0.7
集体宿舍	0.6～0.7	病房楼	0.5～0.6

表 3-8 所列出的需要系数值是按照车间范围内设备台数较多的情况下确定的，所以取用的需要系数值都比较低。它适用于比车间配电规模大的配电系统的计算负荷。如果用需要系数法计算干线或分支线上的用电设备组，系数可适当取大。当用电设备的总量不多时，可以认为 $K_X = 1$。

需要系数与用电设备的类别和工作状态有极大的关系。在计算时首先要正确判断用电设备的类别和工作状态，否则将造成错误。

求出有功计算负荷 P_{30} 后，可以按照下式求出其余的计算负荷，即

$$\left.\begin{array}{l} \text{无功计算负荷} \quad Q_{30} = P_{30}\tan\varphi \\ \text{视在计算负荷} \quad S_{30} = P_{30}/\cos\varphi \\ \text{计算电流} \quad I_{30} = S_{30}/\sqrt{3}\,U_N \end{array}\right\} \tag{3-17}$$

式中 $\tan\varphi$——对应于用电设备组 $\cos\varphi$ 的正切值；

$\cos\varphi$——用电设备组的平均功率因数；

U_N——用电设备组的额定线电压。

如果只有一台三相电动机，其计算电流就取其额定电流，即

$$I_{30} = I_N = P_N/(\sqrt{3}\,U_N\cos\varphi) \tag{3-18}$$

负荷计算中常见的单位是：有功功率为 kW，无功功率为 kvar，视在功率为 kVA，电流为 A，电压为 kV。

例 3-4 已知某建筑工地的临时用电设备，有电压为 380V 7.5kW 的三相电动机 3 台，4kW 的电动机 8 台，1.5kW 的电动机 10 台，1kW 的电动机 51 台。求其计算负荷。

解 此建筑工地各类用电设备的总容量为

$$P_e = 7.5\text{kW} \times 3 + 4\text{kW} \times 8 + 1.5\text{kW} \times 10 + 1\text{kW} \times 51 = 120.5\text{kW}$$

取 $K_X = 0.2$，$\cos\varphi = 0.5$，$\tan\varphi = 1.73$

有功计算负荷 $\quad P_{30} = K_X \sum P_e = 0.2 \times 120.5\text{kW} = 24.1\text{kW}$

无功计算负荷 $\quad Q_{30} = P_{30}\tan\varphi = 24.1 \times 1.73\text{kvar} = 41.7\text{kvar}$

视在计算负荷 $\quad S_{30} = P_{30}/\cos\varphi = 24.1/0.5\text{kVA} = 48.2\text{kVA}$

计算电流 $\quad I_{30} = S_{30}/(\sqrt{3}\,U_N) = 48.2/(\sqrt{3} \times 0.38)\text{A} = 73.2\text{A}$

3.3.4 用单位指标法确定计算负荷

建筑电气方案设计阶段，为便于确定供电方案和选择变压器的容量和台数，可采用单位指标法。单位指标受多种因素的影响，如地理位置、气候条件、地区发展水平、居民生活习惯、建筑规模大小、建设标准高低、使用能源种类、节能措施力度等。根据目前的用电水平和装备标准，各类建筑物的用电指标及变压器装置指标见表 3-10。

用单位指标法确定计算负荷的计算公式为

$$S_{30} = K \cdot A / 1000 \tag{3-19}$$

式中 S_{30}——视在计算负荷（kVA）；

K——单位用电指标（VA/m²）；

A——各类建筑物面积（m²）。

表 3-10 各类建筑物的用电指标及变压器装置指标

建筑类别	用电指标/(W/m²)	变压器装置指标/(VA/m²)
住宅	15~40	20~50
公寓	30~50	40~70
旅馆、饭店	40~70	60~100
办公	30~70	50~100
一般商业	40~80	60~120
大中型商业	60~120	90~180
体育场馆	40~70	60~100
剧场	60~90	90~140
医院	50~80	80~120
高等院校	30~60	40~80
中小学校	20~40	30~60
幼儿园	20~30	30~50
展览馆	50~80	80~120
博物馆	50~80	80~120
演播室	250~500	500~800
汽车库	10~15	15~25
机械停车库	20~30	30~40

3.4 变配电所

发电厂生产出的电能,须由变电所升压,经高压输电线送出,再由配电所降压后才能供给用户。所以,变配电所是联系发电厂与用户的中间环节,它起着变换与分配电能的作用。

3.4.1 变配电所的形式和布置及位置选择

1. 变配电所的形式 变配电所的形式有独立式、附设式、杆上式或高台式、成套式变电所。附设式又分为内附式和外附式。

2. 变配电所的布置 变配电配备中带有可燃性油的高压开关柜宜装在单独的高压配电装置室内,当高压开关柜的数量在 5 台以下时,可与低压配电屏装设在同一房间内;而不带可燃性油的高、低压配电装置和非油浸的电力变压器及非可燃性油浸电容器可设在同一房间内。

有人值班的变配电所应设单独的值班室。当有低压配电装置室时,值班室可与低压配电室合并,值班人在经常工作的一面或一端。

独立变电所宜单层布置,当采用双层布置时,变压器应设在底层,设在二层的配电装置应有吊运设备的吊装孔或吊装平台。吊装平台门或吊装孔的尺寸,应能满足最大设备的需要,吊钩与吊装孔的垂直距离应满足吊装最高设备的需要。楼上楼下均为配电装置室时,位于楼上的配电装置室至少应设一个出口通向室外的平台或通道。控制室长度大于 8m 的配电装置室应设两个门,配电室大于 7m 设两个门,并应尽量布置在配电装置室的两端。

可燃油油浸电力变压器室的耐火等级应为一级,非燃(或难燃)介质的电力变压器室,高压配电室和高压电容器室的耐火等级不应低于二级。低压配电装置和低压电容器室的耐火等级不应低于三级。

有下列情况之一时，变压器室的门应为防火门：

1）变压器室位于高层主体建筑物内。
2）变压器室附近堆有易燃物品或通向汽车库。
3）变压器室位于建筑物二层或更高层。
4）变压器位于地下室或下面有地下室。
5）变压器室通向配电装置室的门。
6）变压器室之间的门。

变压器的通风窗应采用非燃烧材料。配电装置室及变压器室门的宽度宜按不可拆卸部件最大宽度加 0.3m，高度宜按不可拆卸部件最大高度加 0.3m。高压配电室和电容器室，宜设不能开启的自然采光窗。窗户下沿距室外地面高度不宜小于 1.8m。临街的一面不宜开窗。

变压器室、配电装置室、电容器室的门应向外开，并装有弹簧锁。装有电气设备的相邻房间之间有门时，此门应能双向开启或向低压方向开启。变配电所各房间经常开启的门窗，不应直通相邻的酸、碱、蒸气、粉尘和噪声严重的建筑。变配电室、电容器室等应有防止雨、雪和小动物从百叶窗、门、电缆沟进入屋内的措施。不间断电源装置室、整流器柜、逆变器柜、静态开关柜宜布置在下面有电缆沟或电缆夹层的楼板上。底部周围也应采取防止鼠、蛇类小动物进入柜内的措施。

柴油发电机房宜设有发电机间、控制及配电室、燃油准备及处理间、备品备件贮藏间等，可根据具体情况进行取舍、合并或增添。发电机间应有两个出入口，其中一个出口大小应满足搬运机组的需要，否则应预备吊装孔。门应采取防火、隔声措施，并应向外开启，发电机间与控制及配电室之间的门和观察窗应采取防火、隔声措施，门开向发电机间。

机房应有良好的采光和通风。在炎热地区，有条件宜设天窗，有热带风暴地区天窗应加挡风防雨板或设专用双层百叶窗。在北方及风沙较大的地区，应设有防风沙浸入的措施。贮油间与机房接连布置时，应在隔壁上设防火门。

发电机间、贮油间宜做水泥压光地面，并应有防止油、水渗入地面的措施，控制室宜做水磨石地面。柴油机基础应采取防油浸的设施，可设置排油污的沟槽。机房内的管沟和电缆沟内应有 0.3% 的坡度和排水、排油措施，沟边缘应做挡油处理。机组基础应采取减振措施，当机组设置在主体建筑内或下层时，应防止与房屋产生共振现象。

蓄电池室门应向外开启。向阳窗户应装磨砂玻璃或在玻璃上涂漆。为避免风沙侵入或因保温需要，可采用双层玻璃窗。

酸性蓄电池室的顶棚宜做成平顶。顶棚、墙壁、门窗、通风管道、台架及金属结构等均应涂耐酸油漆。但具有密封性能的酸性蓄电池，允许适当降低耐酸要求。碱性蓄电池可不考虑上述防腐措施。酸性蓄电池室的地面应采取耐酸材料并应有排水设施。

3. 变配电所的总体布置要求 变配电所的总体布置要求有：

1）变电所内需建值班室方便值班人员对设备进行维护，保证变电所的安全运行。
2）变电所的建设应有发展余地，以便负荷增加时能更换大一级容量变压器，增加高、低压开关柜等。
3）在满足变电所功能要求情况下，设计的变电所应尽量节约土地，节省投资。

4. 变配电所所址的选择原则　变配电所所址的选择原则为：

1）要接近负荷中心，这样可降低电能损耗，节约输电线用量。

2）接近电源侧。

3）考虑设备运输方便，特别是高低压开头柜和变压器的运输。

4）进出线方便。

5）变电所不宜建在剧烈振动、多尘、潮湿、有腐蚀气体等场所。

3.4.2 变压器的选择

1. 变压器台数的选择　选择变配电所主变压器台数时应考虑下列原则。

1）应满足用电负荷时对供电可靠性的要求。

①对接有大量一、二级负荷的变电所，宜采用两台变压器。以便当一台变压器发生故障或检修时，另一台变压器能保证对一、二级负荷继续供电。

②对只有二、三级负荷的变电所，如果低压侧有与其他变电所相连的联络线作为备用电源，也可采用一台变压器。

③对负荷集中而容量相当大的变电所，虽为三级负荷，也可采用两台或两台以上变压器，以降低单台变压器容量及提高供电可靠性。

2）对季节性负荷或昼夜负荷变动较大的变电所，可采用两台变压器，以便实行经济运行方式。

3）在确定变电所主变压器台数时，应适当考虑近期负荷的发展。

2. 变压器容量的选择　选择变配电所主变压器容量时需遵守下列原则。

（1）只装一台主变压器的变电所　为避免或减少主变压器过负荷运行，主变压器的实际额定容量 $S_{N.T}$ 应满足全部用电设备总视在计算负荷 S_{30} 的需要，即

$$S_{N.T} \geqslant S_{30} \tag{3-20}$$

（2）装有两台主变压器的变电所　当一台变压发生故障或检修时，另一台变压器至少能保证对所有一、二级负荷继续供电。这种运行方式称为暗备用运行方式。所以，每台主变压器容量 $S_{N.T}$ 应同时满足以下两个条件：

1）任一台变压器单独运行时，可承担总视在计算负荷 S_{30} 的 60%～70%，即

$$S_{N.T} = (0.6 \sim 0.7)S_{30} \tag{3-21}$$

2）任一台变压器单独运行时，应满足所有一、二级负荷 $S_{30(I+II)}$ 的需要，即

$$S_{N.T} \geqslant S_{30(I+II)} \tag{3-22}$$

3. 变压器并联运行的条件　两台或多台变压器并联运行时，必须满足以下基本条件。

1）并联运行变压器的额定一次电压及二次电压必须对应相等。否则，二次绕组回路内将出现环流，导致绕组过热或烧毁。

2）并联运行变压器的阻抗电压（即短路电压）必须相等，否则，各变压器分流不匀，导致阻抗小的变压器过负荷。

3）并联运行变压器的联接组别必须相同，否则，各变压器二次电压将出现相位差，从而产生电位差，将在二次侧产生很大的环流，导致绕组烧毁。

4）并联运行变压器的容量比应小于 3∶1，否则，容量比大，当特性稍有差异时，环流显著，容易造成小的变压器过负荷。

3.4.3 高压开关电气设备

1. 高压断路器 高压断路器是高压配电装置中的重要电器,其用途是用来使高压电路在正常情况下接通或断开,以及在事故情况下自动切断故障电路,恢复正常运行。高压断路器按灭弧介质的不同主要有真空断路器、SF_6(六氟化硫)断路器和少油断路器。

(1)真空断路器 以真空作为灭弧和弧绝缘介质的断路器称为真空断路器。真空是相对而言的,是指气体压力在 $1.3×10^{-2}Pa$ 以下的空间。由于真空中几乎没有气体分子可供游离导电,且弧隙中少量导电粒子很容易向周围真空扩散,所以真空的绝缘强度比变压器油及 1 个大气压下的 SF_6 或空气的绝缘强度高得多。真空断路器的结构主要由真空灭弧室和触头构成,真空断路器的类型有户内型(ZN 型)和户外型(ZW 型)。图 3-7 为户内型分离式真空断路器。

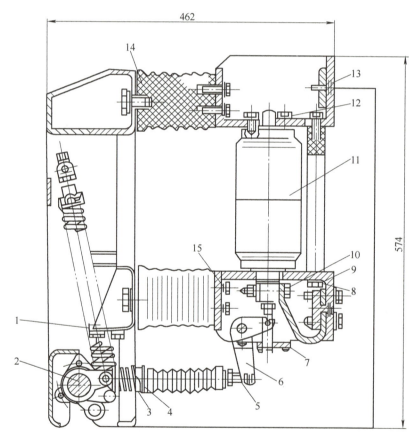

图 3-7 户内型分离式真空断路器

1—开距调整垫 2—主轴 3—触头压力弹簧 4—弹簧座 5—接触行程调整螺栓 6—拐臂 7—导向板 8—螺钉 9—动支架 10—导电夹紧固螺栓 11—真空灭弧室 12—真空灭弧室固定螺栓 13—静支架 14—绝缘子 15—绝缘子固定螺栓

真空断路器的特点有:

1)切断能力强,可达 50kA,断开后断口间介质恢复速度快,介质不需要更换。

2)触头开距小,10kV 级真空断路器的触头开距只有 10mm 左右,所需的操作功率小,动作快，操作机构可以简化，寿命延长，一般可达 20 年左右不需检修。

3）熄弧时间短，弧压低，电弧能量小，触头损耗小，开断次数多。

4）动导杆的惯性小，适用于频繁操作。

5）开关操作时，动作噪声小，适用于城区使用。

6）灭弧介质或绝缘介质不用油，没有火灾和爆炸的危险。

7）触头部分为完全密封结构，不会因潮气、灰尘、有害气体等影响而降低其性能。工作可靠，通断性能稳定。灭弧室作为独立的元件，安装调试简单方便。

8）在真空断路器的使用年限内，触头部分不需要维修、检查，即使维修检查，所需时间也很短。

9）在密封的容器中熄弧，电弧和炽热气体不外露。

10）具有多次重合闸功能，适合配电网中应用要求。

所以，真空断路器适用于频繁操作和要求高速开断的场合。

(2) SF_6 断路器 以 SF_6 气体作为灭弧和绝缘介质的断路器称为 SF_6 断路器。SF_6 是一种惰性气体，无色、无味、无毒、不燃烧，比重是空气的 5.1 倍。SF_6 的特性是能在电弧间隙的游离气体中强烈地吸附自由电子，在分子直径很大的 SF_6 气体中，电子运动的自由行程不大，在同样的电场强度下产生碰撞游离的机会减少，这就使得 SF_6 有极好的绝缘和灭弧能力，与空气相比较，SF_6 的绝缘能力约高 3 倍，灭弧能力约高百倍。因此 SF_6 断路器，可采用简单的灭弧结构以缩小继路器的外形尺寸，却具有较强的开断能力。此外，电弧在 SF_6 气体中燃烧时电弧电压特别低，燃弧时间短，所以断路器开断后触头烧损很轻微，不仅可以频繁操作，同时也延长了检修周期。

SF_6 气体是目前知道的最理想的绝缘和灭弧介质。它比现在使用的变压器油、压缩空气乃至真空都具有无可比拟的优良特性。正因为如此，使其应用越来越广，发展相当迅速，不仅在中压、高压领域中应用，特别在高压、超高压领域里更显示出其不可取代的地位。

SF_6 断路器根据其灭弧原理可分为双压式、单压式、旋弧式结构。图 3-8 所示为 LW_8-35 型 SF_6 断路器外形图。

SF_6 气体所具有的多方面的优点使得 SF_6 断路器设计得更加精巧、可靠、使用方便，其主要优点如下：

1）绝缘性能好，使断路器结构设计更为紧凑，节省空间，而且操作功小，噪声小。

2）由于带电及断口均被密封在金属容器内，金属外部接地，更好地防止意外接触带电部位和防止外部物体侵入设备内部，设备可靠。

3）无可燃性物质，避免了爆炸和燃烧，使变配电所的安全可靠性提高。

4）SF_6 气体在低气压下使用，能够保证电流在过零附近切断，电流截断趋势减至最小，避免截流而产生的操作过电压，降低了设备绝缘水平的要求，并在切断电容电流时不产生重燃。

5）SF_6 气体密封条件好，能够保持装置内部干燥，不受外界潮气的影响。

6）SF_6 气体良好的灭弧特性，使得燃弧时间短，切断电流能力强，触头的烧损腐蚀小。触头可以在较高的温度下运行而不损坏。

7）燃弧后，装置内没有碳的沉淀物，所以可以消除电磁痕，不发生绝缘的击穿。

8）由于 SF_6 气体具有良好的绝缘性能，故可以大大减少装置的电气距离。

9）由于 SF_6 开关装置是全封闭的，可以适用于户内、居民区、煤矿或其他有爆炸危险

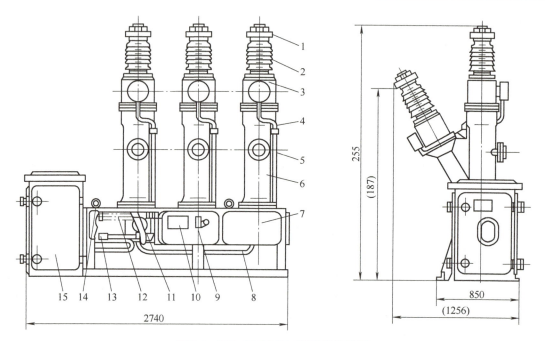

图 3-8 LW$_8$-35 型 SF$_6$ 断路器外形图

1—出线帽 2—瓷套 3—电流互感器 4—互感器连线护管 5—吸附器
6—外壳 7—底架 8—气体管道 9—分合指示 10—铭牌 11—传动箱
12—分闸弹簧 13—螺套 14—起吊环 15—弹簧操作机构

的场所。

（3）少油断路器 少油断路器是在多油断路器的基础上发展起来的。少油断路器的用油量很少（一般只几千克），其油主要起灭弧作用，不承担触头与油箱间的绝缘，因此相对多油断路器而言，其结构简单，节省材料，使用维护方便并得到广泛应用。但相对真空断路器及 SF$_6$ 断路器而言，少油断路器将会逐渐被取代。

2. 高压隔离开关 高压隔离开关也称刀开关，是建筑供配电系统中使用最多的一种高压开关电器。隔离开关是一种没有灭弧装置的控制电器，因此严禁带负荷进行分闸、合闸操作。由于它在分闸后具有明显的断开点，因此在操作断路器停电后，将它拉开可以保证被检修的设备与带电部分可靠隔离，产生一个明显可见的断开点，既可缩小停电范围，又可保证人身安全。

（1）隔离开关的功能

1）隔离电源。将需要检修的线路或电气设备与电源隔离，以保证检修人员的安全。隔离开关的断口在任何状态下都不能发生火花放电，因此它的断口耐压一般比其对地绝缘的耐压高出 10%~15%。必要时应在隔离开关上附设接地刀开关，供检修时接地用。

2）倒闸操作。根据运行需要换接线路，在断口两端有并联支路的情况下，可进行分闸、合闸操作，变换母线接线方式等。

3）投、切小电流电路。可用隔离开关切断和闭合某些小电流电路。例如电压互感器、避雷器回路；励磁电流不超过 2A 的空载变压器和电容电流不超过 5A 的空载线路；变压器中性点的接地线（当中性点上接有消弧消圈时，只有在系统没有接地故障时才可进行）等。

（2）隔离开关的种类与结构　隔离开关种类很多，根据开关闸刀的运动方式可分为水平旋转式、垂直旋转式、摆动式和插入式等。

高压隔离开关是由一动触头（活动刀片）和一静触头（固定触头或刀嘴）组成，动静触头均由高压支撑绝缘子固定于底板上，底板用螺钉固定在构架或墙体上。

三相隔离开关是三相连动操作的，拉杆绝缘子的底部与传动杆相连，其上部与动触头相连。由传动机构带动拉杆绝缘子，再由拉杆绝缘子推动动触头的断、合动作。图3-9所示为建筑供配电系统中常见的隔离开关结构及外形图。

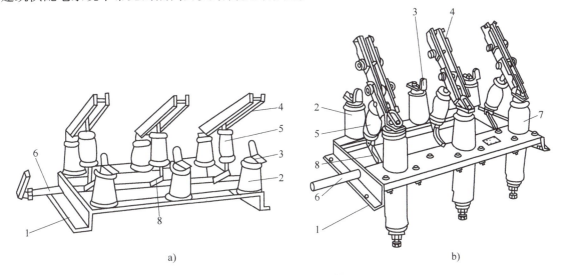

图3-9　GN_6型和GN_8型隔离开关

a）GN_6型　b）GN_8型

1—底座　2—支柱绝缘子　3—静触头　4—闸刀　5—拉杆瓷瓶
6—转轴　7—套管绝缘子　8—拐臂

3. 高压负荷开关　高压负荷开关主要用于配电系统中闭合、承载、切断正常条件下（也包括规定的过载系数）的电流，并能通过规定的异常（如短路）电流的闭合。也就是说负荷开关可以合、分正常的负荷电流以及闭合短路电流（但不能切断短路电流）。因此负荷开关受到使用条件的限制，不能作为电路中的保护开关，通常负荷开关必须与具有切断短路电流能力的开关设备相配合使用，最常用的方式是负荷开关与高压熔断器相配合，正常的合、分负荷电流由负荷开关完成，故障电流由熔断器来完成开断。

由于负荷开关的特点，一般不作为直接的保护开关，主要用于较为频繁操作的场所、非重要的场合，尤其在小容量变压器保护中，采用高压熔断器与负荷开关相配合，能体现出较为显著的优点。当变压器发生大电流故障时，由熔断器动作，切断电流，其动作时间在20ms左右，这远比采用断路器保护要快得多，正常操作由负荷开关完成，提高了灵活性。在10kV线路中采用负荷开关，以三相联动为主，当熔断器发生故障时，无论是三相或是单相故障，只要有一相熔丝熔断即能迅速脱扣三相联动机构，使三相负荷开关快速切断，避免造成三相不平衡和非全相运行。

高压负荷开关在配电网的应用已经得到了供电部门的认可，据有关资料介绍，高压负荷开关在国外使用数量已达到断路器的5倍，并有继续增长趋势。随着城市电网的改造，负荷开关的使用量越来越多,如环网开关柜、负荷开关配用熔断器,作为高压设备保护已经起来越受到重视,并且结构简单,制造容易,且价格比较便宜,受到用户的认可。

负荷开关的种类较多,按结构可分为油、真空、SF_6 产气、压气型;按操作方式分为手动和电动型负荷开关等。

负荷开关的应用主要以产气式负荷及压气式负荷开关居多,这些产品以户内型为主,且使用范围广泛,集中在配电网中。随着真空开关技术及 SF_6 应用技术的发展,真空、SF_6 型负荷开关也得到了一定的应用。产气式和压气式负荷开关与真空、SF_6 负荷开关相比较,主要特征是采用了相应的产气型绝缘材料,在电路切断电弧的作用下,产气材料产生气压,气压按一定方向吹动改变电弧方向,使电弧因拉长而熄灭,起到灭弧切断电流的作用。图 3-10 为压气式 SF_6 负荷开关示意图。

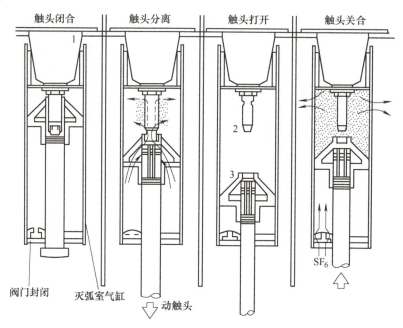

图 3-10 压气式 SF_6 负荷开关示意图
1—负荷开关套管 2—静触头 3—压气式活塞

4. 高压熔断器 高压熔断器是最早被采用的,也是最简单的一种保护电器,串联在电路中使用。当电路中通过过负荷电流或短路电流时,利用熔体产生的热量使它自身熔断,切断电路,以达到保护的目的。

熔断器主要由金属熔体、连接熔体的触头装置和外壳组成。金属熔体是熔断器的主要元件,熔体的材料一般有铜、银、锌、铅和铅锡合金等。熔体在正常工作时,仅通过不大于熔体额定电流值的负载电流,其正常发热温度不会使熔体熔断。当过载电流或短路电流通过熔体时,熔体便熔化断开。

熔体熔断的过程如下:当短路电流或过负荷电流通过熔体时,熔体发热熔化,进而气化。金属蒸气的电导率远比固态金属与液态金属的电导率低,使熔体的电阻突然增大,电路中的电流突然减小,将在熔体两端产生很高的电压,导致间隙击穿,出现电弧。在电弧的作用下产生大量的气体,促成强烈的去游离作用而使电弧熄灭,或电弧与周围有利于灭弧的固体介质紧密接触强行冷却而熄灭。

高压熔断器的种类很多,按安装地点可分为户内式和户外式,按是否有限流作用又可分为限流式和非限流式等。如图 3-11 示出 RW-10 型跌开式熔断器外形图。

3.4.4 互感器

互感器是一种特殊用途的变压器,又称仪用互感器,是建筑配电系统中不可缺少的重要设备。根据电气量变换的差别,可分为电压互感器(简称 PT)和电流互感器(简称 CT)两大类,它的主要用途是:与仪表配合测量线路上的电流、电压、功率和电能,与继电器配合对线路及变配电设备进行定量保护(例如短路、过电流、过电压、欠电压等故障的保护)。为配合仪表测量和继电保护的需要,电压互感器将系统中的高电压变换成标准的低电压($100V$ 或 $100/\sqrt{3}$ V);电流互感器将高压系统中的电流或低压系统中的大电流变换成标准的小电流($5A$ 或 $1A$)。

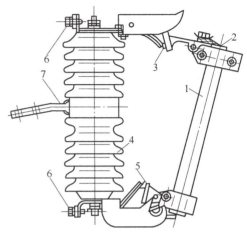

图 3-11 RW-10 型跌开式熔断器外形图
1—熔管 2—熔丝元件 3—上触头 4—绝缘瓷套管 5—下触头 6—端部螺栓 7—紧固板

由于采用了仪用互感器,使测量仪表和继电器均接在仪用互感器的二次侧与系统的高电压隔离,从而保证了操作人员和设备的安全。同时由于仪用互感器二次电压和二次电流均为统一的标准值,使仪表和继电器制造标准化,简化制造工艺,降低成本。因此,仪用互感器在变、配电网络的测量、保护及控制系统中得到了广泛的应用。

1. 电压互感器

(1) 电压互感器的构造及工作原理 电压互感器按其工作原理可以分为电磁感应原理和电容分压原理($220kV$ 以上系统中使用)两类。常用的电压互感器是利用电磁感应原理工作的,它的基本构造与普通变压器相同,主要由铁心、一次绕组、二次绕组组成,如图 3-12 所示。电压互感器一次绕组匝数较多,二次绕组与测量仪表或继电器等电压线圈并联。由于测量仪表、继电器等电压线圈的阻抗很大,电压互感器在正常运行中二次绕组中的电流很小,一次绕组和二次绕组中的漏阻抗压降都很小。因此,它相当于一个空载运行的降压变压器,其二次电压基本上等于二次电动势值,且取决于恒定的一次电压值,所以电压互感器在准确度允许的负载范围内,能够精确地测量一次电压。

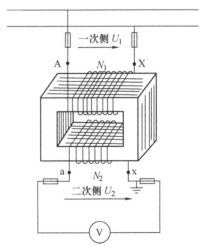

图 3-12 电压互感器的构造及原理图

电压互感器的一次电压 U_1 与其二次电压 U_2 之间有下列关系:

$$U_1 \approx \frac{N_1}{N_2} U_2 \approx K_u U_2 \tag{3-23}$$

式中 N_1、N_2——电压互感器一次、二次绕组匝数;

K_u——电压互感器的电压比，一般表示为其一次、二次额定电压比，即 $K_u = U_{1N}/U_{2N}$。

（2）电压互感器使用注意事项

1）电压互感器二次侧不得短路。电压互感器一次、二次侧都是在并联状态下工作，如发生短路，将产生很大的短路电流，有可能烧坏互感器，甚至影响一次电路的安全运行，所以建筑供配电系统中的电压互感器的一次、二次侧都必须装设熔断器保护。

2）电压互感器二次侧必须有一点接地。电压互感器二次侧一点接地，其目的是为了防止一次、二次绕组的绝缘击穿时，一次侧的高电压窜入二次侧，危及人身和二次设备的安全。

3）电压互感器在接线时要注意端子极性。极性是指一次和二次绕组感应电动势之间的相位关系。在某一瞬间一次和二次绕组同时达到高电位或低电位的对应端称为同极性端或同名端。电压互感器端子上标注 A 和 a、X 和 x 为同极性端。

2. 电流互感器

（1）电流互感器的构造和工作原理　电流互感器也是按电磁感应原理工作的。它的构造与普通变压器相似，主要由铁心、一次绕组和二次绕组等几个主要部分组成，如图 3-13 所示。所不同的是电流互感器的一次绕组匝数很少，使用时一次绕组串联在被测线路里。而二次绕组匝数较多，与测量仪表和继电器等电流线圈串联使用。运行中电流互感器一次绕组内的电流取决于线路的负荷电流，与二次负荷无关（与普通变压器正好相反），由于接在电流互感器二次绕组内的测量仪表和继电器的电流线圈阻抗都很小，所以电流互感器在正常运行时，接近于短路状态，这是电流互感器与变压器的主要区别。

电流互感器的一次电流 I_1 与二次电流 I_2 之间有下列关系

$$I_1 \approx (N_2/N_1)I_2 \approx K_i I_2 \qquad (3-24)$$

式中　N_1、N_2——电流互感器一次、二次绕组匝数；

K_i——电流互感器的电流比，一般表示为一次和二次额定电流之比，即 $K_i = I_{1N}/I_{2N}$。

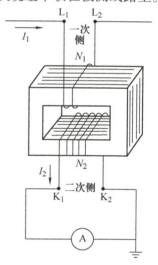

图 3-13　电流互感器的构造及原理图

（2）电流互感器使用注意事项

1）电流互感器二次侧不得开路。电流互感器正常运行时，根据单相变压器负载运行磁通势平衡关系式 $\dot{I}_1 N_1 = \dot{I}_2 N_2 + \dot{I}_0 N_1$ 可知，由于二次绕组负荷阻抗和负荷电流均很小，也就是说二次绕组内感应的电动势一般不超几十伏，所以所需的励磁安匝 $\dot{I}_0 N_1$ 及铁心中合成磁通很小。为了减小电流互感器的尺寸、重量和造价，其铁心截面按正常运行时通过不大的磁通设计。运行中电流互感器一旦二次侧开路，$I_2 = 0$，则 $\dot{I}_0 N_1 = \dot{I}_1 N_1$，一次安匝 $\dot{I}_1 N_1$ 将全部用于励磁，它比正常运行的励磁安匝大许多倍，此时铁心将处于高度饱和状态。铁心的饱和，一方面导致铁心损耗加剧、过热而损坏互感器绝缘；另一方面导致磁通波形畸变为平顶波。由于二次绕组感应的电动势与磁通的变化率 $\dfrac{d\Phi}{dt}$ 成正比，因此在磁通过零时，将感生很高的尖顶波电动势，其峰值可达几千伏，这将危及工作人员、二次回路及设备的安全，此外铁心中的剩磁还会影响互感器的准确度。为此，为防止电流互感器在运行中和试验中开路，规定电流互感器二次侧不准装设熔断器，如需拆除二次设备时，必须先用导线或短路压板将二次回路短接。

2）电流互感器二次侧有一点必须接地。电流互感器二次侧一点接地，是防止一次、二次绕组间绝缘击穿时，一次侧的高电压窜入二次侧，危及人身和二次设备的安全。

3）电流互感器在接线时要注意其端子的极性。电流互感器的一次绕组端子标以 L_1、L_2，二次绕组端子标以 K_1、K_2。L_1 与 K_1 是同极性端。如果一次电流从 L_1 流向 L_2，则二次电流 I_2 从 K_1 流出，经外电路流向 K_2。

在安装和使用电流互感器时，一定要注意端子在极性，否则其二次仪表、继电器中流过的电流就不是预期的电流，甚至可引起事故。诸如引起保护的误动作或仪表烧坏。

3.4.5 变配电所的主接线

变配电所的主接线（一次接线）指由各种开关电器、电力变压器、互感器、母线、电力电缆、并联电容器等电气设备，按一定次序连接的接受和分配电能的电路。它是电气设备选择及确定配电装置安装方式的依据，也是运行人员进行各种倒闸操作和事故处理的重要依据。

用规定的图例符号（表 3-11）表示主要电气设备在电路中连接的相互关系，称为电气主接线图。电气主接线图通常以单线图形式表示，在个别情况下，当三相电路中设备不对称时，则部分地使用三线图表示。

表 3-11 变配电所主接线的主要电气设备符号

设备名称	文字符号	图形符号	设备名称	文字符合	图形符号
变压器	T		母线	W	
断路器	QF		电流互感器	TA	
负荷开关	Q		避雷器	F	
隔离开关	QS		电抗器	L	
熔断器	FU		电容器	C	
跌开式熔断器	FU		电动机	M	

1. 对主接线的基本要求　主接线的确定，对供电系统的可靠供电和经济运行有密切的关系。因此，选择主接线应满足下列基本要求：

1）根据用电负荷的要求，保证供电的可靠性和电能质量。

2）主接线应力求简单、明显，运行方式灵活，投入或切除某些设备或线路时操作方便。

3）保证运行操作和维护人员及设备的安全，配电装置应紧凑合理，排列尽可能对称，便于运行值班人员记忆，便于巡视检查。

4）应使主接线的一次投资和运行费用达到经济合理。

5）根据近期和长远规划，为将来发展留有余地。

在选择主接线时应全面考虑上述要求，进行经济技术比较，权衡利弊，特别要处理好可靠性和经济性这一对主要矛盾。

2. 主接线的基本形式　主接线形式有单母线接线、双母线接线、桥式接线和单元接线等多种，建筑电气中常见的是单母线接线。

（1）单母线接线　单母线接线又可分为单母线不分段接线和单母线分段接线两种。

1）单母线不分段接线。当只有一路电源进线时，常用这种接线，如图 3-14a 所示。

这种接线的优点是接线简单清晰，使用设备少，经济性比较好。由于接线简单，操作人员发生误操作的可能性就小。

这种接线的缺点是灵活性、可靠性差。因为，当母线或母线隔离开关发生故障，或进行检修时，必须断开供电电源，而造成全部用户供电中断。

此接线适用于对供电连续性要求不高的三级负荷用户，或有备用电源的二级负荷用户。

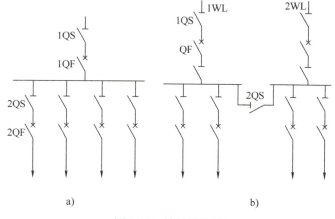

图 3-14　单母线接线

a）单母线不分段接线　b）单母线分段接线

2）单母线分段接线。当有双电源供电时，常采用高压侧单母线分段接线，如图 3-14b 所示。

分段开关可采用隔离开关或断路器分段。当采用隔离开关分段时，如需对母线或母线隔离开关检修，可将分段隔离开关断开后分段进行检修。当母线发生故障时，经短时间倒闸操作将故障段切除，非故障段仍可继续运行，只有故障段所接用户（约 50%）将停电。

若用断路器分段时，除仍具有可分段检修母线或母线隔离开关外，还可在母线或母线隔离开关发生故障时，母线分段断路器和进线断路器同时自动断开，以保证非故障部分连续供电。

这种接线的优点是供电可靠性较高，操作灵活，除母线故障或检修外，可对用户连续供电。

这种接线的缺点是母线故障或检修时，有 50% 左右的用户停电。

此接线适用于有两路电源进线的变配电所。采用单母线分段接线，可对一级、二级负荷供电，特别是装设了备用电源自动投入装置后，更加提高了单母线用断路器分段接线的供电可靠性。

（2）桥式接线　为保证对一级、二级负荷可靠供电，变配电所广泛采用由两回路电源供电，装设两台变压器的桥式接线。

桥式接线是指在两路电源进线之间跨接一个断路器，犹如一座桥，如图 3-15 所示，主要有内桥式接线和外桥式接线。

1）内桥式接线。内桥式接线的"桥"断路器 2QF 装设在两回路进线断路器的内侧，犹如桥一样将两回路进线连接在一起。正常时，断路器 2QF 处于开断状态。

这种接线的运行灵活性好，供电可靠性高，适用于一级、二级负荷的供电。

如果某路电源进线侧，例如 1WL 停电检修或发生故障时，2WL 经 2QF 对变压器 1T 供电。因此这种接线适用于线路长，故障机会多和变压器不需经常投切的总降压变电所。

2）外桥式接线。在这种接线中，一次侧的"桥"断路器装设在两回进线断路器的外侧。

此种接线方式运行的灵活性和供电的可靠性也较好，但与内桥式适用的场合不同。外桥接线对变压器回路操作方便，如需切除变压器 1T 时，可断开 1QF，再合上 2QF，可使两条进线都继续运行。因此，外桥式接线适用于供电线路较短，用电负荷变化较大，变压器需经常切换，具有一级、二级负荷的变电所。

（3）线路—变压器组单元接线　在变配电所中，当只有一路电源供电和一台变压器时，可采用线路—变压器组单元接线，如图 3-16 所示。

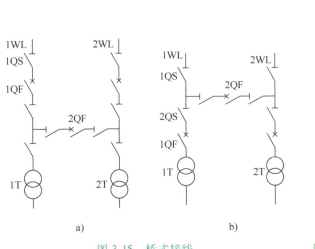
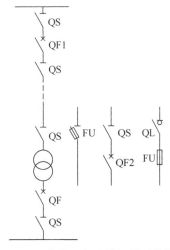

图 3-15　桥式接线
a）内桥式接线　b）外桥式接线

图 3-16　线路—变压器组单元接线

根据变压器高压侧情况的不同，也可以装设图中右侧三种开关电器中的某种。当电源侧继电保护装置能保护变压器且灵敏度满足要求时，变压器高压侧可以装设隔离开关。当变压器高压侧短路容量不超过高压熔断器断流容量，而又允许采用高压熔断器保护变压器时，变压器高压侧可装设跌落式熔断器或负荷开关——熔断器。一般情况下，在变压器高压侧装设隔离开关和断路器。

当高压侧装设负荷开关时，变压器容量不大于 1250kVA，高压侧装设隔离开关或跌落式熔断器时，变压器容量一般不大于 630kVA。

这种接线的优点是接线简单，所用电气设备少，配电装置简单，节约了建设投资。这种接线的缺点是该单元中任一设备发生故障或检修时，变电所全部停电，可靠性不高。

3.5 成套装置

3.5.1 高压成套装置

高压成套装置又称高压开关柜。它是根据不同用途的接线方案，将一次、二次设备组装在柜中的一种高压成套配电装置。它具有结构紧凑、占地面积小、排列整齐美观、运行维护方便、可靠性高以及可大大缩短安装工期等优点，所以在 6~10kV 户内配电装置中获得广泛应用。

高压开关柜按柜内装置元件的安装方式，分为固定式和手车式（移开式）两种；按柜体结构形式，分为开启式和封闭式两类，封闭式包括防护封闭、防尘封闭、防滴封闭和防尘防滴封闭型式等；根据一次线路安装的主要电器元件和用途又可分为很多种柜，如油断路器柜、负荷开关柜、熔断器柜、电压相互感器柜、隔离开关柜、避雷器柜等；从断路器在柜中放置形式有落地式和中置式，目前中置式开关柜越来越多。

高压开关柜全型号含义如下：

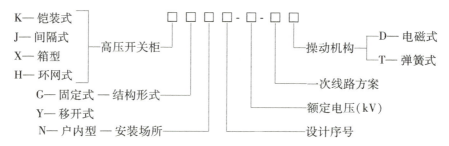

为了提高高压开关柜的安全可靠性和实现高压安全操作程序化，对固定式和手车式高压开关柜在电气和机械联锁上都采取了"五防"措施。"五防"是指①防止误合、误分断路器；②防止带负荷分、合隔离开关；③防止带电挂接地线；④防止带接地线合闸；⑤防止误入带电间隔。

1. 固定式高压开关柜　固定式高压开关柜的特点是柜内所有电器元件都固定安装在不能移动的台架上，结构简单也较经济，在一般中小型企业中，应用较为广泛。我国现在大量生产和广泛应用的主要有 GG-1A（F）型固定式高压开关柜、XGN2-10 箱型固定式开关柜、KGN-10 型铠装金属封闭式固定开关柜等。KGN-10 型开关柜外形尺寸及结构如图 3-17 所示。

2. 手车式（移开式）高压开关柜　手车式（移开式）高压开关柜的特点是一部分电器元件固定在可移动的手车上，另一部分电器元件装置在固定的台架上，所以它是由固定的柜体和可移动的手车两部分组成的。手车上安装的电器元件可随同手车一起移出柜外。为了防止误操作，柜内与手车上装有多种机械与电气联锁装置（如高压断路器柜，只有将手车推到规定位置后断路器才能合闸；断路器合闸时手车不能移动，断路器断开后手车才能拉出柜外）。与固定式开关柜相比较，手车式开关柜具有检修安全方便、供电可靠性高等优点，但价格较贵。我国现在使用的手车式高压开关柜有 GFC-10、GC-10 和 GBC-35、GFC-35、KYN-

第 3 章 建筑工程供配电

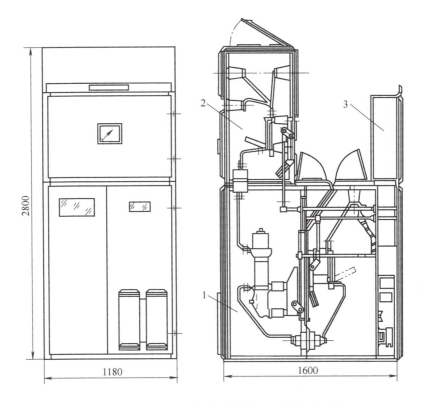

图 3-17 KGN-10 型开关柜外形尺寸及结构示意图
1—本体装配 2—母线室装配 3—继电器室装配

10、JYN-10、JYN-35、HXGN-12 等型。现主要生产金属铠装移开式开关柜 KYN-10 型以及金属封闭移开式开关柜 JYN-10、JYN-35 型。图 3-18 给出了 KYN-10 型移开式铠装柜的外形图。

生产厂家生产有各种用途的高压开关柜,如各种形式的电缆进(出)线、架空进(出)线、电压互感器与避雷器、左(右)联络等高压柜,并规定了一次线路方案编号。用户可按所设计主接线及二次接线的要求进行选择、组合,以构成所需的高压配电装置。图 3-19 为采用 JYN$_2$-10 型高压开关柜的一次线路方案组合示例。

3.5.2 SF$_6$ 封闭式组合电器(GIS)

SF$_6$ 封闭式组合电器(气体绝缘金属封闭开关设备)是将断路器、隔离开关、接地开关、互感器、避雷器、母线、电缆终端、进出线套管等电气元

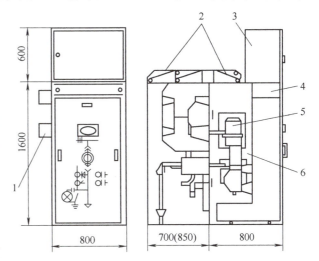

图 3-18 KYN-10 型移开式铠装柜
1—穿墙套管 2—泄压活门 3—继电器仪表箱
4—端子室 5—手车 6—手车室

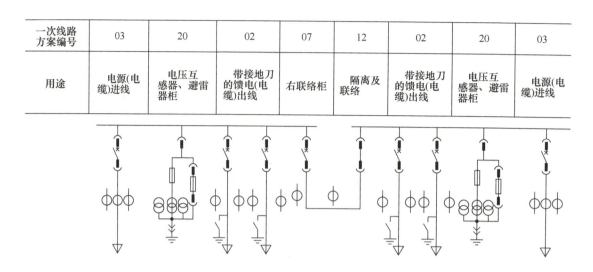

图 3-19 采用 JYN$_2$-10 型高压开关柜的一次线路方案组合示例

件,经优化设计有机地组合成一个整体,封闭组合在接地的金属外壳中,以 SF$_6$ 气体作为绝缘和灭弧介质,简称 GIS,其作用相当于一个开关站。由于 SF$_6$ 封闭式组合电器具有灭弧能力强、体积小、占地面积小、不受外部环境影响、运行安全可靠、检修周期长、配置灵活和维护简单等优点,此外由于所有元件组合成为一个整体,具有优良的抗地震性能,又因带电部分以金属壳体封闭,对电磁和静电实现屏蔽,噪声小,抗无线电干扰能力强,它已广泛应用于大型工矿企业、城市供电、发电厂、石油化工、电气化铁道等高压供配电系统中。SF$_6$ 封闭式组合电器结构有分相式、主母线三相共筒式、全三相共筒式、复合式、箱式等。

GIS 的每一个间隔,用不通气的盆式绝缘子(气隔绝缘子)划分为若干个独立的 SF$_6$ 气室,即气隔单元。各独立气室在电路上彼此相通,而在气路上则相互隔离。设置气隔具有以下优点:①可以将不同 SF$_6$ 气体压力的各电器元件分隔开;②特殊要求的元件(如避雷器等)可以单独设立一个气隔;③在检修时可以减少停电范围;④可以减少检查时 SF$_6$ 气体的回收和充放气工作量;⑤有利于安装和扩建工作。每一个气隔单元有一套元件,即 SF$_6$ 密度计、自封接头、SF$_6$ 配管等。其中,SF$_6$ 密度计带有 SF$_6$ 压力表及报警接点。除可在密度计上直接读出所连接的气室的 SF$_6$ 压力外,还可通过引线,将报警触电接入就地控制柜,当气室内 SF$_6$ 气压降低时,则通过控制柜上光字牌指示灯及综自系统发出"SF$_6$ 压力降低"的报警信号,如压力降至闭锁值以下,则发闭锁信号,同时切断断路器控制回路,将断路器闭锁。

SF$_6$ 封闭式组合电器是通过就地控制柜进行现场监视与控制。就地控制柜具有就地操作、信号传输、保护和中继、对 SF$_6$ 系统进行监控等功能,也是 GIS 间隔内、外各元件,以及 GIS 与主控室之间电气联络的中继枢纽。其主要功能如下:①实施断路器、隔离开关、接地开关就地—远方选择操作,在控制柜上进行就地集中操作;②监视断路器、隔离开关、接地开关的分合闸位置状态;③监视 GIS 各气室 SF$_6$ 气体密度;④实现 GIS 本间隔内断路器、隔离开关、接地开关之间的电气连锁及间隔之间各种开关之间的电气连锁;⑤显示一次主接线形式及运行状态;⑥作为 GIS 各元件间及 GIS 与主控室之间的中继端子箱接收或发信号用;⑦监视控制回路电源是否正常,并通过电源开关、熔断器、保护开关,对就地控制柜及 GIS 的二次控制、测量和保护元件起保护作用。当"远方/就地"手柄在远方状态时,只有远方遥控命令有效；当"远方/就地"手柄在就地状态时，只有就地的控制操作有效。

3.5.3 低压配电屏

低压配电屏是按一定的线路方案将一次、二次设备组装而成的一种低压成套配电装置，供低压配电系统中作动力、照明配电之用。

低压配电屏按结构形式分为固定式和抽屉式两大类。固定式低压配电屏又有单面操作和双面操作两种，双面操作式为离墙安装，屏前屏后均可维修，占地面积较大，在盘数较多或二次接线较复杂需经常维修时，可选用此种形式。单面操作式为靠墙安装，屏前维护，占地面积小，在配电室面积小的地方宜选用，这种屏目前较少生产。抽屉式低压配电屏的特点是馈电回路多、体积小、检修方便、恢复供电迅速，但价格较贵。

低压配电屏型号较多，其型号含义如下：

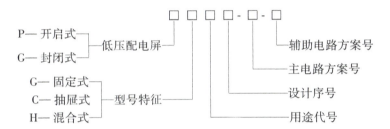

1. 固定式低压配电屏 固定式低压配电屏主要有PGL型和GGD型。PGL型为户内安装的开启式双面维护的低压配电屏。PGL型比老式的BSL型结构设计更合理，电路配置安全，防护性能好。如BSL屏的母线是裸露安装在屏的上方，而PGL屏的母线是安装在屏后骨架上方的绝缘框上，母线上还装有防护罩，这样就可防止母线上方坠落金属物而造成母线短路事故的发生。PGL屏具有更完善的保护接地系统，提高了防触电的安全性，其线路方案也更合理，除了有主电路外，对应每一个主电路方案还有一个或几个辅助电路方案，便于用户选用。GGD型低压配电屏是根据原能源部主管部门、广大电力用户及设计部门的要求，本着安全、经济、合理、可靠的原则，于20世纪90年代设计的新型配电屏。本产品为封闭式结构，具有分断能力高，动、热稳定性好，结构新颖、合理，电气方案切合实际，系列性、适用性强，防护等级高等特点，可作为更新换代的产品使用。图3-20为GGD型低压配电屏外形示意图。

2. 抽屉式低压配电屏 抽屉式低压配电屏是由薄钢板结构的抽屉及柜体组成。其主要电器安装在抽屉或手车内，当遇单元回路故障或检修时，将备用抽屉或小车换上便可迅速恢复供电。目前，常用的低压配电屏有BFC型、GCS型、GCK型、GCL型、UKK（DOMINO—Ⅲ）型等。图3-21为GCS型低压配电屏外形示意图。

3.5.4 低压动力和照明配电箱

从低压配电屏引出的低压配电线路一般经动力和照明配电箱接至各用电设备，它们是车间和民用建筑的供配电系统中对用电设备的最后一级控制和保护设备。

动力和照明配电箱的种类很多，按其安装方式可分为靠墙式、悬挂式和嵌入式。靠墙式是靠墙落地安装，悬挂式是挂在墙壁上明装，嵌入式是嵌在墙壁里暗装。

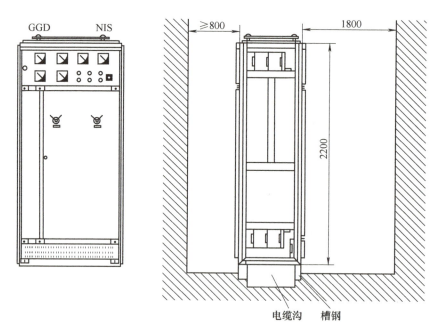

图 3-20 GGD 型低压配电屏外形示意图

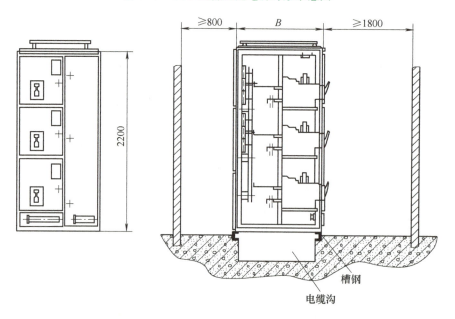

图 3-21 GCS 型低压配电屏外形示意图

1. 动力配电箱 动力配电箱通常具有配电和控制两种功能,主要用于动力配电和控制,但也可用于照明的配电与控制。常用的动力配电箱有 XL、XF-10、BGL、BGM 型等,其中,BGL 型和 BGM 型多用于高层建筑的动力和照明配电。

2. 照明配电箱 照明配电箱主要用于照明和小型动力线路的控制、过负荷和短路保护。照明配电箱的种类和组合方案繁多,其中,XXM 系列和 XRM 系列适用于工业和民用建筑的照明配电,也可用于小容量动力线路的漏电、过负荷和短路保护。

第 3 章　建筑工程供配电

3.6　预装式变电站

预装式变电站俗称箱式变电站，简称箱变。它是由高压配电装置、电力变压器、低压配电装置等部分组成，安装于一个金属箱体内，三部分设备各占一个空间，相互隔离。

预装式变电站的特点是结构合理、体积小、重量轻、安装简单、土建工作量小，因此投资低，可深入负荷中心供电，占地面积小，外形美观，灵活性强，可随负荷中心的转移而移动，运行可靠，维修简单。

预装式变电站分类方法有多种，按安装场所分，有户内式和户外式；按高压接线方式分，有终端接线式、双电源接线式和环网接线式；按箱体结构分，有整体式和分体式等。

预装式变电站由于其结构的特点，应用广泛，适用于城市公共配电、高层建筑、住宅小区、公园，还适用于油田、工矿企业及施工场所等，它是继土建变电所之后崛起的一种崭新的变电站。

3.6.1　预装式变电站的总体结构

预装式变电站的总体布置主要有两种形式：一种为组合式；另一种为一体式。组合式是指预装式变电站的高压开关设备、变压器及低压配电装置三部分各为一室而组成"目"字形或"品"字形布置，如图 3-22 所示。"目"字形与"品"字形相比，"目"字形接线较为方便，故大多数组合式变电站采用"目"字形布置，但"品"字形结构较为紧凑，

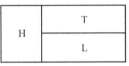

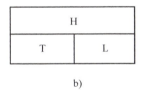

a)　　　　　　　　　b)

图 3-22　预装式变电站的布置
a)"目"字形　b)"品"字形
H—高压室　T—变压器室　L—低压室

特别是当变压器室布置多台变压器时，"品"字形布置较为有利。一体式箱变是指以变压器为主体，熔断器及负荷开关等装在变压器箱体内，构成一体式布置。

预装式变电站一般用于户外，运行中会遇到一些问题，如凝露、发热、腐蚀、灰尘、爆炸等。这些要从结构上加以解决。此外，箱体的形状和颜色要尽量与外界环境相协调，箱体的存在不应破坏景色，而应成为景色的点缀。

预装式变电站箱体用优质钢板、型钢等材料经特殊处理后组焊而成；框架外壳采用防锈合金铝板等材料，并喷防护漆，增强了防腐蚀能力，使其具备长期户外使用的条件。预装式变电站的顶盖设计牢固、合理，并配有隔热层和气楼；箱身为防止温度急剧变化而产生凝露，装设了隔热层，并装有自动电加热器；在变压器底部和顶部安装有风扇，可由温控仪控制自动起动，形成强力排风气流；顶盖设计为可拆卸式的，当变压器需要吊心检修时，可将顶盖卸下，有的则在变压器室底部设计有滚轮槽和泄油网，以便于变压器进出检修和变压器油泄入油坑。箱体顶部设有吊环，以便整体吊装。图 3-23 所示为配 SF_6 负荷开关设备的典型预装式变电站。

图 3-24 所示为一典型 ZBW-12/315kVA 型预装式变电站系统图。

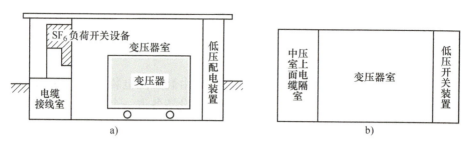

图 3-23 配 SF$_6$ 负荷开关设备的典型预装式变电站

a) 侧面图 b) 平面图

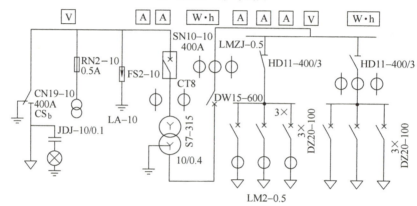

图 3-24 ZBW-12/315kVA 型预装式变电站系统图

3.6.2 预装式变电站的设备选型

1. 中压开关设备 在预装式变电站中，若为终端接线，使用负荷开关—熔断器组合电器；若为环网接线，则采用环网供电单元。

环网供电单元有空气绝缘和 SF$_6$ 绝缘式两种。我国目前大量使用的是空气绝缘式，SF$_6$ 绝缘式早于 1978 年问世，国外大多使用 SF$_6$ 绝缘式，SF$_6$ 绝缘式在我国特别是在大城市也呈现出增长势头。

环网供电单元一般配负荷开关，它由两个作为进出线的负荷开关柜和一个变压器回路柜（负荷开关+熔断器）组成。配空气绝缘环网供电单元的负荷开关主要有产气式、压气式和真空式。由于我国在城网建设和改造中，推行环网供电，以减少供电的中断，预计环网供电单元将有大的发展。

2. 电缆插接件 电缆插接件用来连接电缆，是环网供电单元的有机组成部分，它的可靠性和安全性直接影响到环网供电单元整体。为安全起见，电缆插接件一般做成封闭式。

电缆插接件按其结构特点分为外锥插接件和内锥插接件。由于国外大力发展环网供电单元，电缆插接件应用广泛，需要量大，且都有自己的插接件标准。

3. 变压器 预装式变电站用的变压器为降压变压器，一般将 10kV 降至 380V/220V，供用户使用。在预装式变电站中，变压器的容量一般为 160～1600kVA，而最常用的容量为 315～630kVA。变压器形式应采用油浸式低损耗变压器，如 S11 型产品及更新型产品。在防火要求严格的场合，应采用干式变压器。

变压器在预装式变电站中的设置有两种方式：一种是将变压器外露，不设置在封闭的变压器室内，放在变压器室内因散热不好而影响变压器的出力；另一种做法也是当前采用较多的方法，将变压器设置在封闭的室内，用自然和强迫通风来解决散热问题。

自然通风散热有变压器门板通风孔间对流、变压器门板通风孔与顶盖排风扇间的对流及预装式变电站基础上设置的通风孔与门板或顶盖排风扇间的对流。当变压器容量小于315kVA时，使用后两种方法为宜。

强迫通风也有多种方法，如排风扇设置在顶盖下面，进行抽风；排风扇设置在基础通风口处，进行送风。第一种方法是风扇搅动室内的热空气，散热效果不够理想。第二种方法是将基础下面坑道处的较冷空气送入室内，这样温差大，散热效果较好。

4. 低压配电装置　低压配电装置装有主开关和分路开关。分路开关一般4~8台，多到12台。因此，分路开关占了相当大的空间，缩小分路开关的尺寸，就能多装分路开关。在选择主开关和分路开关时，除体积要求外，还应选择短飞弧或零飞弧产品。

低压室有带操作走廊和不带操作走廊两种形式。操作走廊一般宽度为1000mm。不带操作走廊时，可将低压室门板做成翼门上翻式，翻上的面板在操作时遮阳挡雨，这在国外结构中常见。

低压室往往还装有无功补偿装置及低压计量柜等。因此，要充分利用空间。

3.6.3　预装式变电站的智能化

预装式变电站的智能化是具有智能检测、保护、控制、通信功能的预制式成套配电设备。它能实现遥测、遥控、通信、遥调和变电站无人值守的运行管理和维护模式。智能化预装式变电站可以及时采集现场运行数据；自诊断和预警断路器运行及母线温升等状况，显示变电站工作状态，远动调节断路器保护参数，远动操作负荷开关、断路器组态；就地动态无功功率补偿。智能单元通过对线路上各电气设备的实时监控，实现配电网络的优化运行，提高配电网安全运行水平，从而大大提高供电可靠性。它的基本功能是实时监控配电网中各种电气设备的运行状态，及时发现故障、隔离故障、迅速恢复非故障区段的供电。它具有通信接口，能适应配电自动化要求，智能功能还可根据用户需求进行选配。

3.7　室内供配电

3.7.1　室内供配电要求

1. 可靠性要求　供配电线路应当尽可能地满足民用建筑所必需的供电可靠性要求。可靠性是指根据建筑物用电负荷的性质和重要程度，对供电系统提出的不能中断供电的要求。不同的负荷，可靠性的要求不同，分三个等级：

一级负荷，要求供电系无论是正常运行还是发生事故时，都应保证其连续供电。因此，一级负荷应由两个独立电源供电。二级负荷，当地区供电条件允许投资不高时，宜由两个电源供电；当地区供电条件困难或负荷较小时，则允许采用一条6kV及以上专用架空线供电。三级负荷，无特殊供电要求。

为了确定某民用建筑的负荷等级，必须向建设单位调查研究，然后慎重确定。不同级别的负荷对供电电源和供电方式的要求也是不同的。供电的可靠性是由供电电源、供电方式和供电线路共同决定的。

2. 电能质量要求　电能质量的指标通常是电压、频率和波形，其中尤以电压最为重要。它包括电压的偏移、电压的波动和电压的三相不平衡度等。因此，电压质量除了与电源有关外还与动力、照明线路的合理设计有很大关系，在设计线路时，必须考虑线路的电压损失。一般情况下，低压供电半径不宜超过250m。

3. 发展要求　从工程角度看，低压配电线路应力求接线操作方便、安全，具有一定的灵活性，并能适应用电负荷的发展需要。因此，设计时应认真做好调查研究，参照当时当地的有关规定，并适当考虑为发展留有一定有的裕度。

4. 民用建筑低压配电系统的其他要求

1）配电系统的电压等级一般不超过两级。

2）为便于维修，多层建筑宜分层设置配电箱，每户宜有独立的电源开关箱。

3）单相用电设备应合理分配，力求使三相负荷平衡。

4）引向建筑的接户线，应在室内靠近进线处便于操作的地方装设开关设备。

5）尽可能节省有色金属的消耗，减少电能的损耗，降低运行费等。

3.7.2　室内配电系统的基本配电方式

室内低压配电系统由配电装置（配电盘）及配电线路（干线及分支线路）组成。常用配电方式有以下几种形式，如图3-25所示。

1. 放射式　放射式的优点是各个负荷独立受电，供电可靠性较高，发生故障时影响面较小，配电设备集中，检修方便；电压波动相互间影响较小。但系统灵活性较差，有色金属消耗较多，相应的投资也较大。一般在下列情况下采用：

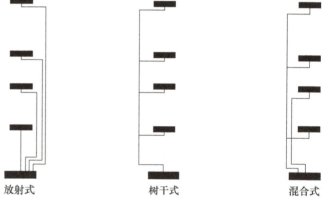

图3-25　配电方式分类示意

1）容量大、负荷集中或重要的用电设备。

2）需要联锁起动、停车的设备。

3）有腐蚀性介质和爆炸危险等场所不宜将配电及保护起动设备放在现场者。

2. 树干式　树干式的特点是配电设备及有色金属的消耗较少，系统灵活性好，但干线发生故障时影响范围大。一般用于用电设备的分布比较均匀、容量不大、又无特殊要求的场合。

3. 混合式　混合式的特点介于放射式和树干式两者之间。若干线上所接用的配电盘不多时，仍然比较可靠，因而在大多数情况下，一个大系统都采用树干式与放射式相混合的配电方式。

3.7.3　高层建筑供配电

1. 负荷特征　高层建筑的建筑面积一般在7000m²以上，其用电负荷不但有照明负荷，而且还有动力负荷，因此，用电量较大。19层及以上的消防用电设备为一级负荷，18层及以下的消防用电设备为二级负荷。非消防电梯为二级负荷，其余为三级负荷。消防用电设备包括：消防泵、消烟风机、消防电梯、事故照明及疏散标志灯等。

高层建筑配电系统的特点是负荷容量大、线路较长，对电源的可靠程度要求较高，并需密切配合建筑物的消防设计。

2. 供电电源　　不同使用性质的高层建筑，虽然有其不同的用电要求，但在电梯、事故照明以及消防用电方面的供电原则是一致的。同类高度的建筑，应具有相同的防火和安全措施、相同的供电及照明要求。高层建筑的供电电源和配电分区、垂直干线的负荷层数及敷设、配电系统的控制和保护，除须满足建筑的功能要求和维护管理条件外，往往取决于消防设备的设置、建筑的防火分区以及各项消防技术要求。

一级负荷应采用两个独立电源供电。这两个独立电源可取自城市电网，它们之间可相互联系，当发生某种故障且主保护装置失灵时，仍有一个电源不中断供电。在大型的保护完善和运行可靠的城市电网条件下，这两个独立电源溯其源端应至少是引自35kV及以上枢纽变电站的两段母线；也可一个取自城市电网，另一个设备用电源。

二级负荷应有两个电源供电。这两个电源端宜取自城市端电网的10kV负荷变电站的两段母线；有困难时，两个电源可引自任意两台变压器的0.4kV低压母线。

3. 配电方式　　高层建筑配电方式主要有放射式、树干式与混合式三种，而大多采用混合式分区配电方式。

随着时代的发展和生活水平的提高，对高层建筑设备在性能、系统故障率、可靠性及维护管理方面，要求也更高。如对安全管理、消防用电、防灾监视装置、事故照明等，要求高度地可靠、耐久、节能、维护简单、节约面积等。一般情况将照明与动力负荷划分两个配电系统，其他消防、报警、监控等宜自成体系以提高可靠性。常用的基本方案如下：

1）对于高层建筑中容量较大、有单独控制要求的负荷，如冷冻机组等，宜由专用变压器的低压母线以放射式配线直接供电。

2）对于在各层中大面积均匀分布的照明和风机盘管负荷，多由专用照明变压器的低压母线，以放射式引出若干条干线沿楼的高度向上延伸形成"树干"。照明干线可按分区向所辖楼层配出水平支干线或支线，一般每条干线可辖4~6个楼层。风机盘管干线可在各楼层配出水平支线，均形成"干竖支平"形配电网络。

3）应急照明干线与正常照明干线平行引上，也按"干竖支平"配出，但其电源端在紧急情况下可经自动切换开关与备用电源或备用发电机组相接。

4）空调动力、厨房动力、电动卷帘门等一般动力由专用动力变压器供电，由低压母线按不同种类负荷以放射式引出若干条干线沿楼向上延伸，成"干竖支平"形配电。

5）消防泵、消防电梯等消防动力负荷采用放射式供电。一般为单独从变电站不同母线段上直接引出两路馈电线到设备，即一用一备，采用末端自投。在紧急情况下，可经切换开关自动投入备用电源或备用发电机。

高层建筑的配电方式可有多种形式，每种配电形式都与相应的配电装置和敷设方式相联系，而各有优缺点。常用的几种方式如图3-26所示。

图3-26a为单干线方案，适用于一般高层建筑用电量较少的场合，基本上为电缆或电线穿管敷设，系统可靠性差，工程造价低。

图 3-26b 为双干线方案，每一干线负担一半负荷，可以采用电缆或母线，发生事故时影响面较小，如干线按全负荷设计，可以互为备用，可提高供电可靠性。

图 3-26c 介于 a、b 两方案之间，具有公共备用干线，较 b 方案节约，较 a 方案可靠。

图 3-26d 为母干线方案，适宜于负荷量较大场合，但没有备用干线。

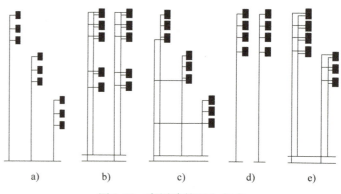

图 3-26　高层建筑配电方式

图 3-26e 为双母干线方案，树干式配电，对各分支可加自动切换装置，可靠性高，但投资较大。

由上可知，配电方式是各种各样的，可以灵活运用，按实际情况选择。而不同性质的负荷，应根据用电要求设置专用线路，以免相互干扰，尤其应注意确保重要负荷对供电可靠性的要求。

3.8　电力线路

3.8.1　架空线路

1. 架空线路的结构　架空线路主要由导线、电杆、横担、绝缘子和线路金具等组成，如图 3-27 所示。其特点是设备材料简单，成本低；容易发现故障，维修方便；易受外界环境的影响（如气温、风速、雨雪、覆冰等机械损伤），供电可靠性较差；影响环境的整洁与美化等。

（1）导线　担负着输送电能的任务。其主要有绝缘线和裸线两类，市区或居民区尽量采用绝缘线。绝缘线又分铜芯和铝芯两种，如铜芯橡胶绝缘线 BX—25（25 是标称截面，单位为 mm^2）。铝芯橡胶绝缘线型号为 BLX。铜、铝塑料绝缘型号分别为 BV、BLV 等。

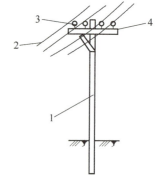

图 3-27　架空线路的结构
1—电杆　2—导线
3—绝缘子　4—横担

（2）电杆　电杆是支撑导线的支柱，同时保持导线的相间距离和对地距离。电杆按材质分为木杆（只用于临时供电）、钢筋混凝土杆（也称水泥杆）和铁塔三种。环状截面的水泥杆又有等径和拔梢杆之分，在低压架空线路中一般采用预应力钢筋混凝土拔梢杆。电杆按其功能分为直线杆、转角杆、终端杆、跨越杆、耐张杆、分支杆等。

（3）横担　横担是电杆上部用来安装绝缘子以固定导线的部件。从材料来分，有木横担（已很少用）、铁横担和瓷横担。低压架空线路常用镀锌角铁横担。横担固定在电杆的顶部，距顶部一般为 300mm。

（4）绝缘子　绝缘子又称瓷瓶，它被固定在横担上，用来使导线之间、导线与横担之间保持绝缘的，同时也承受导线的垂直荷重和水平拉力。对于绝缘子主要要求有足够的电气绝缘强度和机械强度，对化学腐蚀有足够的防护能力，不受温度急剧变化的影响和水分渗入等特点。低压架空线路的绝缘子主要有针式和蝶式两种，耐压试验电压均为2kV。

（5）线路金具　线路金具是架空线路上使用的各种金属部件的统称，其作用是连接导线、组装绝缘子、安装横担和拉线等，即主要起连接或紧固作用。常用的金具有固定横担的抱箍和螺丝，用来连接导线的接线管，固定导线的线夹以及做拉线用的金具等。为了防止金具锈蚀，一般都采用镀锌铁件或铝制零件。

2. 架空线路的敷设

（1）路经选择　路经应尽量架设在道路一侧，不妨碍交通，不妨碍塔式起重机的拆装、进出和运行。应力求路经短直、转角小，并保持线路接近水平，以免电杆受力不均而倾倒。

（2）架空导线与邻近线路或设施的距离要求　架空导线与邻近线路或设施的距离应符合表3-12的规定。

表3-12　架空导线与邻近线路或设施的距离

项目	邻近线路或设施的类别					
最小净空距离/m	过引线、接下线与邻线	架空线与拉线电杆外缘			树梢摆动最大时	
	0.13	0.65			0.5	
最小垂直距离/m	同杆架设下方的广播线路通信线路	最大弧垂与地面			最大弧垂与暂设工程顶端	与邻近线路交叉
		施工现场	机动车道	铁路轨道		1kV以下	1~10kV
	1.0	4.0	6.0	7.5	2.5	1.2	2.5
最小水平距离/m	电杆至路基边缘	电杆至铁路轨道边缘			边线与建筑物凸出部分	
	1.0	杆高+3.0			1.0	

（3）杆型的确定及施工要求　电杆采用水泥杆时，水泥杆不得露筋、环向裂纹和扭曲，其梢径不得小于130mm。电杆的埋设深度宜为杆长的1/10加0.6m，但在松软土地处应当加大埋设深度或采用卡盘加固。

（4）档距、线距、横担长度及间距要求　档距是指两杆之间的水平距离，施工现场架空线档距不得大于35m。线距是指同一电杆各线间的水平距离，线距一般不得小于0.3m。横担长度应为：二线取0.7m，三线和四线取1.5m，五线取1.8m。横担间最小垂直距离不得小于表3-13所列数值。

表3-13　横担间最小垂直距离　　　　　　　　　　（单位：m）

排列方式	直线杆	分支或转角杆
高压与低压	1.2	1.0
低压与低压	0.6	0.3

（5）导线的型式选择及敷设要求　施工现场的架空线必须采用绝缘线，一般用铝心线；架空线必须设在专用杆上，严禁架设在树木及脚手架上。为提高供电可靠性，在一个档距内

每一层架空线的接头数不得超过该层线条数的 50%，且一根导线只允许有一个接头；线路在跨越公路、河流时，电力线路档距内不得有接头。

（6）绝缘子及拉线的选择及要求　架空线的绝缘对直线杆采用针式绝缘子，耐张杆采用蝶式绝缘子。拉线应选用镀锌铁线，其截面不得小于 3×φ4mm，拉线与电杆间的夹角应在 45°~90°之间，拉线埋设深度不得小于 1m，钢筋混凝土杆上的拉线应在高于地面 2.5m 处装设拉线绝缘子。

3.8.2　电缆线路

电缆线路的特点有：不受外界环境影响，供电可靠性高；材料和安装成本高，约为架空线的 10 倍；不占用土地，有利于环境美观等。所以目前的低压配电线路广泛采用电缆线路。

1. 电缆的构造和型号　电缆型号的内容包含其用途类别、绝缘材料、导体材料、铠装保护层等。电缆按其构造及作用的不同，可分为电力电缆、控制电缆、电话电缆、射频同轴电缆、移动式软电缆等。按电压可分为低压电缆（小于 1kV）、高压电缆，工作电压等级有 500V 和 1kV、6kV 及 10kV 等。

电缆的型号见表 3-14。外护层代号见表 3-15。在电缆型号后面还注有芯线根数、截面、工作电压等。

表 3-14　电缆的型号

类　别	导　体	绝　缘	内　护　套	特　征
电力电缆（省略不表示）	T:铜线（可省）	Z:油浸纸	Q:铅套	D:不滴油
K:控制电缆	L:铝线	X:天然橡胶	L:铝套	F:分相
P:信号电缆		(X)D:丁基橡胶	H:橡套	CY:充油
YT:电梯电缆		(X)E:乙丙橡胶	(H)P:非燃性	P:屏蔽
U:矿用电缆		V:聚氯乙烯	HF:氯丁胶	C:虑尘用或重型
Y:移动式软缆		Y:聚乙烯	V:聚氯乙烯护套	G 高压
H:市内电话电缆		YJ:交联聚乙烯	Y:聚乙烯护套	
UZ:电钻电缆		E:乙丙胶	VF:复合物	
DC:电气化车辆用电缆			HD:耐寒橡胶	

表 3-15　电缆外护层代号

第一个数字		第二个数字	
代　号	铠装层类型	代　号	外被层类型
0	无	0	无
1	带钢	1	纤维线包
2	双钢带	2	聚氯乙烯护套
3	细圆钢丝	3	聚乙烯护套
4	粗圆钢丝	4	—

还有一些变通标法，如外护层：11—裸金属护套一级外护层；12—钢带铠装一级外护层；120—裸钢带铠装一级外护层；13—细钢丝铠装一级外护层，130—裸细钢丝铠装一级外

护层；15—粗钢丝铠装一级外护层；150—裸粗钢丝铠装一级外护层；21—钢带加固麻被护层；22—钢带铠装二级护层；23—细钢丝铠装二级外护层；25—粗钢丝铠装二级外护层；29—内钢带铠装有外护层；30—裸细钢丝铠装；39—内细钢丝铠装；50—裸粗钢丝铠装；59—内粗钢丝铠装。

例如：VV_{22}（3×25+1×16）表示铜芯、聚氯乙烯内护套、双钢带铠装、聚氯乙烯外护套、三芯25mm²、一芯16mm²的电力电缆；ZQ_{22}-3×50-10-250表示铜芯、纸绝缘、铅包、双钢带铠装、纤维外被层（如油麻）、三芯、50mm²、电压为10kV、长度为250m的电力电缆。

在实际建筑工程中，一般优先选取用交联聚乙烯电缆，工程中直埋电缆必需选用铠装电缆。

目前，五芯电力电缆如雨后春笋，蓬勃发展，以满足TN—S供电系统的需要，其型号、名称及规格见表3-16。

表3-16 五芯电力电缆型号、名称及规格

型号		电缆名称	芯数	截面/mm²
铜芯	铝芯			
VV	VLV	PVC绝缘PVC护套电力电缆	3+2,4+1,5	4~185
VV_{22}	VLV_{22}	PVC绝缘钢带铠装PVC护套电力电缆		
ZR-VV	ZR-VLV	阻燃型PVC绝缘PVC护套电力电缆		
$ZR-VV_{22}$	$ZR-VLV_{22}$	PVC绝缘钢带铠装PVC护套电力电缆		

2. 交联聚乙烯绝缘电力电缆 简称XLPE电缆，它是利用化学或物理的方法，使电缆的绝缘材料聚乙烯塑料的分子由线型结构转变为立体的网状结构，即把原来是热塑性的聚乙烯转变成热固性的交联聚乙烯塑料，从而大幅度地提高了电缆的耐热性能和使用寿命，仍保持其优良的电气性能，其型号、名称及适用范围见表3-17。

表3-17 交联聚乙烯绝缘电力电缆型号、名称及适用范围

电缆型号		名称	适用范围
铜芯	铝芯		
YJV	YJLV	交联聚乙烯绝缘聚氯乙烯护套电力电缆	室内,隧道,穿管,埋入土内（不承受机械力）
YJY	YJLY	交联聚乙烯绝缘聚乙烯护套电力电缆	
YJV_{22}	$YJLV_{22}$	交联聚乙烯绝缘聚氯乙烯护套钢带铠装电力电缆	室内,隧道,穿管,埋入土内
YJV_{23}	$YJLV_{23}$	交联聚乙烯绝缘聚乙烯护套钢带铠装电力电缆	
YJV_{32}	$YJLV_{32}$	交联聚乙烯绝缘聚氯乙烯护套细钢带铠装电力电缆	竖井,水中,有落差的地方,能承受外力
YJV_{33}	$YJLV_{33}$	交联聚乙烯绝缘聚乙烯护套细钢带铠装电力电缆	

3. 聚氯乙烯绝缘聚氯乙烯护套电力电缆技术数据 聚氯乙烯绝缘聚氯乙烯护套电力电缆长期工作温度不超过70°C，电缆导体的最高温度不超过160°C。短路最长持续时间不超过5s，施工敷设最低温度不得低于0°C。最小弯曲半径不小于电缆直径的10倍。其技术数据见表3-18。

表 3-18　聚氯乙烯绝缘聚氯乙烯护套电力电缆技术数据

产品型号		芯数	截面/mm²	产品型号		芯数	截面/mm²
铜芯	铝芯			铜芯	铝芯		
VV/VV₂₂	VLV VLV₂₂	1	1.5~800 2.5~800 10~800	VV/VV₂₂	VLV VLV₂₂	3	1.5~300 2.5~300 4~300
VV/VV₂₂	VLV VLV₂₂	2	1.5~805 2.5~805 10~805	VV/VV₂₂	VLV VLV₂V₂	3+1	
				VV/VV₂₂	VLV VLV₂V₂	4	4~300 4~185

4. 电缆线路的敷设

（1）路径选择　应使电缆路径最短，尽量少拐弯；避免受外界因素，如机械的、化学的或地中电流等作用的损坏；散热条件好，尽量避免与其他管道交叉等。

（2）敷设要求　在建筑工程中，电缆线路应用最多的是直埋敷设，要求电缆埋深不小于0.7m，电缆沟深不小于0.8m，电缆的上下各有10cm砂子（或过筛土），上面还要盖砖或混凝土盖板。地面上在电缆拐弯处或进建筑物处要埋设标示桩，以备日后施工时参考。直埋电缆一般限于6根以内，超过6根就采用电缆沟敷设方式。

电缆沟内预埋金属支架。电缆较多时，可以在两侧都设支架，一般最多可设12根电缆。如果电缆非常多，则可用电缆隧道敷设。

采用电缆线路时，其干线应采用埋地或架空敷设，严禁沿地面明设。埋地敷设电缆的接头应设在地面上的接线盒内，接线盒应能防水、防尘、防机械损伤并远离易燃、易爆、易腐蚀场所。橡胶绝缘电缆架空敷设时，应沿墙壁或电杆位置，并用绝缘子固定，严禁使用金属裸线作绑线，固定点间距应保证橡胶绝缘电缆能承受自重所带来的荷重，橡胶绝缘电缆的最大弧垂距地不得小于2.5m，电缆头应牢固可靠，并应做绝缘包扎，保证绝缘强度。高层建筑临时配电的电缆也应埋入，电缆垂直敷设的位置应充分利用建筑工程的竖井、垂直孔洞等，并应靠近负荷中心，固定点每层楼不得少于一处；电缆水平敷设宜沿墙或门窗固定，距地不得小于1.8m。

3.8.3　架空引入线

当低压架空线向建筑物内部供电时，由架空配电线路引到建筑物外墙的第一个支持点（如进户横担）之间的一段线路，或由一个用户接到另一个用户的线路叫做接户线。其要求如下：

1）接户线由供电线路电杆处接出，档距不宜大于25m，超过25m时应设接户杆，在档距内不得有接头。

2）接户线应采用绝缘线，导线截面应根据允许载流量选择，但不应小于表3-19所列数值。

3）接户线距地高度不应小于下列数值，即通车街道为6m，通车困难道、人行道为3.5m，胡同为3m，最低不得小于2.5m。

表 3-19　低压接户线的最小截面

接户线架设方式	档距/m	最小截面/mm²	
		绝缘铜线	绝缘铝线
自电杆上引下	<10	2.5	4.0
	10~25	4.0	6.0
沿墙敷设	≤6	2.5	4.0

4）低压接户线间距离，不应小于表 3-20 所列数值。低压接户线的零线和相线交叉处，应保持一定的距离或采取绝缘措施。

5）进户线进墙应穿管保护，并应采取防雨措施，室外端应采用绝缘子固定。

表 3-20　低压接户线的线间距离

架设方法	档距/m	线间距离/cm
自电杆上引下	≤25	15
	>25	20
沿墙敷设	≤6	—
	>6	—

3.8.4　室内低压线路的结构和敷设

1. 室内低压线路的结构　根据安全需要，室内低压线路一般采用绝缘导线。常用的绝缘导线有橡胶绝缘导线和塑料绝缘导线。

室内低压线路主要包括从进户线接至计量装置的线路，以及从计量控制装置接至各用电设备的线路。室内线路的安装称为内线工程，主要包括：进户线装置、计量装置、控制和保护装置、建筑物内部线路装置、电缆线路装置、照明装置、电力装置和防雷与接地装置等的施工安装和线路敷设。

室内线路的配电方式有放射式、树干式、链式和环式等四种。有时在一个内线工程中同时综合采用几种配电方式。对于大容量的用电设备或电压质量要求高的设备，则由变配电所直接配线供电。室内线路具体采用何种配电方式，应根据实际情况而定。

2. 室内低压线路的敷设　民用建筑室内配电线路的敷设方式主要有：用铝皮卡（俗称钢精轧头）、槽板、瓷夹板等固定绝缘导线的明敷布线；用钢管或塑料管穿绝缘导线的明敷或暗敷布线。

（1）明敷和暗敷　明敷，又叫明配线，就是沿墙壁、天花板、桁架及柱子等敷设导线。明配线对应于明装配电箱。把导线穿管埋设在墙内、地坪内以及房屋的顶棚内，称为暗敷，又叫暗配线。暗配线对应于暗装配电箱。随着高层建筑的不断增多，和建筑装饰标准的不断提高，暗配线工程将日益增多，并日趋复杂，因此室内配线与建筑施工的配合也越来越密切。敷设方法的选择，应根据建筑物的性质和要求、用电设备的分布以及环境特征等因素而确定。照明线路一般采用暗配线，电力线路有明敷也有暗敷。

（2）室内配线的技术要求　室内配线除一般要求安全可靠、布置整齐合理、安装牢固外，在技术上还要求：

1）使用的绝缘导线的额定电压应大于线路的工作电压，导线的绝缘应符合线路安装方式及敷设的环境条件，导线的截面应能满足供电电流和机械强度的要求。

2）配线时应尽量避免导线有接头，若有中间接头必须采用压接或焊接。穿在管内的导线不允许有接头，接头应放在接线盒或灯头盒内。导线的连接或分支处不应受到机械力的作用。

3）明配线路要保持横平竖直，水平敷设时导线距地面2.5m以上，垂直敷设时导线距地面2m以上，否则应将导线穿在钢管内加以保护。

4）当导线穿过楼板、墙壁时，要加装保护套管。

5）当导线相互交叉时，应在每根导线上套以绝缘管并固定。

6）为确保用电安全，室内配电管线与其他管道、设备以及与建筑物之间最小距离都应有一定的要求，见表3-21和表3-22。

表3-21 明配线的有关距离要求

固定方式	导线截面/mm²	固定点最大距离/m	线间最小距离/mm	与地面最小距离/m	
				水平布线	垂直布线
槽　　板	≤4	0.05	—	2	1.3
卡　　钉	≤10	0.2	—	2	1.3
瓷(塑料)夹	≤6	0.8	25	2	1.3
瓷　　柱	≤16	3.0	50	2	1.3(2.7)
瓷　　瓶	16～25	3	100	2.5	1.8(2.7)
瓷　　瓶	≥35	6	150	2.5	1.8(2.7)

注：括号内数字指屋外敷设时要求。

表3-22 绝缘导线至建筑物间的距离

布　线　位　置	最小距离/mm
水平敷设时垂直距离：在阳台、平台上和跨越建筑屋顶	2500
在窗户上	300
在窗户下	800
垂直敷设时至阳台、窗户的水平距离	600
导线至墙壁和构件的距离（挑檐下除外）	35

（3）管配线　为了美化建筑、使用安全、施工方便等需要，目前在民用建筑中较多地采用管配线。管配线有明配和暗配两种，明配管要求横平竖直，整齐美观。暗配管要求管路短而畅通，弯头要少。管路的敷设要按图样配合土建进行预埋和预留管线。管路较长时，中间应加装接线盒或拉线盒以便穿线。配线用的管子通常为钢管或硬塑料管。管子的内径不得小于管内导线束直径的1.5倍。管内导线一般不得超过8根，都不能有接头。不同电压不同电价的导线不得穿在一个管内。此外还要求金属线管作接地处理。为了使线管成为良好的导线，线管采用螺纹联接，并要求有一定的拧入量，使过渡电阻较少。

（4）塑料护套线的敷设　塑料护套线是一种具有塑料保护层的双芯或多芯的绝缘导线，在民用建筑中使用较多，它具有防潮、耐酸和耐腐蚀等性能，可以明敷或暗敷，明敷时用塑料卡作为导线的支持点，直接固定在墙壁上。塑料护套线的接头应放在开关、灯头或插座处。塑料护套线不能埋在建筑物的抹灰层内，也不能在露天场所明敷。

（5）瓷夹板、瓷柱、瓷瓶配线　瓷夹板、瓷柱、瓷瓶配线适用于室内外明配线。这种配线方式易于检修、造价低，但因没有保护层而容易损坏，因此安装高度要高，以防人和运动器件的触及。

在室内低压配线中，导线的连接是敷设导线的重要一环，运行事故往往发生在导线连接处。导线连接的方法有：铰接、焊接、压接和螺栓联接等，应当根据不同的导线和不同的工作地点来选择连接方法。衡量导线接头的质量，要求连接可靠，接头电阻小，机械强度高，绝缘性能好，耐腐蚀等。如采用熔焊法连接，要防止残余熔剂和熔渣的化学腐蚀。室内配线能否安全可靠运行，在很大程度上取决于导线接头的质量，在敷设中必须严格按照规范要求，精心施工。

3.9 供配电线路的导线选择

3.9.1 导线选择的一般原则和要求

在建筑供电配电线路中，使用的导线主要有电线和电缆，正确地选用这些电线和电缆，对于保证建筑供电系统安全、可靠、经济、合理地运行，有着十分重要的意义。因此在选择电线和电缆时，应遵循以下一般原则和要求。

1. 按使用环境及敷设方式选择 在选择电线或电缆时，应根据具体的环境特征及线路的敷设方式，来确定选用何种型号的电线和电缆。此处推荐根据环境特征和线路敷设方法的要求采用的电线和电缆型号，见表 3-23。

表 3-23 按环境特征和线路敷设方法选择电线和电缆

环境特征	线路敷设方法	常用电线、电缆型号	导线名称
正常干燥环境	绝缘线瓷珠、瓷夹板或铝皮卡子明敷 绝缘线、裸线瓷瓶明配 绝缘线穿管明敷或暗敷 电缆明敷或放在沟中	BBLX,BLV,BLVV,BVV BBLX,BLV,LJ,LMY BBLX,BLV,BVV ZLL,ZLL$_{11}$,VLV,YJV,YJLV,XLV,ZLQ	BBLX:铝芯玻璃丝编织橡胶线 BLV:铝芯聚氯乙烯绝缘线 BLVV:铝芯塑料护套线 BVV:铜芯塑料护套线 LJ:裸铝绞线 LMY:硬铝裸导线 ZLL:油浸绝缘纸电缆 VLV:塑料绝缘铝芯电缆 YJV:塑料绝缘铜芯电缆 YJLV:塑料绝缘(氯乙烯)铝芯电缆 XLV:橡胶绝缘电缆(铝芯) ZLQ:油浸纸绝缘电缆 BV:铜芯塑料绝缘线 XLHF:橡胶绝缘电缆 其他型号的电线和电缆可查阅有关手册，此处略
潮湿和特别潮湿的环境	绝缘线瓷瓶明配（敷高>3.5m） 绝缘线穿管明敷或暗敷 电缆明敷	BBLX,BLV,BVV BBLX,BLV,BVV ZLL$_{11}$,VLV,YJV,XLV	
多尘环境（不包括火灾及爆炸危险尘埃）	绝缘线瓷珠、瓷瓶明敷 绝缘线穿钢管明敷或暗敷 电缆明敷或放在沟中	BBLX,BLV,BVV,BLVV BBLX,BLV,BVV ZLL,ZLL$_{11}$,VLV,YJV,XLV,ZLQ	
有腐蚀性的环境	塑料线瓷珠、瓷瓶明敷 绝缘线穿塑料管明敷或暗敷 电缆明敷	BLV,BLVV,BVV BBLX,BLV,BV,BVV VLV,YJV,ZLL$_{11}$,XLV	
有火灾危险的环境	绝缘线瓷瓶明线 绝缘线穿钢管明敷或暗敷 电缆明敷或放在沟中 电缆明敷或放在沟中	BBLX,BLV,BVV BBLX,BLV,BVV ZLL,ZLQ,VLV,YJV XLV,XLHF	
有爆炸危险的环境	绝缘线穿钢管明敷或暗敷 电缆明敷	BBX,BV,BVV ZL$_{120}$,ZQ$_{20}$,VV$_{20}$	

2. 按发热条件选择 每一种导线截面按其允许的发热条件，都对应着一个允许的载流量。因此在选择导线截面时，必须使其允许载流量大于或等于线路的计算电流值。

3. 按电压损耗选择 为了保证用电设备的正常运行，必须使设备接线端子处的电压在允许值范围之内。但由于线路上有电压损耗，因此在选择导线或电缆时，要按电压损耗来选择导线或电缆的截面。按电压损耗要求选择后，还要用发热条件进行校验。

4. 按机械强度选择 由于导线本身的重量，以及风、雨、冰、雪等原因，使导线承受一定的应力，如果导线过细，就容易折断，将引起停电等事故。因此，还要根据机械强度来选择，以满足不同用途时导线的最小截面要求，见表3-24。

表3-24 按机械强度确定的绝缘导线线芯最小截面

用 途		线芯的最小截面/mm^2		
		铜芯软线	铜 线	铝 线
照明用灯头引下线	民用建筑、屋内	0.4	0.5	1.5
	工业建筑、屋内	0.5	0.8	2.5
	屋外	1.0	1.0	2.5
移动式用电设备	生活用	0.2	—	—
	生产用	1.0	—	—
架设在绝缘支持件上绝缘导线其支持点间距为	<1m,屋内	—	1.0	1.5
	屋外	—	1.5	2.5
	≤2m,屋内	—	1.0	2.5
	屋外	—	1.5	2.5
	≤6m	—	2.5	4.0
	≤12m	—	2.5	6.0
	12~25m	—	4.0	10
	穿管敷设的绝缘导线	1.0	1.0	2.5

在具体选择导线截面时，必须综合考虑电压损耗，发热条件和机械强度等要求，并充分考虑发展，留有足够余地，以保证低压供配电的安全可靠。

3.9.2 导线型号及选择

1. 电线型号 室内低压线路一般采用绝缘导线。绝缘导线按绝缘材料的不同，分为橡胶绝缘导线和塑料绝缘导线；按其导体材料分为铝芯和铜芯两种，铝芯导线比铜芯的电阻率大、机械强度低，但质轻、价廉；按其制造工艺分为单股和多股两种。截面在10mm^{2}以下的导线通常为单股，较粗的导线大多采用多股线。其型号含义如下：

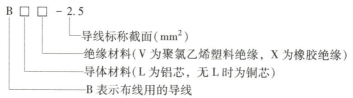

2. 常用绝缘导线 常用的塑料绝缘电线有 BLV（BV）、BLVV（BVV）、RVB、RVS 等型号。除此之外，目前正广泛使用一种叫腈聚氯乙烯复合物绝缘软线，它是塑料线的新品

种，型号为 RFS（双绞复合物软线）和 RFB（平型复合软线）。这种电线具有良好的绝缘性能，并具有耐热、耐寒、耐油、耐腐蚀、耐燃、不易热老化等性能，在低温下仍然柔软，使用寿命长，远比其他型号的绝缘软线性能优良。

常用的橡胶绝缘导线型号有 BX（BLX）和 BBX（BBLX）。这两种导线是目前仍在应用的旧品种，它们的生产工艺复杂，成本较高，正逐渐被塑料绝缘线代替。橡胶绝缘线的新产品有 BXF、BLXF 系列产品。这种电线绝缘性能良好且耐光照、耐大气老化、耐油、不易发霉，在室外使用的寿命比棉纱编织橡胶绝缘电线高三倍左右，适宜在室外推广敷设。

3. 电缆线 电缆线的种类很多，按其用途可分为电力电缆和控制电缆两大类；按其绝缘材料可分为油浸纸绝缘电缆、橡胶绝缘电缆和塑料绝缘电缆三大类。它们一般都由线芯、绝缘层和保护层三个主要部分组成。线芯分为单芯、双芯、三芯及多芯，其型号含义见表 3-14 和表 3-15。

4. 常用电线和电缆类型的选择 在导体材料选择上尽量采用铝芯导线。但是，也应根据不同场合和特殊情况，以及不希望用铝线的场合而采用铜线。在选择导线时，应着重考虑其型号和截面。

导线、电缆的额定电压是指交、直流电压，它是依据国家产品规定制造的，与用电设备的额定电压不同。

配电导线按使用电压分 1kV 以下交、直流配电线路用的低压导线和 1kV 以上交、直流配电线路用的高压导线。建筑物的低压配电线路，一般采用 380V/220V、中性点直接接地的三相四线制或三相五线制配电系统，因此线路的导线应采用 500V 以下的导线或电缆。

3.9.3 导线截面的选择

导线、电缆截面选择应满足发热条件、电压损失、机械强度等要求，以保证安全、可靠、经济、合理地运行。

1. 选择方法 选择导线截面时，一般可按下列步骤进行：

1）对于距离 $L \leq 200m$ 且负荷电流较大的供电线路，一般先按发热条件的计算方法选择导线截面，然后按电压损失条件和机械强度条件进行校验。

2）对于距离 $L > 200m$ 且电压水平要求较高的供电线路，应先按电压损失的计算方法选择截面，然后用发热条件和机械强度条件进行校验。

2. 按发热条件选择 电流通过导线时，由于导线的电阻及电流的热效应会使导线发热，温度升高。而过高的温度将加速绝缘老化，甚至受到损坏而引起火灾。裸导线温度过高时将使导线接头处加速氧化，使接头电阻增大而过热，造成断路事故。因此，常采取限制载流量以避免导线过热。对一定截面的不同材料和绝缘情况的导线规定有允许电流值，即允许载流量。在允许值范围内运行，导线温度不会超过允许值。按发热条件选择导线截面，就是要求导线的允许载流量不得小于线路的计算电流，即

$$I_N \geq I_{30} \tag{3-25}$$

式中 I_{30}——线路计算电流（A）；

I_N——导线、电缆的允许载流量（A）。

3. 按允许电压损耗选择导线截面 任何输电线路都存在着线路阻抗，当电流通过线路时，必将在线路阻抗上产生压降。为了保证用电设备正常运行，用电设备的端电压必须在要

求范围内，所以对线路的电压损耗也须限定在规定的允许值内。为了保证电压损耗在允许值范围内，可以用增大导线的截面来解决。

电压损耗是指线路的始端电压与终端电压有效值的差，即

$$\Delta U = U_1 - U_2 \tag{3-26}$$

式中　U_1——线路始端电压（V）；

　　　U_2——线路终端电压（V）。

ΔU 是电压损耗的绝对值表示法，在实际应用中，所涉及的电压常有多种电压等级，这用绝对值表示电压损失就不便于各种等级间进行比较，因此常用相对值来表示电压损耗的程度，工程上通常用 ΔU 与线路额定电压的百分比来表示电压损耗的程度，即

$$\Delta U\% = \frac{\Delta U}{U_N} \times 100\% \tag{3-27}$$

式中　U_N——线路（电网）额定电压（V）。

在进行设计时，通常是给定电压损耗的允许值，而通过选择导线的截面来满足要求。《全国供用电规则》中规定：35kV 及以上供电和电压质量有特殊要求的用户，电压波动的幅度不应超过额定电压的±5%；10kV 及以下高压供电和低压电力的用户，电压波动幅度不应超过额定电压的±7%；对低压照明用户，电压波动幅度不应超过额定电压的+5%、-10%。

电压损耗是由阻抗引起的，对于低压线路来说，三相线路间距离一般很近，导线截面较小，因此电阻的作用远大于电抗的作用，故电抗可忽略不计。因而可认为电压损耗 ΔU 仅与有功率 P 的大小和线路的长度 l 成正比，与导线截面 S 成反比。于是电压损耗的计算公式为

$$\Delta U\% = \frac{Pl}{CS} \tag{3-28}$$

在已知电压损耗 $\Delta U\%$ 时，就可算出相应的导线截面，即

$$S = \frac{Pl}{C\Delta U\%} = \frac{M}{C\Delta U\%} \tag{3-29}$$

式中　S——导线的截面（mm²）；

　　　P——有功负荷（kW）；

　　　l——线路的长度（m）；

　　　$\Delta U\%$——允许电压损耗（%）；

　　　M——负荷矩（kW·m）；

　　　C——电压损耗计算常数，视线路电压供电系统及导线材料而定，其值见表 3-25。

表 3-25　计算电压损耗的计算常数 C 值

线路额定电压/V	系统体制及电流种类	常数 C 值	
		铜　线	铝　线
380/220	三相四线	77	46.3
380/220	三相三线	34	20.5
220	单相或直流	12.8	7.75
110		3.2	1.9
36		0.34	0.21
24		0.135	0.092
12		0.038	0.023

由以上推导可知，式（3-29）仅适用于功率因数为 1 的情况，即仅适用于电阻性电路。若用于感性电路则需要进行修正，即

$$s = \frac{BPl}{C\Delta U\%} = \frac{BM}{C\Delta U\%} \tag{3-30}$$

式中　B——校正系数，其值见表 3-26。

表 3-26　感性负载线路电压损耗的校正系数 B 值

敷设方式	铜或铝导线明敷				电缆明敷或埋地，导线穿管				裸铜线架线		裸铝线架设			
截面/mm² ＼ 负载功率因数	0.9	0.85	0.8	0.75	0.7	0.9	0.85	0.8	0.75	0.7	0.9	0.8	0.7	
6										1.10	1.12			
10									1.10	1.14	1.20			
16	1.10	1.12	1.14	1.16	1.19				1.13	1.21	1.28	1.10	1.14	1.19
25	1.13	1.17	1.20	1.25	1.28				1.21	1.32	1.44	1.13	1.20	1.28
35	1.19	1.25	1.30	1.35	1.40				1.27	1.43	1.58	1.18	1.28	1.38
50	1.27	1.35	1.42	1.50	1.58	1.10	1.11	1.30	1.15	1.17	1.37	1.57	1.78	1.25	1.38	1.53
70	1.35	1.45	1.54	1.64	1.74	1.11	1.15	1.17	1.20	1.24	1.48	1.76	2.00	1.34	1.52	1.70
95	1.50	1.65	1.80	1.95	2.00	1.15	1.20	1.24	1.28	1.32				1.44	1.70	1.90
120	1.60	1.80	2.00	2.10	2.30	1.19	1.25	1.30	1.35	1.40				1.53	1.82	2.10
150	1.75	2.00	2.20	2.40	2.60	1.24	1.30	1.37	1.44	1.50						

4. 零线截面的选择方法　三相四线制供电线路中的零线截面，可根据流过的最大电流值按发热条件进行选择。根据运行经验，也可按小于相线截面的 1/2 选择，但必须保证零线截面不得小于按机械强度要求的最小允许值。

对于可能发生逐相切断电源的三相线路，其零线截面应与相线截面相等。对于单相线的零线截面，应与相线相同。对于两相带零线的线路，可以近似认为流过零线的电流等于相线电流，故零线截面应与相线相同。

在选择导线截面时，除了考虑主要因素外，为了满足前述几个方面的要求，必须以计算所求得的几个截面中的最大者为准，最后从电线、电缆产品目录中选用稍大于所求得的线芯截面即可。

例 3-5　有一条从变电所引出的长 100m 的干线，其供电方式为树干式，干线上接有电压为 380V 的三相异步电动机 22 台，其中 10kW 电动机 20 台，4.5kW 电动机 2 台，敷设地点的环境温度为 30℃，干线采用绝缘线明敷，设备台电动机的需用系数 $K_X = 0.35$，平均功率因数 $\cos\varphi = 0.7$。试选择该干线的截面。

解　负荷性质属于低压电力用电，且负荷量较大，线路不长，故可按发热条件来选择干线截面。

用电设备总容量为

$$P_\Sigma = (10\times20 + 4.5\times2)\,\text{kW} = 209\,\text{kW}$$

总计算视在负荷

$$S_{\Sigma C} = \frac{K_X P_\Sigma}{\cos\varphi} = \frac{0.35 \times 209}{0.7} \text{kVA} = 104.5 \text{kVA}$$

总计算负荷电流为

$$I_{\Sigma C} = \frac{S_{\Sigma C} \times 10^3}{\sqrt{3}\, U_N} = \frac{104.5 \times 10^3}{\sqrt{3} \times 380} \text{A} \approx 159 \text{A}$$

所选导线截面的允许载流量 I_N 应满足

$$I_N \geq I_{\Sigma C} = 159 \text{A}$$

查导线载流量表,选截面为 70mm^2 的铝芯塑料线,其允许载流量为 192A>159A,满足要求。

按电压损耗校验,总有功功率计算负荷

$$P_{\Sigma C} = K_X P_\Sigma = 0.35 \times 209 \text{kW} = 73.15 \text{kW}$$

负荷矩

$$M = Pl = P_{\Sigma C} l = 73.15 \times 100 \text{kW} \cdot \text{m} = 7315 \text{kW} \cdot \text{m}$$

查表 3-25 和表 3-26,采用铝线时,$C = 46.3$,$B = 1.74$,故

$$\Delta U\% = \frac{BM}{CS} = \frac{1.74 \times 7315}{46.3 \times 70} = 3.93\%$$

结果表明,以上所选择的导线满足电压损失的要求,根据表 3-24 的规定也能满足机械强度的要求。

复习思考题

1. 电力系统是由哪几部分组成的?
2. 电力负荷分为几级?各级负荷对供电电源有何要求?
3. 衡量电能质量的指标是什么?
4. 什么是电压波动和谐波?各有什么危害?
5. 什么是电气接线?有哪几种形式?它们各有什么特点?
6. 什么是计算负荷?正确确定计算负荷有何意义?
7. 需要系数的含义是什么?什么情况下采用单位指标法确定计算负荷?
8. 变配电所的形式有哪些?布置时应注意些什么?
9. 高压断路器有哪些作用?常用的 10kV 高压断路器有哪几种?各有什么特点?
10. 高压隔离开关的作用是什么?为什么不能带负荷操作?
11. 高压负荷开关有哪些功能?能否实现短路保护?
12. 高压熔断器的作用是什么?
13. 互感器的作用是什么?有哪两大类?使用时有哪些注意事项?
14. 常用的高压开关柜主要有哪些?
15. 常用的低压配电屏主要有哪些?
16. 预装式变电站由哪几部分组成?有什么特点?通常有哪些形式?
17. 室内配电系统的配电要求是什么?室内配电系统有哪些基本配电方式?
18. 高层建筑供配电有什么特点?
19. 电力线路有哪两大类?各有什么特点?
20. 架空线路由哪几部分组成?
21. 电缆线路适用于什么场合?有哪几种敷设方法?

22. 室内低压配电线路敷设方法有哪些？如何选择敷设方法？

23. 导线选择的一般原则和要求是什么？

24. 导线型号的选择主要取决于什么？截面大小的选择又取决于什么？

25. 某工地的施工现场用电设备为：5.5kW 混凝土搅拌机 4 台，7kW 的卷扬机 2 台，48kW 的塔式起重机 1 台，1kW 的振捣器 8 台，23.4kW 的单相 380V 1 台，照明用电 15kW，当地电源为 10kV 的三相高压电，试为该工地选配一台配电变压器供施工用。

26. 某大楼采用三相四线制 380V/220V 供电，楼内的单相用电设备有：加热器 5 台各 2kW，干燥器 4 台各 3kW，照明用电 2kW。试将各类单相用电设备合理地分配在三相四线制线路上，并确定大楼的计算负荷。

27. 某工地采用三相四线制 380V/220V 供电，有一临时支路上需带 30kW 的电动机 2 台，8kW 的电动机 15 台，电动机的平均效率为 83%，平均功率因数为 0.8，需要系数为 0.62，总配电盘至该临时用电的配电盘的距离为 250m，若允许电压损失为 7%，试问应选用多大截面的铜芯塑料绝缘导线供电？

28. 有一条三相四线制 380V/220V 低压线路，其长度为 200m，计算负荷为 100kW，功率因数为 0.9，线路采用铜芯塑料绝缘导线穿钢管暗敷。已知敷设地点的环境温度为 30℃，试按发热条件选择所需导线截面。

第 4 章 建筑电气照明

4.1 照明技术的基本概念

4.1.1 光的度量

1. 光通量（Φ） 光源在单位时间内向周围空间辐射出的使人眼产生光感的辐射能，称为光通量，简称光通，用符号 Φ 表示，其单位为流明（lm）。

2. 发光强度（I） 光源在某一特定方向上单位立体角内辐射的光通量，称为光源在该方向上的发光强度，简称光强，符号为 I，其单位为坎德拉（cd）。对均匀辐射光通量的光源，其各方向的光强相等，为

$$I=\frac{\Phi}{\omega} \tag{4-1}$$

式中 Φ——光源在 ω 立体角内辐射出的总光通量（lm）；

ω——光源发光范围的立体角，$\omega=\dfrac{A}{r^2}$，r 为球的半径（m），A 是与立体角相对应的球表面积（m^2）。

3. 照度（E） 受照物体单位面积上接收到的光通量称为照度，符号为 E，单位为勒克斯（lx）。它是指被照面上光照强弱的程度，是以被照面上单位面积的光通量密度来表示的，其值为

$$E=\frac{\Phi}{A} \tag{4-2}$$

式中 Φ——光均匀辐射到物体表面的光通量（lm）；

A——受照表面积（m^2）。

在照明设计中，照度是一个很重要的物理量。

4. 亮度（L） 光源在给定方向单位投影面上的发光强度称为亮度，符号为 L，其单位为坎德拉每平方米（cd/m^2），用公式表示为

$$L=\frac{I_\alpha}{A\cos\alpha}=\frac{I\cos\alpha}{A\cos\alpha}=\frac{I}{A} \tag{4-3}$$

式中 I_α——物体在观察方向上的发光强度（cd）；

I——发光强度（cd）；

A——发光体面积（m^2）；

α——视线与受照面法线之间的夹角。

说明亮度的示意图，如图 4-1 所示。

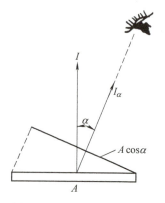

图 4-1 说明亮度的示意图

4.1.2 物体的光照性能

当光通量 Φ 投射到物体上时,一部分光通量 Φ_ρ 从物体表面反射回去,一部分光通量 Φ_α 被物体吸收,余下的光通量 Φ_τ 则透过物体,如图4-2所示。

为表征物体的光照性能,特引入以下三个参数。

1. 反射比 反射比曾称反射率或反射系数,符号为 ρ,其定义为反射光通 Φ_ρ 与投射光通 Φ 之比,即

$$\rho = \Phi_\rho / \Phi \tag{4-4}$$

2. 吸收比 吸收比曾称吸收率或吸收系数,符号为 α,其定义为吸收光通 Φ_α 与投射光通 Φ 之比,即

$$\alpha = \Phi_\alpha / \Phi \tag{4-5}$$

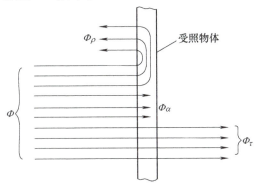

图4-2　光通投射到物体上的情形
Φ_ρ—反射光通　Φ_α—吸收光通　Φ_τ—透射光通

3. 透射比 透射比曾称透射率或透射系数,符号为 τ,其定义为透射光通 Φ_τ 与投射光通 Φ 之比,即

$$\tau = \Phi_\tau / \Phi \tag{4-6}$$

以上三个参数之间有如下关系:

$$\rho + \alpha + \tau = 1 \tag{4-7}$$

在照明技术中应特别注重反射比这一参数,因为它直接影响工作面上的照度。

4.1.3 光源的色温与显色性

1. 色温 通常的照明光源(如太阳、白炽灯、荧光灯等)发出的光包含多种波长成分,它们的光谱功率分布各不相同,因此看上去的颜色感觉不一样。即使看上去都呈"白光"的光源,实际上它们的光谱功率分布相差也是很大的,这些"白光"在人眼里的感觉也是不一样的。如:光谱能量偏重于较长波长段的称为"热白光",它会给人以温暖的感觉。白炽灯就属于这种,其光是白中带些橙红色。光谱能量偏重于较短波长段的就叫"冷白光";日光型的荧光灯可以归入此类。这些"白光"照射同一个东西时,呈现的颜色会有差别。我们可能有这样的经验:在商店里选了一件满意的衣服,款式、颜色都很好。但是,在外面穿上后发现,颜色不对了,不如原来好看。这是因为,商场里是用的人工光源,而外面却是自然的太阳光。为了便于比较和区别各个光源的特性以及进行计算,引入"色温"概念。

所有物体自身在绝对零度之上的任何温度都发出电磁波辐射。一定时间内辐射量的多少,以及辐射能量按波长分布的状况都与温度有关。绝对黑体在任何温度下对任何波长的入射辐射都完全吸收(即吸收比为1)。这样,由于排除了周围环境的影响,使得它发出的辐射仅由温度决定。由图4-3看出,随着温度的增加,绝对黑体辐射能量(功率)增大;并且,其功率波谱的峰值向短波方向移动。也就是,当温度升高时,人用眼睛看上去不仅亮度

增加，颜色也随之发生变化。低温的炉火发出的辐射能量较多地分布在波长较长段，呈现红光；而电焊的电弧光温度很高，发出的辐射能量较多地分布在波长较短的蓝光中。因此，可以用绝对黑体的温度来表征，不同光谱分布与颜色的实际光源。总之，色温就是当某一种光源的色品（用 CIE1931 标准色度系统所表示的颜色性质）与某一温度下绝对黑体的色品相同时的绝对黑体的温度，用 T_C 表示，单位是 K（开）。这样，我们

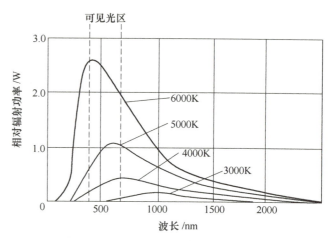

图 4-3 绝对黑体的辐射功率波谱

可以说：红光色温低，蓝光色温高。另外，色温并非光源本身的实际温度，热光源的实际温度要比其色温低一些。

表 4-1 给出常见光源的色温。

表 4-1 常见光源的色温

光 源	色 温/K	光 源	色 温/K
油灯	1900~2000	白炽灯（10W）	2400
蜡烛	1900~2000	白炽灯（40W）	2700
月亮	4100	白炽灯（100W）	2750
日出后及日落前太阳光	2200~3000	白炽灯（500W）	2900
中午太阳光	4800~5800	日光色荧光灯	6500
下午太阳光	4000	冷白色荧光灯	4300
阴天自然光	6400~6900	暖白色荧光灯	2900
晴朗的蓝天	8500~22000	普通高压钠灯	2000

CIE（国际照明委员会）规定了几种标准白色光源。

A 光源：2800K 充气钨丝灯发出的光，色温 2854K。光谱能量集中于红外区，泛橙红色。

B 光源：相当于上午至中午的太阳直照光。相关色温大约是 4800K。因为有些光源的光谱分布只与某一温度下黑体辐射近似，所以就把某一种光源的色品与某一温度下的绝对黑体的色品最接近时绝对黑体的温度，定义为此光源的相关色温。B 光源可以经特制的滤色镜由 A 光源获得。

C 光源：相当于白天的自然光，相关色温约为 6770K(6800K)。该光含较多蓝色成分，它同样可以由 A 光源通过特制的滤光镜获得。

D_{65} 光源：相关色温约为 6500K。它的功率波谱与 B 光源及 C 光源相比，更接近于白天的自然光照。物体在其照射下更接近于日光照射下的真实色彩。D_{65} 是根据许多实测的白天自然光照的光谱分布统计而来，可以认为是白天的平均光照。

2. 显色性 日常使用的人工光源照射物体时，物体呈现的颜色与物体的"本色"是有差异的，也就是人的主观视觉上会感觉到失真。这种颜色的"失真"是由于人们有意识或无意识地将其与参考光源（如白天自然光）下物体的"本色"相比较而产生的。一般地把照明光源对被照物体颜色的影响称为光源的显色性。光源的显色性是由光源的光谱功率分布决定的。CIE 使用"显色指数"来衡量光源的显色性。

显色指数定义为用被测光源和标准参考光源照明时，在适当考虑色适应状态下，物体的心理物理色符合程度的度量。

显色指数分为特殊显色指数（R_i）和一般显色指数（R_a）。特殊显色指数是指：用被测光源和标准参考光源照明时，在适当考虑色适应状态下，CIE 色样的心理物理色的符合程度的度量。

色样在被测光源与标准参考光源照明下产生的颜色差别为 ΔE_i，则被测光源对于此色样的 R_i 为

$$R_i = 100 - 4.6\Delta E_i \tag{4-8}$$

一般显色指数是指：有代表性的、特定的八个一组的色样（CIE1974）的特殊显色指数的平均值。即

$$R_a = \sum_{n=1}^{8} R_i / 8 \tag{4-9}$$

日常使用的照明光源用 R_a 来衡量其显色性。标准参考光源的显色指数定为 100，其他的则在 100 以下。照明光源的显色指数越高，显色性越好；用它照明，颜色的失真度也就越小。利用显色指数可以把照明光源的显色性分为几个档次，见表 4-2。

表 4-2 光源的一般显色指数分类

显色等级		一般显色指数范围	适用场所举例	
			工业企业	民用
Ⅰ	A	$R_a \geq 90$	颜色匹配、颜色检验等	客房、卧室、绘图室等辨色要求很高的场所
	B	$90 > R_a \geq 80$	印刷、食品分拣、油漆等	
Ⅱ		$80 > R_a \geq 60$	机电装配、表面处理、控制室等	办公室、休息室等辨色要求较高的场所
Ⅲ		$60 > R_a \geq 40$	机械加工、热处理、铸造等	行李房等辨色要求一般的场所
Ⅳ		$40 > R_a \geq 20$	仓库、大件金属库等	库房等辨色要求不高的场所

在选择照明光源时，光源的显色性要求十分重要。比如，在需要真实显色的服装店、工艺美术陈列场所、绘画室等地方，就需要采用显色性好、显色指数高的光源（如高功率的白炽灯）。而在需要强调某种色彩，渲染某种情调的环境和场所，则可以采用显色性不高但与环境色调相配的光源以达到目的；例如用低色温光源照射，就会使得环境中的红色显得更加鲜艳。

4.1.4 光源的色调

色调反映的是颜色的类别。平时所说的红色、黄色、绿色、蓝色等，讲的就是色调。光源的色调与它的色温密切相关。常见光源的色调分类见表 4-3。

表 4-3 常见光源的色调分类

光 源	色 调	光 源	色 调
白炽灯、卤钨灯	偏红橙色光	高压钠灯	金黄色光,红色成分较多,蓝色成分不足
日光型荧光灯	与自然光相近的白色光	金属卤化物灯	接近于日光的白色光
荧光高压汞灯	浅蓝绿色,缺乏红色	氙 灯	非常接近于日光的白色光

用色温可以把光源按人的不同色调感觉分为三类,见表 4-4。

表 4-4 光源的色调感觉分类

色类别	色特征	相关色温/K	适用场所举例	
			企 业	民 用
Ⅰ	暖	<3300	车间局部照明、工厂辅助生活设施等	客房、卧室等
Ⅱ	中间	3300~5300	除要求使用冷色、暖色以外的各类车间	办公室、图书馆等
Ⅲ	冷	>5300	高照度水平、热加工车间等	高照度水平或白天需补充自然光的房间

在不同的照度下,光源的色调给人的感觉也不同,见表 4-5。

表 4-5 人对不同照度、不同色温下光源色调的感觉

照度/lx	人对光源的色调感觉		
	暖色(<3300K)	中间色(3300~5300K)	冷色(>5300K)
≤500	愉 快 的	中 间 的	阴 冷 的
500~1000	刺 激 的	愉 快 的	中 间 的
1000~2000			
2000~3000			
≥3000	不 自 然 的	中 间 的	愉 快 的

在一般情况下,低照度时宜采用较低色温的光源,可取得舒适的暖色调,而高色温光源用在强照度的场合,则使人比较舒爽。

4.1.5 眩光

由于视野(当头和眼睛都不动时,人能看到的空间范围)中的亮度范围或者亮度分布不均匀,或存在极端的对比,以至引起不舒适的感觉或者降低观察细节部分及目标的能力的视觉现象,称为眩光。眩光是人的视觉特性,它受制于环境因素,而由人眼的生理特点决定。

眩光包括不舒适眩光和失能眩光两种,两者的形成机理并不相同。不舒适眩光,即为产生不舒适感觉,但不一定降低视觉对象的可见度的眩光;失能眩光是降低了对象的可见度,但不一定产生不舒适感觉的眩光。

眩光从光线进入眼睛的途径分为直接眩光(由视野中特别是在靠近视线方向存在的发光体所产生的眩光)和反射眩光(由视野中的物体反射所引起的眩光,尤其是靠近视线方向可见的反射所产生的眩光)。在反射眩光中,由眼睛直接观视的对象的镜面反射(按照几

何光学定律进行的反射）而产生的，叫作光幕反射。它使视觉对象的对比度下降，以至于部分地或全部地难以看清细部。人们在看书时经常能遇到在光源的照射下，有时整个纸面显得很亮，这就是纸张镜面反射了照明光线而形成的"光幕"，看上去不舒服，影响阅读。

4.2 常见电光源

电光源就是将电能转换成光学辐射能的器件。电气照明工程中常用的电光源按发光原理可分为3大类。

（1）热辐射光源　使用电能加热元件，使之炽热而发光的光源。如白炽灯，卤钨灯。

（2）气体放电光源　利用气体、金属蒸气放电而发光的光源。如荧光灯、高压汞灯、高压钠灯、金属卤化物灯等。

（3）新型固态光源　新型固态光源是指采用半导体发光技术的 LED 光源和激光光源等。新型固态光源多属于冷光源，工作时不发热，冷光源的特点是把其他的能量几乎全部转化为可见光，其他波长的光很少，而热光源除了有可见光外还有大量的红外光，相当一部分能量转化为对照明没有贡献的红外光了。冷光源可以带给人们节能环保健康的特点。

4.2.1 常见电光源种类

1. 白炽灯　白炽灯是通过用电来加热玻璃壳内的灯丝，使其发光的光源。由灯头、灯芯柱、导丝、支架、灯丝、玻璃外壳等部分组成，如图4-4所示。

现在白炽灯的灯丝一般采用耐高温且不易蒸发的钨丝，并卷曲成螺旋形状。玻璃壳内抽成真空，或充入惰性气体阻止灯丝蒸发。玻璃壳的形状一般采用梨子形、球形、圆柱形、尖形等轴对称的形式。玻璃壳一般是透明的；为了防止眩光，可以对玻璃壳内表面进行"磨砂"处理，或者"内涂"白色材料，或者使用白色玻璃壳，使其具有漫射的特征。为了加强某一方向上的光强，可在玻璃壳内镀上金属反射层，形成反射面，增加定向投射。另外，还可以用彩色玻璃构成灯的外壳，用作装饰照明。

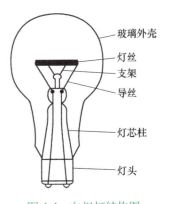

图 4-4　白炽灯结构图

白炽灯的灯头有不同的规格，常见的是插口灯头和螺口灯头。

白炽灯由于是热辐射光源，所以光谱功率连续分布；显色性好，显色指数可以达到 95 以上；色温一般在 2400~2900K，属于低色温光源；功率因数接近于 1，可以瞬时点亮，没有频闪；因为构造简单，所以易于制造，价格便宜。但是，白炽灯的发光效率低，由于辐射集中于红外线区，大致只有 2%~3% 的电能转化为可见光。它的平均寿命通常只有 1000h 左右。并且，白炽灯不耐震。

白炽灯的另一个特点是：它的光通量、发光效率和使用寿命会受到电源电压的巨大影响，如图4-5所示。从图上能看出，光通量和电压正向变化，可以很方便地利用白炽灯的这种特点，构成调光灯。但由于白炽灯的光效低，正逐步淘汰。

2. 卤钨灯　灯泡内充入的气体中含有卤族元素（氟、氯、溴、碘）或者卤化物的热辐射光源叫作卤钨灯，如图4-6所示。卤钨灯能够实现钨的再生循环，从而大大减小钨丝的蒸发量。循环的简单过程是：当点亮卤钨灯时，由于高温，钨丝蒸发出钨原子并向周围扩散。卤素（目前，普遍采用碘、溴两种元素）与之反应形成卤化钨，卤化钨的化学性质不稳定，扩散到灯丝附近时，因为高温，卤化钨又分解为钨原子和卤素，钨原子会重新沉积于钨丝上，而卤素再次扩散到外围进行下一次的循环。

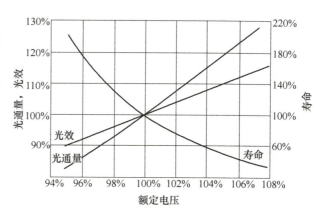

图4-5　白炽灯电气参数与电压的关系

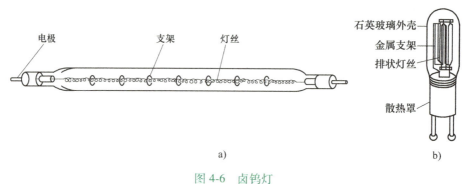

图4-6　卤钨灯
a）双端引出　b）单端引出

卤钨灯抑制了钨丝的蒸发，改善了一般白炽灯因为钨丝蒸发而沉积在灯泡内壁，造成玻璃壳发黑的现象，提高了灯丝的寿命。其灯丝的工作温度也因此而有了提高，在2600～3200K之间，使得发光效率高于白炽灯。

卤钨灯作为白炽灯的改进，除了兼有白炽灯的特点之外，还具有体积小，功率大，亮度高，色温稳定，良好的灯丝稳定性和抗震性，优于白炽灯的光效和寿命等。不过，卤钨灯的灯管温度很高，在两百度以上，需要用耐高温的石英玻璃。

卤钨灯广泛应用于电影、电视的拍摄现场，以及演播室、舞台、展示厅、商业橱窗、汽车、飞机等的照明。

3. 荧光灯　荧光灯是利用放电而产生的紫外线激发灯管内荧光粉，使其发光的放电灯。它属于一种低气压的汞蒸气放电灯。荧光灯管的构造如图4-7所示。

荧光灯同白炽灯相比使用的寿命长（荧光灯的寿命是指每3h开关一次，每天开关八次，许多灯同时点燃，当其中50%报废的时间），能达到10000h以上。发光效率也高，其发出的可见光可以达到输入能量的26%左右。荧光灯的表面亮度较低，大约在$10^4 cd/m^2$，照明柔和，眩光影响小；色温接近于白天的自然光，显色性好。因此，荧光灯常用于办公场所照明、教学场所照明、商场照明、住宅照明等需要长时间使用的、需要营造舒适的自然光

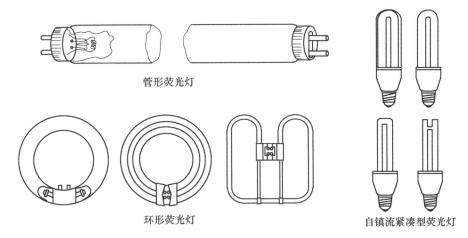

图 4-7　荧光灯管的构造

照条件的环境。

荧光灯的种类规格很多，按色温可把其分为：①日光型荧光灯，色温约为 6500K；②冷白光型荧光灯，色温约为 4300K；③暖白光型荧光灯，色温约为 2900K。荧光灯的光色、色温、显色指数等指标可以通过改变荧光粉的成分和比例达到。

常见的荧光灯按灯管的形状及结构可分为：

(1) 直管形荧光灯　玻璃外壳为细长形管状的荧光灯，是照明工程常用的光源之一。长度尺寸一般在 150~2374mm，灯管直径一般从 16~38mm（如果用"T"表示 1/8 英寸长度即 3.175mm，那么 16mm 就是 T5，38mm 是 T12）。现在，不少直管形荧光灯采用了新型稀土荧光粉，其发光效率和显色性都很好，如 T5 型细管径直管稀土荧光灯等。

(2) 环形荧光灯　玻璃外壳制成环形（一般为圆形）的荧光灯，它是直管荧光灯的改进型。通常采用插脚式灯头，属于单端荧光灯。常见的规格有：单圆环的 T9、T6、T5，双圆环的 2C、立 2C 等，如图 4-7 所示。由于环形管容易与各种灯具相配合，造型美观，具有良好的装饰效果，所以在居住环境应用较多。

(3) 紧凑型荧光灯　将灯管弯曲或拼接成一定的形状，以缩短灯管长度的荧光灯，如图 4-7 所示。紧凑型荧光灯又被称为节能灯。常见的规格有：U 形（U、2U、3U、4U、5U），∏ 形（∏、2∏、3∏、4∏），H 形（H、2H），螺旋形等。紧凑型荧光灯的管径细，普遍采用新型稀土荧光粉和贴片式、集成电路式的电子镇流器，结构尺寸很小巧；它的发光效率、色温、寿命都比白炽灯好得多。一般的，9W 的灯就相当于 45W 白炽灯的光输出量，国家标准规定平均寿命应在 5000h 以上，故现在广泛地替代白炽灯作为室内、室外照明。尤其是自镇流紧凑型荧光灯，由于使用了与白炽灯一样的螺口灯头和插口灯头，使它可以很方便地用在各种灯具上。

荧光灯 1939 年问世，当时是直管 38mm（T12）的。自此以后，一直是重要的照明光源。多年来不断地采用新技术、新材料对其性能进行改进和提高，如传统的荧光灯启动时需要预热阴极，这样就有较长的启动时间；新式的冷阴极瞬间启动式荧光灯，不需预热阴极，直接利用谐振高压瞬间启动，只需 0.1s。以前的荧光灯使用普通的电感镇流器，现在有节能型电感镇流器,功耗只有 5W 左右,寿命可达 15~20 年。这种镇流器除了在铁心上改进之外,当在电路上采用电感、电容(半)谐振形式时,工作时的功率因数可从 0.5 提高到 0.85 以上,通过双灯互补法则可以消除频闪。节能型电感镇流器在大、中功率荧光灯领域有广阔市场。电子镇流器使用量很大,特别是在小功率(≤25W)场合。电子镇流器一般将 50Hz 工频交流电变换成 20~100kHz 的高频交流电使灯管工作,没有频闪,启动速度快,功率因数在 0.9 以上,而且功耗不超过 4W。因为采用电子元件所以重量轻,体积小巧,但是其连续使用寿命一般在 5 年以下。目前各种新型的荧光灯都采用稀土三基色荧光粉,发光效率得到了进一步提高。现在,还出现了高频无极感应荧光灯,该灯没有灯丝和电极,直接利用在灯管内建立的高频电磁场使管内气体电离,产生紫外线激发荧光粉而发光,寿命可达数万小时。荧光灯在我们国家以节能、环保为中心的绿色照明工程中充当了重要的角色。

当然,荧光灯的不足之处(比如低温启动性能差,不宜频繁启动,调光困难等问题)还有待于进一步改进提高。

4. 荧光高压汞灯 又叫高压水银荧光灯,属于一种高强度的气体放电灯(HID),主要由放电管和内涂钒磷酸钇荧光粉的玻璃外壳组成,其发光管表面负荷超过 $3W/cm^2$。荧光高压汞灯的放电管采用耐高温、高压的石英玻璃,内部充有汞和氩气。玻璃外壳内也充入氮气。

荧光高压汞灯的结构如图 4-8 所示。启动电极通过启动电阻 R 和第 2 主电极相连,并且与第 1 主电极靠得很近,只有几毫米。其工作原理是:当荧光高压汞灯通电后,启动电极和第 1 主电极之间加上了电压;由于两者靠得很近,之间的电场很强,而发生辉光放电。辉光放电产生的电离子扩散到主电极间,造成主电极之间击穿,进而过渡到主电极弧光放电。在此期间管内温度是逐渐升高的,汞不断气化直至全部蒸发完毕,最后进入稳定的高压汞蒸气放电状态(放电管内的工作气压为 0.1~0.5MPa)。汞气化后电离激

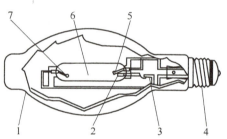

图 4-8 荧光高压汞灯结构示意图
1—内涂荧光粉外壳 2—启动电极
3—启动电阻 4—灯头 5—第 1 主电极
6—放电管 7—第 2 主电极

发产生出紫外线和可见光,紫外线照射外玻璃壳的荧光层而发出可见的荧光。

荧光高压汞灯成本较低,发光效率高,省电,一般寿命较长,抗震性能好。但有明显的频闪,而且此灯色温虽接近日光,但显色性差;点燃时灯光看上去是白色,照射下的景物却泛青绿色,不能很好地还原色彩。荧光高压汞灯从启动到正常稳定工作的时间比较长,一般需要 4~8min。并且,当电压突然降低 5% 以上时灯会熄灭,灯熄灭后需要经过 5~10min 的冷却才能再次点燃。

荧光高压汞灯的功率为 25~1000W,常用于道路、广场、车站、码头、企业厂房内外照明等。

一般的荧光高压汞灯需要与镇流器配套使用,镇流器一方面在启动时产生瞬间高压以点燃灯管,一方面工作时用于稳定电流。

荧光高压汞灯有自镇流式的,它内置镇流灯丝而不需要另外配用镇流器。镇流灯丝和放电管串联并环绕放电管外围。通电后灯丝点燃发热,帮助主电极之间形成弧光放电,同时还

能降压、限流、改善光色。自镇流荧光高压汞灯无附件，使用方便，功率因数接近于1。但是，由于灯丝的原因，寿命短，平均寿命大约1000~3500h。

反射型（自镇流）荧光高压汞灯玻璃壳内壁镀有碗状反射层，可把90%的光定向反射，适合于大面积区域的投射照明。

5. 金属卤化物灯 简称金卤灯，此灯是在高压汞灯的基础上发展起来的，结构与其相似。不同的是放电管中除了汞和稀有气体之外，还加入了金属（钠、铊、铟、镝、钪、锡等）的卤化物。灯通电后放电管内的物质在高温下分解，产生金属蒸气和汞蒸气，灯的光辐射由它们放电电离共同激发产生。金属原子激发出的光谱线弥补了汞光谱线的不足，增加了红光的成分。金属卤化物灯在可见光范围内辐射比较均匀，显色性比荧光高压汞灯好，显色指数在65以上，高的能达到90。灯的发光效率也比荧光高压汞灯高，节能效果显著。但寿命要低于荧光高压汞灯。

金属卤化物灯的种类规格很多，像钠铊铟灯、镝灯、铊灯、铟灯等。放电管中加入不同的金属卤化物，按照不同的比例可得到不同光色的灯。灯内部的放电管除了透明的石英玻璃管外，现在有了陶瓷管（通常叫做陶瓷金卤灯），它可以使灯的色温有很好的一致性。金属卤化物灯的使用前景很广阔，现在开展的绿色照明工程正逐步计划用金属卤化物灯替代荧光高压汞灯。它适合于显色性要求高的照明场所，可以作为聚光灯用在电视拍摄现场、演播室。

彩色金属卤化物灯是在传统的"白光"型金属卤化物灯发展起来的，属于单色灯，有红色、绿色、蓝色、紫色等。其广泛用于夜晚城市建筑物的泛光和投射照明，效果绚丽夺目。

6. 钠灯

（1）高压钠灯 高压钠灯也属于高强度的气体放电灯。它的放电管采用半透明氧化铝管，管内除了充钠之外，还加入少量汞以及氙或氩氖混合惰性气体。此灯达到放电稳定时，钠蒸气的压强能达到10^4Pa。高压钠灯的结构，如图4-9所示。高压钠灯的玻璃外壳是抽成真空的。

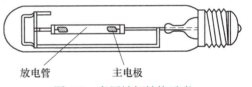

图4-9 高压钠灯结构示意

高压钠灯的光辐射由于钠原子激发的原因在589nm附近有一个很高的峰值，恰巧处于人眼最敏感的区域，发光效率很高，可达到140lm/W，是荧光高压汞灯的两倍，节能效果非常显著。灯的寿命能达到26000h。普通高压钠灯色温低，发出金黄色的光，透雾性好；灯的紫外线辐射量低，只占总辐射的1%左右，不易招惹飞虫，适合用于室外，尤其是道路照明。这种灯的显色指数<40，在对显色性有要求的场合一般不能用。中显色性高压钠灯对此做了改进，显色指数达到60，使之适用于商业区、住宅区、公共聚集场所照明。高显色性高压钠灯的显色指数则达到80以上，能用于高档照明。

（2）低压钠灯 低压钠灯的发光效率是日常使用光源中最高的，达到150lm/W。在放电稳定时放电管内钠蒸气的压强为0.1~1.5Pa。低压钠灯的结构如图4-10所示。

低压钠灯的放电管中除了充钠之外，还加

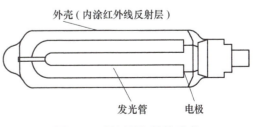

图4-10 低压钠灯结构示意

入氩氖混合惰性气体。玻璃外壳内抽成真空，并在外壳内壁涂上透明红外反射层，以提高发光效率。低压钠灯通电后主要发出单一的 589nm 波长的黄光，显色性很差，适用于道路照明。

7. 氙灯 氙灯属于 HID 灯，在耐高温、高压的石英玻璃内充入高压氙气（一些灯加入少量汞、金属卤化物），两头各装一个电极，通电后弧光放电产生强烈的白光。其辐射光的波长范围广，可见光范围内光谱连续，在使用惰性气体的放电灯中最接近日光，色温在 6000K 左右，显色指数≥95。氙灯具有超高的亮度，超宽的功率范围。照明常用的有长弧氙灯和短弧氙灯。长弧氙灯使用细长管状的石英玻璃壳，电弧长度就是管子的长度。其适用于广场、车站、码头、体育场馆、机场、施工工地等大面积场所照明；因辐射接近太阳光，所以可作为材料的老化试验，人工气候中植物栽培，颜色检验的光源用等。短弧氙灯的玻璃壳是球形的，两个电极靠得很近，大约只有 5~6mm，属于点光源。其广泛用于探照灯，舞台追光灯，电影放映，电影、电视、幻灯投影，飞机、船舶、机车、汽车照明，照相制版、摄影、光学仪器照明等。

氙灯能瞬间点燃，没有灯丝，所以耐震，适应温度的能力强，在寿命时间内工作稳定，光色特性不变；但寿命短，一般为 500~1000h，需要触发器在高频高压下启动，价格较高。

8. 新型电光源 随着科学技术的不断发展和社会进步的需要，如今世界各国都在积极地开发新材料、新技术，不断地改进各种不同特色的电光源，进一步降低电能消耗，研制出多种新型电光源。如新固体放电灯：包括陶瓷灯泡、塑料灯泡、回馈节能灯泡、冷光灯泡等。以发光二极管（LED）为例，它被誉为 21 世纪的新型光源，具有效率高、寿命长，不易破损等传统光源无法比拟的优点。

（1）发光二极管发光原理　LED 是英文 light emitting diodle（发光二极管）的缩写。LED 是一种固态的半导体器件，它可以直接把电转化为光。改变所采用的半导体材料的化学组成成分，可使发光二极管发出近紫外线、可见光或红外线等光。

LED 的基本结构是一块电致发光的半导体材料，被置于一个有引线的架子上，然后四周用环氧树脂密封，起到保护内部芯线的作用（图 4-11），所以 LED 的抗震性能好。发光二极管的核心部分是由 P 型半导体和 N 型半导体组成的晶片，在 P 型半导体和 N 型半导体之间有一个过渡层，称为 P-N 结。在某些半导体材料的 P-N 结中，注入的少数载流子与多数载流子复合时会把多余的能量以光的形式释放出来，从而把电能直接转换为光能。P-N 结加反向电压，少数载流子难以注入，故不发光。这种利用注入式电致发光原理制作的二极管叫发光二极管，通称 LED。当它处于正向工作状态时（即两端加上正向电压），电流从 LED

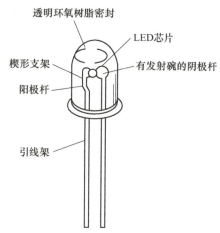

图 4-11　发光二极管结构图

阳极流向阴极时，半导体晶体就发出从紫外到红外不同颜色的光线，光的强弱与电流有关。

（2）发光二极管的特点

1）工作电压很低。LED 使用低压电源，供电电压在 6~24V 之间，根据产品不同而异，所以它比使用高压电源的光源更安全，特别适用于公共场所。

2）工作电流很小。有的 LED 灯仅需零点几毫安即可发光。通过调制通过电流的强弱可以方便地调制发光的强弱。改变电流还可以变色，发光二极管方便地通过化学修饰方法，调整材料的能带结构和带隙，实现红、黄、绿、兰、橙多色发光。如小电流时为红色的 LED，随着电流的增加，可以依次变为橙色、黄色，最后为绿色。

3）节能。白光 LED 的能耗仅为白炽灯的 1/10，节能灯的 1/4。

4）响应时间短。白炽灯的响应时间为毫秒级，LED 灯的响应时间为纳秒级。

5）抗冲击和抗震性能好、可靠性高、寿命长（寿命可达 10 万小时以上），对环境污染小（无有害金属汞）。

6）每个单元 LED 小片是 3~5mm 的正方形，所以可以制备成各种形状的器件，并且适合于易变的环境。

7）价格高。较之于白炽灯，LED 的价格比较昂贵，几只 LED 的价格就可以与一只白炽灯的价格相当，而通常每组信号灯需由 300~500 只二极管构成。

由于 LED 光源具有节能、长寿命、环保等显著特点。随着科技的发展，LED 的价格越来越低，我国部分城市公路、学校、厂区等场所已换装成了 LED 路灯、节能灯等。

9. 各种电光源的主要技术特征 表征电光源优劣的主要性能指标有：光效、寿命、色温、显色性、起动再起动的性能等。在实际选用时，首先应考虑光效高、寿命长，其次才考虑显色性、启动性能等。气体放电光源比热辐射光效高、寿命长，能制成各种不同光色，在工厂照明中，应用日益广泛。

部分常用电光源的主要技术特征见表 4-6，供选用时对照比较。

表 4-6 部分常用电光源的主要技术特性比较

特性参数	白炽灯	卤钨灯	荧光灯	荧光高压汞灯	高压钠灯	金属卤化物灯	单灯混光灯	LED 灯
额定功率/W	10~1000	500~5000	6~125	50~1000	35~1000	35~3500	100~800	0.1~100
发光效率/（lm/W）	6.5~25	14~30	30~87	32~55	60~140	52~130	40~100	>200
平均使用寿命/h	1000	1500	2500~5000	2500~6000	16000~24000	2000~10000	10000	>100000
色温/K	2400~2900	3000~3200	3000~6500	5500	1900~2800	3000~6500	3100~3400	2700~20000
一般显色指数/Ra	95~99	95~99	70~95	30~60	20~25	65~90	60~80	70~90
启动稳定时间	瞬时	瞬时	0~4s	4~8min	4~8min	4~10min	4~8min	瞬时
再启动时间	瞬时	瞬时	0~4s	5~10min	10~20min	10~15min	10~15min	瞬时
功率因数	1	1	0.33~0.52	0.44~0.67	0.44	0.4~0.6	0.4~0.6	0.7~0.9
频闪效应	不明显	不明显	明显	明显	明显	明显	明显	不明显
表面亮度	大	大	小	较大	较大	大	较大	较大
电压变化对光通量影响	大	大	较大	较大	大	较大	较大	较大
环境温度对光通量影响	小	小	大	较小	较小	较小	较小	较小
耐震性能	较差	差	较好	好	较好	好	好	好
所需附件	无	无	镇流器 启辉器	镇流器	镇流器	镇流器 触发器	镇流器 触发器	无

4.2.2 电光源的选择

电光源的选择应遵循先技术后经济的原则。

1. 技术性需求 即光源使用的环境对光源本身技术参数的需求。包括：功率、亮度、显色性、色温、频闪特性、启动再启动性能、抗震性及平均寿命等。

选择合适的功率以满足照度要求；在显色性要求高的地方如展览厅、展示厅等必须选用显色指数≥80 的光源；休息场所宜使用色温较低的光源，取得温馨舒适的氛围；工作、学习场所宜选用色温较高的日光型光源，可以提高工作、学习效率；在有高速机械运动的地方不使用一般的气体放电灯，以避免频闪效应；开关次数较为频繁的可以用白炽灯；需要调光的一般用白炽灯和卤钨灯，也可以用高频调光镇流器使荧光灯实现调光；在有较大震动的环境中可使用 HID 灯；在电压波动大的地方不宜使用易熄灭的灯；低温环境中不宜用荧光灯，以免启动困难。

当采用单一光源不能满足显色性和光色要求时，可以采用两种光源形式的混光光源。混光光源的混光光通量比宜按表 4-7 选取。

表 4-7 混光光源的混光光通量比

混光光源	光通量比（%）	一般显色指/R_a	色彩辨别效果
DDG+NGX	40~60	≥80	除个别颜色为"中等"外，其他颜色为"良好"
DDG+NG	60~80		
KNG+NG	50~80	60~70	除部分颜色为"中等"外，其他颜色为"良好"
DDG+NG	30~60	60~80	
KNG+NGX	40~60	70~80	
GGY+NGX	30~40	60~70	
ZJD+NGX	40~60	70~80	
GGY+NG	40~60	40~0	除个别颜色为"可以"外，其他颜色为"中等"
KNG+NG	30~50	40~60	
GGY+NGX	40~60	40~60	
ZJD+NG	30~40	40~50	

注：1. GGY——荧光高压汞灯；DDG——镝灯；KNG——铊钠灯；NG——高压钠灯；NGX——中显色性高压钠灯；ZJD——高光效金属卤素灯。

2. 混光光通量比是指前一种光源光通量与两种光源光通量的和之比。

2. 经济性要求 照明设备从投入使用到寿命完结需要一笔资金，在满足技术要求的前提下需要计算这样使用是否经济，以便比较和更改设计。总投资包括光源的初投资和运行费用。初投资有光源的设备费、材料费、人工费等；运行费用有电费、维护修理费、折旧费等。

4.3 照明灯具

照明灯具定义为：能透光并能分配和改变光源光分布的器具，包括除光源外所有用于固定和保护光源所需的全部零部件，以及与电源连接所必需的线路附件。它在照明设备中是除光源之外的第二要素。为了使光源发出的光辐射合乎要求的分配到被照面上,以满足视觉要求和美化、装饰环境,必需正确地选择照明灯具。

4.3.1 灯具的特性及分类

1. 灯具的特性 照明灯具的（配光）特性可以从灯具的配光曲线、保护角、灯具光效率三个指标加以衡量。

（1）配光曲线 配光曲线是指以平面曲线图的形式反映灯具在空间各个方向上发光强度的分布状况。

一般灯具可以用极坐标配光曲线。具有旋转轴对称的灯具在通过光源中心及旋转轴的平面上测出不同角度的发光强度值,以某一个位置为起点,不同角度上发光强度矢量的顶端所勾勒出的轨迹就是灯具的极坐标配光曲线,如图 4-12 所示。

由于是旋转轴对称,所以任意一个通过旋转轴的平面,上面的曲线形状都是一样的。如果是非旋转轴对称,比如说管型荧光灯灯具则需要多个平面的配光曲线才能表明空间分布特性。对于像投光灯、聚光灯、探照灯类的灯具,其光辐射的范围集中用直角坐标配光曲线更能将其分布特性表达清楚,如图 4-13 所示。

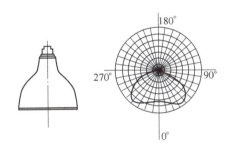

图 4-12 旋转轴对称灯具的配光曲线

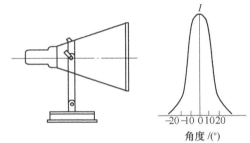

图 4-13 直角坐标配光曲线

（2）保护角 保护角又叫遮光角,用于衡量灯具为了防止眩光而遮挡住光源直射光范围的大小。用光源发光体从灯具出口边缘辐射出去的光线和出口边缘水平面之间的夹角表示,如图 4-14a 所示。如果灯具是非旋转轴对称的,那么必须选几个有代表性的横截面,用各横截面的保护角来综合反映遮光范围,如常用的管型荧光灯灯具,如图 4-14b 所示。

（3）灯具光效率 灯具的光效率 η 是指在相同的使用条件下,灯具输出的总光通量 Φ' 与灯具中光源发出的总光通量 Φ 之比,即

$$\eta = \Phi'/\Phi \times 100\% \quad (4\text{-}10)$$

光效率的数值总是小于 1 的。灯具光效

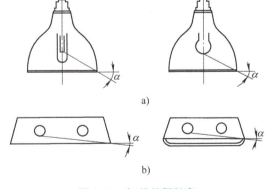

图 4-14 灯具的保护角

率越高,光源光通量的利用程度越大,也就越节能。实际中应优先采用效率高的灯具。

2. 灯具分类

（1）按安装方式分类

1）悬吊式:用吊绳、吊链、吊管等吊在顶棚上或墙支架上的灯具。

2) 嵌入式：完全或部分地嵌入安装表面的灯具。
3) 吸顶式：直接安装在顶棚表面上的灯具。
4) 壁式：直接固定在墙上或柱子上的灯具。
5) 落地式：装在高支柱上并立于地面上的可移动式灯具。
6) 台式：放在桌子上或其他台面上的可移动式灯具。

灯具安装方式如图 4-15 所示。

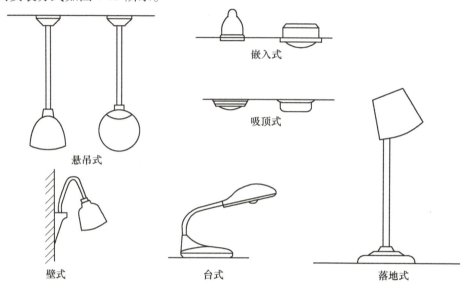

图 4-15　灯具按安装方式分类

（2）按防触电保护分类　为了保护人身和设备安全，灯具所有带电部分（如灯头座、引线、接头等）必须有防直接触电和防间接触电的安全保护措施。根据使用环境的不同，灯具的防护级别分为四个等级，具体见表 4-8。

表 4-8　灯具的防触电保护分类

防护级别	等级说明	应用说明
0 类	依赖灯具基本绝缘防止触电，如果基本绝缘损坏，灯具的可触及导体部件可能会带电，这时需要周围有防触电的环境以提供保护	适用于不易触电、安全程度高的场合
Ⅰ 类	除了基本绝缘之外，可触及导体部件通过导线接地，一旦基本绝缘损坏灯具漏电，电源开关跳闸保护人身安全	安全程度提高，适用于金属外壳灯具
Ⅱ 类	除了基本绝缘之外，还有附加的绝缘措施（称为双重绝缘或外层绝缘），可以防止间接触电	绝缘性好，安全程度高，适用于人经常接触的灯具如台灯、手提灯等
Ⅲ 类	采用安全电压（50V 以下交直流）供电，并保证灯内不会有高于此值的电压	安全程度最高，适用于恶劣环境

（3）按灯具的防护结构形式分类
1) 开启式灯具：灯具敞开，光源与周围环境直接接触，属于普通灯具。
2) 闭合式灯具：灯具有闭合的透光罩，但罩内外空气是流通的，不能阻止灰尘、湿气进入。

3）密闭式灯具：灯罩密封将内外空气隔绝，罩内外空气不能流通，能有效地防湿、防尘。

4）防爆式灯具：使用防爆型外罩，采用严格密封措施，确保在任何情况下都不会因灯具而造成爆炸危险。用于不正常情况下可能会发生爆炸的场所。

5）隔爆式灯具：结构坚实，即使内部发生爆炸也不会对灯罩外产生影响。用于在正常情况下就可能发生爆炸危险的场所。

（4）按灯具外壳的防护等级分类　根据我国灯具外壳防护等级分类的规定，使用IP防护等级系统。此系统由IEC（国际电工委员会）制定，等级代号由字母"IP"和两个特征数字组成。第一个特征数字表示灯具防止人体触及或接近灯外壳内部的带电体，防止固体物进入内部的等级；第二个特征数字表示灯具防止湿气、水进入内部的等级。两个特征数字的等级含义见表4-9、表4-10。

表4-9　防护等级第一特征数字表示的等级含义

第一个特征数字	防　护　说　明	含　义
0	没有防护	对外界没有特别的防护
1	防止大于50mm的固体物进入	防止人体某一大面积部分（如手）因意外而接触到灯具内部，防止较大尺寸（直径大于50mm）的固体物进入
2	防止大于12mm的固体物进入	防止人的手指接触到灯具内部，防止中等尺寸（直径大12mm）的固体物进入
3	防止大于2.5mm的固体物进入	防止直径或厚度大于2.5mm的工具、电线，或类似的细小固体物进入到灯具内部
4	防止大于1.0mm的固体物进入	防止直径或厚度大于1.0mm的线材、条片，或类似的细小固体物进入到灯具内部
5	防尘	完全防止固体物进入，虽不能完全防止灰尘进入，但侵入的灰尘量并不会影响灯具的正常工作
6	尘密	完全防止固体物进入，且可完全防止尘埃进入

表4-10　防护等级第二特征数字表示的等级含义

第二个特征数字	防　护　说　明	含　义
0	无防护	没有特殊防护
1	防滴水进入	垂直滴水对灯具不会造成有害影响
2	倾斜15°防滴水	当灯具由正常位置倾斜至不大于15°时，滴水对灯具不会造成有害影响
3	防淋水进入	与灯具垂线夹角小于60°范围内的淋水不会对灯具造成损害
4	防飞溅水进入	防止从各个方向飞溅而来的水进入灯具造成损害
5	防喷射水进入	防止来自各个方向的喷射水进入灯具造成损害
6	防大浪进入	经过大浪的侵袭或水强烈喷射后进入灯壳内的水量不至于达到损害程度
7	浸水时防水进入	灯具浸在一定水压的水中，规定时间内进入灯壳内的水量不至于达到损害程度（此等级的灯具未必适合水下工作）
8	潜水时防水进入	灯具按规定条件长期潜于水下，能确保不因进水而造成损坏

（5）按灯具的光学特性分类

1）按灯具在上下空间光通量分布比例分类。根据 CIE 的建议，按灯具在上下空间光通量分布的比例将室内灯具分为五类。

①直接型灯具：能将 90%～100% 光通量直接投射到灯具下部空间的灯具。此灯具光通量的利用率最高，灯罩一般用反光性能好的不透明材料制成，其灯具射出光线的分布状况因灯罩的形状和使用材料的不同而有较大差异。

②半直接型灯具：能将大部分（60%～90%）光通量投射到灯具下部空间，小部分投射向上部空间的灯具。光通量的利用率较高，灯罩采用半透明材料，或灯具上方有透光间隙。它改善了室内的亮度对比，在保证被照面充分的光通量下，比直接型灯具柔和。

③漫射型灯具：灯具向上和向下发射的光通量几乎相等，都是 40%～60%。这种灯具向周围均匀散发光线，照明柔和，但光通量利用率较低。典型的灯具就是球形乳白玻璃罩灯。

④半间接型灯具：向下部空间反射的光通量在 10%～40% 的灯具。此灯具大部分光线照在顶棚和墙面上部，把它们变成二次发光体。包括灯具在内的房间上部亮度比较统一，整个室内光线更加均匀柔和，无光阴影或阴影较淡。典型的就是一种具有向上开口的半透明灯罩。

⑤间接型灯具：向下部空间反射的光通量在 10% 以内的灯具。90% 以上的光线射到顶棚和墙面上部，利用它们形成房间照明。整个室内光线均匀柔和，无明显阴影。各种具有向上开口不透明灯罩的灯具及吊顶灯等属于此种类型。

灯具按上下光通量分布比例分类见表 4-11。

表 4-11 灯具按上下光通量分布比例分类

灯具类型	光通量分配比例（%）		光强分布示意	灯具举例
直接型	上	0～10		
	下	100～90		
半直接型	上	10～40		
	下	90～60		
漫射型	上	40～60		
	下	60～40		
半间接型	上	60～90		
	下	40～10		
间接型	上	90～100		
	下	10～0		

2）按灯具射出光束的宽窄及扩散程度分类。

①直接型灯具按配光曲线的形状分类。直接型灯具的反射罩形式多样，形成的照明光束宽窄也不同，反映在配光曲线上就是各自的形状不一样。其分为特深照型、深照型、中照型、广照型、特广照型五种。

②道路照明按照控制眩光的程度分类。常规道路照明所采用的灯具按控制眩光的程度可分为截光型、半截光型、非截光型三种，它们的光强分布各不相同。截光是指为避免或减少眩目而遮挡人眼直接看到高亮度发光体的措施。灯具的截光角是遮光角的余角。

截光型灯具的最大光强方向为 0°~65°，80°和 90°方向上的光强最大允许值分别是 30cd/1000lm 和 10cd/1000lm。

半截光型灯具的最大光强方向为 0°~75°，80°和 90°方向上的光强最大允许值分别是 100cd/1000lm 和 50cd/1000lm。

非截光型灯具 90°方向上的光强最大允许值为 1000cd。

截光型灯具把绝大部分光线投射到路面上，可以获得较高的路面亮度，同时几乎感觉不到眩光；非截光型灯具不限制水平方向上的光线，有较为严重的眩光；半截光型灯具介于两者之间。一般道路主要使用截光型和半截光型灯具。

③泛光灯按光束发散角分类。投光灯利用反射器和折射器可以把射出的光线限制在一定的空间范围（立体角）内，泛光灯就是光束发散角大于 10°的投光灯。泛光灯通常可以向任意方向转动。泛光灯按光束发散角分类见表 4-12。

表 4-12 泛光灯按光束发散角分类

序号	光束发散角/(°)	泛光灯分类	序号	光束发散角/(°)	泛光灯分类
1	10~18	特窄光束	4	46~70	中等宽光束
2	18~29	窄光束	5	70~100	宽光束
3	29~46	中等光束	6	100~130	特宽光束

4.3.2 灯具的选择

灯具选用的基本原则有以下几点：

（1）功能原则　合乎要求的配光曲线、保护角、灯具效率，款式符合环境的使用条件。

（2）安全原则　符合防触电安全保护规定要求。

（3）经济原则　初投资和运行费用最小化。

（4）协调原则　灯饰与环境整体风格协调一致。

选择灯具时综合考虑以上原则。

1. 按使用环境选择灯具

1）无特殊防尘、防潮等要求的一般环境中，宜使用高效率的普通式灯具。

2）有特殊要求的场合，要使用有专门防护结构及外壳的防护式灯具。

①在潮湿场所，应采用防潮、防水的密闭型灯具或带防水灯头的开启式灯具。

②灰尘多的场所，根据灰尘数量和性质可以采用防尘型灯具或尘密型灯具。

③在有爆炸、火灾危险的地方，根据此类场所现行国家标准和规范的有关规定，分等级选择相应的灯具。

④在高温场所,宜采用带散热孔的开启式灯具,而不宜使用有密封罩的灯具;如必需使用,可采用耐高温光源。

⑤在震动或晃动较大的场所,灯具应带保护网和有减震措施,防止灯泡脱落掉下。

⑥在可能会受到机械性损伤的场所,灯具应有保护网。

⑦在有腐蚀性气体和蒸汽的场所,宜采用耐腐蚀材料(玻璃、工程塑料、表面喷塑钢壳、搪瓷等)制成的密闭式灯具;如采用开启式灯具,各部件必须有防腐蚀、防水措施。

2. 按配光特性选择灯具

1)窄配光类(深照型)的灯具,使光线在较小立体角内分布,保护角大,不易产生眩光,发出的光通量能最大限度地直接落在被照面上,利用率高。像体育馆、企业的高大厂房、高速公路等照度要求较高的地方,可以采用。但是灯具必须高密度排列,才能保证照度的均匀度。

2)中配光类(中照型)的灯具,使光线在中等立体角内分布,配光曲线要宽一些,直接照射面积较大,合理的布局和灯具高度可以控制眩光。其适用于中等照度的一般室内照明。

3)宽配光类(广照型)的灯具,使光线在较大立体角内分布,适用于照度要求低的场所,如楼道、厕所等。

4.3.3 灯具的布置

1. 灯具布置的基本要求 室内灯具布置应满足以下几个方面:

1)符合规定的照度值,工作面上照度均匀。
2)有效地控制眩光和阴影。
3)符合使用场所要求的照明方式。
4)方便灯具的维护修理。
5)保证光源用电安全。
6)符合节能的要求,提高光效,将光源安装容量降至最低。
7)布置整齐、美观大方,与室内环境协调一致。

室外灯具的布置要根据具体的使用要求来定,如道路照明、广场照明等。

2. 灯具的平面布置 室内灯具平面布置方式有均匀布置和选择性布置两种。

(1)均匀布置 采用同类型灯具按固定的几何图形均匀排列,可以使整个区域有均匀的照度。常见的有直线型、正方形、矩形、菱形等,如图4-16所示。室内灯具作一般照明使用的,通常采用均匀布置方式。

(2)选择性布置 根据环境对灯光的不同要求,选择布灯的方式和位置。一般只有在需要局部照明或定向照明时,才根据情况考虑用选择性布置。

灯具布置是否合理,可以从照度均匀度反映出来。照度均匀度主要取决于灯具的间距 L 与计算高度 h(灯具至工作面的高度)的比值(即距高比)。在 h 一定的条件下,L/h 值小,照度的均匀度好,但由于布置的灯具较多,经济性差;L/h 值过大,则不能保证照度的均匀度。每种灯具都有一个最佳的距高比(表4-13),实际采用 L/h 的数值在此范围内,就可满足照度均匀度要求,并且有较小的电能消耗。

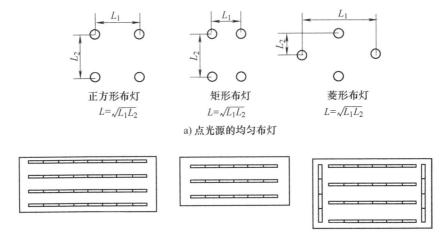

图 4-16 光源的均匀布置示意

表 4-13 灯具的最佳距高比

灯 具 种 类	距高比（L/h）		宜采用单行布置的房间高度
	多行布置	单行布置	
乳白玻璃圆球灯、散照型放水防尘灯、天棚灯	2.3~3.2	1.9~2.5	$1.3h$
无漫透射罩的配照型灯	1.8~2.5	1.8~2.0	$1.2h$
搪瓷深照型灯	1.6~1.8	1.5~1.8	$1.0h$
镜面深照型灯	1.2~1.4	1.2~1.4	$0.75h$
有反射罩的荧光灯	1.4~1.5	—	—
有反射罩的荧光灯，带栅格	1.2~1.4	—	—

为保持整个场所的照度均匀度，靠边的灯具不能离墙太远，一般在 $0.25\sim0.5L$，当靠墙有视觉工作要求时，灯具距离墙不应大于 0.75m。

3. 灯具的高度 灯具悬挂的高度主要是根据使用场所的层高，考虑到防眩光要求、防触电的安全要求及灯具防碰撞的要求等而确定的。室内照明灯具的悬挂高度一般不要低于 2.4m，当低于此值时，要采用封闭式灯罩或带保护网的光源。

4.4 照明种类和基本照明要求

4.4.1 照明种类和照明方式

1. 照明种类

（1）正常照明 在正常情况下使用的室内、室外照明。

（2）应急照明 是正常照明因为电源故障造成熄灭后启用的照明，又称事故照明。其中又包括：

1）疏散照明是指用于确保疏散通道被有效地辨认和使用的照明。疏散照明的地面水平照度不宜低于 0.5lx。影剧院、体育馆、礼堂等聚集场所的安全疏散通道出口必须有疏散指示灯。

2) 安全照明是指用于确保处于潜在危险之中的人员安全的照明。工作场所的安全照明照度不应低于该场所正常照明的 5%。

3) 备用照明是指用于确保正常活动暂时继续进行的照明。一般场所的备用照明照度不应低于正常照明的 10%。

应急照明要使用可靠的、能瞬间点燃的光源，如白炽灯、瞬间启动荧光灯等。考虑到照明设备的利用率，应急照明也可以作为正常照明的一部分而长期使用；在不需要进行电源切换的条件下，也可用其他形式的光源，如 HID 灯等。

(3) 值班照明　在上班工作时间之外，供值班人员值班使用的照明。值班照明可以利用正常照明中能单独控制的一部分，也可以利用应急照明的一部分或全部。

(4) 警卫照明　在晚上为了改善和增强对于人员、材料、设备、建筑物和财产等的保卫，而安装的用于警戒的照明。可以根据需要在仓库区、货物堆放区、厂区等警戒范围内设置。

(5) 障碍照明　为保障航空飞行安全，在高大建筑物、构筑物上安装的障碍标志灯，或当有船舶通过的两侧建筑物上装设的障碍指示灯等。应该按照民航和交通部门的有关规定装设。

(6) 装饰照明　为美化、烘托某一特定环境而设置，起到点缀、装饰作用的照明；通常采用装饰性灯具，与建筑装潢及环境结合成一体。

(7) 城市环境艺术照明　利用各种照明技术和设备，营造出能体现环境风格，符合艺术美学，给人以视觉享受的城市夜景照明，涉及公园、广场、雕塑、喷泉、绿化园林、庭园小区及标志性建筑物等的景观照明和广告照明等。

2. 照明方式　照明方式是指照明设备按照安装部位或使用功能而构成的基本形式。可以分为以下几种。

(1) 一般照明　不考虑特殊区域的需要，为照亮整个场所而设置的照明方式。其适用于对光照方向无特殊要求的场所，以及受到条件限制，不适合装设局部照明或混合照明不合理时采用。

(2) 分区一般照明　根据不同地点对照度的要求，提高特定区域照度的一般照明方式。特定区域可以通过增加灯具的布置密度来提高照度，而其他区域可以维持原来的布置方式。

(3) 局部照明　为满足特殊需要而照亮某个局部的照明。局部照明只能照射有限的小范围。在一般照明或分区一般照明不能满足要求的地方（照度、照射方向、光幕反射、频闪效应等不合要求），应增加局部照明，但在工作场所中不能只装局部照明。

(4) 混合照明　由一般照明和局部照明共同组成的照明。对照度要求较高、照射方向有特殊要求的，以及工作位置密度不大，且单独装设一般照明不合理的场所，经常使用混合照明。

4.4.2　照度标准

1. 一般规定　照度标准是国家有关部门制定与颁布的，各类建筑物和工作场所的光源应该符合的照度值。照度标准要根据人眼的视觉特性，按不同场所对视觉的使用要求来制定；同时又要与本国的经济发展水平、人民物质文化生活水平相称。

国际照明委员会（CIE）对各种活动场所的照度范围进行了推荐，见表 4-14。每一类照度范围均由三个照度等级组成，后一级照度值约为前一级照度值的 1.5~2.0 倍。其中中间的数值代表应当采用的推荐照度，在考虑到具体的工作性质、人员状况等因素下，可采用较高或较低数值。

表 4-14　CIE 各种活动场所推荐的照度范围

照度范围/lx			作业和活动类型
20	30	50	室外入口区域
50	75	100	交通区、简单地判别方位或短暂停留
100	150	200	非连续工作的房间，例如工业生产监视、储藏、衣帽间及门厅
200	300	500	有简单视觉要求的作业，如粗糙的机械加工、教室
300	500	750	有中等视觉要求的作业，如普通机械加工，办公室及控制室
500	750	1000	有一定视觉要求的作业，如缝纫、检验、试验及绘图室
750	1000	1500	延续时间长，且有精细视觉要求的作业，如精密加工和装配、颜色判别
1000	1500	2000	有特殊要求的作业，如手工雕刻，很精细的工件检验
>2000			完成很严格的视觉作业，如微电子装配，外科手术

《建筑照明设计标准》（GB 50034—2013）中的照度值按以下系列分级：0.5、1、3、5、10、15、20、30、50、75、100、150、200、300、500、750、1000、1500、2000、3000、5000lx。

照明设计标准规定的照度值均为作业面或参考平面上的维持平均照度值。

与 CIE 推荐的一样，我国颁布的照度标准每一个类型也有三个照度等级，参考面上的照度标准值，根据场所和视觉的具体要求，按高、中、低档选取适当的标准值，一般情况下采用照度范围的中间值。

光源随着使用时间的推移，光通量会因为灯的自然老化而衰减；同时由于长期使用，灯具会积累灰尘，以及房屋表面污染等会造成照度值降低。为在维护周期内保证不低于规定照度，必须在设计时考虑其影响，即把照度值除以维护系数（旧称减光系数），见表 4-15。

表 4-15　维护系数

环境污染地点及特征		房间或场所举例	灯具最少擦拭次数（次/年）	维护系数值
室内	清洁	卧室、办公室、餐厅、阅览室、教室、病房、客房、仪器仪表装配间、电子元器件装配间、检验室、商店营业厅等	2	0.80
	一般	候车室、影剧院、机械加工车间、机械装配车间、农贸市场、体育馆等	2	0.70
	污染严重	公用厨房、锻工车间、铸工车间、水泥车间等	3	0.60
开敞空间		雨篷、站台等	2	0.65

2. 照度标准值

（1）工业建筑一般照明标准值（见表4-16）

表4-16 工业建筑一般照明标准值

房间或场所		参考平面及其高度	照度标准值/lx	UGR	U_0	R_a	备注
1）机、电工业							
机械加工	粗加工	0.75m 水平面	200	22	0.40	60	可另加局部照明
	一般加工公差≥0.1mm	0.75m 水平面	300	22	0.60	60	应另加局部照明
	精密加工公差<0.1mm	0.75m 水平面	500	19	0.70	60	应另加局部照明
机电仪表装配	大 件	0.75m 水平面	200	25	0.60	80	可另加局部照明
	一般件	0.75m 水平面	300	25	0.60	80	可另加局部照明
	精 密	0.75m 水平面	500	22	0.70	80	可另加局部照明
	特精密	0.75m 水平面	750	19	0.70	80	应另加局部照明
	电线、电缆制造	0.75m 水平面	300	25	0.60	60	—
线圈绕制	大线圈	0.75m 水平面	300	25	0.60	80	—
	中等线圈	0.75m 水平面	500	22	0.70	80	可另加局部照明
	精细线圈	0.75m 水平面	750	19	0.70	80	应另加局部照明
	线圈浇注	0.75m 水平面	300	25	0.60	80	—
焊接	一 般	0.75m 水平面	200	—	0.60	60	
	精 密	0.75m 水平面	300	—	0.70	60	
	钣 金	0.75m 水平面	300	—	0.60	60	
	冲压、剪切	0.75m 水平面	300	—	0.60	60	
	热处理	地面至 0.5m 水平面	200	—	0.60	20	
铸造	熔化、浇铸	地面至 0.5m 水平面	200	—	0.60	20	
	造型	地面至 0.5m 水平面	300	25	0.60	60	
	精密铸造的制模、脱壳	地面至 0.5m 水平面	500	25	0.60	60	
	锻 工	地面至 0.5m 水平面	200	—	0.60	20	
	电 镀	0.75m 水平面	300	—	0.60	80	
喷漆	一 般	0.75m 水平面	300	—	0.60	80	
	精 细	0.75m 水平面	500	22	0.70	80	
	酸洗、腐蚀、清洗	0.75m 水平面	300	—	0.60	80	
抛光	一般装饰性	0.75m 水平面	300	22	0.60	80	防频闪
	精 细	0.75m 水平面	500	22	0.70	80	防频闪
	复合材料加工、铺叠、装饰	0.75m 水平面	500	22	0.60	80	—
机电修理	一 般	0.75m 水平面	200	—	0.60	60	可另加局部照明
	精 密	0.75m 水平面	300	22	0.70	60	可另加局部照明
整机类	整机厂	0.75m 水平面	300	22	0.60	80	—
	装配厂房	0.75m 水平面	300	22	0.60	80	应另加局部照明

(续)

房间或场所		参考平面及其高度	照度标准值/lx	UGR	U_0	R_a	备 注
元器件类	微电子产品及集成电路	0.75m 水平面	500	19	0.70	80	—
	显示器件	0.75m 水平面	500	19	0.70	80	可根据工艺要求降低照度要求
	印制线路板	0.75m 水平面	500	19	0.70	80	
	光伏组件	0.75m 水平面	300	19	0.60	80	
	电真空器件、机电组件等	0.75m 水平面	500	19	0.60	80	
电子材料类	半导体材料	0.75m 水平面	300	22	0.60	80	
	光纤、光缆	0.75m 水平面	300	22	0.60	80	
酸、碱、药液及粉配制		0.75m 水平面	300	—	0.60	80	
纺织	选 毛	0.75m 水平面	300	22	0.70	80	可另加局部照明
	清棉和毛、梳毛	0.75m 水平面	150	22	0.60	80	
	前纺：梳棉、并条、粗纺	0.75m 水平面	200	22	0.60	80	
	纺 纱	0.75m 水平面	300	22	0.60	80	
	织 布	0.75m 水平面	300	22	0.60	80	
织袜	穿综穿箱、缝纫、检验	0.75m 水平面	300	22	0.70	80	可另加局部照明
	修补、剪毛、染色、印花、裁剪、炭烫	0.75m 水平面	300	22	0.70	60	可另加局部照明
化纤	投料	0.75m 水平面	100	—	0.60	80	
	纺丝	0.75m 水平面	150	22	0.60	80	
	卷绕	0.75m 水平面	200	22	0.60	80	
	平衡间、中间贮存、干燥间、废丝间、油剂高位槽间	0.75m 水平面	75	—	0.60	60	
	集束间、后加工间、打包间、油剂调配间	0.75m 水平面	100	25	0.60	60	
	组件清洗间	0.75m 水平面	150	25	0.60	60	—
	拉伸、变形、分级包装	0.75m 水平面	150	25	0.70	80	操作面可另加局部照明
	化验、检验	0.75m 水平面	200	22	0.70	60	可另加局部照明
	聚合车间、原液车间	0.75m 水平面	100	22	0.60	60	

2）制药工业

房间或场所	参考平面及其高度	照度标准值/lx	UGR	U_0	R_a	备 注
制药生产：配制、清洗、灭菌、超滤、制粒、压片、混匀、烘干、灌装、轧盖等	0.75m 水平面	300	22	0.60	80	
制药生产流转通道	地面	200	—	0.40	80	
更衣室	地面	200	—	0.40	80	
技术夹层	地面	100	—	0.40	40	

3）橡胶工业

（续）

房间或场所		参考平面及其高度	照度标准值/lx	UGR	U_0	R_a	备 注
炼胶车间		0.75m 水平面	300	—	0.60	80	—
压延压出工段		0.75m 水平面	300	—	0.60	80	—
成形裁断工段		0.75m 水平面	300	22	0.60	80	—
硫化工段		0.75m 水平面	300	—	0.60	80	—
4）电力工业							
火电厂锅炉房		地面	100	—	0.60	40	—
发电机房		地面	200	—	0.60	60	—
主控室		0.75m 水平面	500	19	0.60	80	—
5）钢铁工业							
炼铁	高炉炉顶平台、各层平台	平台面	30	—	0.60	40	—
炼铁	出铁场、出铁机室	地面	100	—	0.60	40	—
炼铁	卷扬机室、碾泥机室、煤气	地面	50	—	0.60	40	—
炼钢及连铸	炼钢主厂房和平台	地面、平台面	150	—	0.60	40	需另加局部照明
炼钢及连铸	连铸浇注平台、切割区、出坯区	地面	150	—	0.60	60	需另加局部照明
炼钢及连铸	精整清理线	地面	200	25	0.60	40	—
轧钢	棒线材主厂房	地面	150	—	0.60	40	—
轧钢	钢管主厂房	地面	150	—	0.60	40	—
轧钢	冷轧主厂房	地面	150	—	0.60	40	需另加局部照明
轧钢	热轧主厂房、钢坯台	地面	150	—	0.60	20	—
轧钢	加热炉周围	地面	50	—	0.60	40	—
轧钢	垂绕、横剪及纵剪机组	0.75m 水平面	150	—	0.60	80	—
轧钢	打印、检查、精密、分类、验收	0.75m 水平面	200	22	0.70	80	—
6）制浆造纸工业							
备料		0.75m 水平面	150	—	0.60	60	—
蒸煮、选洗、漂白		0.75m 水平面	200	—	0.60	60	—
打浆、纸机底部		0.75m 水平面	200	—	0.60	60	—
纸机网部、压榨部、烘缸、压光、卷取、涂布		0.75m 水平面	300	—	0.60	60	—
复卷、切纸		0.75m 水平面	300	25	0.60	60	—
选纸		0.75m 水平面	500	22	0.60	60	—
碱回收		0.75m 水平面	200	—	0.60	40	—
7）食品及饮料工业							
食品	糕点、糖果	0.75m 水平面	200	22	0.60	80	—
食品	肉制品、乳制品	0.75m 水平面	300	22	0.60	80	—

(续)

房间或场所			参考平面及其高度	照度标准值/lx	UGR	U_0	R_a	备注
	饮料		0.75m 水平面	300	22	0.60	80	—
啤酒	糖化		0.75m 水平面	200	—	0.60	80	—
	发酵		0.75m 水平面	150	—	0.60	80	—
	包装		0.75m 水平面	150	25	0.60	80	—
8) 玻璃工业								
备料、退火、熔制			0.75m 水平面	150	—	0.60	60	—
窑炉			地面	100	—	0.60	20	—
9) 水泥工业								
主要生产车间（破碎、原料粉磨、烧成、水泥粉磨、包装）			地面	100	—	0.60	20	—
贮存			地面	75	—	0.60	40	—
输送走廊			地面	30	—	0.40	20	—
粗坯成形			0.75m 水平面	300	—	0.60	60	—
10) 皮革工业								
原皮、水溶			0.75m 水平面	200	—	0.60	60	可另加局部照明
转毂、整理、成品			0.75m 水平面	200	22	0.60	60	可另加局部照明
干燥			地面	100	—	0.60	20	—
11) 卷烟工业								
制丝车间		一般	0.75m 水平面	200	—	0.60	80	—
		较高	0.75m 水平面	300	—	0.70	80	—
卷烟、接过滤嘴、包装、滤棒成形车间		一般	0.75m 水平面	300	22	0.60	80	—
		较高	0.75m 水平面	500	22	0.70	80	—
膨胀烟丝车间			0.75m 水平面	200	—	0.60	80	—
贮叶间			1.0m 水平面	100	—	0.60	60	—
贮丝间			1.0m 水平面	100	—	0.60	60	—
12) 化学、石油工业								
厂区内经常操作的区域，如泵、压缩机、阀门、电操作柱等			操作位高度	100	—	0.60	20	—
装置区现场控制和检测点，如指示仪表、液位计等			测控点高度	75	—	0.70	60	—
人行通道、平台、设备顶部			地面或台面	30	—	0.60	20	—
装卸站	装卸设备顶部和底部操作位		操作位高度	75	—	0.60	20	—
	平台		平台	30	—	0.60	20	—
电缆夹层			0.75m 水平面	100	—	0.40	40	—
避难间			0.75m 水平面	150	—	0.40	60	—
13) 木业和家具制造								
一般机器加工			0.75m 水平面	200	22	0.60	60	防频闪

（续）

房间或场所		参考平面及其高度	照度标准值/lx	UGR	U_0	R_a	备注
精细机器加工		0.75m 水平面	500	19	0.70	80	防频闪
锯木区		0.75m 水平面	300	25	0.60	60	防频闪
模型区	一般	0.75m 水平面	300	22	0.60	60	—
	精细	0.75m 水平面	750	22	0.70	60	—
胶合、组装		0.75m 水平面	300	25	0.60	60	—
磨光、异形细木工		0.75m 水平面	750	22	0.70	80	—

注：需增加局部照明的作业面，增加的局部照明照度值宜按该场所一般照明照度值的 1.0~3.0 倍选取。

（2）民用建筑照明标准值（表 4-17~表 4-22）

表 4-17 住宅建筑照明标准值

房间或场所		参考平面及其高度	照度标准值/lx	R_a
起居室	一般活动	0.75m 水平面	100	80
	书写、阅读		300*	
卧室	一般活动	0.75m 水平面	75	80
	床头、阅读		150*	
餐厅		0.75m 餐桌面	150	80
厨房	一般活动	0.75m 水平面	100	80
	操作台	台面	150*	
卫生间		0.75m 水平面	100	80
电梯前厅		地面	75	60
走廊、楼梯间		地面	30	60
公共车库	停车位	地面	20	60
	行车道	地面	30	60

注：* 宜用混合照明。

表 4-18 办公建筑照明标准值

房间或场所	参考平面及其高度	照度标准值/lx	UGR	U_0	R_a
普通办公室	0.75m 水平面	300	19	0.60	80
高档办公室	0.75m 水平面	500	19	0.60	80
会议室	0.75m 水平面	300	19	0.60	80
视频会议室*	0.75m 水平面	500	19	0.60	80
接待室、前台	0.75m 水平面	200	—	0.40	80
服务大厅	0.75m 水平面	300	22	0.40	80
设计室	实际工作面	500	19	0.60	80
文件整理、复印、发行室	0.75m 水平面	300	—	0.40	80
资料、档案室	0.75m 水平面	200	—	0.40	80

注：1. * 垂直照度不宜低于 300lx。
2. 此表适用于所有类型建筑的办公室照明。

表 4-19 商店建筑照明标准值

房间或场所	参考平面及其高度	照度标准值/lx	UGR	U_0	R_a
一般商店营业厅	0.75m 水平面	300	22	0.60	80
高档商店营业厅	0.75m 水平面	500	22	0.60	80
一般超市营业厅	0.75m 水平面	300	22	0.60	80
高档超市营业厅	0.75m 水平面	500	22	0.60	80
仓储式超市	0.75m 水平面	300	22	0.60	80
专卖店营业厅	0.75m 水平面	300*	22	0.60	80
农贸市场	0.75m 水平面	200	22	0.60	80
收款台	台面	500**	—	0.60	80

注：1. * 宜加重点说明。
2. ** 指混合照明照度。

表 4-20 旅馆建筑照明标准值

房间或场所		参考平面及其高度	照度标准值/lx	UGR	U_0	R_a
客房	一般活动区	0.75m 水平面	75	—	0.40	80
	床头	0.75m 水平面	150	—	—	80
	写字台	台面	300	—	0.70	80
	卫生间	0.75m 水平面	150	—	0.40	80
中餐厅		0.75m 水平面	200	22	0.60	80
西餐厅		0.75m 水平面	150	—	0.60	80
酒吧间、咖啡厅		0.75m 水平面	75	—	0.40	80
多功能厅、宴会厅		0.75m 水平面	300	22	0.60	80
会议室		0.75m 水平面	300	19	0.60	80
大堂		地面	200	—	0.40	80
总服务台		地面	300*	—	—	80
休息厅		地面	200	22	0.40	80
客房层走廊		地面	50	—	0.40	80
厨房		台面	300	—	0.70	80
游泳池		水面	200	22	0.60	80
健身房		0.75m 水平面	200	22	0.60	80
洗衣房		0.75m 水平面	200	—	0.40	80

注：* 宜加局部照明。

表 4-21 医疗建筑照明标准值

房间或场所	参考平面及其高度	照度标准值/lx	UGR	U_0	R_a
治疗室、检查室	0.75m 水平面	300	19	0.70	80
化验室	0.75m 水平面	500	19	0.70	80
手术室	0.75m 水平面	750	19	0.60	90
诊室	0.75m 水平面	300	19	0.60	80
候诊室、挂号厅	0.75m 水平面	200	22	0.40	80
病房	地面	100	19	0.60	80
护士站	0.75m 水平面	300	—	0.60	80
药房	0.75m 水平面	500	19	0.60	80
重症监护室	0.75m 水平面	300	19	0.60	90

表 4-22　教育建筑照明标准值

房间或场所	参考平面及其高度	照度标准值/lx	UGR	U_0	R_a
教室	课桌面	300	19	0.60	80
实验室	实验桌面	300	19	0.60	80
美术教室	桌面	500	19	0.60	90
多媒体教室	0.75m 水平面	300	19	0.60	80
电子信息机房	0.75m 水平面	500	19	0.60	80
计算机教室、电子阅览室	0.75m 水平面	500	19	0.60	80
楼梯间	地面	150	25	0.40	80
教室黑板	黑板面	500	—	0.70	80
学生宿舍	地面	150	22	0.40	80

3. 视觉工作对应的照度范围　各类视觉工作对应的照度范围值宜按表 4-23 选取。

表 4-23　视觉工作对应的照度范围值

视觉工作性质	照度范围/lx	区域或活动类型	适用场所示例
简单视觉工作	≤20	室外交通区，判别方向和巡视	室外道路
	30~75	室外工作区、室内交通区，简单识别物体表征	客房、卧室、走廊、库房
一般视觉工作	100~200	非连续工作的场所（大对比大尺寸的视觉作业）	病房、起居室、候机厅
	200~500	连续视觉工作的场所（大对比小尺寸和小对比大尺寸的视觉作业）	办公室、教室、商场
	300~750	需集中注意力的视觉工作（小对比小尺寸的视觉作业）	营业厅、阅览室、绘图室
特殊视觉工作	750~1500	较困难的远距离视觉工作	一般体育场馆
	1000~2000	精细的视觉工作、快速移动的视觉对象	乒乓球、羽毛球
	≥2000	精密的视觉工作、快速移动的小尺寸视觉对象	手术台、拳击台、赛道终点区

4.4.3　照明质量

照明设计优劣与否，主要用照明质量指标加以评价与衡量。客观物理量可以作为评价照明质量的依据，这些物理指标包括照度水平、照度均匀度、亮度分布、眩光限制、光源的颜色、照度的稳定性及照明节能等。

1. 参考面上的照度水平　照明设计时要选择合适的照度水平，一方面使人容易辨别所从事工作的细节；另一方面又能控制或消除视觉不舒适的因素，保护人们视力健康。

2. 照度均匀度　视觉对象的位置会经常发生变化，为了避免视觉不适，要求工作面上的照度保持一定的均匀程度。根据我国国标规定，照度的均匀程度是用照度均匀度来表示的。照度均匀度定义为给定工作面上的最低照度与平均照度之比，即 $E_{\min}/E_{av}$。最低照度是指参考面上某一点的最低照度，平均照度是指整个参考面上的平均照度。

CIE 推荐，对于一般照明，工作区域的照度均匀度不应小于 0.8，整个房间平均照度不应小于工作区域平均照度的 1/3，相邻房间的平均照度之间的差别不应超过 5:1。

我国标准规定，工作区域的一般照明的照明均匀度不应小于 0.7；工作场所内走道和非作业区域的一般照明的照度值，不宜小于作业区域一般照明照度值的 1/5；局部照明与一般照明共用时，工作面上一般照明的照度值宜为总照度值的 1/5~1/3，且不宜低于 50lx。

照度的均匀度和灯具的距高比（L/h）有关。灯具实际布置间距不应大于所选灯具最大允许距高比；靠墙边的一排灯具离墙的水平距离保持在 1/3~1/2 灯具间距离，就可以获得符合要求的照明均匀度。在要求更高的场合，可以采用间接型、半间接型灯具，发光顶棚，发光带等。

3. 亮度分布 视野范围内亮度分布的合适与否，不仅关系到物体的可见度，而且还是舒适视觉的必要条件。因此，对室内亮度分布有一定的要求，具体的亮度比推荐值见表 4-24。

表 4-24 亮度比推荐值

比较对象	推荐值
观察对象与工作面之间（如书和桌子之间）	3：1
观察对象与离开它相邻的其他表面之间（如书和地面之间）	10：1
光源与背景之间	20：1
普通视野范围内亮度差	40：1

CIE 推荐：当被观察物体的亮度是它相邻环境的三倍左右时，视觉清晰度较好；如果换成用物体的反射比（指该表面反射光通量与入射光通量之比）表示就是相邻环境与被观察物体的反射比之比最好在 0.3~0.5 之间。

我国标准中推荐了房间内各个面的反射比和照度比（该表面的照度与工作面一般照度之比）的范围，见表 4-25。

表 4-25 房间表面反射比与照度比

表面名称	反射比	照度比	表面名称	反射比	照度比
顶棚	0.7~0.8	0.25~0.9	地面	0.2~0.4	0.7~1.0
墙面、隔断	0.5~0.7	0.4~0.8	设备	0.25~0.45	

4. 眩光限制 眩光可以由光源和灯具直接引起，也可以由反射比高的表面形成的镜面反射而引起，它对人的生理和心理都将造成危害，因此必须采取措施加以限制。

我国《建筑照明设计标准》（GB 50034—2013）将直接眩光限制的质量等级分为三级，将直接眩光限制的质量等级分为五级，分别见表 4-26 及表 4-27。

表 4-26 民用建筑直接眩光限制等级

质量等级	眩光程度	适用场所举例
Ⅰ	无眩光感	有特殊要求的高质量照明房间，如计算机房、制图室等
Ⅱ	有轻微眩光	照明质量要求一般的房间，如办公室和候车室、船室等
Ⅲ	有眩光感	照明质量要求不高的房间，如仓库、厨房等

表 4-27 工业企业直接眩光限制等级

等级	眩光程度	作业或活动的类型
A	无眩光	很严格的视觉作业
B	刚刚感到的眩光	视觉要求高的作业；视觉要求中等但集中注意力要求高的作业
C	轻度眩光	视觉要求和集中注意力要求中等的作业，并且工作人员有一定程度的流动性
D	不舒适眩光	视觉要求和集中注意力要求低的作业，工作人员在有限的区域内频繁走动
E	一定的眩光	工作人员不限于一个工作岗位而是来回走动，并且视觉要求低的房间，不是同一批人连续使用的房间

（1）控制直接眩光　控制直接眩光的办法主要是限制灯具在截光角 γ 大于 45°的眩光区的亮度，如图 4-17 所示。

距离人最远的灯具，其射入眼睛的光线与通过灯具垂线的夹角表示为 γ_{max}（$\gamma_{max} = \arctan L_{max}/h_s$），它是这个场所眩光区的最大角度。只要在 45°<γ<γ_{max} 区域，灯具亮度不超过规定数值，

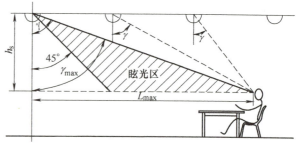

图 4-17　灯具的限制眩光区域

即能满足限制直接眩光的要求。我国规定，室内一般照明的直接眩光应根据灯具亮度限制曲线进行限制。亮度限制曲线就是，根据场所的照明质量等级和照度标准值，将不同 γ 角下最大允许亮度值（cd/m^2）绘制成相应的曲线。实际设计、计算出来的灯具亮度值与相应亮度限制曲线上的数值比较，如小于曲线上的数值就符合限制直接眩光的要求。

直接型灯具除应满足亮度曲线法的限制要求外，还应根据灯的亮度及照明质量等级确定最小遮光角，见表 4-28。

表 4-28　直接型灯具的最小遮光角

灯具出光口平均亮度 $L/(\times 10^3 cd/m^2)$	直接眩光限制等级			应用光源举例
	I	II	III	
$L \leq 20$	20°	10°		荧光灯管
$12 < L \leq 500$	25°	20°	15°	涂荧光粉或漫射光玻璃壳的高光强气体放电灯
$L > 500$	30°	25°	20°	透明玻璃壳的高光强气体放电灯、透明玻璃壳的白炽灯、卤钨灯

直接眩光限制等级为 I 级的房间，当采用像发光顶棚这样的间接照明时，发光面的亮度在 γ 角大于 45°的范围内不应大于 $500 cd/m^2$。

灯具悬挂的越高，越远离人的视线（即 90°-γ 角越大），产生眩光的可能性就越小。可通过限制灯具的最低悬挂高度来控制直接眩光。我国《建筑照明设计标准》（GB 50034—2013）规定了工业企业室内一般照明灯具的最低悬挂高度，见表 4-29。

表 4-29　工业企业室内一般照明灯具的最低悬挂高度

光源种类	灯具形式	灯具遮光角	光源功率/W	最低悬挂高度/m
白炽灯	有反射罩	10°~30°	≤100	2.5
			150~200	3.0
			300~500	3.5
	乳白玻璃漫射罩	—	≤100	2.0
			150~200	2.5
			300~500	3.0
荧光灯	无反射罩	—	≤40	2.0
			>40	3.0
	有反射罩	—	≤40	2.0
			>40	2.0

(续)

光源种类	灯具形式	灯具遮光角	光源功率/W	最低悬挂高度/m
荧光高压汞灯	有反射罩	10°~30°	<125	3.5
			125~250	5.0
			≥400	6.0
	有反射罩带格栅	>30°	<125	3.0
			125~250	4.0
			≥400	5.0
金属卤化物灯、高压钠灯、混光光源	有反射罩	10°~30°	<150	4.5
			150~250	5.5
			250~400	6.5
			>400	7.5
	有反射罩带格栅	>30°	<150	4.0
			150~250	4.5
			250~400	5.5
			>400	6.5

（2）反射眩光控制　视野范围内的反射眩光和视觉对象的光幕反射也需要有效地控制。主要方法是：在进行视觉工作时，想办法使人眼避开和远离由照明光源与反光面形成的镜面反射光区域。反射眩光往往比直接眩光更难以处理，为最大程度地限制反射眩光，还可以使用发光面积大、亮度低、有一定上射光通量的灯具；采用在视线方向反射光通量小的特殊配光灯具；此外视觉工作和工作房间内的表面要尽量采用无光泽的表面。

5. 光源的颜色　前面已经讨论过光源的色温和显色性，以及不同色温的光源给人的不同感受。照明设计时要根据环境的要求选择不同色温、显色性，不同光谱分布的光源。

首先，正确的物体彩色感觉只有在光源光谱分布接近于自然光的情况下才能形成。在光源光谱分布和自然光相差较大的条件下，被照物体的颜色将有较大的失真。这对需要正确辨别色彩的工作场所是不合适的，因此需要使用较高显色指数的光源。应该按照表4-2给出的不同场所显色性的要求来选择光源。

其次，不同光谱分布的光线在视觉心理上会有不同的色感受。低色温（<3300K）的光源给人以"暖"的感觉，具有日近黄昏的情调，在室内可以形成温馨轻松的气氛；高色温（>5300K）的光源接近自然光色，给人以"冷"的感觉，能使人精神振奋。不同的环境氛围可以按表4-3选取不同色调感觉的光源。白天，在需要补充自然光的场所，或在有特殊要求的无窗建筑中，光源色温不宜低于5300K。电视、电影、照相的摄影及转播场所，照明用光源的色温需配合摄像的要求适当地在2800~7000K之间选取。

研究发现，在照度相同的条件下，显色性差的光源比显色性好的光源在感觉上要暗。这样，当采用显色指数较低的光源时，应适当提高照度标准。我国《建筑照明设计标准》（GB 50034—2013）中规定：对颜色识别有要求的工作场所，当使用照度在500lx及以下，采用光源的显色指数较低时，宜提高其照度标准值。其提高值为标准推荐值乘以相对照度系数值。相对照度系数值见表4-30。

表 4-30　相对照度系数值

一般显色指数/R_a	照度 E_v/lx	
	$E_v < 300$	$300 \leq E_v \leq 500$
$80 > R_a \geq 60$	1.25	1.20
$60 > R_a \geq 40$	1.40	1.30

为了获得合适的光色，在同一场所，也可采用合适的两种或两种以上的光源组成混光照明，混光光通量比见表 4-7。混光照明不宜让人直接看到光源。

6. 照度的稳定性　光源在使用过程中输出到工作面上的光通量发生变化（即忽亮忽暗）会使工作面上的照度不稳定，这会影响到人的视觉工作。可以采取以下措施加以消除或改善。

1) 避免照明供电电压的波动。电压的波动是指电压的快速变动，它可以造成光源无规则的闪动，给人眼以很大的刺激，分散人的注意力，加速眼睛疲劳，使人无法正常工作。电压波动是由于负荷的剧烈变动引起的，如大型动力设备的起动和停止，电力系统正常的投入或切除线路的操作，以及电力系统故障等。

减少与避免电压的波动，要从提高照明供电电压的质量入手，可以用不同的线路分别向动力设备与照明供电；或者用专用变压器给照明供电；或者给照明加上稳压装置；对重要照明负荷采用双回路供电等。

2) 光源或灯具周期性的晃动也会使工作面上的照度不稳定。它同样会给人的视觉带来损害。在照明设计时，要避免把灯具放在有人工或自然气流冲击的地方；如无法避免，可以采用吸顶式、管吊式安装等。

3) 使用交流电的光源，其输出的光通量会随着电源的周期性变化而变化，叫作频闪。医学研究表明：由于工作时进入眼睛的光线不断地明暗变化，视觉系统要不断调节瞳孔，这种调节过程在有频闪的光源下会更加剧烈。它更容易引起眼睛疲劳并随之对视力造成伤害。

光源的频闪程度可以用频闪波动深度指标来衡量。频闪波动深度等于光线最强值与最弱值的差值再除以最强值后获得的百分比；百分比越小，频闪越浅。白炽灯频闪波动深度大于 10%，电感镇流荧光灯在 50% 左右，25kHz 电子镇流荧光灯约 20%，高压汞灯在 60% 左右，太阳光的频闪波动深度为零。

当灯光的频闪波动深度大于 25% 时，人们观察物体的运动会产生频闪效应。频闪效应即当光通量的变化频率与物体运动的频率存在一定的关系时，观察到的物体运动显现出不同于实际运动的现象。它使人容易产生错觉而影响工作或者造成事故。尤其是当物体运动的频率是光源闪烁频率的整倍数时，运动物体看上去好像静止一样。

减弱及消除频闪的方法有以下几种：

1) 对于气体放电灯，单相供电的可采用双灯管移相接法；如果使用三相电，把三组灯管分别接入各相，利用对称三相交流电的总瞬时功率是恒定的这一原理，能将频闪深度降到 5%。

2) 提高电子镇流器的工作频率，当把工作频率提升到 80kHz 时，荧光灯的频闪下降至约为 3%。

3) 采用整流滤波设备将交流电变成直流给光源供电，使荧光管、白炽灯等能够发出像自然光一样的连续而平稳的光,灯的频闪深度接近零。

7. 照明节能

(1) 一般规定

1) 评价照明节能,应满足规定的照度要求。以人为本是照明的目的,照明节能应该是在满足照明视觉需求的前提下进行考核。

2) 照明节能应采用一般照明的照明功率密度限值(简称LPD)作为评价指标,其单位为 W/m², 其值应符合《建筑照明设计标准》(GB 50034—2013)的规定。

3) 不应使用照明功率密度限值作为设计计算照度的依据。《建筑照明设计标准》(GB 50034—2013)规定的LPD限值,仅仅是照明节能的评价指标,从宏观角度做出的最高限值,鉴于各种场所的室形指数、反射比等不同,不能作为微观指标,因此,不应作为设计中计算照度的依据。设计中应采用平均照度、点照度等计算方法,经计算后确定灯数,再用LPD限值作校验和评价。

4) 设计中应执行照明功率密度限值的现行值,目标值执行要求应由相关标准和主管部门规定。标准规定了两种照明功率密度值,即现行值和目标值。现行值是根据对国内各类建筑的照明能耗现状调研结果、我国建筑照明设计标准以及光源、灯具等照明产品的现有水平并参考国内外有关照明节能标准,经综合分析研究后制订的。而目标值则是预测到几年后随着照明科学技术的进步、光源灯具等照明产品性能水平的提高,从而照明能耗会有一定程度的下降而制订的。目标值的实施,可以由相关标准(如节能建筑、绿色建筑评价标准)规定,也可由全国、行业,或地方主管部门做出相关规定。

(2) 照明节能措施

1) 选用的照明光源、镇流器的节能效应符合相关能效标准的节能评价值。为推进照明节能,设计中应选用符合照明产品能效标准的"节能评价值"的产品。

2) 商场内对显色要求高的重点照明可采用卤素灯,其他场所不应选用卤素灯。卤素灯是白炽灯的改进产品,比白炽灯光效高,但与现在的高效光源——荧光灯、陶瓷金卤灯、发光二极管等相比,其光效仍低得太多,因此不能广泛使用。

3) 一般照明选用的光源功率,在满足照度均匀度条件下,宜选择该类光源单灯功率较大的光源;当采用直管荧光灯时,其功率不宜小于28W。通常同类光源中单灯功率较大者光效高,所以应选单灯功率较大的,但前提是应满足照度均匀度的要求。对于直管荧光灯,根据现今产品资料,长度为1200mm左右的灯管光效最高,特别是比长度600mm左右(即T8型18W、T5型14W)的灯管效率高很多,再加上其镇流器损耗差异,前者的节能效果十分明显。所以除特殊装饰要求者外,应选用前者(即28~45W灯管),而不应选用后者(14~18W灯管)。

4) 工业场所、公共场所应按作业面、作业面邻近区域、非作业面和过道的不同要求确定照度。根据这些场所的功能、不同区域的作业要求不同,区别对待,以利于节能。

5) 照明配电线路的功率因数不应低于0.9,宜采用灯内补偿的方式。采用灯内补偿,提高了功率因数,有利于降低照明线路损耗。

6) 一般照明不宜选用单灯功率小于25W的光源;如选用时,该光源和电器附件的3次谐波电流应不大于基波电流的33%。按照国标《电磁兼容 限值 第1部分:谐波电流发射限值》(GB 17625.1—2022)对照明设备(C类)谐波限值的规定,功率大于25W的放电灯的谐波限值规定较严,而≤25W放电灯的3次谐波限值规定不大于86%,大量使用将大大增加中性线电流,所以应予以限制,降低3次谐波值到33%以下,以保证中性线电流不会超过相线电流。

7) 下列场所宜选用发光二极管,并配用人体感应式自动调光控制:

①旅馆、居住建筑及其他公共建筑的走廊、楼梯间、厕所等场所。

②地下车库的行车道、停车位。

③无人值班、只进行检查、巡视等工作的。

④无人经常在岗位,只进行巡检、视察、操作的生产场所。

这些场所有相当大的一部分时间无人通过或工作,而经常点亮全部或大部分照明灯,因此规定按人体感应调光和发光二极管光源,当无人时,可调至10%~30%的照度,有很大的节能效果。

8) 有天然采光的场所或房间,宜根据天然光状况手动或自动调节灯具的开关或光通输出。

9) 无天然采光的房间或场所,有条件时宜采用各种导光或反光装置将天然光引入室内进行照明。

10) 离供电变压器较远或技术经济比较合理时,宜利用太阳能直接并网作为照明能源。这里的"直接并网"是指不需蓄电池储能,而直接并入电网向灯具供电,并不向上级电网送电。

(3) 照明功率密度限值

1) 住宅建筑每户照明功率密度限值不宜大于表4-31的规定。

表4-31 住宅建筑每户照明功率密度限值

房间或场所	照明功率密度/(W/m²)		对应照度值/lx	房间或场所	照明功率密度/(W/m²)		对应照度值/lx
	现行值	目标值			现行值	目标值	
起居室	6	5	100	厨房	6	5	100
卧室			75	卫生间			100
餐厅			150	公共车库	4	3	30~50

2) 办公建筑照明功率密度限值不应大于表4-32的规定。

表4-32 办公建筑照明功率密度限值

房间或场所	照明功率密度/(W/m²)		对应照度值/lx	对应室形指数
	现行值	目标值		
普通办公室	9.0	8.0	300	1.50
高档办公室、设计室	15.0	13.5	500	
会议室	9.1	8.0	300	
视频会议室	15.0	13.5	500	
营业厅	11.0	10.0	300	

注:此表适用于其他类型建筑中未包含的办公室、会议室照明。

3) 商店建筑照明功率密度限值不应大于表4-33的规定。

表4-33 商店建筑照明功率密度限值

房间或场所	照明功率密度/（W/m²）		对应照度值/lx	对应室形指数
	现行值	目标值		
一般商店营业厅	10.0	9.0	300	2.00
高档商店营业厅①	16.0	14.5	500	2.00
一般超市营业厅	11.0	10.0	300	1.50
高档超市营业厅	17.0	15.5	500	2.00
专卖店营业厅	11.0	10.0	300	2.00
仓储超市	11.0	10.0	300	1.00
农贸市场	10.0	8.0	200	1.50

① 高档商店营业厅需要装设重点照明时，该营业厅的照明功率密度限值每平方米可增加5W。

4) 旅馆建筑照明功率密度限值不应大于表4-34的规定。

表4-34 旅馆建筑照明功率密度限值

房间或场所	照明功率密度/（W/m²）		对应照度值/lx	对应室形指数
	现行值	目标值		
客房	7.0	6.0	—	—
中餐厅	10.0	8.0	200	1.00
西餐厅	6.0	5.0	150	—
多功能厅	15.0	13.5	300	1.00
客房层走廊	4.0	3.0	50	—
门厅	11.0	9.0	300	1.50
会议室	9.0	8.0	300	1.50

注：高档旅馆需要装设暗槽等装饰性照明时，照明功率密度限值每平方米可增加5W。

5) 医疗建筑照明功率密度限值不应大于表4-35的规定。

表4-35 医疗建筑照明功率密度限值

房间或场所	照明功率密度/（W/m²）		对应照度值/lx	对应室形指数
	现行值	目标值		
治疗室、诊室	9.0	8.0	300	1.50
化验室	15.0	13.5	500	1.50
候诊室、挂号厅	6.0	5.5	200	1.00
病房	5.0	4.5	100	1.50
药房	17.0	15.0	500	2.00
重症监护室	9.0	8.0	300	1.50

注：不包括手术台无影灯功率。

6）教育建筑照明功率密度限值不应大于表 4-36 的规定。

表 4-36　教育建筑照明功率密度限值

房间或场所	照明功率密度/(W/m²)		对应照度值/lx	对应室形指数
	现行值	目标值		
教室①、阅览室	9.0	8.0	300	1.50
实验室	9.0	8.0	300	
美术教室	15.0	13.5	500	
多媒体教室	9.0	8.0	300	
计算机教室、电子阅览室	15.0	13.5	500	
学生宿舍	6.5	5.5	150	

①　不包括教室黑板专用灯功率。

7）工业及其他建筑照明功率密度限值，参照《建筑照明设计标准》（GB 50034—2013）的规定。

当房间或场所的照度标准值提高或降低一级时，其照明功率密度限值应按比例提高或折减。对设有装饰性灯具场所，可将实际采用的装饰性灯具总功率的 50% 计入照明功率密度限值的计算。有些场所为了加强装饰效果，安装了枝形花灯、壁灯、艺术吊灯等装饰性灯具，这种场所可以增加照明安装功率。增加的数值按实际采用的装饰性灯具总功率的 50% 计算 LPD 值，这是考虑到装饰性灯具的利用系数较低，所以假定它有一半左右的光通量起到提高作业面照度的效果。

（4）充分利用天然光

1）房间的采光系数或采光窗的面积比应符合《建筑采光设计标准》（GB 50033—2013）的规定。

2）有条件时宜随室外天然光的变化自动调节人工照明的照度。室内天然采光随室外天然光的强弱变化，当室外光线强时，室内的人工照明应按照人工照明的照度标准，自动关掉一部分灯，这样做有利于节约能源和照明电费。

3）有条件时宜利用各种导光和反光装置将天然光引入室内进行照明。在技术经济条件允许条件下，宜采用各种导光装置，如导光管、光导纤维等，将天然光引入室内进行照明。或采用各种反光装置，如利用安装在窗上的反光板和棱镜等使光折向房间的深处，提高照度，节约电能。

4）有条件时宜利用太阳能作为照明能源。太阳能是取之不尽、用之不竭的能源，虽一次性投资大，但维护和运行费用很低，符合节能和环保要求。经核算证明技术经济合理时，宜利用太阳能作为照明能源。

4.5　电气照明计算

照度计算是照明计算的主要内容之一，其目的有两点：一是根据场所的照度标准以及其他相关条件，通过一定的计算方法来确定符合要求的光源容量及灯具的数量。二是在灯具的形式、数量及光源的容量都确定的情况下计算其所达到的照度值。

照明计算的方法很多,本节主要介绍几种常用的计算方法。

4.5.1 逐点照度计算法

逐点计算法又叫平方反比法,它可以求出工作面上任何一点的直射照度。

当光源的尺寸和它到被照面的距离相比非常小时,可以忽略光源的大小而认为是"点光源"。点光源到被照面上某个照度计算点的水平照度为

$$E_s = \frac{I_\alpha \cos\alpha}{l^2} \tag{4-11}$$

式中　E_s——照度计算点的水平面照度（lx）;

I_α——光源照射方向的光强（cd）;

α——光源的入射角;

l——光源与计算点之间的距离（m）。

图 4-18 为逐点照度计算法图示,当有多个点光源时,逐一计算每个光源对计算点的照度,然后叠加起来即可。

利用式（4-12）,把其加以变化就可以计算任意倾斜面上的照度。

实际的工程计算中为了简化,是利用灯具厂商提供的"空间等照度曲线"和"平面相对等照度曲线"来进行逐点照度计算的。

1. 空间等照度曲线法　在具有旋转轴对称配光特性灯具的场所,可利用"空间等照度曲线"进行水平照度的计算。只要知道计算高度 h 和水平距离 d 就可以从曲线上查得该点的水平照度值。

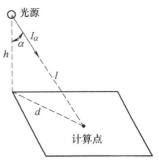

图 4-18　逐点照度计算法图示

由于曲线是按光源的光通量为 1000lm 绘制的,所以查得的数值还要根据实际光通量进行换算。被照计算点的水平照度值 E_n 为

$$E_n = \frac{K\Phi \sum E}{1000} \tag{4-12}$$

式中　K——维护系数;

Φ——每个灯具内的总光通量（lm）;

$\sum E$——各灯具对计算点产生的水平照度的总和（lx）。

图 4-19 为平圆形吸顶灯的空间等照度曲线。其他常用灯具的曲线可查阅有关手册。

2. 平面相对等照度曲线法　非对称配光特性的灯具可使用"平面相对等照度曲线"进行计算。由于曲线是假设计算高度 1m 的条件下绘制的,所以计算公式为

$$E_n = \frac{K\Phi \sum E}{1000h^2} \tag{4-13}$$

式中　K——维护系数;

Φ——每个灯具内的总光通量（lm）;

$\sum E$——各灯具对计算点产生的水平照度的总和（lx）;

h——灯具的计算高度（m）。

图 4-20 为简式荧光灯 YG2-1 的平面相对等照度曲线。

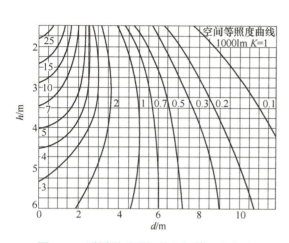

图 4-19　平圆形吸顶灯的空间等照度曲线

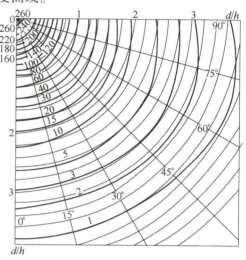

图 4-20　YG2-1 的平面相对等照度曲线

4.5.2　光通利用系数法

光通利用系数法是计算工作面上平均照度的常用方法。利用系数 μ 是指投射到工作面的光通量（包括灯具的直射光通量和墙面、顶棚、地面等的反射光通量）和灯具发出的总光通量的比值。

1. 计算公式

$$E_{av}=\frac{\mu KN\Phi}{S} \tag{4-14}$$

式中　E_{av}——工作面的平均照度值（lx）；

　　　μ——利用系数；

　　　K——维护系数；

　　　N——灯具数量（盏）；

　　　Φ——每个灯具内的总光通量（lm）；

　　　S——工作面的面积（m²）。

计算公式并不复杂，关键是利用系数。常用灯具在各种条件的利用系数已经计算出来并制成表格供使用。

2. 利用系数法计算步骤

（1）确定房间的空间特征系数　房间的空间特征可以用空间系数表征。如图 4-21 所示，将房间横截面的空间分为三个部分，灯具出口平面到顶棚之间的叫顶棚空间；工作面到灯具出口平面之间的叫室空

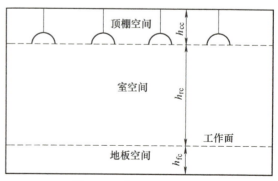

图 4-21　房间空间的划分

间；工作面到地面之间的叫地板空间。三个空间分别有各自的空间系数。

1）室空间系数 RCR：

$$RCR=\frac{5h_{rc}(L+W)}{LW} \tag{4-15}$$

2）顶棚空间系数 CCR：

$$CCR=\frac{5h_{cc}(L+W)}{LW}=\frac{h_{cc}}{h_{rc}}RCR \tag{4-16}$$

3）地板空间系数 FCR：

$$FCR=\frac{5h_{fc}(L+W)}{LW}=\frac{h_{fc}}{h_{rc}}RCR \tag{4-17}$$

式中 h_{rc}——室空间高度（m）；

h_{cc}——顶棚空间高度（m）；

h_{fc}——地板空间高度（m）；

L——房间的长度（m）；

W——房间的宽度（m）。

（2）确定顶棚、地板空间的有效反射比和墙面的平均反射比 射向灯具出口平面上方空间的光线，除一部分吸收之外，剩下的最终还要从灯具出口平面向下射出。那么，可以把灯具开口平面看成一个有效反射比为 ρ_{cc} 的假想平面。光在这假想平面上的反射效果同在实际顶棚空间的效果等价。同样，地板空间的反射效果也可以用一个假想平面来表示，其有效反射比为 ρ_{fc}。

（顶棚、地板）空间有效反射比由式（4-18）求得

$$\rho_{cc}=\frac{\rho S_0}{S_s-\rho S_s+\rho S_0} \tag{4-18}$$

式中 ρ——（顶棚、地板）空间各表面的平均反射比；

S_0——（顶棚、地板）的平面面积（m²）；

S_s——（顶棚、地板）空间内所有表面的总面积（m²）。

如果某个空间是由 i 个表面组成，则平均反射比为

$$\rho=\frac{\sum\rho_i S_i}{\sum S_i} \tag{4-19}$$

式中 ρ_i——第 i 个表面的反射比；

S_i——第 i 个表面面积（m²）。

墙面的平均反射比 ρ_w 如需要可利用式（4-19）计算。

（3）确定利用系数 在求出 RCR、ρ_{cc}、ρ_w 后，按灯具的利用系数计算表就可查出其利用系数。如系数不是表中的整数，可用插值法算出对应值。

表 4-37 给出 YG1-1 荧光灯具利用系数表。一般情况下，系数表是按 $\rho_{fc}=20\%$ 求得的，如果实际的 ρ_{fc} 值不是 20%，则应该加以修正。在精度要求不高的场合也可以不修正。

表 4-37　YG1-1 荧光灯具利用系数表

有效顶棚反射系数	0.70				0.50				0.30				0.10				0
墙反射系数	0.70	0.50	0.30	0.10	0.70	0.50	0.30	0.10	0.70	0.50	0.30	0.10	0.70	0.50	0.30	0.10	0
室空间比																	
1	0.75	0.71	0.67	0.63	0.67	0.63	0.60	0.57	0.59	0.56	0.54	0.52	0.52	0.50	0.48	0.46	0.43
2	0.68	0.61	0.55	0.50	0.60	0.54	0.50	0.46	0.53	0.48	0.45	0.41	0.46	0.43	0.40	0.37	0.34
3	0.61	0.53	0.46	0.41	0.54	0.47	0.42	0.38	0.47	0.42	0.38	0.34	0.41	0.37	0.34	0.31	0.28
4	0.56	0.46	0.39	0.34	0.49	0.41	0.36	0.31	0.43	0.37	0.32	0.28	0.37	0.33	0.29	0.26	0.23
5	0.51	0.41	0.34	0.29	0.45	0.37	0.31	0.26	0.39	0.33	0.28	0.24	0.34	0.29	0.25	0.22	0.20
6	0.47	0.37	0.30	0.25	0.41	0.33	0.27	0.23	0.36	0.29	0.25	0.21	0.32	0.26	0.22	0.19	0.17
7	0.43	0.33	0.26	0.21	0.38	0.30	0.24	0.20	0.33	0.26	0.22	0.18	0.29	0.24	0.20	0.16	0.14
8	0.40	0.29	0.23	0.18	0.35	0.27	0.21	0.17	0.31	0.24	0.19	0.16	0.27	0.21	0.17	0.14	0.12
9	0.37	0.27	0.20	0.16	0.33	0.24	0.19	0.15	0.29	0.22	0.17	0.14	0.25	0.19	0.15	0.12	0.11
10	0.34	0.24	0.17	0.13	0.30	0.21	0.16	0.12	0.26	0.19	0.15	0.11	0.23	0.17	0.13	0.10	0.09

例 4-1　有一实验室，长 9.5m，宽 6.6m，高 3.6m，在顶棚下方 0.5m 处均匀安装 9 盏 YG1-1 型 40W 荧光灯（光通量按 2400lm 计），设实验桌高度为 0.8m，实验室内各表面的反射比如图 4-22 所示。试用利用系数法计算实验桌上的平均照度。

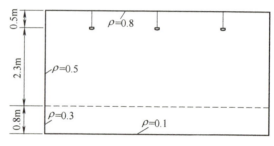

图 4-22　利用系数法举例示意图

解　（1）求空间系数

$$RCR=\frac{5h_{rc}(L+W)}{LW}=\frac{5\times 2.3\times(6.6+9.5)}{6.6\times 9.5}=2.95$$

$$CCR=\frac{h_{cc}}{h_{rc}}RCR=\frac{0.5}{2.3}\times 2.95=0.64$$

$$FCR=\frac{h_{cc}}{h_{rc}}RCR=\frac{0.8}{2.3}\times 2.95=1.03$$

（2）求顶棚有效反射比

$$\rho=\frac{\sum\rho_i S_i}{\sum S_i}=\frac{0.8\times(6.6\times 9.5)+0.5\times(0.5\times 6.6+0.5\times 9.5)\times 2}{6.6\times 9.5+0.5\times 6.6\times 2+0.5\times 9.5\times 2}=0.74$$

$$\rho_{cc}=\frac{\rho S_0}{S_s-\rho S_s+\rho S_0}=\frac{0.74\times 62.7}{78.8-0.74\times 78.8+0.74\times 62.7}=0.69$$

（3）确定利用系数

根据 $RCR=2$，$\rho_w=0.5$，$\rho_{cc}=0.7$，查表 4-37 得 $\mu=0.61$。

根据 $RCR=3$，$\rho_w=0.5$，$\rho_{cc}=0.7$，查表 4-37 得 $\mu=0.53$。

用插值法可得，$RCR=2.95$ 时 $\mu=0.534$。

（4）求实验桌上的平均照度

$$E_{av}=\frac{\mu KN\Phi}{S}=\frac{0.534\times 0.8\times 9\times 2400}{6.6\times 9.5}\text{lx}=147.17\text{lx}$$

注意，上述计算并没有考虑实验室的开窗面积，如计入开窗面积的影响，平均照度将降低。

4.5.3 单位容量法

光源的单位容量是指在单位水平面积上光源的安装电功率，它实际上是光源电功率的面密度。即

$$P_0 = \frac{\sum P}{S} \tag{4-20}$$

式中 P_0——单位容量（W/m²）；

$\sum P$——房间安装光源的总功率（W）；

S——房间的总面积（m²）。

单位容量法就是利用已经制作好的"单位面积光通量"或"单位面积安装电功率"数据表格进行计算。

根据已知条件在表上查得单位容量，室内照明的总安装容量为

$$\sum P = P_0 S \tag{4-21}$$

室内需要的灯具数量为

$$N = \frac{\sum P}{P_L} \tag{4-22}$$

式中 P_L——每盏灯具的光源容量（W）；

N——灯具数量（盏）。

例 4-2 用单位容量法计算上例，如规定照度为 150lx，采用 YG2-1 型荧光灯需要多少盏？

解 由已知条件 $h = 2.3\text{m}$，$S = 6.6\text{m} \times 9.5\text{m} = 62.7\text{m}^2$，$E_{av} = 150\text{lx}$，查表 4-38 得 $P_0 = 10.2\text{W/m}^2$。照明总安装功率为

$$\sum P = P_0 S = 10.2 \times 62.7\text{W} = 639.54\text{W}$$

应装设荧光灯的盏数为

$$N = \frac{\sum P}{P_L} = \frac{639.54}{40} 盏 \approx 16 盏$$

用单位容量法求得的灯数要比利用系数法计算出来的灯数多一些。

表 4-38 控照式荧光灯的单位容量

计算高度 h/m	房间面积 S/m²	平均照度 E_{av}/lx					
		30	50	75	100	150	200
2~3	10~15	3.2	5.2	7.8	10.4	15.6	21
	15~25	2.7	4.5	6.7	8.9	13.4	18
	25~50	2.4	3.9	5.8	7.7	11.6	15.4
	50~150	2.1	3.4	5.1	6.8	10.2	13.6
	150~300	1.9	3.1	4.7	6.3	9.4	12.5
	300 以上	1.8	3.0	4.5	5.9	8.9	11.8

（续）

计算高度 h/m	房间面积 S/m^2	平均照度 E_{av}/lx					
		30	50	75	100	150	200
3~4	10~15	4.5	7.5	11.3	15	23	30
	15~20	3.8	6.2	9.3	12.4	19	25
	20~30	3.2	5.3	8.0	10.8	15.9	21.2
	30~50	2.7	4.5	6.8	9.0	13.6	18.1
	50~120	2.4	3.9	5.8	7.7	11.6	15.4
	120~300	2.1	3.4	5.1	6.8	10.2	13.5
	300 以上	1.9	3.2	4.9	6.3	9.5	12.6

复习思考题

1. 解释下列名词的含义：光通量、光强、亮度、照度。
2. 表征物体的光照性能的三个参数是什么？
3. 说明光源的色温、相关色温、显色性的含义。
4. 解释下列名词的含义：眩光、失能眩光、不舒适眩光、直接眩光、反射眩光、光幕反射。
5. 常用的电光源可以分为几类？
6. 白炽灯的特点有哪些？
7. LED 灯的特点有哪些？
8. 常用的荧光灯有哪些种类？
9. 分别叙述荧光高压汞灯、钠灯、金属卤化物灯、氙灯的特性。
10. 什么是灯具？什么是灯具的配光曲线、保护角、光效率？
11. 灯具的分类方法有哪几种？灯具的选择原则是什么？
12. 灯具布置的基本要求有哪些？
13. 照明的种类有哪些？
14. 照明的方式有哪些？
15. 衡量照明质量的物理指标有哪些？
16. 控制直接眩光的办法是什么？
17. 控制反射眩光的方法有哪些？
18. 改善照度稳定度的措施有哪些？
19. 有关照明节能的一般规定有哪些？照明节能的措施有哪些？
20. 如何充分利用天然光实现节能？
21. 有一教室长 12m，宽 8.8m，高 3.6m，灯具距地高度 3.1m，课桌高度 0.75m，当要求桌面的平均照度为 150lx 时，请用单位容量法确定采用 YG2-1 荧光灯具的数量和灯具的布置。

第 5 章　建筑电气安全技术

5.1　建筑工程的防雷

5.1.1　雷电的形成及对建筑物的危害

雷电是一种自然现象。关于雷云起电的学说有很多，近年来较为常见的一种说法是：地面湿气因受热而上升，或空中不同冷、热气团相遇，凝成水滴或水晶，在其运动过程中水滴受湿气流碰撞而破碎分裂，并形成一部分水滴带正电、一部分水滴带负电，这种分裂可能在具有强烈涡流的气流中发生，上升气流将带负电的水滴集中在雷云的上部，或沿水平方向集中到相当远的地方，形成大块带负电的雷云；带正电的水滴以雨的形式降落到地面，或保持悬浮状态，形成带正电的雷云。

由于电荷的不断积累，不同极性云块之间的电场强度不断增大，当某处的电场强度超过空气可能承受的击穿强度时，就形成了云间放电。不同极性的电荷通过一定的电离通道互相中和，产生强烈的光和热。放电通道所发出的这种强光，即称为"闪电"；而放电通道所发出的热，使附近的空气突然膨胀，发出霹雳的轰鸣，即称为"雷"。雷电形成原理如图 5-1 所示。

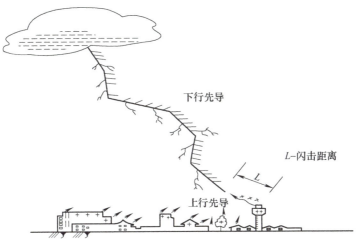

图 5-1　雷电形成原理图

雷电的形式有线状雷、片状雷和球状雷等，如上所说的雷云之间的放电多为片状雷，它对地面的影响不大；而雷云与大地之间的放电则多以线状形式出现而称为线状雷。通常雷云的下部带负电，上部带正电，由于雷云电荷的感应，使附近地面感应出相应极性相反的电荷，从而使地面与雷云之间形成强大的电场；与雷云间放电的现象一样，当某处积聚的电荷密度很大，所形成的电场强度达到空气的临界值时，就为线状闪电落雷的发展创造了条件。

球状雷电是一种特殊的雷电现象，通常简称为球雷，球雷是一种橙色或红色似火焰的发光球体，也有带黄色、绿色、蓝色或紫色的。其直径一般约为 10~20cm，最大的直径可达 1m。存在的时间约百分之几秒到几分钟，一般是 3~5s。球雷自天空垂直下降后，有时在距地 1m 左右时沿水平方向，以 1~2m/s 的速度上下移动。有的球雷在距地面 0.5~1m 处滚动，或升至 2~3m。球雷下降时有的无声消失，有的发出嘶嘶的声音，遇到物体或电气设备则产生震耳的爆炸声。爆炸后物体受到破坏，伴有臭氧、二氧化氮或硫黄的气味。

球雷常常是沿建筑物的空洞或开着的门、窗进入室内，有时从烟囱滚进楼房，多数沿带电体消灭。球雷遇到易燃物品——衣物、被褥、纸张、木材等则引起燃烧；遇到可爆炸性气体或液体则产生爆炸；碰到建筑物则造成或大或小的破坏；也能造成家畜死亡，但极少伤人。为防止球雷进入室内，可在烟囱和通风管道处，装设网眼不大于 $4cm^2$、导线粗为 2~2.5mm 的接地铁丝网保护。

雷电放电大多是重复性的，一次雷电平均包括 3~4 次放电，重复的放电都是沿着第一次放电的通路发展的，这是由于雷云的大量体积电荷不是一次放完，第一次放电是从雷云最底层发生的，随后的放电是从较高云层或相邻区域发生的。每次雷电放电的全部时间可达十分之几秒。雷云开始放电时雷电流急剧增大，在闪电到达地面的瞬间，雷电流最大可达 200~300kA。如此强大的雷电流，其所到之处会引起热的、机械的和电磁的强烈作用。

雷电的破坏作用主要是雷电流引起的。它的危害基本上可分为三种类型：

1）直击雷的作用，即雷电直接在建筑物或设备上发生的热效应作用和电动力作用。

2）雷电的二次作用，即雷电流产生的静电感应作用和电磁感应作用，通常称为感应雷。

3）雷电对架空线路或金属管道的作用，即所产生的雷电波可能沿着这些金属导体、管路，特别是沿天线或架空电线引入室内，形成高电位引入，而造成火灾或触电伤亡事故。

雷电流的热效应主要表现在雷电流通过导体时产生出大量的热能，它能使金属融化、飞溅，从而引起火灾或爆炸。

雷电流的机械作用能使被击物体破坏，这是由于被击物体缝隙中的气体在雷电流的作用下剧烈膨胀、水分急剧蒸发而引起被击物爆裂。此外，静电斥力、电磁推力也有很强的破坏作用。前者是指被击物上同种电荷之间的斥力，后者是指雷电流在拐角处或雷电流相平行处的推力。

当金属屋顶、输电线路或其他导体处于雷云和大地间所形成的电场中时，导体上就会感应出与雷云性质相反的大量的电荷（称为束缚电荷）。雷云放电后，云与大地间的电场突然消失，导体上的电荷来不及立即疏散，因而产生很高的对地电压，即称为"静电感应电压"。此时导体上的束缚电荷变为自由电荷，向导体两侧流动，形成感应过电压波。高压输电线上的感应过电压可达 300~400kV，但一般配电线路，由于悬挂高度低、漏电大，感应过电压大致不超过 100kV。为了防止静电感应电压的危害，应将建筑物的金属屋顶、房屋中的大型金属物品全部给以良好的接地处理和等电位连接。

由于雷电流具有极大的幅值和陡度（雷电流升高的速度），在它周围的空间里，会产生强大的变化的电磁场。处在这一电磁场中的导体会感应出很高的电动势，它可以使构成闭合回路的金属物体产生强大的感应电流。若回路中有些地方接触不良，就会产生局部发热，若回路中有间隙就会产生火花放电。这对于存放易燃或易爆物品的建筑物是十分危险的。为了防止电磁感应引起的不良后果，应将所有互相靠近的金属物体进行等电位连接。

5.1.2 雷电参数

1. 波阻抗 在主放电时,雷电通道充满带电离子,像导体一样,对电流波呈一定的阻抗,称为波阻抗。波阻抗为主放电通道的电压波和电流波的幅值之比。其表达式为

$$Z = U/I \tag{5-1}$$

式中　U——电压波幅值;
　　　I——电流波幅值;
　　　Z——波阻抗。

2. 雷电波的陡度 主放电时雷电流中由零开始到达幅值所用的时间为 2~6μs。由零开始经过电流幅值后,降到电流幅值一半共需用的时间为 40~50μs。

3. 雷电流的幅值 雷电流一般是指雷击于接地电阻小于 30Ω 的物体时流过物体的电流。当雷直接击中地面时,由于没有人为的接地体,故被击点的电阻很高,可超过 100Ω,此时雷电流只有击中接地电阻时的 70% 或更低些;当击中接地电阻小于 30Ω 的物体时,雷电流的幅值超过 200kA 的也很少,故雷击地面时的雷电流幅值可按 200kA 的 50%,即 100kA 考虑。

4. 雷暴日(小时) 为了统计雷电的活动情况,常采用雷暴日或雷暴小时来表示。通常将工矿企业所在地区及输电线路所通过的地面每年打雷的日数,称为雷暴日,即在一天内只要听到雷声就算作一个雷暴日。雷暴小时,就是在一个小时内只要听到雷声就算作一个雷暴小时。据统计,我国大部分地区一个雷暴日约为 3 个雷暴小时。

雷暴日的多少与纬度有关。北回归线(北纬 23.5°)以南是雷电活动最强烈的地区,平均雷暴日达 80~133 日;北纬 23.5° 到长江一带约为 40~80 日;长江以北大部分地区多在 20~40 日。平均雷暴日少于 15 日的地区叫少雷区,超过 40 日的地区叫多雷区。

5.1.3 建筑物落雷的相关因素及防雷分类

1. 建筑物遭受雷击的相关因素 大量雷害事故的统计资料和试验研究证明,雷电的地点和建筑物遭受雷击的部位是有一定规律的,这些规律称为雷电的选择性。雷击通常受下列因素影响:

1) 与地质结构有关,即与土壤电阻率有关。土壤电阻率小的地方,在不同电阻率的土壤交界地段易受雷击。雷击经常发生在有金属矿床的地区、河岸、地下水出口处、山坡和稻田接壤的地区。

2) 与地面上的设施情况有关。凡是有利于雷云与大地建立良好的放电通道者易受雷击。这是影响雷击选择性的重要因素。在旷野中,即使建筑物并不高,但由于它比较孤立、突出,因此也比较容易遭受雷击。从烟囱中冒出的热气柱和烟气有时含有少量的导电物质和游离的气团,它们比一般空气更易于导电,等于加高了烟囱的高度,这也是烟囱易于遭受雷击的原因之一。建筑物的结构、内部设备情况对雷电的发生也有关系。金属结构的建筑物或内部有大型金属物体的厂房,或内部经常潮湿的房屋,由于这些地方具有较好的导电性能,因此比较容易遭受雷击。此外,还应注意到:大树、输电线、高架天线及其他高架金属管道等都易遭受雷击。

3) 从地形来看,凡是有利于雷云的形成和相遇条件的地形易遭受雷击。我国大部分地

区山的东坡、南坡比北坡、西北坡易受雷击，山中的平地比峡谷易受雷击。

4) 还与当地的气象条件有关。

5) 建筑物易受雷击的部位如下：

①不同屋顶坡度（0°、15°、30°、45°）建筑物的雷击部位，如图 5-2 所示。

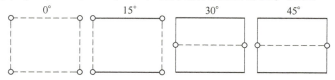

图 5-2　不同屋顶坡度建筑物的雷击部位

②屋角与檐角的雷击率最高。

③屋顶的坡度越大，屋脊的雷击率也越大；当坡度大于 40°时，屋檐一般不会再遭受雷击。

④当屋檐坡度小于 27°，长度小于 30m 时，雷击点多发生在山墙，而屋脊和屋檐一般不会遭受雷击。

⑤雷击屋面的概率甚少。

在进行建筑物的防雷设计时，可对易受雷击的部位，重点进行防雷保护。

2. 民用建筑物的防雷分类　根据以上雷电对建筑物所造成后果的严重程度，一般将民用建筑的防雷分为三类。

（1）一类防雷建筑物

1) 具有特别重要用途的建筑物，如国家级的会堂、办公建筑、大型展览建筑；特等火车站；国际性的航空港、通信枢纽、国宾馆、大型旅游建筑物等。

2) 国家级重点文物保护的建筑物和构筑物。

3) 超高层建筑物。

（2）二类防雷建筑物

1) 重要的或人员密集的建筑物，如部、省级的办公楼；省级大型集会、博展、体育、交通、通信、广播、商业、影剧院建筑等。

2) 省级重点文物保护的建筑物和构筑物。

3) 十九层及以上的住宅建筑和高度超过 50m 的其他民用和工业建筑。

（3）三类防雷建筑物

1) 根据建筑物年计算雷击次数为 0.01 及以上，并结合当地情况确定需要防雷的民用及一般工业建筑物，有公式

$$N = 0.15nK(L+5h)(b+5h)10^{-6} \tag{5-2}$$

式中　N——年计算雷击次数；

n——年平均雷暴日，根据当地气象台、气象站资料确定；

L——建筑物的长度（m）；

b——建筑物的宽度（m）；

h——建筑物的高度（m）；

K——校正系数。

在一般情况下 K 值取 1，在下列情况下取 1.5~2：

①位于旷野孤立的建筑物或金属屋面的砖木结构建筑物。

②位于河边、湖边、山坡下或山地中土壤电阻率较小处、地下水露头处、土山顶部、山谷风口等处的建筑物以及特殊潮湿的建筑物。

③建筑群中高于 25m，旷野高于 20m 建筑物。

2) 建筑群中高于其他建筑或处于边缘地带的高度为 20m 及以上的民用和一般工业建筑物；建筑物高于 20m 的突出物体。在雷电活动强烈地区其高度为 15m 以上，雷电活动较弱地区其高度为 25m 以上。

3) 高度超过 15m 的烟囱、水塔等建筑物或构筑物。在雷电活动较弱地区其高度为 20m 以上。

4) 历史上雷害事故严重地区的建筑物或雷害事故较多地区的较重要建筑物。

3. 工业建筑物的防雷分类　根据建筑物的生产性质、发生雷电事故的可能性和后果，按防雷的要求分为三类（特殊建筑主管部门另有规定的除外）：

（1）一类防雷工业建筑物

1) 凡在建筑物中制造、使用或贮存大量的爆炸物质，如炸药、火药、起爆药、火工品等，因火花引起爆炸，会造成巨大破坏和人身伤亡者。

2) Q-1 级或 G-1 级爆炸危险场所。

（2）二类防雷工业建筑物

1) 凡在建筑物中制造、使用或贮存爆炸物质，但火花不易引起爆炸或不致造成巨大破坏和人身伤亡者。

2) Q-2 级或 G-2 级爆炸危险场所。

（3）三类防雷工业建筑物

1) 根据雷击后对工业生产的影响，并结合当地气象、地形、地质及周围环境等因素，确定需要防雷的 Q-3 级爆炸危险场所或 H-1、H-2、H-3 级火灾危险场所。

2) 历史上雷害事故较多地区的较重要建筑物。

3) 高度超过 15m 的烟囱、水塔等孤立的高耸建筑物或构筑物，在年雷暴日数少于 30 的地区其高度为 20m 及以上者。

5.1.4　建筑物的防雷措施和防雷装置

第一、二类民用与工业建、构筑物应有防直击雷、防雷电感应和防雷电波侵入的措施。第三类民用与工业建、构筑物应有防直击雷和防雷电波侵入的措施。

1. 防直击雷的措施和防雷装置　防直击雷的防雷装置由接闪器、引下线、接地体三部分组成。接闪器有避雷针、避雷线、避雷带和避雷网等。引下线是接闪器与接地体之间的连接线，它将接闪器上的雷电流安全引入接地体，所以应保证雷电流通过时不致熔化，引下线一般采用直径为 8mm 的圆钢或截面不小于 25mm^2 的镀锌钢绞线。接地体是埋在地下的金属部分，其作用是将雷电流直接泄入大地。接地体埋设深度不应小于 0.6m，垂直接地体的长度不应小于 2.5m，垂直接地体之间的距离一般不小于 5m。

（1）避雷针　独立避雷针还需要支持物，后者可以是混凝土杆、木杆或由角钢、圆钢焊接而成。避雷针专用来接受雷云放电，一般用镀锌圆钢或焊接钢管制成，圆钢截面不得小于 $100mm^2$，钢管厚度不得小于 $3mm$。如果避雷针本体是采用铁管或铁塔形式，则可以利用其本体做引下线，还可以采用预应力钢筋混凝土杆的钢筋作引下线。

避雷针是防直击雷的有效措施。过去有人认为避雷针的作用是利用它的尖端放电使大地电荷和雷云中电荷悄悄中和而避免形成雷电。但实际运行经验证明，避雷针一般不能阻止雷电的形成，而是将雷电吸引到自己身上并安全导入地中，从而保护附近的建筑和设备免受雷击。

避雷针的保护范围，以它能够防护直击雷的空间来表示。《建筑物防雷设计规范》（GB 50057—2010）则规定采用 IEC 推荐的"滚球法"来确定。

滚球法即选择一个半径为 h_r 的球体，沿需要防护直击雷的部分滚动；如果球体只触及接闪器和地面，而不触及需要保护的部位时，则该部位就在这个接闪器的保护范围之内，如图 5-3 所示。各类防雷建筑物的滚球半径和避雷网格尺寸见表 5-1。

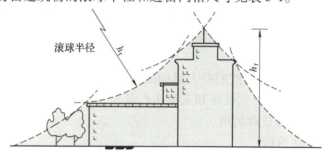

图 5-3　滚球法示意图

表 5-1　各类防雷建筑物的滚球半径和避雷网格尺寸

建筑物防雷类别	第一类	第二类	第三类
滚球半径 h_r/m	30	45	60
避雷网格尺寸（不大于）/m	5×5 或 6×4	10×10 或 12×8	20×20 或 24×16

单支避雷针保护范围的确定方法如图 5-4 所示。

1）当避雷针高度 $h \leq h_r$ 时：

①距地面 h_r 处作一平行于地面的平行线。

②以避雷针的针尖为圆心，h_r 为半径，作弧线交平行线于 A、B 两点。

③以 A、B 为圆心，h_r 为半径作弧线，该弧线与针尖相交，并与地面相切。由此弧线起到地面上的整个锥形空间就是避雷针的保护范围。

④避雷针在被保护物高度 h_x 的 xx' 平面上的保护半径 r_x 按下式计算

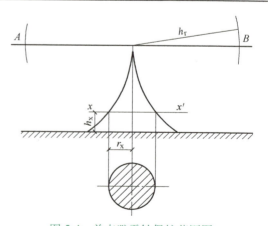

图 5-4　单支避雷针保护范围图

$$r_x = \sqrt{h(2h_r - h)} - \sqrt{h_x(2h_r - h_x)} \tag{5-3}$$

2）当避雷针高度 $h>h_r$ 时，在避雷针上取高度为 h_r 的一点代替避雷针的针尖作为圆心。其余的作法如同上述 $h \leqslant h_r$ 时。

（2）避雷线　避雷线主要用来保护架空线路，它由悬挂在空中的接地导线，接地引下线和接地体组成。避雷线又称架空地线，它一般采用截面不小于 $35mm^2$ 的镀锌钢绞线，架设在架空线路上边，接地引下线与接地装置相连接，用于保护架空线路或其他物体免遭直接雷击。避雷线的原理、功能与避雷针基本相同。

（3）避雷带和避雷网　避雷带和避雷网主要用来保护高层建筑物免遭直击雷和感应雷。避雷带和避雷网宜采用圆钢和扁钢，优先采用圆钢。圆钢直径应不小于 8mm；扁钢截面应不小于 $48mm^2$，其厚度应不小于 4mm。当烟囱上采用避雷环时，其圆钢直径应不小于 12mm；扁钢截面应不小于 $100mm^2$，其厚度应不小于 4mm。

以上接闪器均应经引下线与接地装置连接。引下线宜采用圆钢或扁钢，优先采用圆钢，其尺寸要求与避雷带（网）采用相同。引下线应沿建筑物外墙明敷，并经最短的路径接地，建筑艺术要求较高的可暗敷，但其圆钢直径应不小于 10mm，扁钢截面应不小于 $80mm^2$。

2. 防雷电波侵入的措施及防雷装置　发生雷电时，雷电波可能会沿着金属管道和架空线路侵入室内，危及人身安全或设备损坏的现象称为雷电波侵入。

防止雷电波侵入的措施：将进入建筑物的各种线路和金属管道宜全部埋地引入，并在入户处将其有关部分与接地装置相连接。当低压线全线埋地有困难时，可采用一段长度不小于 50m 的铠装电缆直接埋地引入，并在入户处把电缆的金属外皮与接地装置相连接。当电源采用架空线入户时，应在入户处装设阀型避雷器，该避雷器的接地引下线应与进户线的绝缘子铁脚、电气设备的接地装置连接在一起。避雷器是防止雷电波侵入的有效措施，这是因为它能导泄危及电气设备绝缘的行波，避雷器与被保护设备并联，装在被保护设备的电源侧，如图 5-5 所示。在正常情况下，避雷器并不导电，当危及被保护设备绝缘的侵入波袭来时，它就发生放电，自动地使导线与地接通，将侵入波泄入大地，然后

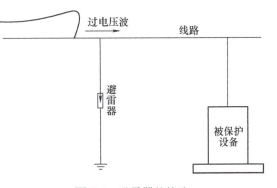

图 5-5　避雷器的接法

它又自动地将工频续流（避雷器发生冲击放电时，伴随冲击电流而流过其中的工频电流）切断，把导线与地隔开，使系统正常工作。避雷器若要起到上述的保护作用，应满足以下基本要求：①将过电压波限制在一定数值以下，使被保护设备免遭过电压的危害。要能做到这一点，就要求避雷器具有良好的保护性能，而表征避雷器保护性能的指标是冲击放电电压和残压。换言之，要求避雷器的冲击放电电压和残压低于被保护设备的绝缘水平。②迅速切断工频续流，使系统恢复正常运行。要做到这一点，就要求避雷器具有良好的灭弧性能。

目前，我国建筑供配电系统运行着的避雷器有阀式避雷器、排气式避雷器、保护间隙、金属氧化物避雷器 4 类。

（1）阀式避雷器　阀式避雷器又称为阀型避雷器，它由火花间隙和阀片组成，装在密封的磁套内。火花间隙用铜片冲制而成，每对间隙之间用厚 0.5~1mm 的云母垫圈隔开，如图 5-6a 所示。正常情况下，火花间隙阻断工频电流通过，但在雷电过电压作用下，火花间

隙被击穿放电。阀片是用陶料粘固的电工用金刚砂（碳化硅）颗粒制成的，如图5-6b所示。这种阀片具有非线性特性，正常电压时，阀片电阻很大，过电压时，阀片电阻变得很小，如图5-6c所示。因此阀型避雷器在线路上出现雷电过电压时，其火花间隙被击穿，阀片能使雷电流顺畅地向大地泄放。当雷电过电压消失、线路上恢复工频电压时，阀片呈现很大的电阻，使火花间隙绝缘迅速恢复而切断工频续流，从而保证线路恢复正常运行。必须注意：雷电流流过阀片电阻时要形成电压降，即线路在泄放雷电流时有一定的残压加在被保护设备上。残压不能超过设备绝缘允许的耐压值，否则设备绝缘仍要被击穿。

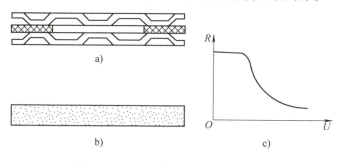

图5-6　阀式避雷器的组成部件及特性
a）单元火花间隙　b）阀片　c）阀片电阻特性曲线

阀式避雷器中火花间隙和阀片的多少，与工作电压高低成比例。高压阀式避雷器串联很多单元火花间隙，目的是将长弧分割成多段短弧，以加速电弧的熄灭。阀片电阻的限电流作用也是加速灭弧的主要因素。

阀式避雷器除普通型高压阀式避雷器和低压阀式避雷器外，还有一种磁型，即磁吹式避雷器，内部附有磁吹装置来加速火花间隙中电弧的熄灭，从而可进一步降低残压，专用来保护重要的或绝缘较为薄弱的设备（如高压电动机等）。

（2）排气式避雷器　排气式避雷器也称为管型避雷器，由产气管、内部间隙和外部间隙等三部分组成。产气管由纤维、有机玻璃或塑料制成。内部间隙装在产气管内。一个电极为棒形，另一个电极为环形。

当线路上遭到雷击或感应雷时，雷电过电压使排气式避雷器的内、外间隙击穿，强大的雷电流通过接地装置入地。由于避雷器放电时内阻接近于零，所以其残压极小，但工频续流极大。雷电流和工频续流使管子内壁材料燃烧产生大量灭弧气体，由管口喷出强烈吹弧，使电弧迅速熄灭，全部灭弧时间最多0.01s（半个周期）。这时外部间隙的空气恢复绝缘，使避雷器与系统隔离，恢复系统正常运行。

为了保证避雷器可靠工作，在选择排气式（管型）避雷器时，开断电流的上限，应不小于安装处短路电流的最大有效值（考虑非周期分量）；开断电流的下限，应不大于安装处短路电流可能的最小值（不考虑其非周期分量）。

排气式避雷器具有简单经济、残压小的优点，但它动作时有电弧和气体从管中喷出，因此它只能用于室外架空场所，主要是架空线路上。

（3）保护间隙　保护间隙又称为角型避雷器。它简单经济，维修方便，但保护性能差，灭弧能力小，容易造成接地或短路故障，引起线路开关跳闸或熔丝熔断，使线路停电。因此对于装有保护间隙的线路，一般要求装设自动重合闸装置，以提高供电可靠性。

保护间隙的安装是一个电极接线路，另一个电极接地。但为了防止间隙被外物（如鼠、鸟、树枝等）短接而造成接地或短路故障，没有辅助间隙的保护间隙，必须在其公共接地引下线中间串入一个辅助间隙。这样即使主间隙被外物短接，也不致造成接地或短路。保护间隙只用于室外且负荷不重要的线路上。

（4）金属氧化物避雷器　金属氧化物避雷器又称为压敏避雷器。它是一种没有火花间隙只有压敏电阻片的阀型避雷器。压敏电阻片是由氧化锌或氧化铋等金属氧化物烧结而成的多晶半导体陶瓷元件，具有理想的阀特性。在工频电压下，它呈现极大的电阻，能迅速有效地阻断工频续流，因此无须火花间隙来熄灭由工频续流引起的电弧，而且在雷电过电压作用下，其电阻又变得很小，能很好地泄放雷电流。目前金属氧化物避雷器已广泛用于高低压设备的防雷保护。

3. 防止雷电反击的措施　雷电反击是指当防雷装置接受雷击时，在接闪器、引下线和接地体上会产生很高的电位，若防雷装置与建筑物内外的电气设备、电线或其他金属管线之间绝缘距离不够，它们之间就会发生放电。反击也会造成电气设备绝缘破坏，金属管道烧穿，甚至引起火灾和爆炸。防止雷电反击的措施有两种：一种是将建筑物的金属物体与防雷装置的接闪器、引下线分隔开，并且保持有一定的距离；另一种是当防雷装置不易与建筑物内的钢筋、金属管道分隔开时，则将建筑物内的金属管道系统，在其主干管道处与靠近的防雷装置相连接，有条件时宜将建筑物每层的钢筋与所有的引下线相连接。

4. 现代建筑的防雷特点　现代民用建筑大多是钢筋混凝土结构（简称钢混结构），而且建筑内的长伸金属物和电器设备越来越多，如煤气、天然气、自来水、供热等金属管线和各种家用电器、电子设备等。对于室内的这些设施若不采用适当的防雷措施，雷害事故发生的可能性就会更多。因此，在考虑防雷措施时，不仅要考虑建筑物本身的防雷，还要考虑到建筑物内部设备的防雷。

现代建筑除了满足一般的防雷措施外，还应满足：第一、二类民用与工业建、构筑物应有防直击雷、防雷电感应和防雷电波侵入的措施。第三类民用与工业建（构）筑物应有防直击雷和防雷电波侵入的措施。具体要满足现行防雷有关规范要求。

5. 高层建筑防雷　第一、二类建筑中的高层民用建筑，其防雷尤其是防直击雷有特殊的要求和措施。这是因为一方面是建筑物越高，其落雷的次数就越多。高层建筑的落雷次数 N 与建筑物高度 H 的平方、雷电日天数 n 成正比例关系，即 $N=3\times10^{-5}nH^2$。

另一方面由于建筑物很高，有时雷云接近建筑物附近时发生的先导放电，屋面接闪器未起作用；有时雷云随风漂移，使建筑物受到雷电的侧击。当然，不同防雷类别的高层建筑，其防雷措施有所不同。现以第一类防雷高层建筑为例，来说明其防雷措施的特殊性。

主要是增设防止侧击雷的措施，具体要求和做法如下：
1）建筑的顶部全部采用避雷网。
2）自 30m 及以上，每三层沿建筑物四周腰围设置避雷带。
3）自 30m 及以上的金属栏杆、金属门窗等较大的金属物体，应与防雷装置可靠连接。
4）每三层沿建筑物周边的水平方向设均压环；所有的引下线，以及建筑物内的金属结构、金属物体都应与均压环可靠连接。
5）引下线的间距更小（一类建筑不大于 18m；二类建筑不大于 24m）。接地装置围绕建筑物构成闭合回路，其接地电阻值要求更小（不大于 4Ω）。

6）建筑物内的电气线路全部使用钢管配线，垂直敷设的电气线路，其带电部分与金属外壳之间应装设击穿保护装置。

7）室内的主干金属管道和电梯轨道，应与防雷装置连接。

第二、三类高层建筑的防雷措施可参照第一类适当降低要求使用。

总之，高层建筑为防止侧击雷，应设置许多层避雷带、均压环和在外墙的转角处设引下线。一般在高层建筑的边缘和突起的部分，少用避雷针，多用避雷带以防雷电的侧击。

目前，高层建筑的防雷设计，是将整个建筑物的梁、板、柱、基础等主要结构的钢筋，通过焊接连成一体。在建筑物的顶部，设避雷网压顶；在建筑物的腰部，多处设置避雷带、均压环。这样，使整个建筑物及每层分别连成一个笼式整体避雷网，对雷电起到均压作用。当雷击时建筑物各处构成了等电位面，对人体和设备都安全。同时由于屏蔽效应，笼内空间电场强度为零，笼体各处电位基本相等，则导体间不会发生反击现象。建筑内部的金属管道由于与房屋建筑的结构钢筋作电气连接，也能起到均衡电位的作用。此外，各结构钢筋连成一体并与基础钢筋相连。由于高层建筑基础深、面积大，利用钢混基础中的钢筋作为防雷接地体，它的接地电阻一般都能满足 4Ω 以下的要求。

6. 有爆炸和火灾危险的建筑物防雷

（1）有爆炸危险的建筑物防雷　对存放有易燃、易爆物品的建筑，因电火花可能会造成爆炸和燃烧，对于这类建筑的防雷，要考虑直击雷、雷电感应和雷电波侵入。除满足一般要求外，避雷网或避雷带的引下线应加多，每间隔 18~24m 应作一根，其接地电阻不大于 10Ω。防雷电系统结构及金属管线与防雷电系统应连接成闭合回路，不能有放电间隙。对所有平行或交叉的金属构架和管道应在接近处彼此跨接，一般每间隔 20~24m 应跨接一次。采用避雷针保护时，必须高出爆炸性气体的放气管管顶 3m 及以上，其保护范围也要高出管顶 1~2m。建筑物附近有高大树木时，若不在保护范围内，树木应与建筑物保持净距 3~5m。

（2）有爆炸和火灾危险的建筑物防雷　农村的草房、木房屋、谷物堆场，以及储存有易燃烧材料（如棉、麻、草等）的建筑物，都属于火灾危险的房屋。这些建筑物宜用独立避雷针保护。若采用屋顶避雷针或避雷带保护时，屋脊上的避雷带应支起 60cm，斜脊及屋檐部分的连接条应支起 40cm，所有防雷引下线应支起 10~15cm。防雷装置的金属部件不应穿入屋内或贴近草棚，以防因雷电反击而引起火灾。电源进户线及室内电线都要与防雷系统有足够的绝缘距离，否则应采取保护措施。

7. 建筑工地的防雷　在高大建筑物的建筑施工工地，由于建设用的施工机械（如起重机、龙门架）和脚手架等突出较高，木材堆放很多，一旦遭到雷击，对人、物都有很大危险，而且易引起火灾造成事故，因此应必须采取防雷措施：

1）施工时要提前考虑防雷施工程序。为节约钢材应按照建筑的正式施工设计图样的要求，首先作好全部接地装置。

2）在开始架设结构骨架时应按图样规定，随时将混凝土柱子内的主筋与接地装置连接起来，以备施工期间当柱顶遭受雷击时，使雷电流安全的疏散入地。

3）沿建筑物的四角和四边的脚手架上，应作数根避雷针，并直接接到接地装置上，使其保护到全部施工面积。其保护角可按 60° 计算。针长最少应高出脚手架 30cm。

4）施工用的起重机的最上端应装设避雷针，并将其下部的钢架连接于接地装置上。接地装置应尽可能利用永久性接地系统。如系水平移动起重机，其四个轮轴足以起到压力接点的作用，须将其两条滑行用钢轨与接地装置连接。

5）应随时使施工现场正在绑扎钢筋的各层地面，构成一个等电位面，以免遭受雷击上时有跨步电压。由室外引来的各种金属管道及电缆外皮，都要在进入建筑的进口处，就近与接地装置连接。

5.2 建筑电气接地

5.2.1 建筑电气接地基本知识

1. 接地和接地装置 电气设备的某金属部分与土壤之间作良好的电气连接，称为接地。与土壤直接接触的金属物体，称为接地体或接地极。专门为接地而装设的接地体，称为人工接地体。兼作接地体用的直接与大地接触的各种金属构件、金属管道及建筑物的钢筋混凝土基础等称为自然接地体。

（1）接地的类型

1）系统接地。在电力系统中将其某一适当的点与大地连接，称为系统接地或称工作接地，如变压器中性点接地，零线的重复接地等。

2）保护接地。各种电气设备的金属外壳，线路的金属管，电缆的金属保护层，安装电气设备的金属支架等，由于导体的绝缘损坏可能带电，为了防止这些不带电金属部分产生过高的对地电压危及人身安全而设置的接地，称为保护接地。

3）防雷接地。为了使雷电流安全地向大地泄放，以保护被击建筑物或电力设备而采取的接地，称为防雷接地。

4）屏蔽接地。一是为了防止外来电磁波的干扰和侵入，造成电子设备的误动作或通信质量的下降；二是为了防止电子设备产生的高频向外部泄放，需将线路的滤波器、变压器的静电屏蔽层、电缆的屏蔽层，屏蔽室的屏蔽网等进行接地，称为屏蔽接地。高层建筑为减少竖井内垂直管道受雷电流感应产生的感应电动势，将竖井混凝土壁内的钢筋予以接地，也属于屏蔽接地。

5）防静电接地。静电是由于摩擦等原因而产生的积蓄电荷，要防止静电放电产生事故或影响电子设备的工作，就需要有使静电荷迅速向大地泄放的接地，称为防静电接地。

6）等电位接地。医院的某些特殊的检查和治疗室、手术室和病房中，病人所能接触到的金属部分（如床架、床灯、医疗电器等），不应发生有危险的电位差，因此要把这些金属部分相互连接起来成为等电位体并予以接地，称为等电位接地。高层建筑中为了减少雷电流造成的电位差，将每层的钢筋网及大型金属物体连接成一体并接地，也是等电位接地。

7）电子设备的信号接地及功率接地。电子设备的信号接地（或称逻辑接地）是信号回路中放大器、混频器、扫描电路、逻辑电路等的统一基准电位接地，目的是不致引起信号量的误差。功率接地是所有继电器、电动机、电源装置、大电流装置、指示灯等电路的统一接地，以保证在这些电路中的干扰信号泄露到地中，不至于干扰灵敏的信号电路。

（2）接地装置 埋入地中与大地土壤直接接触的金属物体，称为接地体或接地极。连接接地体及电气设备接地部分的导线，称为接地线。接地体和接地线总称为接地装置。由若干接地体在大地中互相连接而组成的总体，称为接地网。

（3）重复接地　在电源中性点直接接地的 TN 系统中，为确保公共 PE 线或 PEN 线安全可靠，除在电源中性点进行工作接地外，还必须在 PE 线或 PEN 线的一些地方进行必要的重复接地。

2. 接地装置的装设及要求

（1）一般要求　在设计和装设接地装置时，首先应充分利用自然接地体，以节约投资，节约钢材，但输送易燃易爆物质的金属管道除外。如果实地测量所利用的自然接地体电阻已能满足要求而且又满足热稳定条件时，可不必再装设人工接地装置（发电厂、变电所除外），否则应装设人工接地装置作为补充。

电气设备的人工接地装置的布置，应使接地装置附近的电位分布尽可能地均匀，以降低接触电压和跨步电压，保证人身安全。如接触电压和跨步电压过大，应采取措施。

（2）自然接地体的利用　建筑物的钢结构和钢筋、行车的钢轨、埋入地下的金属管道以及敷设于地下而数量不少于两根的电缆金属外皮等，均可作为自然接地体。变配电所则利用它的建筑物钢筋混凝土基础作为自然接地体。利用自然接地体时，一定要保证良好的电气连接。

（3）人工接地体的装设　人工接地体有垂直埋设和水平埋设两种基本结构形式。

最常用的垂直接地体为直径 50mm、长 2.5m 的钢管。如果采用直径小于 50mm 的钢管，则机械强度较小，易弯曲，不适于采用机械方法打入土中；如采用直径大于 50mm 的钢管，例如直径由 50mm 增大到 125mm 时，流散电阻仅减少 15%，而钢材消耗则大大增加，经济上不划算。如果采用的钢管长度小于 2.5m 时，流散电阻增加很多，而钢管长度大于 2.5m 时，则难于打入土中，而流散电阻减小也不显著。由此可见，采用上述直径为 50mm、长度为 2.5m 的钢管是最为经济合理的。为了减少外界温度变化对流散电阻的影响，埋入地下的垂直接地体上端距地面不应小于 0.5m。

为了减小建筑物的接触电压，接地体与建筑物的基础间应保持不小于 1.5m 的水平距离，一般取 2~3m。

（4）防雷装置的接地要求　避雷针宜装设独立的接地装置，而且避雷针及其接地装置，与被保护的建筑物和配电装置之间应保持足够的安全距离，以免雷击时发生反击闪络事故，安全距离的要求与建筑物的防雷等级有关，但最小间距一般不应小于 3m。

为了降低跨步电压，防护直击雷的接地装置距离建筑物出入口及人行道处，不应小于 3m。当小于 3m 时，应采取下列措施之一。

1）水平接地体局部埋深不小于 1m。

2）水平接地体局部包以绝缘体，例如涂厚 50~80mm 的沥青层。

3）采用沥青碎石路面，或在接地装置上面敷设厚 50~80mm 的沥青层，其宽度超过接地装置 2m。

4）采用"帽檐式"或其他形式的均压带。

5.2.2　建筑电气的保护接地

1. 保护接地原理　接地的一个主要目的是保护人身安全。保护接地是将电气设备中平时不处在电压下，但可能因绝缘损坏而呈现电压的所有部分接地，如图 5-7 所示。人若触及带电的外壳，人体电阻和接地电阻相互并联，再通过另外两相对地的漏电阻形成回路。因为人体电阻比接地电阻大得多，故流过人体的电流小得多，通常小于安全电流 0.01A，保证了安全用电。因为这种接地是保护人身安全的，故而称为保护接地，也叫作安全接地。保护接地适用于中性点不接地的供电系统，根据规定在电压低于 1kV 而中性点不接地的电力网中，或电压高于 1kV 的电力网中均须采用保护接地。

在供电系统中，凡运行所需的接地称为工作接地，如电源中性点的直接接地或经消弧线圈的接地以及防雷设备的接地等。各种工作接地都有各自的功能，例如电源中性点的直接接地，能在运行中维持三相系统中相线对地电压不变；电源中性点经消弧线圈接地，能在系统单相接地短路时消除接地点的断续电弧，防止系统出现过电压；而防

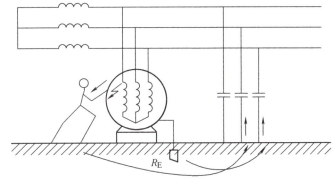

图 5-7 保护接地的作用

雷设备的接地，为实现对雷电流的泄放等。此外，还有为进一步确保保护接地可靠性而设置的重复接地。

2. 接触电压与跨步电压　人站在发生接地故障的电气设备旁边，手触及设备的外露可导电部分，则人所接触的两点（如手和脚）之间所呈现的电位差，称为接触电压 U_{tou}，如图 5-8 所示。人在接地故障点周围行走，两脚之间所呈现的电位差，称为跨步电压 U_{step}，如图 5-8 所示。

3. 保护接地的形式　保护接地的形式有如下两种。

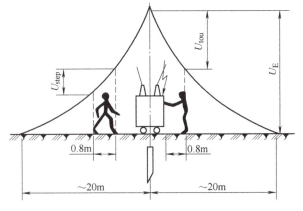

图 5-8 接触电压和跨步电压

1) 设备的外露可导电部分直接接地，例如 TT 系统和 IT 系统。过去都把这种形式就叫作保护接地，如图 5-9a 所示。

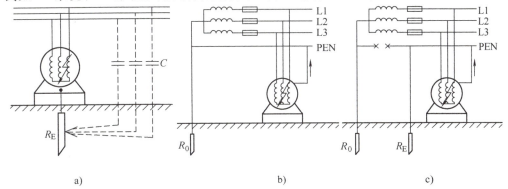

图 5-9 保护接地与重复接地
a) 保护接地　b) 保护接零　c) 重复接地

2）设备的外露可导电部分经公共的 PEN 线（或 PE）线接地，例如 TN 系统。这种形式过去都称为保护接零，如图 5-9b 所示。

4. 重复接地　在电源中性点直接接地的 TN 系统中，为确保公共 PEN 线（或 PE 线）安全可靠，除在电源中性点进行工作接地外，还必须在 PEN 线（或 PE 线）的一些地方进行必要的重复接地，如图 5-9c 所示。

当未进行重复接地时，在 PEN 线（或 PE 线）发生断线并有设备发生一相接地故障时，接在断线后面的所有设备外露可导电部分都将呈现接近于相电压的对地电压，这是很危险的。

5.2.3　电气装置的接地和接地电阻

1. 电气装置的接地

（1）电气装置应该接地或接零的金属部分

1）电机、变压器、电器、携带式或移动式用电器具等的金属底座和外壳。

2）电气设备的传动装置。

3）室内外配电装置的金属或钢筋混凝土构架以及靠近带电部分的金属遮拦和金属门。

4）配电、控制、保护用的屏（柜、箱）及操作台等的金属框架和底座。

5）交、直流电力电缆的接头盒、终端头和膨胀器的金属外壳和电缆的金属护层、可触及的电缆金属保护管和穿线的钢管。

6）电缆桥架、支架和井架。

7）装有避雷线的电力线路杆塔。

8）装在配电线路杆上的电力设备。

9）在非沥青地面的居民区内，无避雷线的小接地电流架空电力线路的金属杆塔和钢筋混凝土杆塔。

10）电除尘器的构架。

11）封闭母线的外壳及其他裸露的金属部分。

12）六氟化硫封闭式组合电器和箱式变电站的金属箱体。

13）电热设备的金属外壳。

14）控制电缆的金属护层。

（2）电气装置可不接地或接零的金属部分

1）在木质、沥青等不良导电地面的干燥房间内，交流额定电压为 380V 及以下或直流额定电压为 440V 及以下的电气设备的外壳；但当有可能同时触及上述电气设备外壳和已接地的其他物体时，则仍应接地。

2）在干燥场所，交流额定电压为 127V 及以下或直流额定电压为 110V 及以下的电气设备的外壳。

3）安装在配电屏、控制屏和配电装置上的电气测量仪表、继电器和其他低压电器等的外壳，以及当发生绝缘损坏时，在支持物上不会引起危险电压的绝缘子的金属底座等。

4）安装在已接地金属构架上的设备，如穿墙套管等。

5）额定电压为 220V 及以下的蓄电池室内的金属支架。

6）由发电厂、变电所和工业企业区域内引出的铁路轨道。

7）与已接地的机床、机座之间有可靠电气接触的电动机和电器的外壳。

2. 接地电阻及其要求　接地电阻是指接地体电阻、接地线电阻和土壤流散电阻三部分之和。其中主要是土壤流散电阻，流散电阻为接地体与土壤之间的接触电阻以及土壤的电阻之和。接地电阻的数值等于接地装置对地电压与通过接地体流入地中电流的比值。

对接地装置的接地电阻进行限定，实际上就是限制接触电压和跨步电压，保证人身安全。

电力装置的接地电阻应满足以下几个要求。

1）在电压为1000V以上的中性点接地系统中，电气设备应实行保护接地。由于系统中性点接地，因此当电气设备绝缘击穿而发生接地故障时，将形成单相短路，由继电保护装置将故障部分切除。为确保可靠动作，此时接地电阻 $R_E \leqslant 0.5\Omega$。

2）在电压为1000V以上的中性点不接地系统中，由于系统中性点不接地，因此当电气设备绝缘击穿而发生接地故障时，一般不跳闸而是发出接地信号。此时，电气设备外壳对地电压为 $R_E I_E$，I_E 为接地电容电流。当这个接地装置单独用于1000V以上的电气设备时，为确保人身安全，取 $R_E I_E$ 为250V，同时还应满足设备本身对接地电阻的要求，即

$$R_E \leqslant \frac{250}{I_E} \tag{5-4}$$

同时 $R_E \leqslant 10\Omega$。

当这个接地装置与1000V以下的电气设备共用时，考虑到1000V以下设备具有分布广、安全要求高的特点，所以取

$$R_E \leqslant \frac{125}{I_E} \tag{5-5}$$

同时还应满足1000V以下设备本身对接地电阻的要求。

3）在电压为1000V以下的中性点不接地系统中，考虑到其对地电容通常都很小，因此，规定 $R_E \leqslant 4\Omega$，即可保证安全。

对于总容量不超过100kVA的变压器或由发电机供电的小型供电系统，其接地电容电流更小，所以规定 $R_E \leqslant 10\Omega$。

4）在电压为1000V以下的中性点接地系统中，电气设备实行保护接零。当电气设备发生接地故障时，由保护装置切除故障部分，但为了防止零线中断时产生危害，故仍要求有较小的接地电阻，规定 $R_E \leqslant 4\Omega$。同样对总容量不超过100kVA的小系统可采用 $R_E \leqslant 10\Omega$。

接地电阻按其通过电流的性质分以下两种：

①工频接地电阻，是工频接地电流流经接地装置入地所呈现的接地电阻，用 R_E（或 $R\sim$）表示。

②冲击接地电阻，是雷电流流经接地装置入地所呈现的接地电阻，用 R_{sh}（或 R_i）表示。

3. 接地电阻的计算

（1）人工接地体工频接地电阻的计算　在工程设计中，人工接地体的工频接地电阻可采用下列简化公式计算：

1）单根垂直管形或棒形接地体的接地电阻（Ω）为

$$R_{E(1)} \approx \frac{\rho}{l} \tag{5-6}$$

式中 ρ——土壤电阻率（Ωm）；
　　　l——接地体长度（m）。

2） n 根垂直接地体通过连接扁钢（或圆钢）并联时，由于接地体间屏蔽效应的影响，使得总的接地电阻 $R_E > R_{E(1)}$。因此实际总的接地电阻为

$$R_E = \frac{R_{E(1)}}{n\eta_E} \tag{5-7}$$

式中 $R_{E(1)}$——单根接地体的接地电阻（Ω）；
　　　η_E——多根接地体并联时的接地体利用系数。

3） 单根水平带形接地体的接地电阻（Ω）为

$$R_E \approx \frac{2\rho}{l} \tag{5-8}$$

式中 ρ——土壤电阻率（单位 Ωm）；
　　　l——接地体长度（单位 m）。

4） n 根放射形水平接地带（$n \leq 12$，每根长度 $l \approx 60m$）的接地电阻（Ω）为

$$R_E \approx \frac{0.062\rho}{n+1.2} \tag{5-9}$$

5） 环形接地网（带）的接地电阻（Ω）为

$$R_E \approx \frac{0.6\rho}{\sqrt{A}} \tag{5-10}$$

式中 A——环形接地网（带）所包围的面积（m²）。

（2）自然接地体工频接地电阻的计算　部分自然接地体的工频接地电阻可按下列简化计算公式计算：

1） 电缆金属外皮和水管等的接地电阻（Ω）为

$$R_E \approx \frac{2\rho}{l} \tag{5-11}$$

2） 钢筋混凝土基础的接地电阻（Ω）为

$$R_E \approx \frac{0.2\rho}{\sqrt[3]{V}} \tag{5-12}$$

（3）冲击接地电阻的计算　冲击接地电阻是指雷电流经接地装置泄放入地所呈现的电阻，包括接地线、接地体电阻和地中散流电阻。由于强大的雷电流泄放入地时，当地的土壤被雷电波击穿并产生火花，使散流电阻显著降低。当然，雷电波的陡度很大，具有高频特性，同时会使接地线的感抗增大；但接地线阻抗比散流电阻毕竟小得多，因此冲击接地电阻一般是小于工频接地电阻的。按《建筑物防雷设计规范》（GB 50057—2010）规定，冲击接地电阻按下式计算：

$$R_{sh} = \frac{R_E}{\alpha} \tag{5-13}$$

式中 R_E——工频接地电阻（Ω）；

α——换算系数，为 R_E 与 R_{sh} 的比值，由图 5-10 确定。

图 5-10 中横坐标的 l_e 为接地体的有效长度（m），应按下式计算：

$$l_e = 2\sqrt{\rho} \tag{5-14}$$

式中 ρ——土壤电阻率（Ωm）。

图 5-10 中，对于单根接地体，l 为其实际长度；对于分支线的接地体，l 为其最长分支线的长度；对于环形接地体，l 则为其周长的一半。如果 $l_e < l$，则取 $l_e = l$，即 $\alpha = 1$。

（4）接地装置的计算程序

1）按设计规范的要求确定允许的接地电阻 R_E 值。

2）实测或估算可以利用的自然接地体的接地电阻 $R_{E(net)}$ 值。

3）计算需要补充的人工接地体的接地电阻

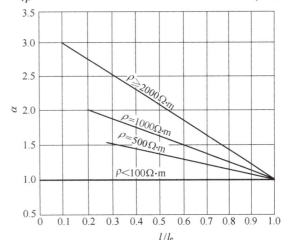

图 5-10 确定换算系数 $\alpha = R_E/R_{sh}$ 的计算曲线

$$R_{E(man)} = \frac{R_{E(net)} R_E}{R_{E(net)} - R_E} \tag{5-15}$$

如果不考虑利用自然接地体，则 $R_{E(man)} = R_E$。

4）在装设接地体的区域内初步安排接地体的布置，并按一般经验试选，初步确定接地体和接地线的尺寸。

5）计算单根接地体的接地电阻 $R_{E(1)}$。

6）用逐步渐近法计算接地体的数量即

$$n = \frac{R_{E(1)}}{\eta_E R_{E(man)}} \tag{5-16}$$

7）校验短路热稳定度。对于大接地电流系统中的接地装置，可进行单相短路热稳定度的校验。由于钢线的热稳定系数 $C = 70$，因此满足单相短路热稳定度的钢接地线的最小允许截面（mm²）为

$$A_{min} = \frac{I_k^{(1)} \sqrt{t_k}}{70} \tag{5-17}$$

式中 $I_k^{(1)}$——单相接地短路电流（A），为计算简便，并使热稳定度更有保障，可取为 $I_k^{(3)}$；

t_k——短路电流持续时间（s）。

4. 接地电阻的测量 接地装置敷设后应进行接地电阻的测量，工厂动力单位也应当在运行中经常进行接地电阻的检查和测定。接地电阻的大小是决定接地装置是否合乎要求的重要条件。

测量接地电阻的方法很多，有电流表—电压表测量法和专用仪器测量法。

（1）用电流表及电压表测量　用电流表及电压表测量接地电阻，如图 5-11 所示。

这种接地电阻测量的方法，准确度高，测量时接通电源，接地电流沿被测接地体和辅助接地体构成回路，电流表的读数可近似看作通过被测接地装置的对地电流，因此被测接地电阻为

$$R_E = U/I_E \tag{5-18}$$

这种方法的缺点是准备工作和测量工作比较麻烦，需要独立的交流电源，需要装设辅助接地体。

（2）接地电阻测量仪　接地电阻测量仪的种类很多，有电桥型、电位计型、晶体管型等类，这些测量仪器使用简单，携带方便，所受干扰较小，测量过程安全可靠，因而应用很广。

图 5-12 中的测量仪器为 ZC-8 型接地电阻测量仪。其结构由手摇发电机、电流互感器、滑线电阻和检流计组成。由于 ZC-8 型仪表不需外加电源且通过本身的手摇发电机就能产生交变的接地电流，所以又俗称接地摇表。接地电阻测量仪本身备有三根测量用的软导线，可接在仪器上的 E、P、C 三个接线端钮上。测量时，E 端钮的导线连接在被测量的接地体上，P 端钮的导线接在接地棒上（P 端钮常称为电压极，接地棒又称探针），C 端钮与辅助接地体相连（C 端钮常称作电流极），可以根据具体情况，将接地棒和辅助接地体插到远离接地体一定距离的土壤中，三者可为直线，也可以为三角形。将倍率转换到所需要的量程上，用手摇发电机以 120r/min 的速度转动手柄时，兆欧表的指针趋于平衡，读取到分度盘上的数值乘以倍率即为实测的接地电阻值。

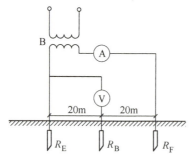

图 5-11　用电流表及电压表
测量接地电阻

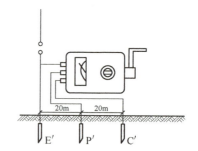

图 5-12　用接地电阻测量仪
测量接地电阻

5.2.4　低压配电系统的等电位连接

1. 基本定义　等电位连接是使电气装置各外露可导电部分和装置外可导电部分电位基本相等的一种电气连接。其中外露可导电部分是指平时不带电压，但在故障情况下能带电压的电气装置的容易触及的外露导电部分，如电气装置外壳等。装置外可导电部分是指不属于电气装置组成部分的可导电部分，如金属管道构件（地下干线、水管、煤气管、空调管道等），正常情况下是地电位，但可能引入电位。

2. 应作等电位连接的导电体　在国家标准《低压配电设计规范》（GB 50054—2011）和电力行业标准《交流电气装置的接地》（DL/T 621—1997）中均规定，建筑物电气装置采用接地保护时，建筑物内电气装置应采用总等电位连接。对下列导电体应采用总等电位连接

线相互可靠连接：

1) PE（PEN）干线。
2) 电气装置的接地装置中的接地干线。
3) 建筑物内的水管、煤气管、采暖和空调管道等金属管道。
4) 便于连接的建筑物金属构件等导电部分。

上述导电体宜在进入建筑物处接向总等电位连接端子板，如图5-13所示。

3. 等电位连接的作用

（1）总等电位连接　等电位连接是建筑物内电气装置的一项基本安全措施。其作用是降低接触电压，保障人员安全。根据《低压配电设计规范》（GB 50054—2011）的条文说明，分析如下。

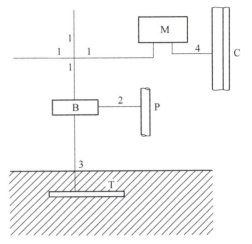

图5-13　建筑物内总等电位连接图
1—保护线　2—总等电位连接线　3—接地线
4—辅助等电位连接线
B—总等电位连接（接地）端与板　M—外露导电部分　C—装置外导电部分　P—金属水管干线　T—接地极

图5-14所示的建筑物作了等电位连接和重复接地（在TN系统中，为确保公共PE线或PEN线安全可靠，除在中性点进行工作接地外，还在PE线或PEN线的一些地方进行多次接地，称为重复接地），图中T为金属管道、建筑物钢筋等组成的等电位连接，B为总等电位连接端子板或接地端子板，Z_h及R_s为人体阻抗及地板、鞋袜电阻，R_e'为重复接地电阻。由图可见人体承受的接触电压U_{tou}仅为故障电流I_d在a—b段PE线上产生的电压降，与R_e''的分压；B点至电源的线路电压降都不形成接触电压，所以总等电位连接降低接触电压的效果是很明显的。

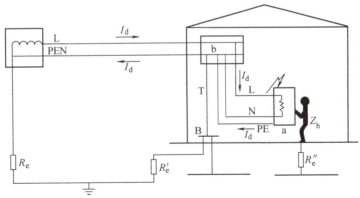

图5-14　总等电位连接作用的分析

由于效果明显，IEC标准和一些技术先进国家的电气规范都将总等电位连接列为接地故障保护的基本条件。

（2）辅助等电位连接　总等电位连接虽然能大大降低接触电压，如果建筑物离电源较远，建筑物内线路过长，则过电流保护动作时间和接触电压都可能超过规定的限值。在这种情况下应在局部范围内作辅助等电位连接（也称局部等电位连接），使接触电压降低至安全电压限值50V以下。辅助等电位连接作用可用图5-15进行分析。图中人的双手承受的接触

电压 U_{tou} 为电气设备 M 与暖气片电阻 R_a 之间的电位差；其值为 a—b—c 段 PE 线上的故障电流 I_d 产生的电压降，由于此段线路较长，电压降超过 50V，但因离电源远，故障电流不能使过电流保护电器在 5s 内切断故障。为保证人身安全应如图虚线所示做辅助等电位连接。这时接触电压降低为 a—b 段 PE 线的电压降，其值小于安全电压限值 50V。

实际上，由于辅助等电位连接后故障电流的分流使 R_a 电位升高，接触电压将更降低。

总等电位连接和辅助等电位连接系统示例，如图 5-16 所示。

4. 等电位连接导线截面的选择

（1）总等电位连接线　总等电位连接主母线的截面规定不应小于装置中最大 PE 线截面的一半，但不小于 6mm²。如果是采用铜导线，其截面可不超过 25mm²；如为其他材质的导线，其截面应能承受与之相当的载流量。

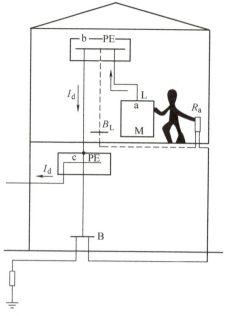

图 5-15　辅助等电位连接作用的分析

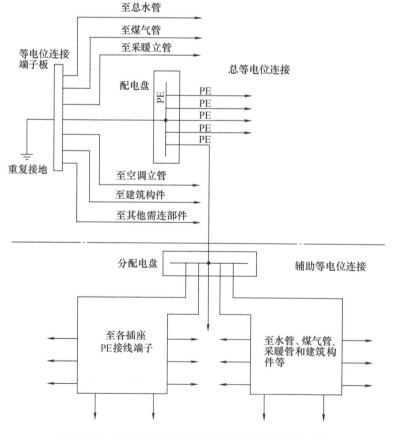

图 5-16　总等电位连接和辅助等电位连接系统示例

（2）辅助等电位连接线　连接两个外露可导电部分的辅助等电位连接线，其截面不应小于接在两个外露可导电部分的较小 PE 线的截面。

连接装置外露导电部分与装置外可导电部分的辅助等电位连接线，其截面不应小于相应 PE 线截面的一半。

应当指出，PE 线、PEN 线和等电位连接线以及引至接地装置的接地干线等，在安装竣工后，均应检测其导电量否良好，绝不允许有不良的或松动的连接。在水表、煤气表处，应作跨接线；管道连接处，一般不需跨接线，但导电不良则应作跨接线。

5.3　触电事故及救护

电力在生产和生活使用过程中，若不注意安全，则会造成人身伤亡事故和国家财产的巨大损失。因此，安全用电在生产领域和生活领域更具有特殊的重大意义。尽管电气事故多种多样，其原因主要为以下 3 个方面：①缺乏安全知识；②电气设备的安装、使用和维修不符合安全规程；③没有安全工作制度。

电气安全技术的主要内容是掌握人身触电事故的规律性及防护技术，以保证电气作业的技术措施和组织措施及有关电气用具的安全使用符合要求。

触电，多是因为人体有意或无意地与正常带电体接触或与漏电的金属外壳接触，使人体的某两点之间被加上电压，例如，手和手的两点间或手与脚的两点间等，在这两点之间形成电流，即触电电流。

5.3.1　触电对人体的伤害形式

触电的伤害形式主要有两类：电击和电伤。

1. 电击　电流通过人体造成其内部器官损坏、呼吸困难，严重时，造成人因心跳停止而死亡，但体表没有痕迹。这种情况叫作电击。

2. 电伤　由于电流的热效应、化学效应、机械效应，以及在电流作用下，熔化蒸发的金属微粒侵袭人体皮肤而造成灼伤、烙伤和皮肤金属化的伤害，叫作电伤，严重时也能致命。

5.3.2　影响触电严重程度的因素

1. 电流流经人体的效应　电流对人体的危害是多方面的，电流通过心脏会造成功能紊乱即心室纤颤，使人体因大脑缺氧而迅速死亡；电流通过中枢神经系统的呼吸控制中心可使呼吸停止；电流的热效应会造成电灼伤；电流的化学效应会造成电烙印和皮肤金属化；电磁场能量也会由于辐射作用造成人体的不适应。电流对人体的危害程度与通过人体的电流强度、持续时间、电压、频率、通过人体的途径及人体的健康状况等因素有关。

电流通过人体的效应是研究触电安全技术、制定安全防护标准及设计医用等有关电气设备的基本依据之一，因此国内、外科技人员对此进行了大量的试验研究工作，并取得了相应成果。国际电工委员会（IEC）关于《电流通过人体效应》是众多研究成果中具有代表性和权威性的成果，目前我国正采用这项标准。

2. 影响触电对人体危害程度的因素

（1）电流大小的影响　不同的电流会引起人体不同的反应，按习惯，人们通常把触电电流分为感知电流、反应电流、摆脱电流和心室纤颤电流等。

1）感觉电流。能引起人的感觉的最小电流称为感觉阈值，习惯上称为感知电流。通过对人体直接进行的大量试验表明，对于不同的人，不同的性别，感知电流是不同的。如取其平均值，则成年男性的平均感知电流约为 1.1mA；成年女性的平均感知电流约为 0.7mA。感觉电流与电流的频率有关，随着频率的增加，感觉电流的极值将相应增加。例如，对男性来说，当频率从 50Hz 增加到 5000Hz 时，感知电流从 1.1mA 增加至 7mA。

2）反应电流。引起意外的不自主反应的最小电流称为反应阈值，习惯上称反应电流。这种预料不到的电流作用，可能导致高空摔跌或其他不幸。因此反应电流可能会给工作人员带来危险，而感觉电流则不会造成什么后果。在数值上反应电流一般略大于感觉电流。

3）摆脱电流。人触电后，在不需要任何外来帮助的情况下能自主摆脱电源的最小电流称为摆脱阈值，习惯上也称摆脱电流。摆脱电流是一项十分重要的指标，大量试验表明，正常人在能摆脱电源所需的时间内，反复经受摆脱电流，不会有严重的不良后果。换句话说，在摆脱电流作用下，触电者既能自行脱离危险，又不会在该电流的短时间作用下产生危险，即人体是能够经受摆脱电流作用的。从安全角度考虑，规定正常男子的允许摆脱电流为 9mA，正常女子为 6mA。

4）心室纤颤电流。触电后，引起心室纤颤概率大于 5% 的极限电流称作心室纤颤阈值，习惯上也叫心室纤颤电流。当触电时间小于 5s，可用 $I = 165/t^{-1/2}$ 来计算心室纤颤电流。当触电时间大于 5s，则以 30mA 作为引起心室纤颤的又一极限电流值。大量试验表明，当触电电流大于 30mA 时，才有发生心室纤颤的危险。

为供参考，现将动物试验所得的结果经过处理后，将电流及时间分成几个范围，分别按不同的范围确定不同的安全极限列于表 5-2 中。

表 5-2　触电电流和人体的生理反应

电流范围	50Hz、60Hz 电流有效值/mA	通电时间	人体的生理反应
0	0~0.5	连续	无感觉
A_1	0.5~5（摆脱电流）	连续	开始有感觉，手指、手腕等处有痛感，没有痉挛，可以摆脱带电体
A_2	5~30	以数分钟为极限	痉挛，不能摆脱带电体，呼吸困难，血压升高，但仍属可忍受的极限
A_3	30~50	数秒到数分	心脏跳动不规则，昏迷，血压升高，引起强烈痉挛，时间过长即引起心室纤颤
B_1	50~数百	低于心脏搏动周期	虽受强烈冲击，但未发生心室纤颤
		超过心脏搏动周期	发生心室纤颤，昏迷，接触部位留有电流通过痕迹（搏动周期相位与开始触电时刻无特别关系）
B_2	超过数百	低于心脏搏动周期	即使低于搏动周期的通电时间，如在特定的搏动相位开始触电时，要发生心室纤颤、昏迷、接触部位有电流通过的痕迹
		超过心脏搏动周期	未引起心室纤颤，将引起恢复性心脏跳动，昏迷，有烧伤、死亡的可能性

(2) 电流持续时间的影响　触电时间越长,电流对人体引起的热伤害、化学伤害及生理伤害就越严重。特别是电流持续时间的长短,与心室纤颤有密切的关系,从现有的资料来说,最短的触电时间为 8.3ms,超多 5s 的时间很少,从 5s~30s,引起心室纤颤的极限电流基本保持稳定,只略有下降;更长的触电时间,对引起心室纤颤的影响不明显,而对窒息的危险性有较大的影响,从而使致命电流下降。

另外,触电时间长,人体电阻因出汗等原因而降低,导致触电电流进一步增加,这也将使触电的危险性随之增加。

(3) 电流流经途径的影响　电流流经人体的途径,对于触电的伤害程度影响甚大。电流通过心脏、脊椎和中枢神经等要害部位时,触电的伤害最严重。电流通过心脏会引起心室纤颤,较大的电流还会使心脏停止跳动。电流通过中枢神经或脊椎时,会引起有关的生理机能失调,如窒息致死等。电流通过脊椎,会使人截瘫。电流通过头部使人昏迷,若电流较大,会对大脑产生严重的伤害而致死。因此,从左手到胸部以及从左手到右脚是最危险的电流途径;从右手到胸部或右手到脚、从手到手等都是很危险的电流途径;从脚到脚一般危险性就较小,但不等于说就没危险。例如由于跨步电压而造成触电时,开始电流仅通过两脚间,触电后由于双足激烈痉挛摔倒,此时电流就会流经其他要害部位,同样会造成严重后果。另一方面,即使两脚触电,也会有一部分电流流经心脏,这同样会带来危险。

(4) 人体电阻的影响　在一定的电流的作用下,流经人体的电流大小和人体电阻成反比,因此人体电阻的大小将对触电后产生一定的影响。

人体电阻,有表面电阻和体积电阻之分。表面电阻是沿着人体皮肤表面所呈现的电阻,体积电阻是从皮肤到人体内部所构成的电阻。体积电阻和表面电阻都将对触电后果产生影响。对电击来说,体积电阻影响最为显著,但表面电阻的优势却能对电击后果产生一定的抑制作用,而使其转化为电伤。这是由于人体皮肤潮湿,表面电阻较小,使电流极大部分从皮肤表面通过的缘故。多汗的夏天,较多出现烧伤事故;夏天炎热季节发生长时间触电(低压触电)而未造成严重后果的事例也曾统计到过,这是由于较小的表面电阻在起主导影响之故。过去认为,人体越潮湿,触电伤害性越大,这种说法不十分确切,因为表面电阻对电后果的影响是比较复杂的,只有当触电回路总的表面电阻较小时,才有可能产生抑制电击的积极影响。反之,当人体局部潮湿时,特别是如果仅仅只有触及带电部分处的皮肤潮湿时,那就会大大增加触电的危险性。这是因为人体局部潮湿,对触电回路的表面电阻值不产生很大影响,触电电流不会大量从人体表面分流,而触电处皮肤潮湿,将会使人体体积电阻下降,以致使触电的危害性增大。

人体体积电阻,是从皮肤到人体内部所构成的电阻。因此也可以说,体积电阻是由于皮肤电阻和体内电阻串联组成的,而决定体积电阻值的主要因素是皮肤电阻。必须指出的是,这里所讲的皮肤电阻指的是皮肤沿体内方向的电阻值,不要与前述表面电阻相混淆。

在讨论了人体表面电阻和人体体积电阻以后,可以容易地得出以下结论:人体电阻是表面电阻和体积电阻的并联值。

显而易见,对人体电阻来说,皮肤电阻的数值仍将起着十分重要的作用,因此研究人体电阻,必须首先研究皮肤电阻。

皮肤电阻随条件不同将在较大范围内变化,使得人体电阻的变化幅度也很大。当人体皮肤处于干燥、洁净和无损伤时,人体电阻可高达 $40 \sim 100 \text{k}\Omega$。当潮湿如手湿、出汗或有损伤时，则人体电阻会降至 1kΩ 左右；若皮肤遭到完全破坏，人体电阻将下降到 600～800Ω 左右。

人体电阻除了与皮肤的状态有关外，还与触电的状况有关。当接触面积加大，接触压力增加时，也会降低人体电阻；通过电流加大，通电的时间加长，会增加发热出汗，或许皮肤炭化，也会降低人体电阻；接触电压增高，会击穿角质层，并增加机体电解，也会降低人体电阻。

另外，频率变化时，人体电阻将随频率的增加而降低，频率为 100kHz 时的人体电阻约为 50Hz 时的 50% 左右。

（5）电流频率的影响　电流的频率除了会影响人体的电阻外，还会对触电的伤害程度产生直接影响。25～300Hz 的交流电对人体的伤害远大于直流电。同时对交流电来说，当低于或高于以上频率范围时，它的伤害程度就会显著减轻。

直流对人体的影响，其感觉电流最小值为 2mA。与交流电流不同，300mA 以内的直流电流没有确定的摆脱电流，大于 300mA 可能摆脱不了。经试验平均摆脱电流，男性约为 76mA，女性约为 51mA。

在高频情况下，人体也能耐受较大的电流，当频率高于 1000Hz 时，其伤害程度比工频时将有明显减轻。

10000Hz 高频交流电的最小感知电流对于男性约为 12mA，女性约为 8mA；平均摆脱电流对于男性约为 75mA，女性约为 50mA；可能引起心室颤动的电流，通过电流时间 0.03s 约为 1100mA，通电时间 3s 时约为 500mA。

在实际生产中，经常使用的频率为 3kHz、10kHz 或更高频设备，至今还未统计到触电死亡事例，仅有并不严重灼伤事例。但是高压高频的强电设备，如烘干、淬火所用的高频设备，也有使人触电致死的危险。

人体还能耐受很大的雷电冲击电流。持续时间为数十至一百 μs 的冲击电流，能使人感受冲击的最小值为几十 mA 以上。持续十至一百 μs 接近于 100A 的冲击电流仍不致引起心室纤颤而使人致命。原苏联科学院动力研究所曾用牛进行跨步电压和接触电压的试验，他们将波长为 40μs 的脉冲电压，施加于牛的前后足之间以模拟跨步电压，施加于牛鼻子和前足之间以模拟接触电压，当脉冲电压的幅值为 0.6～30kV 时，跨步电压和接触电压对牛的内部机构没有任何伤害；当试验电压的幅值分别提高到 40～70kV 和 42～56kV 时，牛的中枢神经系统和血液循环机能会受到暂时的影响，经过休息后可以完全恢复，没有生命危险；当跨步和接触电压的幅值分别提高到 96kV 和 74kV 时，牛的呼吸失常，心脏活动机能失调，并很难复原，有生命危险，此时牛体前后足之间的电流约为 200A，通过鼻子和前足之间的电流约为 160A。

（6）人体状况的影响　电流对人体的作用，女性较男性更为敏感，女性的感知电流和摆脱电流约比男性低三分之一；由于心室颤动电流约与体重成正比，因此小孩遭受电击较成人危险。另外，身体的健康情况与精神状态正常与否，对于触电伤害后果有一定的影响。如患有心脏病、神经系统疾病、结核病等病症的人，因电击引起的伤害程度比正常人来得严重。

5.3.3 触电的规律及预防措施

1. 触电类型

（1）直接接触触电　直接接触触电是指电气设备在正常的运行条件下，人体的任何部位触及运行中的带电导体（包括中性导体）所造成的触电。因为直接接触时人体的接触电压为系统各相与地之间的电压，所以其危险性最高，是触电形式中后果最严重的一种。

（2）间接接触触电　间接接触触电是指电气设备在故障情况下，如绝缘损坏、失效，人体的任何部位接触设备的带电的外露可导电部分或外界可导电部分所造成的触电。外露可导电部分是电气设备和装置中能够触及的部分，正常条件下不带电，故障条件下可能带电。外界可导电部分不是电气设备或装置的组成部分，故障情况下也可能带电。

间接接触是由电气设备故障情况下的接触电压和跨步电压形成的，其后果严重程度决定于接触电压或跨步电压的大小。

以上为最为常见的触电形式。此外，在生产或生活领域中还可能产生的触电形式还有下面几种。

（3）感应电压电击　由于电气设备的电磁感应和静电感应作用，将会在附近的停电设备上感应出一定电位。在电气工作中，此类事故也屡有发生，甚至造成死亡。超高压双回路以及多回路网杆架设的线路都要特别重视此类触电问题。

（4）雷电电击　雷电是自然的一种放电现象。多数放电发生在雷云之间，也有一小部分放电发生在雷云对地或地面物体之间，如人体正处于或靠近雷电放电的途径，可能遭到雷电电击。

（5）残余电荷电击　由于电气设备的电容效应，使之在刚断开电源后，尚保留一定的电荷，即残余电荷。当人体接触时，残余电荷会通过人体而放电，形成电击。

（6）静电电击　由于物体在空气中经摩擦而带有静电电荷，静电电荷大量积累会形成高电位，一旦放电也会对人造成危害。

2. 防止触电的措施

触电也有一定的规律性。例如在每年的六至八月份，天气多雨、潮湿，加上人体多汗，所以出现事故最多。发生在低压供电系统和低压电气设备上的事故较多；触电事故多发生在非电工人员身上；一般来说，冶金、建筑、矿业和机械行业触电事故较多；高温、潮湿、有导电灰尘、有腐蚀性气体的环境和临时设施多、用电设备多的部门触电事故多。为防止触电事故，除了思想上重视，认真贯彻执行合理的规章制度外，主要依靠健全组织措施和完善各种技术措施。为防止触电事故或降低触电的危害程度，需作好以下几方面的工作：

1）设立屏障，保证人与带电体的安全距离，并悬挂标志牌。
2）有金属外壳的电气设备，要采取接地或接零保护。
3）采用安全电压。
4）采用联锁装置和继电保护装置，推广、使用漏电保护装置。
5）正确选用和安装导线、电缆、电气设备；对有故障的电气设备及时维修。
6）合理使用各种安全用具、工具和仪表，要经常检查，定期试验。
7）建立健全各项安全规章制度，加强安全教育和对电气工作人员的培训。

有些与用电有关的事故隐患，也应引起重视，例如对电火花和电弧可能引起的火灾和爆炸事故；对雷电或其他因素可能引起的过电压事故，都应从电气角度采取一些必要的、预防性的措施。同时，对电工安装和检修中可能发生的高空坠落事故，对停电不当或事故停电可能造成的其他事故，对生产机械的电气故障可能引起的机械伤害等，也都应给予足够的注意。

3. 触电急救　触电者能否获救，关键在于能否尽快脱离电源和施行正确的紧急救护。

（1）尽快使触电者脱离电源　抢救时必须注意，触电者身体已经带电，直接把他（她）脱离电源，对抢救者来说极其危险。为此应立即断开就近电源开关。若距电源开关太远，抢救者可用干燥的、不导电的物件，如木棍、竹竿、绳索、衣服等拨（拉）开电源电线，或把触电者拉开。抢救者应穿绝缘鞋或站在干燥的木板上进行这项工作。如果触电者痉挛而紧握电线时可用干燥的木柄斧、胶把钳等工具切断电线，或用干燥木版、干胶木板等绝缘物插入触电者身下，以切断触电电流。也可采用短路法使电源跳闸。

如果事故发生在高压设备上，则应通知有关部门停电；或者穿上绝缘靴、带上绝缘手套，用相应等级的绝缘棒或绝缘钳进行上述的脱离电源的操作。

使触电者脱离电源的办法应根据具体情况以快为原则来选择采用。但应该注意：要防止触电者脱离电源后可能摔伤，尤其触电者在高处时，要有具体保护措施。

（2）脱离电源后的救护方法　触电者脱离电源后，应尽量在现场抢救。救护方法应根据伤害程度不同而不同。

1）如触电者没有失去知觉，应让他就地静卧，并请医生前来诊治。

2）如触电者失去知觉，但还有呼吸或心脏还在跳动，应让他舒适、安静地平卧。劝散围观者，使空气流通；解开他的衣服以利呼吸。如天气寒冷，还应注意保温。并迅速请医生诊治。如发现触电者呼吸困难、抽搐，不时还发生抽筋现象，应准备在心脏停止跳动、停止呼吸后立即进行人工呼吸和心脏按压。

3）如触电者呼吸、脉搏、心脏跳动均已停止，这种情况往往是假死，切勿慌乱，不要随意翻动触电者，必须立即施行人工呼吸和心脏按压，并迅速请医生诊治，千万不要放弃救治。

对触电者的抢救，往往需要很长时间（有时要进行 1~2h），必须连续进行，不得间断，直到呼吸和心脏恢复正常，面色好转，嘴唇红润，瞳孔缩小，才算抢救完毕。

（3）人工呼吸和心脏按压法　人工呼吸法有俯卧压背法、俯卧牵臂法和口对口吹气法三种，其中最有效的是口对口吹气法。其要领如下：

1）迅速解开触电者的衣扣，松开紧身内衣、裤带，使触电人胸部和腹部自由舒张。使触电人仰卧，颈部伸直。掰开触电人的嘴，清除口中的呕吐物，使呼吸道畅通。有活动义齿的要摘取下来。然后使触电者的头部尽量后仰，让鼻孔朝天，这样舌头根部就不会堵塞气流，注意头下不要垫枕头。

2）救护人员在触电人头部旁边，一手捏紧触电人的鼻孔（不要漏气），另一只手扶着触电人的下颌，在触电人张开的嘴上可盖上薄纱布。

3）救护人做深呼吸后，紧贴触电人的口吹气，同时观察其胸部的鼓胀情况，以胸部略有起伏为宜。胸部起伏过大，表示吹气太多，容易吹破肺泡；胸部无起伏，表示吹气用力过小，作用不大。

4）救护人吹气完毕准备换气时，应立即离开触电人的口，并且放开捏紧的鼻孔，让其自动向外呼气。这时应注意触电人胸部复原情况，观察有无呼吸道梗阻现象。按以上步骤不断进行，对成年人每分钟大约吹气 14~16 次（约 4~5s 吹一次）。对儿童每分钟大约吹气 18~24 次，不必捏紧鼻子可任其自然漏气并注意不要使儿童胸部过分膨胀，防止吹破肺泡。若触电人的嘴不易掰开，可捏紧嘴，对鼻孔吹气。

心脏按压法又叫心脏按摩，即用人工的方法在胸外挤压心脏，使触电者恢复心脏跳动。方法如下：

1）使触电人仰卧，保证呼吸道畅通（具体情况同吹气法）。背部着地处应平整稳固，以保证挤压效果，不可躺在软的地方。

2）选好正确的压点。救护人跪在触电人腰部的一侧，或者跨腰跪在腰部，两手相叠，把下边的手的掌根部放在触电人胸部稍下一点的地方。

3）掌根适当用力向下挤压。对成人可压下 3~4cm；对儿童应只用一只手，并且用力要小一些，压下深度要浅些。

4）挤压后，掌根要迅速放松，让触电人胸部自动复原。

对成年人每分钟大约挤压 60 次；对儿童每分钟挤压 90 次左右。触电人如果停止呼吸，应采用口对口吹气法；如果心脏也停止跳动必须和胸外心脏按压同时进行，每心脏按压四次，吹一口气，操作比例为 4：1，最好由两个人同时进行。

5.4 漏电保护技术

5.4.1 漏电保护的目的和要求

在触电防护中，尽管人们采取了各种保护接地方式，或使用了熔断器、低压空气断路器等方法，对供用电系统起到了一定的保护作用，但对于建筑物室内安全用电来说，这样的保护还不够完备。随着人民生活条件的不断改善和提高，使用的电器也会越来越多，这就对漏电保护技术提出了更高的要求。即在反应触电和漏电方面应具有高灵敏性和快速性。因此，要求在电源进入用户的总配电盘处应装设具有该要求特性的漏电保护开关。

漏电保护开关（也称作剩余电流动作保护器），简称为 RCD（Residual Currentprotective Device）。漏电保护开关是在规定条件下，当漏电电流（剩余电流）达到或超过规定值时能自动断开电路的一种开关电器。它用来对低压配电系统中的漏电和接地故障进行安全防护，防止发生人身触电事故及接地电弧引发的火灾。由于其可以对低压电网中的直接触电和间接触电进行有效的防护，这是其他保护电器（如熔断器、低压空气断路器等）所不能比拟的。低压空气断路器和熔断器的主要作用是用来切断系统的相间短路故障，正常时要通过负荷电流，其保护动作值要按避开正常负荷电流整定，故一般较大；漏电保护开关只反应系统的剩余电流，正常运行时系统的剩余电流几乎为零，在发生漏电或触电事故时，电路产生剩余电流，初始值一般甚小，因此它的动作值可以整定得很小（一般为 mA）；在系统发生接地故障（如人员触电，设备绝缘损坏碰壳接地等）则出现较大的剩余电流，漏电保护开关能可靠地动作，切断电源。

例如，人体若直接触及 220V 相线，设人体电阻为 800Ω，因中性点接地电阻相对甚小可以忽略，此时通过人体的电流为

$I = 220\text{V}/800\Omega = 0.26\text{A} = 260\text{mA}$

这个电流已远大于心室纤颤阈值，但对一般低压空气断路器和熔断器来说，却根本不会动作，此时采用漏电保护开关却完全可以可靠地切断电源供电。由此可见，对于漏电和触电，漏电保护开关均有其独特的防护功能，因此它被广泛使用。

5.4.2 漏电保护开关的种类及工作原理

漏电保护开关按其电气工作原理可分为电压动作型、电流动作型、交流脉冲型等。目前，电压动作型已趋于淘汰，交流脉冲型主要用于农村配电线路总保护。应用最多的是电流动作型，称作漏电电流动作保护器。其主要形式有漏电开关、漏电继电器、漏电保护插座等。按动作原理分，有直接动作式和间接动作式两种。

直接动作式又分为衔铁吸合式和衔铁开断式两种。后者因灵敏度和可靠性高而被广泛采用。直接动作式的特点是零序电流互感器的二次线圈与漏电脱扣器的线圈直接相连，这种互感器的二次输出信号将直接作用脱扣器掉闸，故称直接式。

间接动作式又分为蓄能式和放大式两种。其特点是：在零序电流互感器的二次线圈与漏电脱扣器的线圈之间，加以能量放大，或者将互感器的二次输出积蓄一定时间使脱扣器的线圈励磁，达到一定能量后再动作。

一般电磁式漏电保护开关均属于直接式动作保护开关；电子式漏电保护开关均属于间接式动作保护开关。

下面仅对电流型漏电保护开关的基本电气原理做以介绍。

如图 5-17 所示为电流型漏电保护开关的基本电气原理图。图中 T 为剩余电流互感器，其环状铁心由高磁导率的非晶态合金制成，其上绕制有二次侧线圈，电源线 L_1、L_2、L_3 及零线 N 从 T 中穿过，构成其一次侧线圈。

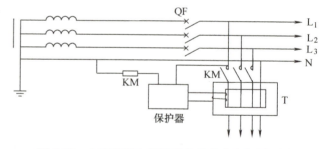

图 5-17 电流型漏电保护开关的基本电气原理图

T 的作用是反映漏电电流信号的，故构成整个装置的检测部分；用于放大漏电电流信号的，故构成装置的比较、控制部分；KM 为接触器，构成装置的执行部分，其作用是执行动作命令。漏电保护装置一般都是由这三部分组成。

在正常情况下，漏电保护装置所控制的电路中没有人身触电及漏电等接地故障时，各相电流的相量和等于零；同时各相电流在 T 铁心中所产生的磁通相量也等于零。这样在 T 的二次回路中就没有感应电动势输出，漏电装置不动作。

当电路发生漏电或触电故障时，回路中就有漏电电流通过，这时穿过 T 的三相电流相量和不等于零，因而其中的磁通相量和也不等于零。这样在 T 的二次回路中就有一个感应电压，该电压加于检测部分的电子放大电路，与保护装置的预定动作电流值相比较，若大于动作电流值，将使灵敏继电器动作，作用于执行元件跳闸。

电流动作型漏电保护开关原理框图见图 5-18。

很明显，使用电流动作型漏电保护开关可不改变系统原有的运作方式。当电网三相对地阻抗平衡时，人体触电电流将全部反映给保护器的控制元件，不存在电网阻抗分流的影响。但实际上电网三相对地阻抗通常是不平衡的，因此保护器实际检测到的信号电流是人体触电电流及电网不平衡漏电电流的向量和，所以，当电网不平衡漏电电流达到保护器的起动电流值时，线路将送不上电；人体触电电流与三相不平衡电流反相时，会使保护器动作的灵敏度下

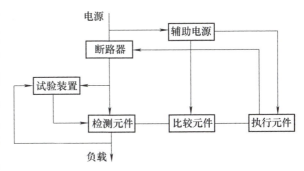

图 5-18　电流动作型漏电保护开关原理图

降。但从以上分析可知，电网不平衡漏电电流是影响电流动作型漏电保护开关工作稳定性的一个重要因素。

漏电保护开关的比较元件可分为电磁式和电子式两种。电磁式漏电保护开关的比较元件是释放式的灵敏电磁继电器，当检测元件输出的信号强度达到预定值时，启动继电器使执行元件（脱扣器）动作，自动开关跳开切断电源。电子式漏电保护开关的比较元件是电子元件组成的放大电路、比较电路和控制电路，当检测元件输出电流信号时，在电子线路中经过放大、比较，漏电电流达到预定动作值时，便可触发可控硅导通执行元件的电源，使脱扣器动作，漏电保护开关跳开切断电源。目前电子式漏电保护开关的放大电路和比较电路已有专用集成电路，从而使电子式漏电保护开关的动作特性及可靠性均得到保障，所以电子式漏电保护开关应用更为广泛。

电流型漏电保护开关额定值包含以下主要内容：额定频率（Hz）；额定电压 U_N；辅助电源额定电压 U_{SN}；额定电流 I_N；额定漏电动作电流 $I_{\Delta N}$；额定漏电不动作电流 $I_{\Delta No}$；漏电开关的分断时间；额定短路接通分断能力；额定漏电接通分断能力等。

5.4.3　漏电保护开关的分级保护

目前对低压电网进行漏电保护的方式，大致有两种：一种是漏电保护开关，主要作为对非专业人员操作回路的补充保护手段，因此按直接保护的要求，大量地在电路的末端或小分支回路中普遍地安装动作电流在 30mA 以下的高灵敏度漏电开关。另一种是在低压电网的出线端、主干线分支回路和电路末端，按照线路和负载的重要性，以及不同的要求，全面安装各种额定电流、各种漏电动作电流和动作时间特性的漏电开关，实行分级保护。下面介绍一种低压电路的两级保护方式，如图 5-19 所示。

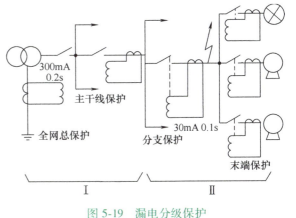

图 5-19　漏电分级保护

Ⅰ—第一级保护　Ⅱ—第二级保护

第一级保护是全网总保护，或者是为了在发生接地、漏电故障时，缩小停电范围，采用主干线保护。这一级漏电保护装置的动作电流可以选得较大，对 100kVA 以下配电变压器的总出线或 150A 以下的主干线，可选用

100～300mA 动作的漏电保护装置。100kVA 以上配电变压器的总出线或 150A 以上的主干线，可选用 300～500mA 动作的漏电保护装置。动作时间可采用延时 0.1～0.2s 的延迟特性。如果只能采用 0.1s 的快速动作型为避免因过电压干扰引起误动作，也应具有冲击波不动作性能。这一级漏电保护装置的功能，主要是排除低压电网中由于架空线断落、架空线和电话线、架空线和广播线搭接而产生的单相接地短路事故，同时这一级漏电保护装置和用电设备的接地保护相配合，只要接地电阻小于一定值，也可排除由于电动机等设备外壳漏电、碰壳而构成的间接触电伤亡事故。所以可以说，这一级漏电保护装置的功能是建立以消除触电事故隐患为目的的保护。

第二级保护是电路末端或分支回路的保护安装在上述需要进行保护的场所和用电设备的供电回路中，安装 30mA 及以下、0.1s 内动作的或具有反时限特性的漏电保护装置。

限于我国供电网络及漏电保护装置供应的具体条件，分级保护方式一般应用于农村单元式变压器供电方式。这种供电方式变压器容量小，供电范围不大，且相对线路健康水平低，用电安全程度差，所以，对提高用电安全水平来说，应用于农村更为合适。因城镇配电网络容量大，系统复杂，目前仍以末端保护为主，即将漏电保护装置根据用电设备的需要安装在电气设备的电源端、住宅的进线或室内电源插座上。下列设备和场所必须安装漏电保护装置：①属于Ⅰ类的移动式电气设备及手持式电动工具；②安装在潮湿、强腐蚀性等环境恶劣场所的电气设备；③建筑施工工地的电气施工机械设备；④暂设临时用电的电气设备；⑤宾馆、饭店及招待所的客房内插座回路；⑥游泳池、喷水池、浴池的水中照明设备；⑦机关、学校、企业、住宅等建筑物内的插座回路；⑧安装在水中的供电线路和设备；⑨医院中直接接触人体的电气医用设备；⑩其他需要安装漏电保护器的场所。

对一旦发生漏电切断电源时会造成事故或重大经济损失的电气装置或场所，应装设报警式漏电保护器：①公共场所的通道照明，应急照明；②消防用电梯及确保公共场所安全的设备；③用于消防设备的电源，如火灾报警装置、消防水泵、消防通道照明等；④用于防盗报警的电源；⑤其他不允许停电的特殊设备和场所。

5.4.4 漏电保护器的装设

1. 漏电保护器的装设场所 当人手握住手持式（或移动式）电器时，如果该电器漏电，则人手因触电痉挛将很难摆脱，触电时间一长就会导致死亡。而固定式电器漏电，如人体触及将会因电击刺痛而弹离，一般不会持续触电。由此可见，手持式（移动式）电器触电的危险性远远大于固定式电器触电。因此，一般规定安装手持式（移动式）电器的回路上应装设 RCD。由于插座主要是用来连接手持式（含移动式）电器的，因此插座回路上一般也应装设 RCD。《住宅设计规范》（GB 50096—2011）规定，在 TN 系统中，壁挂空调的插座回路可不设置 RCD，但在 TT 系统中所有插座回路均应设置 RCD。

2. PE 线和 PEN 线的装设要求 在 TN-S 系统中（或 TN-C-S 系统中的 TN-S 段）装设 RCD 时，PE 线不得穿过零序电流互感器铁心，否则当发生单相接地故障时，由于进出互感器铁心的故障电流相互抵消，因此 RCD 将不会动作，如图 5-20a 所示；在 TN-C 系统中（或 TN-C-S 系统中的 TN-C 段）装设 RCD 时，PEN 线不得穿过零序电流互感器铁心，否则当发生单相接地故障时，RCD 同样不会动作，如图 5-20b 所示。

在 TN-S 系统中和 TN-C-S 系统的 TN-S 段中，RCD 的正确接线应如图 5-21a、b 所示。对于 TN-C 系统,如果系统发生单相接地故障,则形成单相短路,其单相短路保护装置应该动作,切除故障。由图 5-20 可知,在 TN-C 系统中不能装设 RCD。

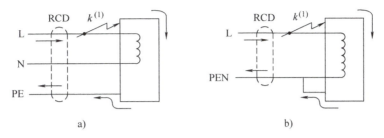

图 5-20 PE 线和 PEN 线不得穿过 RCD 的零序电流互感器铁心
  a) TN-S 系统中 PE 线穿过 RCD 互感器时,RCD 不动作
  b) TN-C 系统中 PEN 线穿过 RCD 互感器时,RCD 不动作

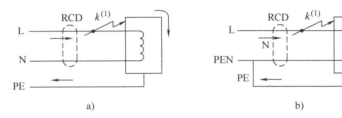

图 5-21 RCD 的正确接线

3. RCD 负荷侧的 N 线和 PE 线的装设要求 RCD 负荷侧的 N 线和 PE 线不能接反,如图 5-22 所示。在低压配电线路中,假设其中插座 XS2 的 N 线端子误接于 PE 线上,而其 PE 线端子误接于 N 线上,则插座 XS2 的负荷电流 I 不是经 N 线,而是经 PE 线返回电源,从而使 RCD 的零序电流互感器一次侧出现不平衡电流 I,造成漏电保护器 RCD 无法合闸。

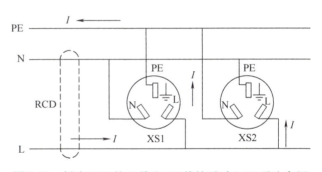

图 5-22 插座 XS2 的 N 线和 PE 线接反时 RCD 无法合闸

  为了避免 N 线和 PE 线接错,建议在电气安装中,按规定,N 线使用淡蓝色绝缘线,PE 线使用黄绿双色绝缘线,而 A、B、C 三相则分别使用黄、绿、红色绝缘线。

4. 不同回路 N 线的装设要求 装设 RCD 时,不同回路不应共用一根 N 线。在电气施工中,为节约线路投资,往往将几个回路配电线路共用一根 N 线。当将装有 RCD 的回路与其他回路共用一根 N 线,这种接线将使 RCD 的零序电流互感器一次侧出现不平衡电流,进而引起 RCD 误动,因此这种做法是不允许的。

5. 低压配电系统中多级 RCD 的装设要求 为了有效防止因接地故障引起人身触电事故以及因接地电弧引发的火灾,通常在建筑物的低压配电系统中装设两级或三级 RCD。

  线路末端装设的 RCD 通常为瞬动型,动作电流通常取为 30mA,个别可达 100mA。其前一级 RCD 则采用选择型,最长动作时间为 0.15s,动作电流则为 300~500mA,以保证前后级 RCD 动作的选择性。根据国内外资料证实，接地电流只有达到 500mA 以上时其电弧能量才有可能引燃起火。因此从防火安全角度来说，RCD 的动作电流最大可达 500mA。

5.4.5 漏电保护开关误动作的原因及预防

根据安装漏电保护开关的实际经验，漏电保护开关除了因为人身触电而动作外，更多的是由于接地漏电而动作，对于接地漏电所造成的动作，必须查明故障点，排除故障后才能使漏电保护装置再投入运行。所以，如何查找和排除故障，是重新恢复供电的重要前提。同时，漏电保护装置动作后，查明动作原因，也是加强安全用电工作的重要环节，为此下面专门介绍查找故障的顺序。漏电保护装置动作时，可根据图 5-23 的方框按自上而下的顺序进行查找。

为了能使漏电保护装置正常工作，保持良好状态，从而起到保护作用，必须作好以下几项运行管理工作。

1）漏电保护开关在投入运行后，使用单位应建立运行记录和相应的管理制度。

2）漏电保护开关投入运行后，每月须在通电状态下，按动试验按钮，检查漏电保护开关动作是否可靠。雷雨季节应增加试验次数。

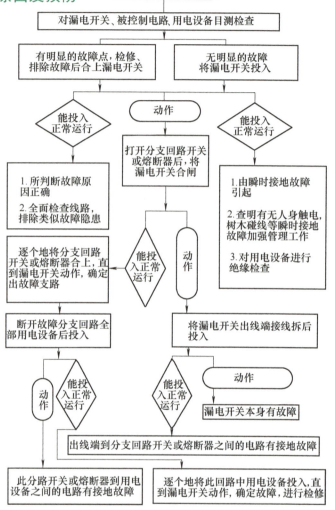

图 5-23 保护器动作后查找故障方法

3）雷击或其他不明原因使漏电保护开关动作后，应作检查。

4）为检验漏电保护开关在运行中的动作特性及其变化，应定期进行动作特性试验，其项目有：

①测试漏电动作电流值。
②测试漏电不动作电流值。
③测试分断时间。

5）退出运行的漏电保护开关再次使用前，应按上述规定的项目进行动作特性试验。

6）漏电保护开关进行动作特性实验时，应使用经国家有关部门检验合格的专用测试仪器，严禁利用相线直接触碰接地装置的试验方法。

7）漏电保护开关动作后，经验查未发现原因时，允许试送电一次，如果再次动作，应查明原因找出故障,必须对其进行动作特性试验,不得进行连续强行送电,除经检查确认为漏电保护开关本身发生故障外,严禁私自拆除漏电保护开关强行送电。

8)定期分析漏电保护开关的运行情况,及时更换有故障的漏电保护开关。

9)漏电保护开关的动作特性由出厂时整定,按产品说明书使用,使用中不得随意变动。

10)漏电保护开关的维修应有专业人员进行,运行中遇到有异常现象应找电工处理,以免扩大事故范围。

11)在漏电保护开关的保护范围内发生电击伤亡事故,应检查漏电保护开关的动作情况,分析未能起到保护作用的原因,未调查前应保护好现场,不得拆动漏电保护开关。

12)使用漏电保护开关除按漏电保护特性进行定期试验外,对断路器部分应按低压电气有关要求定期检查维护。

5.5 电涌保护技术

5.5.1 电涌保护器(SPD)的工作原理

电涌保护器(SPD)是一个非线性电阻元件,它的工作决定于施加其两端的电压 U 和触发电压 U_d 值的大小,对不同产品 U_d 为标准给定值,如图5-24所示。

当 $U<U_d$ 时:SPD的电阻很高(1MΩ),只有很小的漏电电流(<1mA)通过。

当 $U \geqslant U_d$ 时:SPD的阻值减小到只有几欧姆,瞬间泄放过电流,使电压突降。待 $U<U_d$ 时,SPD又呈现高阻性。

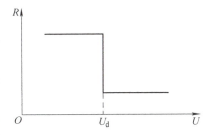

图5-24 电涌保护器的工作原理

根据上述原理,SPD广泛用于低压配电系统,用以限制电网中的大气过电压,使其不超过各种电气设备及配电装置所能承受的冲击耐受电压,保护设备免受由于雷电造成的危害,但不能保护暂时的工频过电压。

5.5.2 电涌保护器(SPD)的主要技术数据

电涌保护器必须能承受预期通过其上的雷电流,并应能对线路上的过电压峰值进行限幅,且应能熄灭雷电流通过后的工频续流。表征性能的参数有如下几个。

1. 导通时间 t 电涌保护器的导通时间是一个很重要的参数,它决定了所释放的能量值(电荷量):$Q=it$,导通时间越长,可释放越多的能量。由于电涌保护器承受高能量会导致组件的老化,因此要求浪涌电压到来时,电涌保护器应迅速响应,以便尽快把能量泄放到大地中。

2. 残余电压 U_r 当电涌保护器导通时,其两端的电压称为残余电压。其值决定于保护器的电阻下降时,在其上通过的电流的大小。如果系统的过电压只是瞬时的,短时的电流通过可以吸收过电压及减小通过的波幅,这称为过电压被保护器"斩断",此时在保护器上的电压即为残余电压,如图5-25所示。

3. 开断能力 所有的过电压保护元件都有可承受的最大电流，在这个电流之下不会被损坏，这就是电涌保护器的开断能力。

4. 最大放电电流 I_{max} I_{max} 为电涌保护器只能通过 2 次 $8\mu s/20\mu s$ 电流波的峰值电流。

5. 标称放电电流 I_n I_n 是指电涌保护器能 20 次通过 $8\mu s/20\mu s$ 电流波的峰值电流。

6. 电压保护水平 U_p U_p 是指在标称放电电流 I_n 作用期间测量的电涌保护器两端的最大电压，共有 2.5、2、1.8、1.5、1.2、1.0 六级，单位为 kV。

7. 最大持续运行电压 U_c U_c 是指能持续加在 SPD 上且不引起 SPD 特性变化和激活 SPD 的最大电压。

8. 泄漏电流 I_e I_e 是指 SPD 在未导通下的泄漏电流，$I_e < 1mA$。

图 5-26 为电涌保护器的 $U = f(I)$ 特性曲线，从图中可直观地看出各参数的含义。

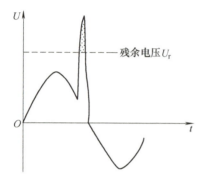

图 5-25 电涌保护器导通时的残余电压

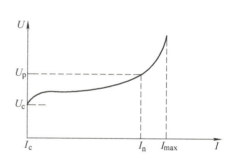

图 5-26 电涌保护器的 $U = f(I)$ 特性曲线

5.5.3 电涌保护器的类型

电涌保护器的类型按过电压保护元器件的种类可分为气体放电管、固态放电管、抑制二极管和 ZnO 压敏电阻器四种，其性能对比如下。

1. 气体放电管 在低电压时，一对电极间隙中的空气或惰性气体起到绝缘体的作用，当电压高于某一值时气体电离，正、负离子运动碰撞中性原子使之电离产生辉光放电，随之造成雪崩式击穿，将过电压降到最低，从而达到保护后级负载的目的。优点：放电时只有弧光电压，残压低（几十到几百伏），可承受大的电涌电流，极间电容小，接入高频电路时引起的信号损失小。缺点：气体电离需要时间，放电响应速度慢，放电开始时电压的分散性大，直流、交流和脉冲电压的放电开始电压不相同，有可能发生续流。

2. 固态放电管 固态放电管是基于晶闸管的工作原理和结构形式形成的二端负组器件，工作状态如同一个开关，在断开状态下，漏电流极小，过电压到来时，产生雪崩击穿效应，瞬间浪涌电流被吸收，保护了电子线路。优点：响应速度快，无限重复使用，导通压降小，无热耗。缺点：固有电容量大，可承受的瞬间浪涌电流较小。

3. 抑制二极管 利用二极管加反向电压，超出某个数值后会出现击穿现象，从而将过电压转化为大电流吸收，TVS 管就是利用这种电压击穿特性做成的。抑制二极管的优点是可以把剩余电压限制到非常小的范围并迅速做出反应，响应时间可达微秒范围。抑制二极管用作过电压保护的缺点是吸收能量的能力太小，额定电压范围大于 60V 时，使用抑制二极管只有在特别情况下才有意义。额定电压为 380V、220V 和 110V 电源不适合使用抑制二极管，这种情况下的放电能力按 8μs/20μs 脉冲计只有几十安培，电流强度超过此数，抑制二极管会短路，这意味着熔断器的熔丝熔断和电路断开。优点：电压非线性指数大，漏电流小，限制电压低。缺点：吸收电涌电流的能力太小，难以制成高电压的抑制器。

4. ZnO 压敏电阻器 正常工作电压加到压敏电阻器上时，ZnO 晶粒边界保持高阻状态，当所加的电压超过晶界隧道击穿电压时，会由高阻状态变为低电阻导通状态，即将过电压转变为大电流流过压敏电阻器，从而降低了后级负载上的电压幅值，达到保护作用。优点：漏电流小，限制电压低，响应速度快，吸收电涌电流的能力强，对电涌电流的耐受能力强，温度特性好。特别是晶界隧道击穿导通后，二极之间的电压（残压）保持在一个高于压敏电压的数值上，避免了出现续流。缺点：固有电容量比较大，接入高频电路时引起的信号损失大，不易用于高频线路。

电源上常用的压敏电阻器可疏导极限 40kA、8μs/20μs 脉冲电流，因而很适合做电源第二级放电器，但作为雷击电流放电器则不合适。

5.5.4 电涌保护器（SPD）的应用

现代建筑的各种电器设备的损坏事故中，击穿性损坏占有相当的比例，实践证明，引发事故的原因多是电源电涌过电压造成的。对电源电涌过电压的防护，目前多采用低压电涌保护器（SPD）。其作用为抑制沿电源线及信号线传导来的过电压及过电流。

1. SPD 的三级保护 根据 IEC 防雷分区和分级保护的原则，应在配电线路上分级加装电涌保护器，使设备端的电涌过电压值低于设备耐压值。第一级 SPD 应安装在建筑物电气装置的电源进线处，这样可将沿供电线路袭来的雷电波过电压防护于建筑物之外。若配电变压器设在建筑物内的供电电源，第一级 SPD 应安装在变压器低压侧，且 SPD 的接地端就近与变压器金属外壳相连，最大限度地减小引线寄生电感，降低雷电暂态电流所产生的压降。第二级 SPD 可安装于楼层电源配电箱内或设备机房电源配电箱处，以防止暂态过电压沿配电干线浸入到各楼层或设备机房。对于耐冲击电压低于 1.2kV 的设备（如计算机设备、通信设备等），还需在其电源输入前设置 SPD，即在其专用配电箱内安装第三级 SPD，以防暂态过电压对于灵敏度高的微电子信息设备的损害。

在 SPD 的三级保护电路中，第一级 SPD 应安装于 LPZ_0（A 或 B）区与 LPZ_1 区交界面。第一级进线保护 SPD 应具有大的通流容量，以便泄放直击雷的能量，SPD 的冲击通流容量不应小于 10/350μs，40kA 的 SPD，所以第一级 SPD 应选用气体放电管、放电间隙等电压开关型（如 PRF1 型、FLD1 型等）。第二级 SPD 安装于 LPZ_1 区与 LPZ_2 区交界面，此位置的下端带有大量的电子信息设备和计算机，一般采用压敏电阻限压型，冲击通流容量不应小于 8/20μs，10kA 的 SPD。其型号可选用 PRD、ST、FLD2 型等。第三级 SPD 安装于 LPZ_2 区与后续防雷区交界面，保护计算机和设备免受雷电感应过电压或操作过电压的危害，可选用冲击通流不小于 8/20μs，5kA 的 SPD，其型号有 FLD3。

各级 SPD 的限制电压均不应大于被保护设备的耐冲击电压等级，安装在不同防雷界面上的 SPD 应与被保护系统的基本绝缘水平（包括引线感应电压）、冲击耐受电压一致。220/380V 三相系统各种设备耐冲击过电压额定值，见表 5-3。

表 5-3 220/380V 三相系统各种设备耐冲击过电压额定值

设备位置	电源处的设备	配电线路和最后分支线路的设备	用电设备	特殊需要保护的设备	建筑物内总线设备
耐冲击过电压类别	Ⅳ类	Ⅲ类	Ⅱ类	Ⅰ类	/
耐冲击过电压额定值/kV	6	4	2.5	1.5	1.2

按被保护负载的特性选用 SPD 时，SPD 过电压保护水平应为：U_{smax}（电网最高运行电压）$< 0.8 U_p$（SPD 的最大钳压）$< U_{choc}$（负载的冲击耐受电压）。其中电网最高运行电压（U_{smax}）与接地系统的类型有关，见表 5-4。

表 5-4 电网最高运行电压与接地系统类型关系

接地系统类型	TT	TN-S	TN-C	IT 中性线配出	IT 中性线不配出
电网最高运行电压/V	345/360	253/264	253/264	398/415	398/415

2. SPD 安装使用要求

1）第一级 SPD 应安装靠近进线处的总等电位连接端子上；第二级和第三级 SPD 应尽量靠近被保护设备，接线尽量短，接线总长度要小于 50cm。

2）为满足信息系统设备耐受能量要求，SPD 在进行多级配合时，应考虑其之间的能量配合。通常一级保护能承受高电压和大电流，并应能快速灭弧。二级保护用来减小系统端的残余电压，它应具有较高的斩波能力，两级 SPD 之间的最短距离不能小于 10m，这样可保证 SPD1 先动作，SPD2 后动作，避免 SPD2 因承受大的通流能量而损坏。

3）SPD 都有最大通过电流 I_{max}，这是电涌保护器不被损坏而能承受的最大电流，当超出该值或长期工作于感应过电压状态时，电涌保护器被击穿造成短路。因此，为保证信息系统设备正常运行，SPD 应考虑带失效指示，并在 SPD 电源侧安装过流保护装置（如熔断器或空气断路器），及时切除损坏的 SPD。

SPD 配用过流保护装置技术参数及 SPD 两端连接导线选择见表 5-5。

表 5-5 SPD 配用过流保护装置技术参数及 SPD 两端连接导线选择表

SPD 保护分级	熔断器或空气断路器短路分断能力/kA	熔断器或空气断路器长延时额定电流/kA	电源侧配线（铜导线）截面/mm²	接地侧配线（铜导线）截面/mm²
一级保护	50	50	16	25
二级保护	10	32	10	16
三级保护	6	16	6	10

4）SPD 与漏电保护装置（RCD）配合时，在出现暂态过电压时，电涌保护器将过电流泄放入地时，应保证电源的漏电保护开关不能动作，以保证重要负荷不间断供电，电源进线应选动作值为 300/500mA 或采用延时跳闸的漏电保护装置，以躲过暂态过电压的干扰，对下级漏电保护装置（RCD）应选择高抗干扰 30mA 的漏电保护设备，以保证漏电保护的选择性跳闸。

复习思考题

1. 雷电的形成过程是怎样的？对建筑物的危害有哪些？
2. 民用建筑和工业建筑的防雷是如何分类的？
3. 建筑物防雷等级有哪些？各级如何考虑防雷要求？
4. 简述防雷装置的组成。
5. 高层建筑有何特别要求？应采取哪些特殊防雷措施？
6. 接地有哪几种类型？其作用是什么？
7. 什么叫保护接地和保护接零？各在什么条件下采用？
8. 常见的有哪几种保护接地方式？各有什么特点？
9. 什么叫等电位连接？其作用是什么？
10. 什么是接触电压与跨步电压？如何减小接触电压与跨步电压？
11. 什么是电力装置的接地电阻？应满足哪些要求？
12. 漏电保护开关有哪几种？其工作原理是什么？
13. 采用漏电保护开关与熔断器、低压空气断路器的保护形式各有什么特点？
14. 常用的漏电保护开关有哪几种？简述其工作原理。
15. 必须安装漏电保护开关的设备和场所有哪些？漏电保护器的装设要求是什么？
16. 电涌保护器的工作原理是什么？电涌保护器的主要技术参数有哪些？
17. 电涌保护器有哪些类型？各有什么特点？
18. 电涌保护器安装使用要求有哪些？

第6章 智能建筑电气技术

6.1 智能建筑概述

6.1.1 智能建筑的现状与发展

智能建筑是以最大限度激励人的创造力、提高工作效率，配置大量智能型设备的建筑。它广泛地应用了数字通信技术、控制技术、计算机网络技术、电视技术、光纤技术、传感器技术及数据库技术等高新技术，构成各类智能化系统。智能建筑可提供安全性、舒适性和便利高效性三大方面的服务功能，可以满足人们在社会信息化新形势下对建筑物提出的更高的功能需求。智能建筑的特点首先是系统高度集成，就是将智能建筑中分离的设备、子系统、功能、信息，通过计算机网络集成为一个相互关联的统一协调的系统，实现信息、资源、任务的重组和共享。其次，智能建筑还具有安全、舒适、便捷、节能、节省人工费用的特点。

智能建筑融合了建材、钢铁、机械、电力、电子、仪表、计算机和通讯等多门学科，将建筑、通信、计算机和设备监控等方面的先进技术相互融合，集成为最优化的整体，它的出现满足了现代社会对建筑物的功能要求。随着科学技术的不断发展，智能建筑的智能化程度也得到了逐步提高。智能建筑是信息时代的必然产物，是高科技与现代建筑的巧妙结合，它已成为综合国力的具体表征。

2020年7月，住房和城乡建设部等13部门联合印发《关于推动智能建造与建筑工业化协同发展的指导意见》，提出以大力发展建筑工业化为载体，以数字化、智能化升级为动力，创新突破相关核心技术，加大智能建造在工程建设各环节应用，形成涵盖科研、设计、生产加工、施工装配、运营等全产业链融合一体的智能建造产业体系。其意义主要体现在一是加快建筑工业化升级，打造建筑产业平台，推广应用钢结构构件和预制混凝土构件智能制造生产线。加大BIM（建筑信息模型）、物联网、大数据、云计算、5G（第五代移动通信技术）、人工智能等新技术的集成与创新应用。二是提升数字化水平。我国目前正处于从"建造大国"向"建造强国"发展的关键阶段，建筑业精益化、智能化、绿色化、工业化融合发展，驱动"中国建造"走向"中国智造"是未来建筑业发展的大势，数字化转型是推动建筑业高质量发展的重要途径。三是培育智能建造优势企业。智能建造涉及土木工程、自动化工程、电子信息工程、工程管理等多学科的交叉融合，人才缺口大，也缺乏具有系统解决方案能力的优势企业，亟须推动形成一批智能建造龙头企业，引领并带动中小企业向智能建造转型升级。各地也进一步向智能建造领域倾斜，加大对智能建造关键技术研究、基础软硬件开发、智能系统和设备研制、项目应用示范等的支持力度。

近年来，为了最大限度地节约资源、保护环境和减少污染，为人们提供健康、适用和高效的使用空间，与自然和谐共生的绿色建筑工程应运而生。当今是迈向信息化的时代，能否抓住机遇在建设领域提高信息化水平直接关系到城建事业的兴衰成败。因此，将智能化和信息化与城市建设更加紧密地结合起来是大势所趋，相信智能建筑将成为21世纪建筑发展的主流。

6.1.2　智能建筑的组成及功能

智能建筑主要由楼宇自动化（BA，Building Automation）、通信自动化（CA，Communication Automation）和办公自动化（OA，Office Automation）构成。这3个自动化简称为"3A"，是智能化建筑必须具备的功能。目前有些开发商为了突出智能大厦某项功能或增加卖点，又提出防火自动化（FA，Fire Automation）和管理自动化（MA，Management Automation），形成"5A"智能化建筑。甚至有的又提出保安自动化（SA，Security Automation），出现"6A"智能建筑。但从国际惯例来看，FA和SA均放在楼宇自动化系统（BA）中，而MA也包含在办公自动化（OA）中。因此，在本章中只采用"3A"智能建筑的提法。

1. 楼宇自动化（BA）　楼宇自动化是以中央监控系统为核心，对建筑物内设置的各种设备进行监控和管理，从而提供一个良好的生活和工作环境。

楼宇自动化系统主要包括电力供应系统、照明系统、空调与通风监控系统、交通设备系统、给排水系统、消防系统、保安监控系统及物业管理系统等。

2. 通信自动化（CA）　通信自动化系统由计算机局域网及以程控数字交换机为中心的通信网组成，能在智能建筑内对语音、图文及数据进行传输与处理，并能与外部通信设施相连，交流信息。

通信自动化系统包括语音通信系统、图文通信系统、数据通信系统及卫星通信系统等。

3. 办公自动化（OA）　办公自动化系统是以计算机为中心，并利用电话机、传真机、复印机、打印机等一系列先进的信息处理设备，广泛地收集和处理文字信息、数据信息及多媒体信息等，提高办公业务的规范化程度、复杂程度和提高对信息资源的利用效率。

办公自动化系统按业务性质来分，主要有电子数据处理系统、信息管理系统和决策支持管理系统三部分。

6.2　现场总线技术

6.2.1　现场总线技术概述

1. 现场总线的定义　现场总线，按照国际电工委员会IEC/SC65C的定义，是指连接在智能现场设备之间以及智能现场设备与控制室内的自动控制设备之间的数字式、双向串行和多点通信的数据总线，它也被称为现场底层设备控制网络（INFRANET）。它是计算机技术、通信技术和控制技术发展的产物，即通常人们所称的3C（Computer，Communication，Control）技术。

现场总线技术的基本内容包括：以串行通信方式取代传统的4~20mA的模拟信号；一条现场总线可为众多的可寻址现场设备实现多点连接；支持底层的现场智能设备与高层的系统通过公用传输介质交换信息。现场总线的核心是它的通信协议，这些协议必须根据国际标准化组织ISO的计算机网络开放系统互连的OSI参考模型来制定。

2. 现场总线的类型　在现场总线技术早期的发展过程中，不同的国家和公司制定了各自的现场总线标准。其中较有影响的主要有基金会现场总线 FF（Foundation Field Bus）、LON Works（Local Operating Network）现场总线、CAN（Controller Area Network）现场总线、过程现场总线 PROFIBUS（Process Field Bus）和 HART 协议（Highway Addressable Remote Transducer）等。

(1) 基金会现场总线 FF　基金会现场总线 FF 是在过程自动化领域得到广泛支持和具有良好发展前景的技术。其前身是以美国 Fisher-Rosemount 公司为首，联合 Foxboro、横河、ABB、Siemens 等 80 多家公司制定的 ISP 协议和以 Honeywell 公司为首，联合欧洲等地 150 多家公司制定的 World FIP 协议，1994 年两大集团合并成立 FF 基金会。

基金会现场总线 FF 分低速 H1 和高速 H2 两种通信速率。H1 的通信速率 31.25Kbit/s，通信距离 1900m，可支持总线供电和本质安全防爆环境。H2 通信速率分为 1Mbit/s 和 1.5Mbit/s 两种，通信距离分别为 500m 和 750m。目前，基金会现场总线 FF 的应用领域以过程自动化为主，如化工、电厂实验系统、废水处理、油田等行业。

(2) LON Works 现场总线　它是一种有强劲实力的现场总线技术，由美国 Echelon 公司推出并与摩托罗拉、东芝公司共同倡导，于 1990 年正式公布。它采用了 ISO/OSI 模型的全部七层通信协议，采用了面向对象的设计方法，通过网络变量把网络通信设计简化为参数设置，其通信速率从 300bit/s 至 15Mbit/s 不等，直接通信距离可达到 2700m（78Kbit/s，双绞线），支持双绞线、同轴电缆、光缆、红外线等多种通信介质，并开发了相应的安全防爆产品，被誉为通用控制网络。被广泛应用在楼宇自动化、家庭自动化、保安系统、办公设备、交通运输、工业过程控制等行业。国内主要应用于楼宇自动化。

(3) CAN 现场总线　CAN 现场总线最早由德国 Bosch 公司推出，广泛应用于离散控制领域，其总线规范现已被 ISO 国际标准组织制订为国际标准，得到了 Motorola、Intel、Philips、Siemens、NEC 等公司的支持。CAN 协议是建立在 ISO/OSI 模型基础上的，不过进行了优化，采用了其中的物理层、数据链路层、应用层，提高了实时性。

CAN 的信号传输采用短帧结构，传输时间短，具有自动关闭功能。当节点严重错误时，可以切断该节点与总线的联系，使总线上的其他节点及其通信不受影响，具有较强的抗干扰能力。其节点有优先级设定，支持点对点、一点对多点和广播模式通信，各节点可随时发送消息。传输介质为双绞线，通信速率与总线长度有关。

CAN 主要产品应用于汽车制造、公共交通车辆、机器人、液压系统、分散型 I/O。另外在电梯、医疗器械、机床、楼宇自动化等场合也有所应用。

(4) PROFIBUS 现场总线　PROFIBUS 现场总线是由德国工业界于 1987 年开始联合开发的，其规则和标准成为德国工业标准，即 DIN 19245 标准，1996 年被批准成为欧洲标准（EN 50170）。PROFIBUS 现场总线包括 PROFIBUS-DP、PROFIBUS-FMS、PROFIBUS-PA 三部分。DP 用于分散外设间的高速数据传输，适用于加工自动化领域。FMS 适用于纺织、楼宇自动化、可编程控制器、低压开关等。而 PA 型则适用于过程自动化。

PROFIBUS 支持主从系统、纯主站系统、多主多从混合系统等几种传输方式，主站对总线具有控制权。对多主站系统来说，主站间通过令牌传递来传递对总线的控制权。取得控制权的主站，可向从站发送、获取信息，实现点对点通信。主站可采取对所有站点广播（不要求应答），或有选择地向一组站点广播。主站具有对总线的控制权，可主动发送信息。

(5) HART 协议　HART 协议是由 Rosemount 公司最早开发并于 1986 年提出的通信协

议。它是用于现场智能仪表和控制室设备间通信的一种协议,包括 ISO/OSI 模型的物理层、数据链路层和应用层。其特点是在现有模拟信号传输线上实现数字信号通信,属于模拟系统向数字系统转变过程中的过渡产品,因而在当前的过渡时期具有较强的市场竞争能力,得到了较好的发展。但由于它采用模拟与数字信号混合,难以开发通用的通信接口芯片。HART 总线有点对点或多点连接模式,可用于由手持编程器与管理系统主机作为主设备的双主设备系统。

3. 现场总线的组成　现场总线系统由控制系统、测量系统、管理系统三个部分组成。

(1) 控制系统　其软件是系统中的重要组成部分,控制系统的软件有组态软件、维护软件、仿真软件、设备软件和监控软件等。首先选择开发组态软件、控制操作人机接口软件。通过组态软件,完成功能块之间的连接,选定功能块参数,进行网络组态。在网络运行过程中对系统实时采集数据、进行数据处理、计算。

(2) 测量系统　系统多变量高性能的测量,使测量仪表具有计算能力等更多功能。由于采用数字信号,具有高分辨率,准确性高、抗干扰、抗畸变能力强,同时还具有仪表设备的状态信息,可以对处理过程进行调整。

(3) 管理系统　可以提供设备自身及过程的诊断信息、管理信息、设备运行状态信息(包括智能仪表)和厂商提供的设备制造信息,将被动的管理模式改变为可预测性的管理维护模式。

4. 现场总线的特点　现场总线技术是 3C 技术从控制层发展到工艺设备现场的技术结果,它具有以下的特点。

(1) 增强了现场级的信息采集能力　现场总线可以从现场设备获取大量的信息,能够很好地满足系统的信息集成要求。现场总线是数字化的通信网络,它不单纯取代 4～20mA 信号,还可实现设备状态、故障和参数信息传送。系统除完成远程控制,还可完成远程参数化工作。

(2) 系统具有开放性　通信协议遵从相同的标准,不同厂家的设备之间可进行互连并实现信息交换,用户可按自己的需要和对象把来自不同供应商的产品组成大小随意的系统。

(3) 系统具有互可操作性与互用性　互可操作性是指实现互连设备间、系统间的信息传送与沟通,可实行点对点、一点对多点的数字通信。而互用性则意味着不同生产厂家的性能类似的设备可进行互换而实现互用。

(4) 现场设备智能化及功能自治　系统将传感测量、补偿计算、工程量处理与控制等功能分散到现场设备中完成,仅靠现场设备即可完成自动控制的基本功能,并可随时诊断设备的运行状态。

(5) 系统具有分散性　现场总线构成的是全分布式控制系统的体系结构,简化了系统结构,提高了可靠性。

(6) 系统具有对环境的适应性　现场总线可采用多种传输介质传送数字信号,如用双绞线、同轴电缆、光缆、射频、红外线、电力线等,可因地制宜,就地取材。它还具有较强的抗干扰能力,能采用两线制实现供电和通信,并可以满足安全防爆的要求。

由于现场总线的以上特点,特别是其系统结构的简化,使其从设计、安装、投运到正常生产运行及检修维护,都体现出优越性。它不仅节省了硬件数量与投资,节省了安装费用,而且系统的维护也大大降低。现场总线控制系统不仅精确度与可靠性高，在方便使用和维护性方面也比 DCS 有优势。现场总线系统使用统一的组态方式，安装、运行、维修简便；利用智能化现场仪表，使维修预报成为可能；由于系统具有互操作性和互用性，用户可以自由选择不同品牌的设备达到最佳的系统集成，在设备出现故障时，可以自由选择替换的设备，保障用户的高度系统集成主动权。此外，它还具有设计简单，易于重构的优点。

6.2.2　现场总线技术在现代建筑中的应用

随着控制技术的发展，对智能大厦进行综合管理的智能建筑物管理系统，正逐步从集散型系统进步为基于现场总线的控制系统。现场总线的种类有很多，但适合智能建筑且能在我国推广的仅有 CAN 和 LON Works 两种。

CAN 起初专门用于汽车工业以节省接线的工作量，芯片由 Motorola、Intel 等公司生产。虽然芯片价格便宜且易于推广，但因其传送数据宽度较窄而不适宜应用在复杂的过程控制领域，目前在智能建筑中有所应用。

LON Works 主要用于工业自动化和智能建筑。智能建筑的一个特点是测控点分散，从一盏灯、一个探头到一部电梯、一台空调机，几乎遍及建筑物各个角落。另一个特点是被控设备种类多，包括空调机、冷却机、风机盘管、锅炉、换热设备、发电机组、电梯、给排水设备、火灾报警、保安监控、照明配电等，且这些设备往往本身配有控制系统。要实现对建筑物内所有机电设备进行全面控制，需要一种成本低、对分散设备可以实现互操作的测控系统，而 LON Works 正具有这种优势。LON Works 的不足之处在于用户需要进行二次开发而不能直接应用。

6.3　综合布线系统

6.3.1　综合布线系统概述

20 世纪 50 年代，发达国家在兴建大型高层建筑中，首先提出楼宇自动化的要求。在建筑物内部装设备种仪表、控制装置和信号显示等设备，并采取集中控制、监视的方法，以便于运行操作和维护管理。这些设备分别设有独立的传输线路，将分散在建筑物内的设备连接起来，组成各自独立的集中监控系统，这种线路称为专业布线系统。

20 世纪 80 年代以来，随着科学技术的不断发展，专业布线系统已不能满足需要。为此，美国率先研究和推出综合布线系统（Premises Distribution System，简称 PDS），以替代专业布线系统。

1. 综合布线系统的概念　综合布线系统是指一个建筑物（或场地）的内部之间或建筑群体中的信息传输媒质系统。它将语音、数据（包括计算机）、图像（包括有线电视、监控系统）等各种设备所需的布线、接续构件组合在一套标准的，且通用的传输媒质（对绞线、同轴电缆、光缆等）中。

综合布线具有以下特征：

（1）系统性　在建筑物的任意区域均有输出端口，使在连接和重新布置工作终端时无须另外布线。

（2）重构性　在不改变系统布线结构的情况下能重新组织网络拓扑结构。

（3）标准化　整个系统的输出端口及相应配线电缆要求统一，使其能够平稳连接各种网络和终端。

综合布线系统由于其设计思想上的先进性和易于管理，可长期提供简单平稳的操作，构造网络、工作站的设置变得简单容易，并可同步进行。从长远看，综合布线最大限度地减少了安装成本。

2. 综合布线系统的类型　为了满足不同用户的实际需要，适应通信发展趋势，目前，综合布线系统可以分为3种不同类型，即基本型、增强型和综合型布线系统。它们都能支持语音、数据等系统，在设备配置和特点及适用场合方面有所不同。但是这3种类型的综合布线系统又有相互衔接的有机关系。它们能够随着用户客观需要的变化，逐步增加、完善和提高通信功能，由低级转变到高级的综合布线系统。

（1）基本型综合布线系统　基本型综合布线系统是一个比较经济的布线系统。它支持语音和数据产品。

1）系统的设备配置。

①每个工作区有一个信息插座。

②每个水平布线子系统的配线电缆是一条4对非屏蔽对绞线电缆。

③接续设备全部采用夹接式交接硬件。

④每个工作区的干线电缆至少有2对对绞线。

2）系统的特点。

①能支持语音、数据或高速数据系统。

②能支持多种计算机系统的数据传输。

③工程造价较低，且可适应今后发展要求，逐步向高级的综合布线系统发展。

④技术要求不高，便于日常维护管理。

⑤采用气体放电管式过压保护和能够自复的过流保护。

（2）增强型综合布线系统　增强型综合布线系统不仅支持语音和数据的应用，还支持图像、影视和视频会议等。

1）系统的设备配置。

①每个工作区有两个以上的信息插座。

②每个工作区的配线电缆是两条4对非屏蔽对绞线电缆。

③接续设备全部采用夹接式或插接式交接硬件。

④每个工作区的干线电缆至少有3对对绞线。

2）系统的特点。

①任何一个信息插座都可提供话音和数据处理等多种服务。

②采用铜芯导线电缆和光缆混合组网。

③维护管理简单方便。

④能适应多种产品的需要，具有适应性强、经济有效等特点。

⑤采用气体放电管式过压保护和能够自复的过流保护。

（3）综合型综合布线系统　综合型综合布线系统的特征是把光缆纳入了综合布线系统。

1）系统的设备配置。

①每个工作区有两个以上的信息插座。

②在基本型和增强型系统的基础上增设光缆系统。一般在建筑群子系统和建筑物垂直干线子系统上根据需要采用多模或单模光缆。

③每个基本型或增强型的工作区设备配置，应满足各种类型的配备要求。

2）系统的特点。

①任何一个信息插座都可提供话音和数据处理等多种服务。

②采用以光缆为主与铜芯导线电缆混合组网。

③维护管理简单方便。

④能适应多种产品的需要，具有适应性强、经济有效等特点。

3. 综合布线系统的特点　综合布线系统是一个全新的概念，总的特点为"与设备无关"。综合布线系统还有一定的先进性，其特点主要表现在以下几方面。

（1）综合性、兼容性　综合布线系统具有综合多种系统并互相兼容的特点。在使用时可不定义信息插座的具体应用，只需把某种所需设备接入信息插座然后在设备间和管理间的交连设备上做相应的跳线操作即可。

（2）开放性　综合布线系统是开放式体系结构，符合多种国际上流行的标准，能支持任何厂家的任意网络产品，支持任意网络结构，对几乎所有通信协议也是开放的。

（3）灵活性　即在任意信息点上，能够连接不同类型的设备，所有设备的开通及更改均不需要改变系统布线，只需增减相应的网络设备以及进行必要的跳线管理即可。

（4）发展性　综合布线系统采用模块化设计和积木式的标准件，除去敷设在建筑物内的水平线缆外，其余所有的接插件都是积木式，易于扩充及重新配置。标准件便于管理与使用。

（5）经济性　综合布线系统将分散的专业布线系统综合到统一的标准化网络中，减少了缆线和设备的数量。虽然采用综合布线系统初次投资多，但却降低了整个建筑运行费用，其性价比极高。

6.3.2　综合布线系统的构成

综合布线系统由6个子系统构成，它们分别是工作区子系统、水平子系统、管理子系统、干线子系统、设备间子系统和建筑群子系统，其结构如图6-1所示。

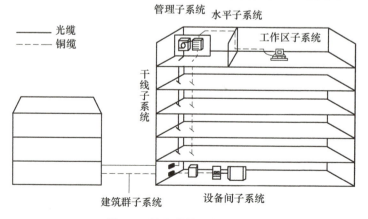

图6-1　综合布线系统的组成

1. 工作区子系统 工作区子系统是连接各种终端设备的区域,是综合布线系统的最末端。其组成包括从信息插座到终端设备的接线处之间的所有设备。其设备有信息插座、连接软线、适配器等。工作区域可支持电话机、计算机、传真机、打印机及传感器等终端设备。工作区子系统规模的大小由信息插座的数量决定,不做统一规定。

2. 水平子系统 水平子系统是连接工作区子系统和垂直干线子系统的部分。一端接在信息插座,另一端接在楼层配线间的配线架上,多采用3类或5类线。该子系统包括水平电缆、水平光缆及楼层配线架上的接插软线和跳线等。它是局限于同一楼层的布线系统,功能是将干线子系统线路延伸到工作区,缆线通常采用4对8芯无屏蔽双绞线。

3. 管理子系统 管理子系统设置在每个楼层中的接续设备房间内,其主要功能是将干线子系统与各楼层间的水平子系统相互连接,它是连接干线子系统和水平子系统的纽带。主要设备为配线架和跳线。当终端设备位置或局域网的结构变化时,只要通过跳线方式即可解决,而不需要重新布线。管理子系统是充分体现综合布线灵活性的地方,是综合布线的一个重要的子系统。

4. 干线子系统 干线子系统通常安装在弱电竖井中,它是整幢建筑综合布线系统的主干部分。它由两端分别接到管理子系统和设备间子系统配线架上的大对数电缆或光缆组成,是建筑物的主干电缆。

5. 设备间子系统 设备间指建筑物内专设的安装设备的房间,也是网络管理和值班人员的工作场所。其系统由设备间中的电(光)缆、各种大型设备(电话交换机、计算机主机等)、总配线架及防雷保护装置等构成。它是把建筑内公共系统需要互相连接的各种不同设备集中装设的子系统,可以完成各个楼层水平子系统之间的通信线路的调配、连接和测试等任务,还与建筑外的公用通信网连接形成对外传输的通道。它可以说是整个综合布线系统的中心单元。

6. 建筑群子系统 建筑群子系统是指将两个以上建筑物间的通信信号连接在一起的布线系统,其两端分别安装在设备间子系统的接续设备上,可实现大面积地区建筑物之间的通信连接。通常采用架空安装或在地下管道内敷设,并设有防止浪涌电压进入建筑的保护装置。

6.3.3 综合布线系统的工程设计

1. 传输媒质的选择 在综合布线系统中,一般常用的传输媒质是对绞线和光缆。

EIA/TIA把对绞线分为5类,一般常用的有3类:

(1) 3类线 最高带宽为16MHz,用于话音和低速数据(10Mbit/s)的传输;

(2) 4类线 最大带宽为20MHz,用于传输16Mbit/s的数据;

(3) 5类线 目前应用最为广泛,其带宽为100MHz。允许运行像100Mbit/s这样的高速网络并支持600MHz的全息图像。

在实际应用中,3类UTP以音频传输而著称,5类UTP则以数据传输作为重点。另外,近几年出现了几种新型电缆,其中超5类电缆是在对现有的5类UPT对绞线的部分性能加以改善后产生的新型电缆系统,不少性能参数,如近端串扰(NEXT)、衰减串扰比(ACR)等都有所提高,但其传输带宽仍为100MHz;6类电缆系统是一个新级别的电缆系统,除了各项性能参数都有较大提高外,其带宽将扩展至200MHz或更高;7类电缆是欧洲提出的一种电缆标准,其计划的带宽为 600MHz,但是其连接模块的结构与目前的 RJ-45 完全不兼容。

与对绞线相比,光缆具有传输信息量大、距离长、体积小、重量轻、抗干扰性强等优点。所以,光缆是理想的大容量宽频传输线路。

光缆有单模和多模两种,多模光纤在网络中一般只支持较近的传输(几千米),常用于建筑物内的连接。单模光纤较多模光纤在网络中支持更远的信号传输,常用于建筑物之间的连接。

在实际应用中,要了解建筑物内所涉及的各系统的传输标准要求,根据智能建筑对系统传输速率的不同要求来选择合适的传输媒质。如果综合布线系统的具体用途不十分明确,一般选用 5 类线或超 5 类线为宜。同时还须注意的是,系统接续设备的选择必须要与传输媒质的类型相适应。

2. 工作区子系统设计 工作区子系统设计的主要内容为对信息插座的类型、类别和安装方式的确定以及对信息插座数量的估算。

(1) 确定信息插座的类型 综合布线系统中的信息插座有两种,都是国际标准的 RJ-45 插座。它们在外观上无区别,只是在线的排序上不同。T568A(ISDN)符合 ISDN 国际标准的要求,T568B(ALT)在北美洲使用比较广泛。在设计中要注意,同一个综合布线系统中只能使用一种类型的信息插座,不可混用。

(2) 确定信息插座的类别 在确定了信息插座所采用的国际标准之后,还要确定信息插座的类别。一般认为在未来使用要求还不明确的情况下,宜全部采用 5 类或更高级别的线缆和插座。在使用要求明确的情况下,可以根据用户的要求,从降低综合布线系统的投资考虑,电话传输宜采用 3 类线缆和插座,计算机传输宜采用 5 类或更高级别的线缆和插座的形式。

(3) 估算信息插座的数量 信息插座数量的估算由下列步骤完成:

1)计算楼面实际可用的面积 根据建筑物的建筑面积计算出建筑物的使用面积,通常认为使用面积=建筑面积×0.75。

2)确定一个工作区的服务面积 通常情况下工作区的服务面积根据工作环境需要,在 $5 \sim 10 m^2$ 之间选定。

3)计算工作区的数量 工作区的数量=工作区的总面积÷一个工作区的服务面积。

4)估算信息插座的数量 信息插座的数量=工作区的数量×一个工作区内信息插座的数量。

(4) 确定信息插座的安装方式 新建筑物通常采用嵌入式(暗装)信息插座,现有建筑物则采用表面安装(明装)的信息插座。

3. 水平子系统设计 水平子系统是综合布线结构中重要的一部分,它的设计成功与否,与整个布线系统的设计是否成功有极大的关系。

(1) 最大布线距离 水平子系统对布线的距离有着严格的规定,水平电缆或光缆的最大长度为 90m。这是楼层配线架上电缆或光缆机械终端到通信引出端之间的电缆或光缆的长度。另外有 10m 软电缆长度,它包含有工作区电缆或光缆、楼层配线架上的接插软线或跳线。其中接插软线或跳线的长度不应超过 5m,并要求整个系统要一致。

在楼层配线架和通信引出端之间可设置转接点,但要求最多转接一次,且整个水平电缆最大长度 90m 的要求不变,因为转接点过多或布线距离过长,必然使电缆的传输特性恶化而降低通信质量。

(2) 确定电缆类型　综合布线系统的水平子系统采用 4 对双绞线。4 对对绞线分 UTP、STP 两种型号，并且分类为阻燃和非阻燃、实心和非实心。对于用户有高速率终端要求的场合，可采用光纤直接布设到桌面的方案。

(3) 确定布线方式　水平布线可采用多种方式，要求根据建筑物的特点及用户的不同需要灵活掌握。一般采用较多的有吊顶布线法（包括分区法、内部布线法、电缆管道布线法、插通布线法）和地板布线法（包括地板下线槽布线法、蜂窝状地板布线法、高架地板布线法、地板下管道布线法）。

(4) 确定电缆长度

1) 根据水平子系统的布线方法、电缆走向和配线间的位置来确定离配线间最远和最近的信息插座的距离。

2) 求出平均电缆长度。平均电缆长度＝最近和最远的两条电缆的总长/2。

3) 计算总电缆长度。总电缆长度＝[平均电缆长度+备用部分（平均长度的 10%）+端接冗余 6m]×信息点数量。

4. 管理子系统设计　管理子系统的主要设备是配线架，因此该子系统的设计主要是确定配线架的类别及配线架的数量。

(1) 配线架的类别　配线架分为两大类，即光纤配线架和双绞线配线架，并且光纤配线架和双绞线配线架又分为多对数型和快接型。其中快接型适用于信息点较少，用户经常对线路进行修改、移位或重组的场合。多对数配线架适用于信息点较多且线路基本固定的场合。

(2) 计算配线架数量的原则　计算配线架数量有两个原则，一个是要求语音配线架与数据配线架分开；另一个是进线与出线分开。

此外，为了保证系统的未来应用，水平双绞线的所有 8 芯线都要打在配线架上。

5. 干线子系统设计　干线子系统将楼层的通信间与本大楼的设备间连接起来，构成综合布线系统的另一个星形结构。干线子系统的硬件主要是大对数电缆或光缆。它起到传输过程中主干的作用。

(1) 干线子系统缆线的长度　干线子系统缆线的长度应根据传输介质及带宽要求而定。如果使用光纤，传输距离可达 2000m。使用大对数电缆，当要求带宽大于 5MHz 时，线缆长度不宜超过 90m，当带宽要求小于 5MHz 时，则最长能到 800m。

(2) 确定干线电缆的连接方法

1) 点对点端接方法。点对点端接方法是最简单、最直接的连接方法，它要求只用一根电缆独立供应整个一层楼，干线子系统每根电缆从设备间引出直接延伸到指定的楼层和交接间。点对点端接方法如图 6-2 所示。

2) 分支递减端接法。分支递减端接方法是用 1 根大容量干线电缆（其容量足以供应若干个交接间或若干楼层），经过电缆接头保护箱分出若干根小容量电缆，这些小容量电缆分别延伸到每个交接间或每个楼层，并端接于目的地的连接硬件。分支递减端接方法如图 6-3 所示。

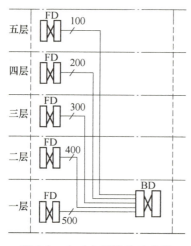
图 6-2　点对点端接法示意图

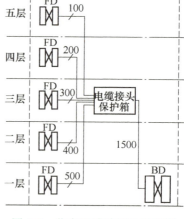
图 6-3　分支递减端接法示意图

3）直接连接方法。干线电缆采用直接连接方法是特殊情况使用的技术。一种情况是整个综合布线系统信息点的数量较少；另一种情况是管理间太小。直接连接方法如图 6-4 所示。

（3）确定干线电缆的布线方式　垂直干线通道有电缆孔法和电缆井法两种布线方式可供选择，水平干线通道也有管道法和电缆桥架法可供选择。

（4）计算干线子系统缆线用量

1）干线子系统使用大对数电缆时，线缆用量的计算按下列步骤进行：

①计算各层干线子系统电缆对数，即

$$S_n = \Delta S g \qquad (6\text{-}1)$$

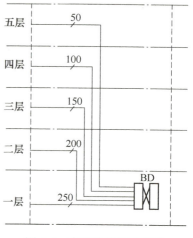
图 6-4　直接连接法示意图

式中　S_n——第 n 层干线子系统电缆总对数；

ΔS——每个工作区所需干线电缆的对数；

g——第 n 层的工作区数量。

②计算各层干线子系统电缆根数：根据各层干线子系统电缆总对数和电缆的规格选择电缆，并计算所需电缆的根数。

③计算各层干线子系统电缆长度，即

每根电缆长度＝层交接间至设备间的距离＋电缆预留长度

电缆预留长度一般为 6～12m。

干线子系统电缆总长度计算按电缆的规格分别合计。

2）干线子系统使用大对数电缆时，电缆用量的计算按下列步骤进行：

①计算每根光缆长度，即

每根光缆长度＝层交接间至设备间的距离＋光缆预留长度

光缆预留长度一般为 10～12m。

②计算光缆总长度，即按光缆的规格，分别合计电缆、光缆总长度。

6. 设备间子系统设计　设备间子系统的设备和管理间基本相同，只不过规模较大，并且还有防雷、防过压、防过流等的保护设备。

设备间子系统的设计主要从两方面考虑，一个是设备间的位置；一个是设备间的大小。

（1）设备间的位置　设备间的位置一般应按下列原则确定。

1）应尽量建在建筑物平面及其综合布线系统干线综合体的中间位置。
2）应尽量靠近服务电梯，以便装运笨重设备。
3）应尽量避免设在建筑物的高层或地下室以及用水设备的下层。
4）应尽量远离强震动源和强噪声源。
5）应尽量避开强电磁场的干扰源。
6）应尽量远离有害气体源以及存放腐蚀、易燃、易爆物。

（2）设备间的大小　设备间最小面积至少应为 $14m^2$，根据实际需要还可相应地扩大。

7. 建筑群子系统设计　建筑群子系统的硬件由大对数铜缆与光缆构成。由于是户外敷设，与室内敷设的电缆相比，在外层保护上有所不同，以适应户外使用。对于进入建筑物的外线一定要接入独立的配线架，对于铜缆要进行电气保护，以保护接入设备不受过流过压的损坏；对于光缆不必进行电气保护。建筑群子系统的电缆可以采用架空电缆、直埋电缆、地下管道电缆、巷道敷设或者这四种敷设方式的任意组合进行敷设。

8. 综合布线系统供电设计　电源是综合布线系统设备间或各个机房（包括程控数字用户电话交换机房、计算机主机房等）的主要动力，电源供电质量的好坏和安全可靠程度直接影响智能化建筑中各种设备的正常运行。但是综合布线系统的供电设计是否合理和完善也是极为重要的。综合布线系统的电源设计应注意以下几点：

（1）综合布线系统电力负荷等级的确定　综合布线系统的电力负荷等级一般应与该建筑物中电气设备的最高负荷等级相同，且与智能化建筑中的程控数字用户电话交换机和计算机主机处于同一类型电力负荷等级，这样便于采取统一的供电方案设计。

（2）供配电方式的确定　在智能化建筑中综合布线系统、程控数字用户电话交换机和计算机主机等的供配电方式应统一考虑，以便节省设备和有利于维护管理。

在综合布线系统工程中较常用的是直接供电和 UPS 相结合的供配电方式。将设备间和机房内的辅助设备的用电由市电直接供给；程控数字用户电话交换机和计算机主机及其网络的互连设备均由不间断供电系统 UPS 供电。这种供配电方式的优点是不仅可减少系统之间的互相干扰，有利于维护检修，此外还可减少 UPS 设备数量（因为 UPS 设备价格较高），从而使工程建设费用降低。

9. 综合布线系统防护设计　综合布线系统防护设计的内容主要包括各种缆线和配线设备的选用和接地系统的设计两部分，它们虽然内容较少，但它是综合布线系统工程设计的关键环节，对于保证综合布线系统的正常运行起着重要作用。

（1）各种缆线和配线设备的选用　防护设计的目的，是为了尽量减少各种电气故障对综合布线系统的各种缆线和配线设备（包括接插件）的损害，避免对综合布线系统所连接的设备（如用户终端设备）和器件的损坏。在进行防护设计时，其中各种缆线和配线设备的选用是关键。在防护设计中应注意了解工程现场实际情况和调查周围环境条件，以取得翔实可靠的数据，并以此为依据正确、合理选用设备和器材。各种缆线和配线设备的选用宜符合以下要求：

1）当综合布线系统所在的周围环境干扰场强度或综合布线系统的噪声电平低于防护标准的规定时，可以选用 UTP 非屏蔽缆线系统和非屏蔽配线设备。

2）综合布线系统的周围环境干扰强度或综合布线系统的噪声电平高于防护标准的规定时，应根据其超过标准的量级大小，分别采取选用 FTP、SFTP 和 STP 等不同屏蔽结构的缆线系统和具有屏蔽性能的配线设备。此外，如果综合布线系统距离其他干扰源的间距不能满足要求时，应采取适当的保护措施。

3）如果综合布线系统的周围环境干扰场强度很高，采用屏蔽系统也无法满足各项标准的规定时，应采用光缆系统。

4）当智能化建筑内的用户要求综合布线系统必须保证信息保密，不允许传输的信号向外辐射，或综合布线系统的发射干扰波指标不能满足防护标准的规定时，应采用具有屏蔽性能的配线设备和屏蔽结构的缆线，或采用光缆系统。

（2）接地系统设计　在智能化建筑中的综合布线系统，其接地系统按其作用的不同，可分为直流工作接地、交流工作接地、屏蔽保护接地和安全保护接地、防雷保护接地等多种，本书主要讲述保护接地。

1）屏蔽保护接地　当智能化建筑内部或周围环境对综合布线系统存在电磁干扰时，综合布线系统必须采用具有屏蔽性能的缆线和设备，且要求各段缆线的屏蔽层都必须保持良好的连续性。此外，应有良好的接地措施，要求屏蔽层接地线距离接地点应尽量靠近，一般不应超过 6m。综合布线系统的配线设备也应接地，用户设备端的接地视具体情况而定。

由于采用屏蔽系统的缆线和设备的工程建设投资较高，为节约投资，采用没有屏蔽结构的缆线，或虽采用屏蔽缆线但因屏蔽层的连续性和接地系统都得不到保证时，应将缆线穿放在钢管或在金属槽道（或桥架）内敷设，同时要求各段钢管或金属槽道（或桥架）应保持连续的电气连接，并在钢管或槽道的两端有良好的接地。

2）安全保护接地和防雷保护接地　当通信线路从建筑物外部引入内部时，通信电缆有可能受到雷击、电源接地、电源感应电动势或地电动势升高等的外界影响时，必须采取安全保护措施，以防发生各种损害和事故。

①过电压保护：综合布线系统中的过电压保护目前有气体放电管保护器或固态保护器两种，由于价格的原因，目前宜选用气体放电管保护器。

②过电流保护：综合布线系统的过电流保护宜选用能够自复的保护器。目前，可选用热线圈和熔断器。在综合布线系统中一般采用熔丝保护器，因其日常使用和维护管理均较方便，价格也较适宜。

③当建筑物防雷接地采用外引式泄流引下线入地时，通信接地应与建筑物防雷接地分开设置，它们之间应保持规定的间距，以确保通信安全。这时综合布线系统采取单独设置接地体，保护地线的接地电阻值不应大于 1Ω。

④如果建筑物防雷接地利用建筑结构钢筋作为泄流引下线，且与其基础和建筑物四周的接地体连成整个防雷接地装置时，综合布线系统的通信接地无法与它分开，不能保持规定的安全间距时。应采取互相连接在一起的方法，将它们互相连通，使整幢建筑的接地系统组成一个笼式的均压整体，这就是联合接地方式。采用联合接地方式时，为了减少危险影响，要求总接线排的工频接地电阻不应大于 1Ω，以限制接地装置上出现的高电位值。

6.4 共用天线电视（CATV）系统

6.4.1 CATV系统的发展与功能

共用天线电视（CATV）系统是建筑物弱电系统中应用最普遍的一种电视接收系统。该系统能将公共天线接收来的电视信号经过适当的处理（如：放大、混合、频道变换等）后，再由专用部件将信号合理地分配给电视机用户。

CATV系统不仅能解决远离电视发射台的地区及高层建筑密集区用户难以收到高质量电视信号的问题，还可以通过采用其他技术为用户提供更多的电视节目。由于电视机的普及和高层建筑的增多，CATV系统已成为人们生活中不可缺少的一种服务设施。

随着通信技术的迅速发展，CATV系统现在不但能接收电视塔发射的电视节目，还能通过卫星地面站接收卫星传播的电视节目及利用微波传输电视节目。通过CATV系统还可以自己播放节目（如电视教学）以及从事传真通信和各种信息的传递工作。总之，现在的CATV系统已被赋予了新的含义，已成为无线电视的延伸、补充和发展，它正朝着宽带、双向、能够进行多种业务的信息网发展。

6.4.2 CATV系统的构成

CATV系统由前端系统、干线传输系统和用户分配系统三部分组成，如图6-5所示。

1. 前端系统 前端系统主要包括电视接收天线、频道放大器、频率转换器、卫星电视接收设备、自播节目设备、导频信号发生器、调制器、混合器及连接线缆等部件。主要功能是对电视信号进行接收和处理。不同的系统模式，其前端设备的组成也有所不同。

2. 干线传输系统 干线传输系统的设备除了干线放大器外，还有电源、电源通过型分支器、分配器和干线电缆等。前端系统接收和处理后的电视信号经干线系统传输给用户分配系统。对于小型的CATV系统，可以不包括干线部分，直接由前端系统和用户分配系统组成。

3. 用户分配系统 用户分配系统是CATV系统中的末端系统，主要设备有分配放大器、分支器、分配器、系统输出端及电缆线路等，其功能是将电视信号分配到每个用户，在分配过程中要保证每个用户的信号质量。

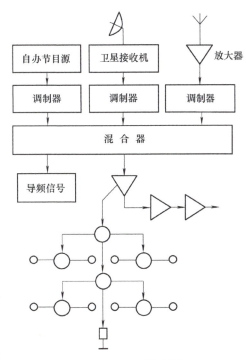

图6-5 CATV系统的构成

6.4.3 CATV系统天线的安装与防雷

1. 电视接收天线的安装与防雷

（1）选择天线的安装位置　天线位置的选择，关系到电视信号电平的大小及信噪比的高低。在选择天线安装位置时要注意以下几点：

1）应使用场强计进行场强测量及图像信号分析，确定最佳的安装位置和方向。

2）天线尽量架设在高大建筑物上或山顶，以避开干扰源及避免绕射损失。

3）要求接收点的场强应大于46dBμV，信噪比要大于40dB。

4）路由选择要尽量短，以减少信号损失。

（2）接收天线的防雷　由于接收天线一般安装在建筑物的最高处，所以防雷非常重要，必须对天线采取防雷措施。天线的防雷方法一般有以下几种：

1）将天线竖杆顶部加长作避雷针。这种方法要求将天线金属竖杆顶部加长2.5m左右，使天线处于避雷针的保护区内。要注意的是保证竖杆有良好的接地，对于高层建筑，可以把引下线与建筑构件连接，且与建筑物组成联合接地方式，接地电阻应不大于1Ω。

2）在距天线3m以上的地方安装高出天线的独立避雷针，把天线置于其保护范围之内。要求避雷针有良好的接地，接地电阻要小于4Ω。

3）将天线竖杆、天线振子及避雷针的零电位在电气上连成整体，并与建筑物防雷设施纳入同一系统，实行共地连接。

4）在天线馈线和天线放大器电源线上安装避雷器，以防雷电进入室内。

2. 卫星电视天线的安装与防雷

（1）卫星电视天线的安装要求

1）为使一个天线能根据需要接受多颗卫星的电视信号，在我国天线指向若以正北为基准，方位角应尽量覆盖90°～270°范围。要求与天线的夹角能在5°～70°范围内变化。前面应无高山、房屋、树木、铁塔等障碍物。若只是专门接收某一颗卫星的信号，那么在天线前方无遮挡即可。

2）选择站址时应尽可能避开风口，防止天线在风力荷载作用下损坏或颠覆。

3）站址应尽量避免电磁场的干扰，建站前应作电磁干扰测试。

4）站址的地质条件要求良好，避免日后发生沉陷而导致天线指向错误。有条件的最好设置天线基础。

（2）卫星电视天线的防雷　由于卫星电视接收站一般与共用接收天线安装在一起，多建在山区高地或高层建筑的顶端，因此防雷是十分重要的问题。

1）天线安装在地面基础上而附近恰好有带防雷系统的建筑物，且天线处于建筑物避雷针的保护范围之内时，接收天线可不设置避雷针，但天线底座要接地良好，接地电阻应小于4Ω。

2）天线安装在空旷地区的地面时，可以在主反射面的上沿及副反射面的顶端各装一避雷针，避雷针的高度应使它的保护范围覆盖整个反射面。

3）防雷接地和系统接地要严格分开，系统设备如放大器、分支器不能随便接地。

4）安装避雷针的位置应尽量远离人行道口，以免雷击电流伤害人体。

5）电源系统和馈线入口处应装有避雷装置并保证接地良好。

6.4.4　CATV系统的设计

1. CATV系统的设计计算方法及步骤　CATV系统的设计计算方法有顺推法、倒推法、列表法和图示法等几种，其设计基本程序可归纳为如下步骤：

1）列出已知条件和要求，包括用户的数量、所要接受的频道、接收地点的场强、所用天线的输出电平、用户要求的电平、所选器件的型号和性能及其他的一些要求。

2）确定整个系统的结构组成方案。

3）利用倒推法计算出分配网络的输入电平，即前端输出电平 $S_o(dB\mu V)$，公式为

$$S_o = S_n + \sum L_p + \sum L_x + \sum L_n - \sum G_F + L_z + L \tag{6-2}$$

式中　S_n——用户端电平（dBμV）；
　　　$\sum L_p$——总的分配损耗（dB）；
　　　$\sum L_x$——总的电缆线损耗（dB）；
　　　$\sum L_n$——总的分支器插入损耗（dB）；
　　　$\sum G_F$——放大器的总增益（dB）；
　　　L_z——分支损耗（dB）；
　　　L——衰减器的衰减量（dB）。

4）计算要求的前端增益，公式为

$$G = S_o + S_a \tag{6-3}$$

式中　S_a——天线增益（dB）。

5）用顺推法计算各用户电平（dB），即

$$S_n = S_o - \sum L_p - \sum L_x - \sum L_n + \sum G_F - L_z - L \tag{6-4}$$

6）列表或绘图，并进行成本核算。

2. CATV 系统设计计算时的注意事项

1）前端输出电平一般应在 120dB 以下；用户电平如无特别要求一般可取 70dBμV 计算；用顺算法计算各用户电平时要求各用户端的电平差应尽可能小，一般不应超过 10dB。

2）计算时，首先选择线路距离最远、用户量多、条件最差的分配线路进行计算，因为这样就可保证其他分配线路和用户也必然能满足要求。

3）当系统传输全频道信号时，应将 UHF、VHF 频段电平分别计算。如果系统只传输 VHF 频段信号时，可将最高频道（如 12 频道）和最低频道（如 1 频道）电平分别进行计算。

4）根据分支器的特点，一般按从上到下的顺序串接，前面的应用分支损耗大的分支器，往后依次采用分支损耗小的分支器，以使个用户端电平趋于一致。

6.5　安全防范系统

安全防范系统是指以维护公共安全为目的，综合运用安防产品和相关科学技术、管理方式所组成的公共安全防范体系。它包括防盗报警系统、电视监控系统、出入口控制系统、访客对讲系统、巡更系统和停车场自动出入管理系统等多种防范系统。各种系统可以单独使用，也可以联动，目前在智能建筑中应用非常广泛。

6.5.1　防盗报警系统

防盗报警系统是指当有入侵者入侵防范区域时，能够及时发出报警信号的专用电子系

统。它能够根据现场的实际情况，使用不同的信号探测器来进行周界防护和定位保护。

1. 防盗报警系统的组成　防盗报警系统由探测器、传输系统和报警控制器组成，如图 6-6 所示。

在防盗报警系统中，探测器安装在防范现场，来探测和预报各种危险情况。当有入侵发生时，发出报警信号，并将报警信号经传输系统发送到报警控制器。

图 6-6　防盗报警系统的基本组成

信号传输系统的信道种类极多，通常分有线信道和无线信道。有线信道常使用双绞线、电话线、同轴电缆或光缆传输探测电信号。而无线信道则是将控测电信号调制到规定的无线电频段上，用无线电波传输探测电信号。

由信号传输系统送到报警控制器的电信号经控制器作进一步的处理，以判断"有"或"无"危险信号。若有情况，控制器就控制报警装置发出声、光报警信号，引起值班人员的警觉，以采取相应的措施；或者直接向公安保卫部门发出报警信号。

2. 探测器

（1）探测器的分类　在防盗报警系统中，探测器通常有以下几种分类方式。

1）按传感器种类分类，即按传感器探测的物理量的不同来分类。通常有开关报警器，振动报警器，超声、次声报警器，红外报警器，微波、激光报警器等。还有把两种传感器安装在一个探测器里的报警器，称为双鉴报警器。

2）按工作方式来分类，有主动和被动报警器。被动报警器在工作时是利用被测物体自身存在的能量进行检测而不需向探测现场发出信号。主动报警器在工作时，探测器要向探测现场发出某种形式的能量，经过反射或直射到传感器上，形成一个稳定的信号。当出现危险情况时，稳定信号被破坏，报警器发出报警信号。

3）按警戒范围分类，可分成点、线、面和空间探测报警器。

①点控制报警器警戒的仅是某一点，如门窗、柜台、保险柜，当这一监控点出现危险情况时，即发出报警信号。通常用微动开关方式或磁控开关方式进行报警控制。

②线控制报警器警戒的是一条线，当这条警戒线上出现危险情况时，发出报警信号。如光电报警器或激光报警器，先由光源或激光器发出一束光或激光，被接收器接收，当光和激光被遮断，报警器即发出报警信号。

③面控制报警器警戒的范围为一个面，当警戒面上出现危害时，即发出报警信号。如振动报警器装在一面墙上，当墙面上任何一点受到震动时即发出报警信号。

④空间控制报警器警戒的范围是一个空间，当所警戒空间的任意一处出现非法进入时，即发出报警信号。如在微波多普勒报警器所警戒的空间内，入侵者从门窗、天花板或地板的任何一处进入都会产生报警信号。

（2）几种常用探测器

1）磁控开关。磁控开关是一种应用广泛、成本低、安装方便且不需要调整和维修的探测器，主要用于各类门窗的警戒。磁控开关分为可移动部件和输出部件。可移动部件是一块磁铁，安装在活动的门窗上。输出部件是带金属触头的两个簧片封装在充满惰性气体的玻璃管（称干簧管），安装在相应的门窗框上，两者安装距离要适当，以保证门、窗关闭时干簧管触头在磁力作用下闭合。输出部件上有两条线,正常状态为常闭输出。当门窗开启时,磁铁与干簧管远离,干簧管附近磁场消失或减弱,干簧管触头断开,输出转换成为常开。即当有人破坏单元的大门或窗户时,磁控开关将信号传输给报警控制器进行报警。

2)玻璃破碎探测器。根据探测原理的不同,玻璃破碎探测器分为振动探测器和声音探测器两种。

①振动式玻璃破碎探测器。一般黏附在玻璃上,利用振动传感器在玻璃破碎时产生的 2kHz 特殊频率,感应出报警信号。对一般行驶车辆或风吹门窗时产生的振动则没有响应。

②声音分析式玻璃破碎探测器。它利用拾音器对高频的玻璃破碎声音进行有效的检测,主要用于周界防护,安装在单元窗户和玻璃门附近的墙上或天花板上,不会受到玻璃本身的振动而引起反应。当窗户或阳台门的玻璃被打破时,玻璃破碎探测器探测到玻璃破碎的声音后即将探测到的信号传给报警控制器进行报警。

3)微波探测器。微波探测器分为微波移动探测器和微波阻挡探测器两种,是利用微波能量的辐射及探测技术构成的报警器。

①微波移动探测器。(多普勒式微波探测器) 微波移动探测器一般由探头和控制器两部分组成,探头安装在警戒区域,控制器设在值班室。探头中的微波振荡源产生一个固定频率为 $f_o = 300 \sim 300000 \text{MHz}$ 的连续发射信号,其小部分送到混频器,大部分能量通过天线向警戒空间辐射。当遇到运动目标时,反射波频率变为 $f_o \pm f_d$,通过接收天线送入混频器产生差频信号 f_d,经放大处理后再传输至控制器,触发控制电路报警或显示。这种报警器对静止目标不产生反应,没有报警信号输出,一般用于监控室内目标。由于微波的辐射可以穿透水泥墙和玻璃,在使用时需考虑安装的位置和方向。

②微波阻挡探测器。这种探测器由微波发射机、微波接收机和信号处理器组成,使用时将发射天线和接收天线相对放置在监控场地的两端,发射天线发射微波束直接送达接收天线。当没有运动目标遮断微波束时,微波能量被接收天线接收,发出正常工作信号。当有运动目标阻挡微波束时,接收天线接收到的微波能量将减弱或消失,即可产生报警信号。

4)超声波报警器。超声波报警器的工作方式与微波报警器类似,只是使用的是 $25 \sim 40 \text{kHz}$ 的超声波。当入侵者在探测区内移动时,超声反射波会产生大约 $\pm 100 \text{Hz}$ 频移,接收机检测出发射波与反射波之间的频率差异后,即发出报警信号。该报警器容易受到振动和气流的影响。

5)红外线探测器。红外线探测器是利用红外线的辐射和接收技术构成的报警装置,分为主动式和被动式两种类型。

①主动式红外探测器。主动式红外探测器是由收、发装置两部分组成。发射装置向装在几米甚至几百米远的接收装置辐射一束红外光束,当光束被遮断时,接收装置即发出报警信号,因此它也是阻挡式报警器,或称对射式报警器。

主动式红外探测器有较远的传输距离,因红外线属于非可见光源,入侵者难以发觉与躲避,防御界线非常明确,提高其抗噪声和误报的能力。而且主动红外探测器寿命长,价格低,易调整,被广泛使用在安全技术防范工程中。

当主动红外探测器用在室外自然环境时,通常采用截止滤光片,滤去背景光中的极大部分能量(主要滤去可见光的能量),使接收机的光电传感器在各种户外光照条件下的使用基本相似。另外,室外的大雾会引起红外光束的散射,从而大大缩短主动红外探测器的有效探测距离。

②被动式红外探测器。被动式红外探测器不向空间辐射能量，而是依靠接收人体发出的红外辐射来进行报警。任何物体因表面热度的不同，都会辐射出强弱不等的红外线。因物体的不同，其所辐射之红外线波长也有差异。人体的表面温度为36℃，大部分辐射功能集中在8～12μm的波段范围内。被动式红外探测器即用此方式来探测人体。

6）电动式振动探测器。主要用于室内、室外周界警戒及防凿、砸金库保险柜等。当入侵者走动，或敲打墙壁、门窗和保险柜等物体时，由这些物体所发出的微弱振动信号，经与地面、墙壁或保险柜等固定在一起的电动式振动传感器转换成电信号，经放大、处理，即可发出报警信号。

7）泄漏电缆入侵探测器。泄漏电缆入侵探测器一般应用于室外周界，或地道、过道、烟囱等处的警戒。泄漏电缆入侵探测器有双线组成的，也有三线组成的。双线组成时，一根电缆发射能量，另一根电缆接收能量，两者之间形成一个电场。当有人进入此电场时，干扰了这个耦合场，此时在感应电缆里便产生了电量的变化，此变化的电量达到预定值时，便发出报警。三线组成时，中间的一根电缆发射能量，两边的两根电缆接收能量，中间的一根和其两边的两根电缆之间都各自形成一个稳定的电场。当有人进入此电场时，就会产生干扰信号，在其中的一根或两根感应电缆中产生变化的电量，此电量达到预定值时，便发出报警。

8）双鉴报警器。各种报警器各有优缺点，为了减少误报，把两种不同探测原理的探测器结合起来，组成双技术的组合报警器，即双鉴报警器。双技术的组合不能是任意的，必须符合以下条件：

①组合中的两个探头（探测器）有不同的误报机理，而两个探头对目标的探测灵敏度又必须相同。

②上述原则不能满足时，应选择对警戒环境产生误报率最低的两种类型探测器。如果两种探测器对外界环境的误报率都很高，当两者结合成双鉴探测器时，不会显著降低误报率。

③选择的探测器应对外界经常或连续发生的干扰不敏感。

3. 报警控制器　报警控制器是防盗报警系统的中枢，它负责接收报警信号，控制延迟时间，驱动报警输出等工作。它将某区域内的所有防盗防侵入传感器组合在一起，形成一个防盗管区，一旦发生报警，则在控制器上可以一目了然地反映出区域所在。高档的报警控制器有与闭路电视监控摄像的联动装置，一旦在系统内发生警报，则该警报区域的摄像机图像将立即显示在中央控制室内，并且能将报警时刻、报警图像、摄像机号码等信息实时地加以记录，若是与计算机连机的系统，则可以报警信息数据库的形式储存，以便快速地检索与分析。

6.5.2　电视监控系统

电视监控系统是电视技术在安全防范领域的应用，是一种先进的、安全防范能力极强的综合系统。它的主要功能是通过摄像机及其辅助设备来监控被控现场，并把监测到的图像、声音内容传送到监控中心。目前已广泛应用到金融、交通、商场、医院、工厂等各个领域，是现代化管理、监视、控制的重要手段，也是智能建筑的一个重要组成部分。

电视监控系统一般由摄像、传输分配、控制、图像显示与记录四个部分组成。系统通过摄像部分把所监视目标的光、声信号变成电信号，然后送入传输部分。传输部分将摄像机输出的视频（有时包括音频）信号馈送到中心机房或其他监视点。系统通过控制部分，可在中心机房通过有关设备对系统的摄像和传输部分的设备进行远距离控制。系统传输的图像信号可依靠相关设备进行切换、记录、重放、加工和复制等处理。摄像机拍摄的图像则由监视器重现出来。电视监控系统的组成如图 6-7 所示。

图 6-7　电视监控系统的组成

1. 摄像部分　摄像部分由摄像机、镜头、云台和摄像机防护罩等设备构成，摄像机是核心设备。

（1）摄像机　摄像机是电视监控系统中最基本的前端设备，其作用是将被摄物体的光图像转变为电信号，为系统提供信号源。按摄像器件的类型，摄像机分为电真空摄像器件和固体摄像器件两大类。其中固体摄像器件（如 CCD 器件）具有寿命长、重量轻、不受磁场干扰、抗震性好、无残像和不怕靶面灼烧等优点，随着其技术的不断完善和价格的逐渐降低，已经逐渐取代了电真空摄像器件。

摄像机的主要参数指标如下：

1）像素数。像素数指的是摄像机 CCD 传感器的最大像素数。对于一定尺寸的 CCD 芯片，像素数越多则由该芯片构成的摄像机的分辨率也越高。

2）分辨率（清晰度）。分辨率是衡量摄像机优劣的一个重要参数。指当摄像机在标准的测试环境下摄取等间隔排列的黑白相间条纹时，在监视器上能够看到的最多线数。当超过这一线数时，屏幕上就只能看到灰蒙蒙的一片而不能再分辨出黑白相间的线条。一般用水平电视线 TVL 表示。需要注意的是，在系统中所选用监视器的分辨率要高于摄像机的分辨率。

3）最低照度（灵敏度）。最低照度是指当被摄景物的光亮度低到一定程度时，使摄像机输出的视频信号电平低到某一规定值的景物光亮度。测定此参数时，应注明镜头的最大相对孔径。

4）信噪比。信噪比指的是信号电压对于噪声电压的比值，通常用符号 S/N 表示。其中 S 表示摄像机在无噪声时的图像信号值，N 表示摄像机本身产生的噪声值。信噪比也是摄像机的一个主要参数。当摄像机摄取较亮场景时，监视器显示的画面通常比较明快，观察者不易看出画面中的干扰噪点；而当摄像机取较暗场景时，监视器显示的画面就比较昏暗，观察者此时很容易看到画面中雪花状的干扰噪点。干扰噪点的强弱（也即干扰噪点对画面的影响程度）与摄像机信噪比指标的好坏有直接关系，即摄像机的信噪比越高，干扰噪点对画面的影响就越小。一般摄像机给出的信噪比值均是在 AGC（自动增益控制）关闭时的值。CCD 摄像机信噪比的典型值一般为 45~55dB。

（2）镜头　镜头相当于人眼的晶状体，如果没有晶状体，人眼看不到任何物体；如果没有镜头，那么摄像机所输出的图像就是白茫茫的一片，没有清晰的图像输出。摄像机镜头是电视监视系统中不可缺少的部件，它的质量（指标）优劣直接影响摄像机的整机指标。摄像机镜头按其功能和操作方法分为定焦距镜头、变焦距镜头和特殊镜头三大类。

镜头的参数有很多，主要有成像尺寸、焦距、光圈、视场角、景深及镜头安装接口等。

1）成像尺寸。镜头一般可分为 25.4mm（1in）、16.9mm（2/3in）、12.7mm（1/2in）和 8.47mm（1/3in）等几种规格，它们分别对应着不同的成像尺寸，选用镜头时，应使镜头的成像尺寸与摄像机的靶面尺寸大小相吻合。

2）焦距（f）。焦距表示的是从镜头中心到主焦点的距离，它以毫米为单位。

3）光圈（F）。光圈即指光圈指数 F，它被定义为镜头的焦距（f）和镜头有效直径（D）的比值，即 $F=f/D$。

4）视场角。镜头都有一定的视野范围，镜头对这个视野的高度和宽度的张角称为视场角，视场角与镜头的焦距及摄像机靶面尺寸的大小有关。焦距短视角宽，焦距长视角窄。

5）景深。景深是指焦距范围内景物的最近点和最远点之间的距离。通常改变景深的方法有三种：一是用长焦距镜头；二是增大摄像机和被摄物体的实际距离；三是缩小镜头的焦距。

6）镜头安装接口。镜头与摄像机大部分采用"C""CS"安装座连接。所有的摄像机镜头均是螺纹口的，CCD 摄像机的镜头安装有两种工业标准，即 C 安装座和 CS 安装座。两者螺纹部分相同，但两者从镜头到感光表面的距离不同。C 安装座从镜头安装基准面到焦点的距离是 17.526mm；CS 安装座其镜头安装基准面到焦点的距离是 12.5mm。如果要将一个 C 安装座镜头安装到一个 CS 安装座摄像机上时，则需要使用镜头转换器。反之则不能。

（3）云台　云台是一种用来安装摄像机的工作台，分为手动和电动两种。手动云台由螺栓固定在支撑物上，摄像机方向的调节有一定范围。一般水平方向可调 15°~30°，垂直方向可调±45°。电动云台是在微型电动机的带动下做水平和垂直转动，不同的产品其转动角度也各不相同。在云台的选用中，主要考虑以下几项指标：

1）回转范围。云台的回转范围分水平旋转角度和垂直旋转角度两个指标，具体选择时可根据所用摄像机的要求加以选用。

2）承载能力。因为摄像机及其配套设备的重量都由云台来承载，选用云台时必须将云台的承载能力考虑在内。一般轻载云台最大负重约 9kg，重载云台最大负重约 45kg。

3）云台的旋转速度。一般来讲，普通云台的转速是恒定的，云台的转速越高，价格也就越高。有些场合需要快速跟踪目标，这就要选择高速云台。有的云台还能实现定位功能。

4）安装方式。云台有侧装和吊装两种，即云台可安装在天花板上和安装在墙壁上。

5）云台外形。分为普通型和球形，球形云台是把云台安置在一个半球形或球形防护罩中，除了防止灰尘干扰图像外，还有隐蔽、美观的特点。

（4）摄像机防护罩　在闭路电视监控系统中，摄像机的使用环境差别很大。为了在各种环境下都能正常工作，需要使用防护罩来进行保护。防护罩的种类有很多，主要分为室内、室外和特殊类型等几种。室内防护罩主要区别是体积大小，外形是否美观，表面处理是否合格，主要以装饰性、隐蔽性和防尘为主要目标；而室外防护罩因属全天候应用，要能适应不同的使用环境。特殊型防护罩主要用于特殊的场合。

2. 传输部分　电视监控系统中，主要有电视信号和控制信号需要传输。电视信号从系统前端的摄像机流向电视监控系统的控制中心，控制信号从控制中心流向前端的摄像机等受控对象。

电视监控系统中，传输方式的确定，主要根据传输距离的远近和摄像机的多少来定。传输距离较近时，采用视频传输方式；传输距离较远时，采用射频有线传输方式或光缆传输方式。

3. 控制部分 在电视监控系统中,控制部分是系统的核心。它是多种设备的组合,这种组合是根据系统的功能要求来决定的。设备组成一般包括主控器(主控键盘)、分控器(分控键盘)、视频矩阵切换器、音频矩阵切换器、报警控制器及解码器等。其中主控器和视频矩阵切换器是系统中必须具有的设备,通常将它们集中为一体,结构如图6-8所示。控制部分有如下功能:

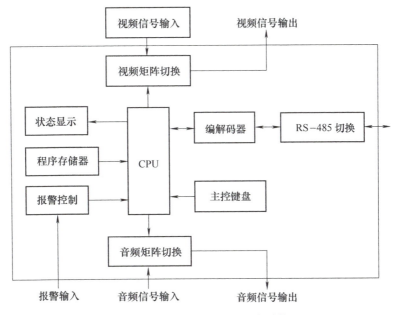

图 6-8 电视监控系统控制台结构

1) 接收各种视频装置的图像输入,并根据操作键盘的控制将它们有序地切换到相应的监视器上供显示或记录,完成视频矩阵切换功能,编制视频信号的自动切换顺序和间隔时间。

2) 从键盘输入操作指令,用来控制云台的上下、左右转动,镜头的变倍及调焦、光圈及室外防护罩的雨刷。

3) 键盘有口令输入功能,可防止未授权者非法使用本系统,多个键盘之间有优先等级安排。

4) 对系统运行步骤可以进行编程,有数量不等的编程程序可供使用,可以按时间来触发运行所需程序。

5) 有一定数量的报警输入和继电器触头输出端,可接收报警信号输入和端接控制输出。

6) 有字符发生器,可在屏幕上生成日期、时间及摄像机号等信息。

4. 图像显示与记录部分 图像显示与记录部分的主要设备是监视器及录像机。其中监视器将前端摄像机传送到终端的视频信号再现为图像,录像机则将监视现场的部分或全部画面进行实时录像,以便为事后查证提供证据。

6.5.3 出入口控制系统

出入口控制系统即门禁管理系统,是用来控制进出建筑物或一些特殊的房间和区域的管理系统。出入口控制系统采用个人识别卡方式,给每个有权进入的人发一张个人身份识别卡，系统根据该卡的卡号和当前的时间等信息，判断该卡持有人是否可以进出。在建筑物内的主要管理区、出入口、电梯间、主要设备控制中心机房、贵重物品库房等重要部位的通道口安装上出入口控制系统，可有效控制人员的流动，并能对工作人员的出入情况做及时的查询，同时系统还可兼作考勤统计。如果遇到非法进入者，还能实时报警。

1. 系统的组成　出入口控制系统主要由识别卡、读卡器、控制器、电子门锁、出门按钮、钥匙、指示灯、上位 PC、通信线缆、门禁管理软件（若用户需要）等组成，基本结构如图 6-9 所示。

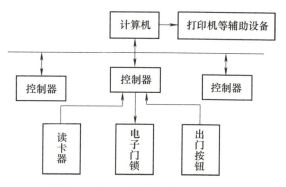

图 6-9　出入口控制系统基本结构

它包括 3 个层次的设备。底层是直接与人员打交道的设备，有读卡器、电子门锁、出门按钮等，主要用来接受人员输入的信息，再转换成电信号送到控制器中，同时根据来自控制器的信号，完成开锁、闭锁等工作。控制器接收底层设备发来的有关人员的信息，同自己存储的信息相比较以做出判断，然后再发出处理的信息。单个控制器也可以组成一个简单的系统来管理一个或几门。多个控制器通过通信网络同计算机连接起来就组成了整个建筑的出入口控制系统。计算机装有系统的管理软件，它管理着系统中所有的控制器，向它们发送命令，对它们进行设置，接收其发来的信息，完成系统中所有信息的分析与处理。

2. 系统的主要设备

（1）识别卡　按照使用方式的不同，识别卡分为两种类型，即接触式识别卡和非接触式识别卡。接触式读卡器是指必须将识别卡插入读卡器内或在槽中划一下，才能读到卡号，例如 IC 卡、磁卡等。非接触式读卡器是指识别卡无须与读卡器接触，相隔一定的距离就可以读出识别卡内的数据。

（2）读卡器　读卡器分为接触卡读卡器（磁条、IC）和感应卡（非接触）读卡器，它们之间又有带密码键盘或不带密码键盘的区别。

读卡器设置在出入口处，通过它可将门禁卡的参数读入，并将所读取的参数经由控制器判断分析。准入则电子门锁打开，人员可自行通过。禁入则电子门锁不动作，而且立即报警并做出相应的记录。

（3）控制器　控制器是系统的核心，它由一台微处理机和相应的外围电路组成。由它来决定某一张卡是否为本系统已注册的有效卡，该卡是否符合所限定的时间段，从而控制电磁锁是否打开。

由控制器和第三层设备可组成简单的单门式门禁系统。与联网式门禁系统相比，少了统计、查询和考勤等功能，比较适合无须记录历史数据的场所。

（4）电子门锁　出入口控制系统所用电子门锁一般有电阴锁、电磁锁和电插锁三种类型，视门的具体情况选择。电阴锁、电磁锁一般可用于木门和铁门；电插锁用于玻璃门。电阴锁一般为通电开门，电磁锁和电插锁为通电锁门。

（5）计算机　出入口控制系统的微机通过专用的管理软件，对系统所有的设备和数据进行管理。

3. 系统的功能　出入口控制系统的主要功能有：

1）对已授权的人，凭有效的卡片、代码或特征，允许其进入；对未被授权的人则拒绝其入内，属于黑名单者将报警。
2）门内人员可用手动按钮开门。
3）门禁系统管理人员可使用钥匙开门。
4）在特殊情况下由上位机指令门的开关。
5）门的状态及被控信息记录到上位机中，可方便地进行查询。
6）上位机负责卡片的管理（发放卡片及登录黑名单）。
7）对某时间段内人员的出入状况或某人的出入状况可实时统计、查询和打印。

另外，该系统还可以加入考勤系统功能。通过设定班次和时间，系统可以对所有存储的记录进行考勤统计。如查询某人在某段时间内的上下班情况、正常上下班次数、迟到次数、早退次数等，从而进行有效的管理。根据特殊需要，系统也可以外接密码键盘输入、报警信号输入以及继电器联动输入，可驱动声、光报警或启动摄像机等其他设备。

6.5.4　访客对讲系统

访客对讲系统是在公寓、住宅小区和高层住宅楼中使用较广的一种安全防范系统，是住户的第一道防止非法入侵的安全防线。通过这套系统，住户可在家中用对讲分机及设在单元楼门口的对讲主机与来访者通话，并通过声音或分机屏幕上的影像来辨认来访者，使得一切非本单元楼的人员及陌生来访者未经许可均不能进入，以确保住户的方便和安全。

1. 访客对讲系统的组成　访客对讲系统按功能可分为单对讲型和可视对讲型两种类型。现以可视对讲系统为例，介绍访客对讲系统的组成。

（1）对讲分机　室内对讲分机用于住户与访客或管理中心人员的通话、观看来访者的影像及开门功能。它由装有黑白或彩色影像管、电子铃、电路板的机座及座上功能键和手机组成，由本系统的电源设备供电。分机具有双工对讲通话功能，影像管显像清晰，呼叫为电子铃声。可视分机通常安装在住户的起居室的墙壁上或住户房门后的侧墙上，与门口主机配合使用。

（2）门口主机　用于实现来访者通过机上功能键与住户对讲通话，并通过机上的摄像机提供来访者的影像。机内装有摄像机、扬声器、话筒和电路板，机面设有多个功能键，由系统电源供电，安装在单元楼门外的侧墙上或特制的防护门上。

门口主机分为直接按键式和数字编码式两种。其中直接按键式门口主机上有多个按键，分别对应于楼里的每个住户，系统容量小。而数字编码式主机由10位数字键及"#"键与"*"键组成拨号键盘，来访者访问住户时，可像拨电话号码一样拨通被访问住户的房门号，适用于多住户场合。

（3）电源　楼宇对讲系统采用220V交流电源供电，直流12V输出。为了保证在停电时系统能够正常使用，应加入充电电池作为备用电源。

（4）电子门锁　电子门锁安装在单元楼门上，受控于住户和物业管理保安值班人员，平时锁闭。当确认来访者可进入后，通过对设定键的操作，打开电子门锁，来访者便可进入。进入后门上的电子门锁自动锁闭。

（5）管理中心主机　在大多数楼宇可视对讲系统中都设有管理中心主机，它设在保安人员值班室，主机装有电路板、电子铃、功能键和手机（有的管理主机内附荧幕和扬声器），并可外接摄像机和监视器。物业管理中心的保安人员，可同住户及来访者进行通话，并可观察到来访者的影像；可接受用户分机的报警，识别报警区域及记忆用户号码，监视来访者情况，并具有呼叫和开锁的功能。

2. 楼宇可视对讲系统的功能　楼宇可视对讲系统具有以下的功能：

1）来访者在住宅门口按下呼叫按钮，室内机接收到触发信号，铃声被激活。

2）若主人在家，可把听筒摘下，这时来访者的图像自动地呈现在室内机显示屏上，主人可与之对话，在主人允许并按下出门按钮（或手动开门）后，来访者便可推门进入。

3）若主人不在家，来访者将不能进入住宅，保护了室内的安全。

4）在平时，主人也可摘下听筒，监视室外的情况。

5）可视对讲子系统若需要出门按钮，可与门禁子系统的出门按钮相关联。

6.5.5　巡更系统

巡更系统是在指定的巡逻路线上安装巡更按钮或读卡器，保安人员在巡逻时依次输入信息，输入的信息及时传送到控制中心。控制中心的计算机上设有巡更系统管理程序，可设定巡更线路和方式。保安人员在规定的巡逻路线上巡逻时，在指定的时间和地点向中央控制站发回信号以表示正常。如果在指定的时间内，信号没有发到中央控制站，或不按规定的次序出现信号，系统将认为异常。有了巡更系统后，如巡逻人员出现问题或危险，会很快被发觉，从而增加了大楼的安全性。

巡更系统还可帮助管理人员分析巡逻人员的表现。管理人员可以随时在电脑中查询保安人员巡逻情况、打印巡检报告，并对失盗失职现象进行分析。巡更系统示意图如图6-10所示。

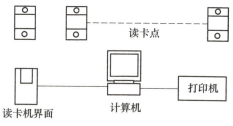

图 6-10　巡更系统示意图

6.5.6　停车场自动出入管理系统

停车场自动出入管理系统是利用高度自动化的机电设备对停车场进行安全、快捷、高效的管理。利用该系统可减少人工参与和人为失误，提高停车场的使用效率。

1. 停车场自动出入管理系统的组成　停车场自动出入管理系统由车辆自动识别系统、收费系统、保安监控系统组成。通常包括控制计算机、车辆的自动识别装置、临时车票发放及检查装置、挡车器、车辆探测器和车位提示牌、监控摄像机等设备。

（1）控制计算机　控制计算机是停车场自动出入管理系统自动管理系统的控制中枢，它负责整个系统的协调与管理，即可以独立工作构成停车管理系统，也可以与其他计算机网相联，组成一个更大的自控装置。

（2）车辆的自动识别装置　停车场自动管理的核心技术是车辆自动识别。车辆自动识别装置一般采用卡识别技术，现在大多使用非接触型卡，从而提高了识别速度。

（3）临时车票发放及检查装置　此装置是为临时停放的车辆准备的，设在停车场的出入口处，能够为临时停放的车辆自动发放临时车票，记录车辆进入的时间，并在出口处收费。

（4）挡车器　在每个停车场的出入口处都安装挡车栏杆，它受系统的控制升起或落下，只对合法车辆放行，防止非法车辆进出停车场。

(5) 车辆探测器和车位提示牌　车辆探测器一般设在出入口处，对进出停车场的每辆车进行检测、统计。将车辆进出车场数量传送给控制计算机，通过车位提示牌显示停车场中车位状况，并在车辆通过检测器时控制挡车栏杆落下。

(6) 监控摄像机　在停车场进出口等处设置电视监视摄像机，将进入停车场的车辆输入计算机。当车辆驶出出口处时，验车装置将车卡与该车进入时的照片同时调出检查无误后放行，避免车辆的丢失。

2. 停车场自动出入管理系统的工作过程　停车场管理系统的工作过程描述如下：

车辆驶近入口时，可看到停车场指示信息标志，标志显示入口方向与停车场内空余车位的情况。若停车场停车满额，则车满灯亮，拒绝车辆入内；若车位未满，允许车辆进入，但驾车人必须购买停车票卡或专用停车卡，通过验读机认可，入口电动栏杆升起放行，车辆驶过栏杆门后，栏杆自动放下，阻挡后续车辆进入。进入的车辆可由车牌摄像机将车牌影像摄入并送至车牌图像识别器形成当时驶入车辆的车牌数据。车牌数据与停车凭证数据（凭证类型、编号、进库日期、时间）一起存入管理系统计算机内。进场的车辆在停车引导灯指引下停在规定的位置上，此时管理系统中的CRT上即显示读车位已被占用的信息。车辆离开时，汽车驶近出口电动栏杆处，出示停车凭证并经验读机识别出行的车辆停车编号与出库时间。出口车辆摄像识别器提供的车牌数据与阅读机读出的数据一起送入管理系统，进行核对与计费。若需当场核收费用，则由出口收费器（员）收取。手续完毕后，出口电动栏杆升起放行。放行后电动栏杆落下，停车场停车数减一，入口指示信息标志中的停车状态刷新一次。停车场自动出入口系统图如图6-11所示。

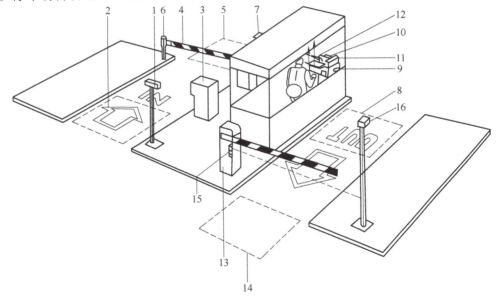

图6-11　停车场自动出入口系统图

1—车位已满告示牌　2—入口地下感应器　3—入口时/月租磁卡记录机　4—入口挡杆自动升降机
5—入口自动落杆感应器　6—红外线感应系统（附加）　7—入口24h录像系统（附加）　8—出口地下感应器
9—出口时/月租磁卡复验机　10—收费显示器　11—出口时/月租电脑收费系统　12—收据打印机
13—出口挡杆自动升降机　14—出口自动落杆感应器　15—红外线感应系统（附加）
16—出口24h录像系统（附加）

6.6 火灾自动报警与消防联动控制系统

火灾自动报警与消防联动控制系统是智能建筑必须设置的系统之一，其功能是通过布置在现场的火灾探测器自动监测火灾发生时产生的烟雾或火光、热气等火灾信号。当有火灾发生时发出声光报警信号，同时联动有关消防设备，实现监测报警、控制灭火的自动化。在火灾自动报警与消防联动控制系统中，火灾自动报警系统是系统的感测部分，用以完成对火灾的发现和报警。消防联动控制系统则是系统的执行部分，在接到火警信号后执行灭火任务。

6.6.1 系统的组成及工作原理

火灾自动报警与消防联动控制系统由下列部分或全部设备组成，其框图如图 6-12 所示。

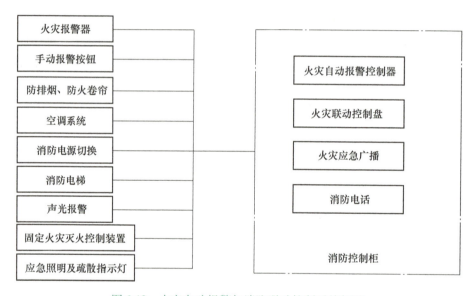

图 6-12 火灾自动报警与消防联动控制系统框图

系统的工作原理描述如下：当有火灾发生时，探测器发出报警信号到报警控制器，报警器发出声光报警，并显示火灾发生的区域和地址编码并打印出报警时间、地址等信息，同时向火灾现场发出声光报警信号。值班人员打开火灾应急广播，通知火灾发生层及相邻两层人员疏散，各出入口应急疏散指示灯亮，指示疏散路线。为防止探测器或火警线路发生故障，现场人员发现火灾时，也应启动手动报警按钮或通过火警电话直接向消防控制室报警。

在火灾报警器发生报警信号的同时，控制室可通过手动或自动控制消防设备，如关闭风机、防火阀、非消防电源、防火卷帘门、迫降消防电梯；开启防排烟风机和排烟阀；打开消防泵，显示水流指示器、报警阀、闸阀的工作状态等。以上动作均有反馈信号至消防控制柜上。

6.6.2 火灾探测器

火灾探测器是火灾自动报警系统的传感部分，能产生并在现场发出火灾报警信号，或向控制和指示设备发出现场火灾状态信号。火灾的探测就是以捕捉物质燃烧过程中产生的各种信号为依据，来实现早期发现的。根据火灾早期产生的烟雾、光、气体等派生出不同类型的探测器。迄今为止，世界上研究和应用的火灾探测方法和原理主要有空气离化法、热（温度）检测法、火焰（光）检测法、可燃气体检测法。下面介绍几种常用的火灾探测器。

1. 感烟火灾探测器　感烟火灾探测器对燃烧或热解产生的固体或液体微粒予以响应，可以探测物质初期燃烧所产生的气溶胶（直径为 $0.01\sim0.1\mu m$ 的微粒）或烟粒子浓度。因感烟火灾探测器对火灾前期及早期报警很有效，故应用最广泛。常用的感烟火灾探测器有离子感烟探测器、光电感烟探测器及红外光束线型感烟探测器。

2. 感温火灾探测器　感温火灾探测器是响应异常温度、温升速率和温差等参数的火灾探测器。物质在燃烧过程中会释放出大量的热量，使环境温度升高，导致探测器中的热敏元件发生物理变化，从而将温度信号转变成电信号，传输给火灾报警控制器。感温火灾探测器按其作用原理可分为定温式、差温式和差定温式三大类。

3. 感光火灾探测器　感光火灾探测器又称火焰探测器，可对火焰辐射出的红外、紫外、可见光予以响应。这种探测器对快速发生的火灾或爆炸能够及时响应。紫外火焰探测器是应用紫外光敏管来探测由火灾引起的紫外光辐射，多用于油品和电力装置火灾检测。红外火焰探测器是利用红外光敏元件来探测低温产生的红外辐射，由于自然界中物体高于绝对零度都会产生红外辐射，用红外火焰探测器探测火灾时，一般还要考虑火焰间歇性形成的闪烁现象，以区别于背景红外辐射。

4. 气体火灾探测器　气体火灾探测器又称可燃气体探测器，是对探测区域内的气体参数敏感响应的探测器，主要用于宾馆厨房、燃料气储备间、炼油厂、溶剂库、汽车库等易燃易爆场所。

5. 复合火灾探测器　复合火灾探测器是对两种或两种以上火灾参数进行响应的探测器，主要有感温感烟探测器、感温感光探测器、感烟感光探测器等。

在火灾自动报警系统中，探测器的选择非常重要，选择的合理与否，关系到火灾探测器的性能发挥。探测器种类的选择应根据探测区域内的环境条件、火灾特点、房间高度、安装场所的气流状况等，选用其所适宜类型的探测器或几种探测器的组合。

6.6.3 火灾自动报警系统

随着科技的进步，新的消防产品不断出现，也使火灾自动报警系统由传统型火灾自动报警系统向现代型火灾自动报警系统发展。

1. 传统型火灾自动报警系统　在现代消防工程中，传统型火灾自动报警系统还是一种比较有实用价值的消防监控系统。

（1）区域火灾自动报警系统　这是一个结构简单且应用广泛的系统，它既可单独使用，也可作为集中报警系统和控制中心报警系统的基本组成。系统中可设置简单的消防联动控制设备，一般应用于工矿企业的重要部位及公寓、写字楼等处。系统结构组成如图6-13所示。

（2）集中火灾自动报警系统

集中火灾自动报警控制系统设有一台集中报警控制器和两台以上区域报警控制器。集中报警控制器设在消防室，区域报警控制器设在各楼层服务台。一般适用

图6-13 区域火灾自动报警系统组成

于一、二级保护对象，适用于无服务台的综合办公楼、写字楼及宾馆、饭店等。

（3）控制中心火灾自动报警系统　控制中心火灾自动报警系统是由集中报警控制系统加消防联动控制设备构成。一般适用于大型宾馆、饭店及大型建筑群等保护范围较大需要集中管理的场所。

2. 现代型火灾自动报警系统　现代型火灾自动报警系统是以计算机技术的应用为基础发展起来的，具有能够识别探测器位置（地址编码）及探测器类型、系统可靠性高、使用方便、维修成本低等特点。

现代型火灾自动报警系统主要有可寻址开关量报警系统、模拟量报警系统和智能火灾自动报警系统等几种类型。

（1）可寻址开关量报警系统　其特点是探测报警回路与联动控制回路分开，能够较准确地确定着火点，增强了火灾探测或判断火灾发生的及时性，并且还能通过地址码中继器在同一房间的多只探测器共用一个地址编码。

（2）模拟量报警系统　系统主要由模拟量火灾探测器、系统软件和算法组成，探测器与控制器之间的信号采用总线制多路传输技术。探测器向控制器传输连续的模拟信号，控制器对信号进行分析判别，根据对信号的分析来决定是否报警。

（3）智能火灾自动报警系统　智能火灾自动报警系统是使用探测器件将发生火灾期间所产生的烟、温、光等以模拟量形式连同外界相关的环境参量一起传送给报警器，报警器再根据获取的数据及内部存储的大量数据，利用火灾判据来判断火灾是否存在的系统。

智能火灾自动报警系统由智能探测器、智能手动按钮、智能模块、探测器并联接口、总线隔离器、可编程继电器卡等组成。探测器将所在环境收集的烟雾浓度或温度随时间变化的数据送到报警控制器，报警控制器再根据内置的智能资料库内有关火警状态资料和收集回来的数据进行分析比较，决定收回来的资料是否显示有火灾发生，从而做出是否报警决定。

智能火灾自动报警系统按智能的分配来分，可分为三种形式：

1）智能集中于探测部分，控制部分为一般开关量信号接收型控制器。探测器内的微处理器能根据其探测环境的变化做出响应，并可自动进行补偿，能对探测信号进行火灾模式识别，做出判断并给出报警信号，在确定自身不能可靠工作时给出故障信号。控制器在火灾探测过程中不起任何作用，只完成系统的供电、火警信号的接收、显示、传递以及联动控制等功能。这种智能因受到探测器体积小等的限制，智能化程度尚处在一般水平，可靠性不高。

2）智能集中于控制部分，探测器输出模拟量信号，使探测器成为火灾传感器，无论烟雾影响大小，探测器本身不报警，而是将烟雾影响产生的电流、电压变化信号以模拟量（或等效的数字编码）形式传输给控制器（主机），由控制器的微型计算机进行计算、分析、判断、做出智能化处理，判别是否真正发生火灾。

3）智能同时分布在探测器和控制器中。这种系统称为分布智能系统，它实际上是主机

智能与探测器智能两者相结合,因此也称为全智能系统。在这种系统中,探测器具有一定的智能,它对火灾特征信号直接进行分析和智能处理,做出恰当的智能判决,然后将这些判决信息传递给控制器。控制器再做进一步的智能处理,完成更复杂的判决并显示判决结果。该智能报警系统集中了上述两种系统中智能的优点,已成为火灾报警技术的发展方向。

6.6.4 消防联动控制系统

消防联动控制系统的控制对象主要有灭火设施、防排烟设施、防火卷帘、防火门、水幕、电梯、非消防电源的断电控制等。

1. 消防泵控制 对消防泵的控制有两种方式:一是通过消火栓按钮直接启动消防泵;二是通过手动报警按钮,将手动报警信号送入到控制室,然后手动或自动控制消防泵启动,同时接受返回的水位信号。

2. 防排烟设施的控制 防排烟设施有中心控制和模块控制两种控制方式。

(1) 中心控制方式 火灾发生时,报警信号送入到消防控制中心。消防控制中心直接产生控制信号到排烟阀门使其开启,排烟风机联动运行,空调机、送风机、排风机等设备关闭。消防控制中心同时接受各设备的返回信号,检测各设备的运行情况。

(2) 模块控制方式 消防控制中心接到报警信号,产生排烟阀门和排烟风机等的动作信号,经总线和控制模块驱动各设备动作,接收它们的返回信号,监测各设备的运行状态。

3. 防火卷帘、防火门控制 防火卷帘通常用于建筑物的防火分隔。火灾发生时,可就地手动操作或根据消防控制中心的指令使卷帘下降至预定点,经延时再降至地面,以达到人员紧急疏散、灾区隔烟、控制火势蔓延的目的。

防火门的作用是防烟、防火,可由现场感烟探测器或消防控制中心控制,也可手动控制。平时开启,火灾时关闭,但关闭后仍可通行。

4. 电梯的控制 电梯是高层建筑中必不可少的纵向交通工具,而消防电梯则在火灾发生时可供消防人员灭火和救人使用,并且在平时消防电梯也可兼做普通电梯使用。电梯的控制方式有两种,一是将所有电梯控制显示的副盘设在消防控制室,供消防人员直接操作;另一种是消防控制室自行设计电梯控制装置,消防值班人员在火灾发生时可通过控制装置向电梯机房发出火灾信号和强制电梯全部停于首层的命令。

6.7 办公自动化系统

办公自动化系统是一个涉及计算机技术、通信技术、系统科学和行为科学等多种技术的综合系统。实现办公自动化,其目的就是以先进的科学技术武装办公系统,提高工作效率和管理水平,使决策者能够做到信息灵通,决策正确。

6.7.1 办公自动化的模式及涵盖的内容

办公自动化系统按照处理信息的能力不同,可分为事务处理型、信息管理型、决策支持型3个模式。其中事务处理型负责处理日常例行性的办公事务,是最基本的办公自动化系统,是办公自动化系统的最底层;信息管理型处于事务处理型办公系统之上,以较大型的综合性数据库系统作为其结构的主体,能够实现事务管理和信息管理等功能;决策支持型建立在信息管理型办公系统的基础上,处于办公自动化系统的最高层次。在这三个办公自动化系统模式中,决策支持型依赖于信息管理型办公系统提供的信息,而信息管理型也依赖于事务处理型对数据信息的采集、处理、筛选。因此,这三个模式是自下而上,并向下兼容的。

1. 事务处理型办公自动化系统 事务处理型办公自动化系统面对的是日常的办公操作,最为普遍的应用是文字处理、电子报表、排版印刷、行文办理(文件收发、登录、检索、自动提示)、文档管理、办公日程管理、邮件管理、人事管理、财务统计及个人数据库等。

2. 信息管理型办公自动化系统 信息管理型办公自动化系统是把事务处理型办公系统和数据库紧密结合的一种一体化的办公信息处理系统。在这类办公系统中,要求各部门间有较强的通信能力,通常以主机、超级微机、工作站三级层次结构组成通信网络。大中型机作为主机处于第一层,运行管理信息系统;超级微机处于中层,设置在各个职能管理机关,主要完成办公事务处理功能;工作站在最底层,主要承担数据采集任务。

3. 决策支持型办公自动化系统 决策支持型办公自动化系统是对决策过程提供支持的系统,它协助决策者在解决问题的过程中方便地检索出相关的数据,对各种方案进行试验和做出比较,对结果进行优化等。虽然决策的最终阶段是以人的行为为主体,但系统提供的辅助功能也是不可缺少的,系统的辅助决策功能的强弱,反映了系统的整体水平。

6.7.2 办公自动化的主要设备

办公自动化系统的软硬件设备,因为其系统模式的不同而有所区别。

1. 事务处理型办公自动化系统 事务处理型办公自动化系统大致由以下软硬件设备组成:

(1)计算机 一般以微机为主,多机系统常常包括小型机及各种工作站。公用软件包括字处理软件、电子报表软件、小型关系数据库管理系统软件等。专用软件包括针对公文管理、档案管理、报表处理、行政事务等开发的独立系统。

(2)办公设备 办公设备有复印机、专用文字处理机、轻印刷系统、微缩设备、邮件处理设备、录音录像设备及投影设备等。单机系统不具备计算机通信能力,要靠人工及电信方式通信。多机系统可通过局域网、程控交换机综合通信网或远程网通信。

(3)数据库 包括小型办公事务处理数据库、基础数据库、文件库等。

2. 管理型办公自动化系统 管理型办公自动化系统建立在事务处理型系统之上,因此其设备复杂程度相对较高。其中计算机硬件以中小型或微机网为主,配以多功能工作站。而软件除具备各种通用、专用办公自动化应用软件外,还要建立多种信息管理系统,以支持各专业领域的数据采集及数据分析,为高层领导的决策提供综合信息服务。对于其他办公设备的要求与事务处理型办公自动化系统基本相同。

3. 决策型办公自动化系统 决策型办公自动化系统不同于一般的信息管理系统,它必须具备提供对策及择优的功能,这就需要建立各种决策分析参考模型库和方法库,乃至一定范围的知识库、专家系统来满足系统要求。在硬件方面,决策型办公自动化系统的要求与前两者基本相同,只是应具备网络环境。

6.7.3 办公自动化系统与通信系统的连接

现代化的办公自动化系统是一个开放的大系统,要求各部分都能够进行纵向和横向的信息联系,所以说通信技术是办公自动化的重要支撑技术,正因为通信系统的迅速发展才大大推进了办公自动化的进程。

办公自动化系统与通信系统的连接方式有许多种。从模拟通信到数字通信,从局域网到广域网,从公共电话网、低速电报网到分组交换网、综合业务数字网,从一般电话到微波、光纤、卫星通信等,都是办公自动化系统可采取的通信方式。图 6-14 很好地表述了智能化建筑内外办公自动化系统的通信方式。

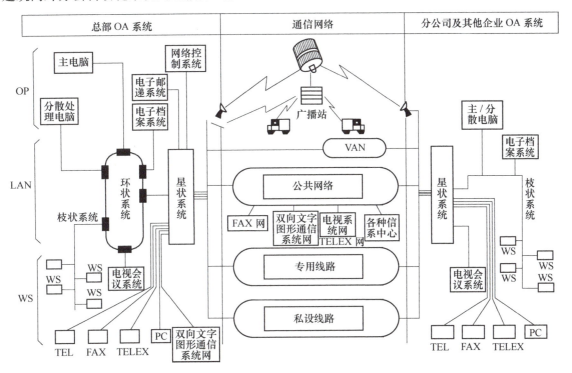

图 6-14　智能化建筑内外办公自动化系统通信图

6.8　电话通信系统

电话通信系统由用户终端、电话交换设备、传输系统三个部分组成。用户终端主要指的是电话机,但随着通信技术的发展,现在又增加了许多新设备,如传真机、电传机、计算机终端等;电话交换设备即电话交换机,我国普遍采用程控交换机;传输系统分为有线传输和无线传输,在智能建筑中主要采用有线传输方式。

6.8.1　用户终端

1. 电话机　电话机的种类很多,而且还在不断发展,常用的有脉冲按键式、双音多频按键式、无绳电话机及多功能电话机等,用户可根据需要选用适合自己的电话机。

2. 传真机　传真机是进行传真通信的工具，它可与电话共用一个电话线路，传送各种图形、图像及符号的真迹。

3. 电传机　电传机又称自动电报终端机，它可以将用户端的电报终端机发出的数码信息通过普通市话网络中的电传专线连接到地区的电传交换总台，然后借助电讯网络拍送给对方的用户电报终端机。

6.8.2　程控交换机

程控是指控制方式，它是把电话交换的功能预先编制成相应的程序，并把这些程序和相关的数据存入到存储器内。当用户呼叫时，处理机根据程序发出的指令控制交换机的操作，完成接续功能。采用这种控制方式的交换机称为程控交换机。程控交换机按技术结构分为程控模拟交换机和程控数字交换机。在智能建筑中使用的是程控数字交换机，因此下面仅对程控数字交换机作介绍。

由程控数字电话交换机组成的电话通信是智能建筑中最基本的语音通信。程控数字交换机的任务是完成建筑内部用户的相互通话，以及用户通过交换机中继线与外部电话交换网上用户通话，程控数字用户交换机中可能发生的各种事件进行处理。不仅接续速度快、服务功能齐全、可靠性高，而且可以交换数据等非话业务，做到多种业务的综合交换、传输，便于向综合业务数字网方向发展，是目前智能建筑中建设信息通信系统的主要设备。程控数字电话交换机的基本组成如图 6-15 所示。

程控数字交换机实质上是一部由计算机软件控制的数字通信交换机，是集数字通信技术、计算机技术、微电子技术为一体的高度模块化设计的全分散控制系统。它软、硬件均采用模块化设计，通过增加不同的功能模块即可在智能建筑中实现语音、数据、图像、窄带、宽带多媒体业务以及移动通信业务的综合通信。随着现代数字交换技术、计算机技术和微电子技术的发展，推动着数字交换机向全数字综合业务交换机的方向发展。

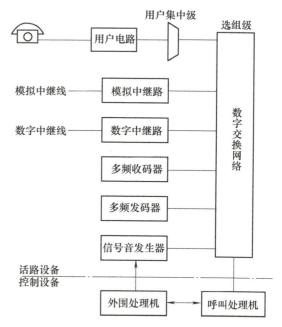

图 6-15　程控数字电话交换机的基本组成

6.8.3　交换机容量的确定

交换机容量的确定，首先要确定内线数量，然后再由此确定中继线数（局线数）等的分配。内线数的确定方法有多种，常用的方法有按照所用电话机数确定、按照建筑物面积确定、按照人数确定等。

内线数确定后，再确定中继线数。确定中继线数的方法也有很多，可按话务量计算，也可按总容量的 8%~10% 比例确定。但不论采用何种方法确定，其数量不得少于市话局核定的最低数量。表 6-1 是对不同行业建筑关于局线数和内线数的估算表，可供设计时参考。

表 6-1　局线数和内线数的估算

	行业种类	局 线 数	内 线 数
每 10m² 建筑面积	事务所、机关、贸易公司、证券公司	0.4	1.5
	电视台、报社	0.4	1.3
	银行	0.3	1.0
	医院、百货商店	0.2	0.3
每　户	民用住宅	1	1

6.8.4　进网方式

程控用户交换机作为公众电话网的终端设备与公众电话网相连，一般有全自动直拨中继方式（DOD+DID）、半自动直拨中继方式（DOD+BID）、混合自动直拨中继方式（DOD+DID/BID）、人工中继方式四种进网中继方式。

1. 全自动直拨中继方式　它的拨出有两种形式，一种是用户交换机的用户呼出至公众电话网时，可以直接拨号而不需经过话务台转换，用户呼出时只听一次拨号音，然后拨"9"或"0"等并连续拨出公众网被叫用户号码即可。另一种是用户呼出时接到市话局的用户电路上，所以用户呼出至公众网时要听到二次拨号音，先听本机一次拨号音拨"9"或"0"，当选择到空闲中继线后听第二次拨号音（现在有的用户交换机在机内可消除从市话局送来的二次拨号音），然后连续拨出公众网被叫用户号码。从公众网呼入时可以直接呼叫到分机用户，不需要经过话务台转换。

全自动直拨中继方式适合于较大容量（700~800 门以上）的用户交换机，一般 1000 门程控用户交换机具备这种入网方式。

2. 半自动直拨中继方式　当程控用户交换机的容量较小（几十门到几百门）或呼入话务量不是很大，宜采用半自动直拨中继方式。

采用直接拨入方式，用户交换机的分机号码要占用公众电话网的用户号码，因此在电话用户所选用设备和公众电话网号码资源紧张时，较多采用话务台拨入的方式。这种中继方式的特点是，呼出时接入市话局的用户级，听二次拨号音。呼入时经市话局的用户级接入到程控用户交换机的话务台，并向话务台送振铃信号，然后再由话务台转换到分机。

3. 混合自动直拨中继方式　有些容量较大的用户交换机，根据分机用户的性质，部分用户与公用网联系较多，而且有一定的数量，这部分用户可采用直接拨入方式，但这部分用户必须与公用网用户统一编号。另一部分分机用户与公用网联系较少，没有必要采用直接拨入方式，可以采用经话务台转接的方式。这样可大量节省电话费用的支出。

4. 人工中继方式　自动交换机和磁石或共电式交换机与市话局接口时，可采用人工中继方式，特殊情况下与人工市话局接口或有的单位要控制分机用户不让其随便打公用网电话时，也可采用这种方式。采用这种中继方式，用户在对公用网呼出及呼入时，都要经过程控用户交换机话务台的转接。

6.9 智能建筑系统集成

6.9.1 智能建筑系统集成的概念

智能建筑中的各个系统可以按照各自的规律自行开发出来，它们自成体系。但是这些各自分离的系统并不能构成真正的智能建筑，只有各个系统互通信息、相互协调地工作，才能形成统一的整体，达到最优组合，满足用户对功能的要求。

按照系统论的观点，系统是由相互联系、相互作用的若干要素（或子系统）构成的有特定功能的统一整体，系统要素之间的关系不是简单的组合或叠加，而是相互作用和联系，通过"集成"构成系统。对于建筑智能化而言，系统基本要素（子系统）就是建筑设备自动化系统（BAS）、通信自动化系统（CAS）和办公自动化系统（OAS）。

狭义地说，系统集成是在系统总体设计的指导下及其软、硬件配置方案的基础上，利用计算机网络和软、硬件接口将各个有关系统连接起来，集成一个大的系统。

建筑智能化系统集成示意图见图6-16。图中，在建筑物环境平台上，三个基本要素BA、CA、OA由各自分离到相互渗透直至最后集成为一个相互关联的、统一的、协调的整体，即在建筑物环境平台上形成一个总体最优组合。图中阴影部分代表智能化系统集成，智能化程度越高，阴影部分的面积就越大。换句话说，建筑智能化程度的高低，取决于三大基本要素有机耦合、相互渗透的程度，也就是系统综合集成的程度。因此，系统集成才是实现建筑智能化并使巨额投资获得收益的关键。在这里，实现各要素之间通信的物理介质就是支持数据、语音、图像和控制信息传输的综合布线系统。

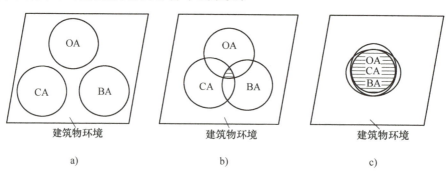

图6-16 建筑智能化系统集成示意图
a）相互分离的子系统 b）相互渗透的子系统（弱智能化）
c）系统集成（高强智能化）

建筑智能化系统综合集成，体现了人、物质资源与环境三者的关系：人是加工过程的操作者与成果享用者；各种各样的物质资源既可以提供加工手段，也可以是被加工的对象；环境则是智能化的出发点与归宿。

6.9.2 智能建筑的信息通信网络结构

智能建筑系统集成的关键是建筑物内信息通信网络的实现，智能建筑系统集成的总体框图如图 6-17 所示。由图可见，为了把 BA、CA、OA 集成起来，要通过整座建筑内的信息通信网络的规划、设计来实现，以便把建筑的支持应用功能组织成一个完整体。

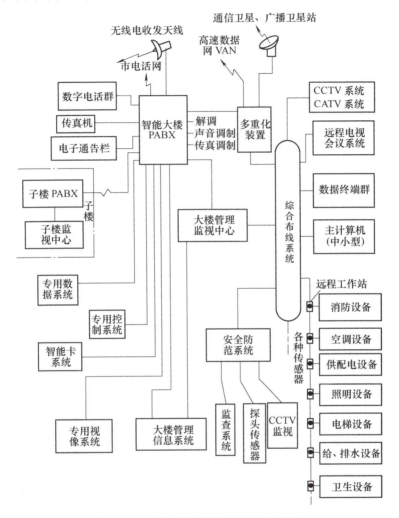

图 6-17　智能建筑系统集成的总体框图

智能建筑网络集成的总体结构如图 6-18 所示，包括高速主干网和楼层局域网。主干网用来沟通计算中心主机与楼内各个局域网的联系，并实现与外界通信。楼层局域网则为根据需要建立的各种用途的网络，可以在一个楼层设一个或多个局域网，也可以在多个楼层设一个局域网；可以是相同类型的局域网，也可以是不同类型不同协议的局域网，视需要而定。

1. 高速主干网　高速主干网覆盖该建筑内的各个楼层。计算中心主机、各楼层局域网通过主干网连接成该建筑网络系统，该建筑与外界的通信联网也是通过主干网来实现的。对主干网的要求，一是传输速度要高，一般要求达到 100Mbit/s 以上，以免在多个局域网同时访问中心主机时形成系统瓶颈，导致网络延时；二是可靠性要高，以免某个节点发生故障时影响主干网的正常工作。

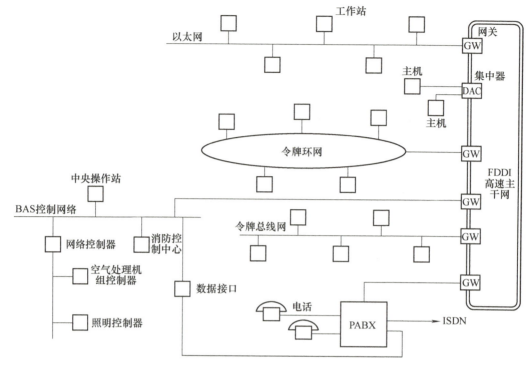

图 6-18 智能建筑网络集成的总体结构图

在进行主干网的方案论证时,需要考虑的因素是:
1)满足主干网的性能要求,提供信息服务的技术平台和综合通信业务。
2)技术比较成熟,通常采用标准制定 2~3 年,市面上已出售 1~2 年的产品,风险性较低。
3)选择扩充性好、兼容性高的技术,满足今后发展、扩容的需要。

可供选择的主干网方案有 FDDI 高速主干网、ATM 高速主干网和交换式快速 Ethernet 主干网三种。

2. 楼层局域网 楼层局域网并不局限于一个楼层,它可以是需要互连的各个子系统。由于用途不同,这些局域网的类型不同、结构不同,对通信的要求也不同。

设置局域网时,应根据应用目的、信息流量、访问服务器的频繁程度、工作站数以及网络覆盖范围等选择局域网的种类和配置。对于网上传输数据比较频繁而又量大的应用环境,一个局域网的站点数不能太多,否则会影响网络响应时间,在这种情况下,如需联网的站点数很多,可以通过交换器分成几个网段,以提高局域网的运行效率,改善网络性能。

3. 与外界网络的互联 该建筑管理部门应向电信部门申请电话中继线以及 X.25(公用数据网)、ISDN(综合业务数字网)、DDN(数字数据网)、VSAT(数字卫星网)等接口,方可与外界进行通信。这些端口的数量应根据具体要求进行配置。

一种方案是,利用大厦内的计算机网络,通过路由器与外界进行通信。路由器可以提供 ATM、DDN、X.25 等接口,互联方法如图 6-19 所示。

另一种方案是，经电信局的交换机端口及光纤与外界互联。光纤最大传输距离达 40km，这也是邮电部门常用的一种方案。

智能建筑网络集成的关键在于，要实现各种不同类型、不同结构的局域网之间的互联，构成一个开放式系统，实现各个基本要素之间的信息互通，实现互操作。为达此目的，必须遵循国际标准化组织（ISO）提出的开放系统互连参考模型（OSI）、制造自动化协议（MAP）和技术与办公协议（TOP），做到接口、界面标准化、规范化。

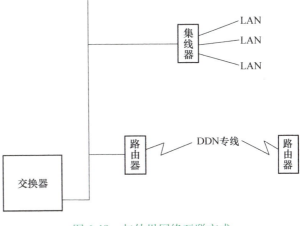

图 6-19　与外界网络互联方式

6.9.3　智能建筑的集成化管理

通过计算机网络已将各种不同功能的子系统在物理上集成到一起，为了达到整体最优组合，应在汇集建筑物内、外各种形态信息的基础上，实现对这些智能化子系统的集成化管理（一体化管理）。

1. 集成化管理系统　智能建筑系统的管理关系到建筑物运营、使用的成效，为实现对各子系统的集成化管理而开发出的各种业务支持系统称为智能建筑物管理系统（IBMS），它是以系统集成技术为基础开发出的大批配套应用系统软件。

IBMS 在三大要素的基础上开发出来，它与三要素的有机结合是实现智能建筑系统运营管理的信息组织基础。与三要素的逻辑关系如图 6-20 所示。为了实现三个不同类型子系统即 BAS、CAS、OAS 与 IBMS 之间的信息交换，要有相应的软件接口 BAI、CNI 和 OAI，并且要使接口界面标准化、规范化。

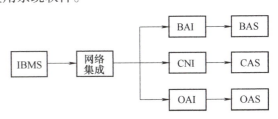

图 6-20　IBMS 逻辑关系图

IBMS 的功能是，在网络集成的基础上，对整个建筑物的各大子系统进行运营管理与协调，包括采集各大子系统的信息，进行复杂的数据处理，最后做出专家决策，实现对建筑物的更高层次的管理。为完成上述管理功能，IBMS 至少应具备模型的建立与学习、信息流向的合理设计、形成与三大要素之间的接口界面、户外信息管理、多媒体制作、决策支持以及信息库的建立和维护等内容。

各大子系统的接口关系如下：

BAI（BA 接口）实现各类信息采集、决策控制、数据格式转换、系统设置以及保安监控、消防联锁等界面功能。

CNI（CN 接口）实现自动计算网络路由和交换机反封等 CN 界面功能。

OAI（OA 接口）实现信息库模型分析、经营情况检索提示、会议支援和决策支持等 OA 界面功能。

2. 管理功能　由于建筑物的用途不同，IBMS 的对象不同，管理的业务范围也不同，现以出租型综合办公大楼为例说明其管理功能。

（1）设备运行管理

1）设备档案管理。

2）机电设备运行管理，包括暖通空调、给排水、供配电、照明、电梯管理等。

3）能源管理，包括电、燃气、冷热源的合理使用、计量、收费管理等。

4）设备维修管理。

5）火灾自动报警与消防联动系统管理。

6）安全防范系统管理，如闭路电视监视、出入口控制、巡更管理、停车场管理等。

7）通信自动化系统设备管理。

8）办公自动化系统设备管理。

9）综合布线系统设备管理。

（2）经营管理

1）租赁贷借信息与契约、租金管理。

2）财务及电子转账管理。

3）公共设施使用预约管理，如会议室、库房、多功能大厅等的日程预订计划等。

4）预约代办服务管理，如交通、住宿代办等。

5）OA 区域服务管理，如 PC、传真机等。

6）远程计算服务管理，如租户共享主机资源、通过 LAN 接远程用户终端等。

7）通信邮件服务管理，如电子邮件、语音邮件、传真邮件等。

8）信息向导服务管理，如 CATV、工作站等提供各种公共信息服务。

6.9.4　智能建筑系统集成的实现

智能建筑建设的本身也是一个系统集成的全过程。系统集成的整个生命周期自用户需求分析开始，通过精心实施，直至怎样评价、运行维护。系统集成实现的流程图如图 6-21 所示。

1. 用户需求分析　了解用户的要求和设想，将用户的需求翻译成任务的原始格式，说明整个系统需要达到的功能要求，相应的测试条件、验收要求，形成具体的开发目标。

2. 确立智能化规划方案　在分析用户需求的基础上，确立智能化方案，包括总体规模、系统结构，子系统功能指标、网络结构以及系统的实施与经费概算等。

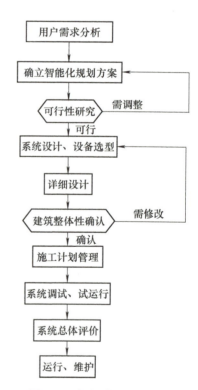

图 6-21　智能建筑系统集成实现的流程图

3. 可行性研究 对确立的智能化方案进行论证，从技术、经济、社会诸方面进行分析研究，考查是否具备了必要的条件、是否可行。

4. 系统设计、设备选型、详细设计和建筑整体性确认 系统设计要从硬件和软件两方面详细分析用户要求，指出对这些要求的测试和满足这些要求的硬件集成、软件集成及设备选购。在触及系统设计细节的基础上进一步进行软件结构设计、软件细部设计，完成软件模块编程，在此基础上进行建筑整体性确认。

通常，由系统集成商负责系统集成的设计、设备选型、系统施工、人员培训与系统维护的整个过程，系统集成商必须与业主长期合作。因此，通过招标、投标过程选择系统集成商时，对投标书和设备配置进行评审的过程，实际上也是分析、比较、确认系统设计的过程。

5. 系统施工计划管理、系统调试、试运行与总体评价 经过现场施工、安装调试之后，要对整个系统的功能要求、性能指标进行全面测试、验收，包括正常运转、最大负荷测试、损坏情况及事故情况测试等，对系统集成的功能设计和质量进行全面衡量、评价，验证功能设计的要求（应对所有功能逐一验收），确保整个系统在设计现场的建筑环境下运转正常。

6. 运行、维护 系统的运行与维护包括日常运行情况记录，设备保养、维修以及改造、升级等。

复习思考题

1. 智能建筑的现状及发展如何？试述智能建筑的组成及功能。
2. 什么是现场总线？现场总线的基本内容是什么？
3. 现场总线由哪几部分组成？有什么特点？
4. 综合布线系统的概念是什么？
5. 综合布线系统划分为几部分？简述各部分在智能建筑中的位置及作用。
6. 综合布线系统缆线和配线设备的选用应符合哪些要求？
7. CATV 系统由哪几部分组成？
8. 试述卫星电视天线的安装要求。
9. 防盗报警系统概念是什么？防盗报警系统由哪几部分组成？
10. 双技术的组合报警器（双鉴器）的组合条件是什么？
11. 电视监控系统由哪几部分组成？
12. 摄像机的主要参数指标有哪些？选用云台应考虑哪些指标？
13. 出入口控制系统有哪些主要功能？简述停车场自动出入管理系统的工作过程。
14. 试述火灾自动报警与消防联动控制系统的工作原理。
15. 现代型火灾自动报警系统主要有哪几种类型？
16. 智能火灾自动报警系统按智能的分配来分，可分为哪几种形式？各自特点是什么？
17. 办公自动化系统按照处理信息的能力不同，可分为哪几个模式？各自功能是什么？
18. 程控用户交换机有哪几种进网方式？有什么特点？
19. 智能建筑网络集成包括哪些内容？各自功能是什么？集成化管理是指什么？

第7章 建筑电气工程设计与施工

7.1 概 述

7.1.1 建筑电气系统的组成

建筑电气技术是以电能、电气设备、计算机技术和通信技术为手段，创造、维持和改善建筑物内空间的电、光、热、声以及通信和管理环境的一门科学，能使建筑物更充分地发挥其特点，实现其功能。利用电气技术、电子技术及近代先进技术与理论，在建筑物内外人为创造并合理保护理想的环境，充分发挥建筑物功能的一切电工、电子设备的系统，统称为建筑电气系统。

各类建筑电气系统虽然作用各不相同，但它们一般都是由用电设备、配电线路、控制和保护设备三大基本部分所组成。

用电设备如照明灯具、家用电器、电动机、电视机、电话、音响等，种类繁多，作用各异，分别体现出各类系统的功能特点。

配电线路用于传输电能和信号。各类系统的线路均为各种型号的导线或电缆，其安装和敷设方式也都大致相同。

控制和保护设备是对相应系统实现控制保护等作用的设备。这些设备常集中安装在一起，组成如配电盘、柜等。若干盘、柜常集中安装在同一房间中，即形成各种建筑电气系统专用房间，如变配电室、共用电视天线系统前端控制室、消防中心控制室等。这些房间均需结合具体功能，在建筑平面设计中统一安排布置。

7.1.2 建筑电气设备的类型

建筑电气设备的类型繁多，根据其性质和功能来分也各不相同。以下仅从建筑电气设备在建筑中的作用和专业属性来分类。

1. 根据在建筑中所起的作用不同来分类

（1）制造环境的设备　为人们创造良好的光、温湿度、空气和声音环境的设备，如照明设备、空调设备、通风换气设备、广播设备等。

（2）追求方便的设备　为人们提供生活工作的方便以及缩短信息传递时间的设备，如电梯、通信设备等。

（3）增强安全性的设备　主要包括保护人身与财产安全和提高设备与系统本身可靠性的设备，如报警、防火、防盗和保安设备等。

（4）提高控制性及经济性的设备　主要包括延长建筑物使用寿命、增强控制性能的设备，以及降低建筑物维修、管理等费用的管理性能的设备，如自动控制设备和管理用电脑。

2. 根据建筑电气设备的专业属性来分类

（1）供配电设备　如变电系统的变压器、高压配电系统的开关柜、低压配电系统的配电屏与配电箱、二次回路设备、发电设备等。

（2）照明设备　如各种电光源及灯具。

（3）动力设备　各种靠电动机拖动的机械设备，如起重机、搅拌机、水泵、风机、电梯等。

（4）弱电设备　如电话、通信设备、电视及CATV、音响、计算机网络、报警设备等。

（5）空调与通风设备　如制冷机泵、防排烟设备、温湿度自动控制装置等。

（6）洗衣设备　如湿洗及脱水机、干洗机等。

（7）厨房设备　如冷冻冷藏柜、加热器、自动洗刷机、清毒机、排油烟机等。

（8）运输设备　如电梯、运输机、文件及票单自动传输设备等。

7.1.3　建筑电气系统的分类

建筑电气系统一般由用电设备、供配电线路、控制和保护装置三大基本部分组成，但从电能的提供、分配、输运和消耗使用来看，全部建筑电气系统可分为供配电系统和用电系统两大类。根据用电设备的特点和系统中所传递能量的类型，又可将用电系统分为建筑照明系统、建筑动力系统和建筑弱电系统三种。

1. 建筑的供配电系统　接受发电厂电源输入的电能，并进行检测、计算、变压等，然后向用户和用电设备分配电能的系统，称为供配电系统，一般供配电系统包括：

（1）一次接线　直接参与电能的输送与分配，由母线、开关、配电线路、变压器等组成的线路，这个线路就是供配电系统的一次接线，即主接线。它表示着电能的输送路径。一次接线上的设备称为一次设备。

（2）二次接线　为了保证供配电系统的安全、经济运行以及操作管理上的方便，常在配电系统中，装设各种辅助电气设备（二次设备），例如控制、信号、测量仪表、继电保护装置、自动装置等，从而对一次设备进行监视、测量、保护和控制。通常把完成上述功能的二次设备之间互相连接的线路称为二次接线（二次回路）。

供配电系统作为用电设备提供电能的路径，其质量的好坏直接影响着整个建筑电气系统的性能和安全，因此对供配电系统的设计应引起高度重视。

2. 建筑的用电系统

（1）建筑电气照明系统　电光源将电能转换为光能，以保证人们在建筑物内外正常从事生产和生活活动，以及满足其他特殊需要的照明设施，称为建筑电气照明系统，它由电气系统和照明系统组成。

1）电气系统。它是指电能的生产、输送、分配、控制和消耗使用的系统。它是由电源（市供交流电源、自备发电机或蓄电池组）、导线、控制和保护设备以及用电设备（各种照明灯具等）组成。

2）照明系统。它是指光能的产生、传播、分配（反射、折射和透射）和消耗吸收的系统。它是由光源、控照器、室内空间、建筑内表面、建筑形状和工作面等组成。

3）电气和照明系统的关系。电气和照明两套系统，既相互独立，又紧密联系。因此，在实际的电气照明设计中，程序一般是根据建筑设计的要求进行照明设计，再根据照明设计的成果进行电气设计,最后完成统一的电气照明设计。

(2) **建筑动力系统** 将电能转换为机械能的电动机,拖动水泵、风机等机械设备运转,为整个建筑提供舒适、方便的生产与生活条件而设置的各种系统,统称为建筑动力系统,如供暖、通风、排水、冷热水供应、运输系统等。维持这些系统工作的机械设备,如鼓风机、引风机、除渣机、上煤机、给水泵、排水泵、电梯等,全部是靠电动机拖动的。因此,建筑动力系统实质就是向电动机配电,以及对电动机进行控制的系统。

异步电动机由于构造简单、价格便宜、起动方便,在建筑动力系统中得到广泛应用,其中笼型异步电动机用得最多。当起动转矩较大,或负载功率较大,或需要适当调速的场合,采用绕线转子异步电动机。

电动机控制通常可分为人工控制和自动控制。当电机功率较小,且允许现场直接控制时,靠人直接操纵执行设备(如刀闸等)为电动机配电,这种方式称为刀闸控制,或称人工控制。当电动机功率较大,靠人直接控制不太安全时,或当电动机距控制地点太远,无法就地直接控制以及需要远距离集中控制时,就需要采用自动控制方式。自动控制方式中采用最广泛的是继电器、接触器控制方式或可编程逻辑控制器(PLC)控制方式。有时为了节能,还采取变频控制方式。

(3) **建筑弱电系统** 电能为弱电信号的电子设备,它具有信号准确接收、传输和显示,并以此满足人们获取各种信息的需要和保持相互联系的各种系统,统称为建筑弱电系统,如共用电视天线系统、广播系统、通信系统、火灾报警系统、智能保安系统、综合布线系统、办公自动化系统等。随着现代建筑与建筑弱电系统的进一步融合,智能建筑也随之出现。因此,建筑物的智能化的高低取决于它是否具有完备的建筑弱电系统。

7.2 建筑电气设计的任务与组成

7.2.1 电气设计的范围

电气设计范围是指电气设计边界的划分问题,设计边界分为两种情况。

1. 明确工程的内部线路与外部线路的分界点 电气的边界不像土建边界,它不能按规划部门的红线来划分,通常是由建设单位(甲方)与有关部门商量确定,其分界点可能在红线以内,也可能在红线以外。如供电线路及工程的接电点,有可能在红线以外。

2. 明确工程电气设计的具体分工和相互交接的边界 在与其他单位联合设计或承担工程中某几项的设计时,必须明确具体分工和相互交接的边界,以免出现整个工程图彼此脱节。

7.2.2 电气设计的内容

建筑电气设计的内容一般包括强电设计和弱电设计两大部分。

1. 强电设计 强电设计包括变配电、输电线路、照明电力、防雷与接地、电气信号及自动控制等项目。

2. 弱电部分 弱电设计包括电话、广播、共用天线电视系统、火灾报警系统、防盗报警系统、空调及电梯控制系统等项目。

3. 设计项目的确定　对于一个具体工程，其电气设计项目的确定，是根据建筑物的功能、工程设计规范、建设单位及有关部门的要求等来确定的，并非任何一个工程都包括上述全部项目，可能仅有强电，也可能是强电、弱电的某些项目的组合。

通常在一个工程中设计项目可以根据下列几个因素来确定。

1）根据建设单位的设计委托要求确定。在建设单位委托书上，一般应写清楚设计内容和设计要求（有时因建设单位经办人对电气专业不太熟悉，往往请设计单位帮助他们一起填写设计委托书，以免漏项），这是因为有时建设单位可能把工程中的某几项另外委托其他单位设计，所以设计内容必须在设计委托书上写清楚。

2）由设计人员根据规范的要求确定。例如，民用建筑的火灾报警系统，消防控制系统，紧急广播系统，防雷装置等内容是根据所设计建筑物的高度、规模、使用性能等情况，按照民用建筑有关规范规定，由设计人员确定，而且在建设单位的设计委托书上不必要写明。但是，如果根据规范必须设置的系统或装置，而建设单位又不同意设置时，则必须有建设单位主管部门同意不设置的正式文件，否则应按规范执行。

3）根据建筑物的性质和使用功能按常规设计要求考虑的内容来确定。例如，学校建筑的电气设计内容，除一般的电力、照明以外，还应有电铃、有线广播等内容，剧场的电气设计中，除一般的电力、照明以外，还应包括舞台灯光照明、扩声系统等内容。

总之，设计时应当仔细弄清楚建设单位的意图，建筑物的性质和使用功能，熟悉国家设计标准和规范，本着满足规范的要求，服务于用户的原则确定设计内容。

强电和弱电设计往往涉及几个专业的知识，在一般设计单位，由于人力所限以及承担的工程项目规划不太大，往往这两个部分的分工不是很明确。但是在大的设计单位，往往把这两个部分划归两个专业。这在一般设计单位是难以做到的，因此要求电气设计人员对强电、弱电设计都能掌握。

7.3　建筑电气设计与有关的单位及专业间的协调

7.3.1　与建设、施工及公用事业单位的关系

1. 与建设单位的关系　工程完工后要交付给建设单位使用，满足使用单位的需要是设计的最根本目的。因此，要做好一项建筑电气设计，必须首先了解建设单位的需求和他们所提供的设计资料，不是盲目地去满足，而是在客观条件许可的情况下，恰如其分地去实现。

2. 与施工单位的关系　设计是用图样表达工程的产品，而工程的实体则须靠施工单位去建造。因此，设计方案必须具备实施性，否则仅是"纸上谈兵"。一般来讲，设计者应该掌握电气施工工艺，至少应了解各种安装过程，以免设计出的图样不能实施。通常在施工前，需将设计意图向施工一方进行交底。交底的过程中，施工单位一般严格按照设计图样进行安装，若遇到更改设计或材料代用等需经过洽商，洽商结果作为图样的补充，最后纳入竣工图内。

3. 与公用事业单位的关系　电气装置使用的能源和信息是来自市政设施的不同系统。因此，在开始进行设计方案构思时，应考虑到能源和信息输入的可能性及其具体措施。与这方面有关的设施是供电网络、通信网络和消防报警网络等。因此，需与供电、电信和消防部

门进行业务联系。

7.3.2 建筑电气设计与其他专业设计的协调

1. 建筑电气与建筑专业的关系 建筑电气与建筑专业的关系，视建筑物的功能不同而不同。在工业建筑设计过程中，生产工艺设计是起主导作用的，土建设计是以满足工艺设计要求为前提，处于配角的地位。但民用建筑设计过程中，建筑专业始终是主导专业，电气专业和其他专业则处于配角的地位，即围绕着建筑专业的构思而开展设计，力求表现和实现建筑设计的意图，并且在工程设计的全过程中服从建筑专业的调度。

虽然建筑专业在设计中处于主导地位，但是并不排斥其他专业在设计中的独立性和重要性。从某种意义上讲，建筑电气设施的优劣，标志着建筑物现代化程度的高低，所以建筑物的现代化除了建筑造型和内部使用功能具有时代气息外，很重要的方面是内部设备的现代化，这就对水、电、暖通专业提出了更高的要求，使设计的工作量和工程造价的比重大大增加。也就是说，一次完整的建筑工程设计不是某一个专业所能完成的，而它是各个专业密切配合的结果。

由于各专业都有各自的特点和要求，有各自的设计规范和标准，所以在设计中不能片面地强调某个专业的重要而置其他专业的规范于不顾，影响其他专业的技术合理性和使用的安全性。如电气专业在设计中应当在总体功能和效果方面努力实现建筑专业的设计意图，但建筑专业也要充分尊重和理解电气专业的特点，注意为电气专业设计创造条件，并认真解决电气专业所提出的技术要求。

2. 建筑电气与建筑设备专业的协调 建筑电气与建筑设备（采暖、通风、上下水、煤气）争夺地盘的矛盾特别多。因此，在设计中应很好地协调，与设备专业合理划分地盘，建筑电气应主动与土建、暖通、上下水、煤气、热力等专业在设计中协调好，而且要认真进行专业间的校对，否则容易造成工程返工和建筑功能上的损失。

总之，只有各专业之间相互理解、相互配合，才能设计出既符合建筑设计的意图，又在技术和安全上符合规范，功能上满足使用要求的建筑电气系统。

7.4 建筑电气设计的原则与程序

7.4.1 电气设计的原则

建筑电气的设计必须贯彻执行国家有关工程的政策和法令，应当符合现行的国家标准和设计规范。电气设计还应遵守有关行业、部门和地区的特殊规定和规程。在上述要求的前提下力求贯彻以下原则：

1）应当满足使用要求和保证"安全用电"。
2）确立技术先进、经济合理、管理方便的方案。
3）设计应适当留有发展的余地。
4）设计应符合现行的国家标准和设计规范。
5）现代建筑电气设计应遵循节能设计的原则。

7.4.2 电气设计的程序

1. 方案设计阶段 建筑工程方案设计阶段主要由建筑专业进行投标方案设计。一般工程在方案设计阶段的设计文件由设计说明书、建筑设计图纸、投资估算、透视图、模型等组成。除总平面和建筑专业应绘制图纸外,其他专业(结构、给排水、电气、采暖通风及空调、动力和投资估算等)以设计说明简述设计内容,但当仅以设计说明难以表达设计意图时,可以用设计简图进行表示。

建筑工程的方案设计文件用于办理工程建设的有关手续。方案设计文件应满足编制初步设计文件的需要,应满足方案审批或报批的需要。

在方案设计阶段,建筑电气专业一般只提供建筑设计说明,说明应能表述该建筑主要强调的项目概况和电气系统基本情况,以及对城市公用事业(包括供电、信息系统)的基本要求,同时,应明确该建筑的电气设施,可能对环境造成的影响等内容,提供有关部门审查。

2. 初步设计阶段 电气的初步设计是在工程的建筑方案设计基础上进行的。对于大中型复杂工程,还应进行方案比较,以便遴选技术上先进可靠、经济上合理的方案,然后进行内部作业,编制初步设计文件。

(1) 初步设计阶段的主要工作

1) 了解和确定建设单位的用电要求。
2) 落实供电电源及配电方案。
3) 确定工程的设计项目。
4) 进行系统方案设计和必要的计算。
5) 编制初步设计文件,估算各项技术与经济指标(由建筑经济专业完成)。
6) 在初设阶段,还要解决好专业间的配合,特别是提出配电系统所必需的土建条件,并在初步设计阶段予以解决。

(2) 初步设计文件应达到的深度要求

1) 已确定设计方案。
2) 能满足主要设备及材料的订货要求。
3) 可以根据初设文件进行工程概算,以便控制工程投资。
4) 可作为施工图设计的基础。

以方案代替初设的工程,电气部分的设计一般只编制方案说明,可不设计图样,其初设深度是确定设计方案,据此估算工程投资。

3. 施工图样设计阶段 根据已批准的初步设计文件(包括审批中的修改意见以及建设单位的补充要求)进行施工图样设计。

(1) 主要工作

1) 进行具体的设备布置。
2) 进行必要的计算。
3) 确定各电器设备的选型以及确定具体的安装工艺。
4) 编制出施工图设计文件等。

在这一阶段特别要注意与各专业的配合,尤其是对建筑空间、建筑结构、采暖通风以及上下水管道的布置要有所了解，避免盲目布置造成返工。

（2）施工图设计应达到的深度要求

1）可以编制出施工图的预算。

2）可以安排材料、设备和非标准设备的制作。

3）可以进行施工和安装。

上述为一般建筑工程的情况，较复杂和较大型的工程建筑还有方案遴选阶段，建筑电气应与之配合。同时，建筑电气本身也应进行方案比较，采取切实可行的系统方案。特别复杂的工程尚需绘制管道综合图，以便于发现矛盾和施工安装。

7.5 建筑电气设计的具体步骤

建筑电气工程的设计从接受设计任务开始到设计工作全部结束，大致可分为方案设计、初步设计、施工图设计、工程设计技术交底、施工现场配合、工程竣工验收6个步骤。

7.5.1 方案设计

对于大型复杂的建筑工程，其电气设计需要做方案设计，在这一阶段主要是与建筑方案的协调和配合设计工作，此阶段通常有以下具体工作。

1. 接受电气设计任务 接受电气设计任务时，应先研究设计任务委托书，明确设计内容和要求。

2. 收集资料 设计资料的收集根据工程的规模和复杂程度，可以一次收集，也可以根据各设计阶段深度的需要而分期收集。

（1）向当地供电部门收集有关资料 主要有①电压等级，供电方式（电缆或架空线，专用线或非专用线）；②配电线路回数、距离、引入线的方向及位置；③当采用高压供电时，还应收集系统的短路数据（短路容量、稳态短路电流、单相接地电流等）；④供电端的继电保护方式、动作电流和时间的整定值等；⑤供电局对用户功率因数、电能计量的要求，电价、电费收取办法；⑥供电局对用户的其他要求。

（2）向当地气象部门及其他单位收集资料 需收集的气象、地质资料见表7-1。

表7-1 气象、地质资料表

资料内容	用途
最高年平均温度	选变压器
最热月平均最高温度	选室外裸导线及母线
最热月平均温度	选室内导线及母线
一年中连续三次的最热日昼夜平均温度	选空气中电缆
土壤中0.7~1.0m深处一年中最热月平均温度	选地下电缆
年雷电小时数和雷电日数	防雷装置
50年一遇的最高洪水位	变电所所址选择
土壤电阻率和土壤结冰深度	接地装置

（3）向当地电信部门收集有关资料 主要有①选址附近电信设备的情况及利用的可能

性、线路架式、电话制式等；②当地电视频道设置情况，电视台的方位，选址处的电视信号强度。

（4）向当地消防主管部门收集资料　由于建筑的防火设计需要，设计前，必须走访当地消防主管部门，了解有关建筑防火设计的地方法规。

3. 确定负荷等级

1）根据有关设计规范，确定负荷的等级、建筑物的防火等级以及防雷等级。

2）估算设备总容量（kW），即设备的计算负荷总量（kW），需要备用电源的设备总容量（kW）和设备计算总容量（kW）（对一级负荷而言）。

3）配合建筑专业最后确定方案，即主要对建筑方案中的变电所的位置、方位等提出初步意见。

7.5.2　初步设计

建筑方案经有关部门批准以后，即可进行初步设计。初步设计阶段需做的工作有以下几个方面。

1. 分析设计任务书和进行设计计算　详细分析研究建设单位的设计任务书和方案审查意见，以及其他有关专业（如给排水、暖通专业）的工艺要求与电气负荷资料，在建筑方案的基础上进行电气方案设计，并进行设计计算（包括负荷计算、照度计算、各系统的设计计算等）。

2. 各专业间的设计配合

1）给排水、暖通专业应提供用电设备的型号、功率、数量以及在建筑平面图上的位置，同时尽可能提供设备样本。

2）向结构专业了解结构形式、结构布置图、基础的施工要求等。

3）向建筑专业提出设计条件，即包括各种电气设备（如变配电所、消防控制室、闭路电视机房、电话总机房、广播机房、电气管道井、电缆沟等）用房的位置、面积、层高及其他要求。

4）向暖通专业提出设计条件，如空调机房和冷冻机房内的电气控制柜需要的位置空间，空调房间内的用电负荷等。

3. 编制初步设计文件　初步设计阶段应编制初步设计文件，初步设计文件一般包括图纸目录、设计说明书、设计图样、主要设备表和概算（概算一般由建筑经济专业编制）。

1）图纸目录。初步设计图纸目录应列出现制图的名称、图别、图号、规格和数量。

2）设计说明书。初设阶段以说明为主，即对各项的内容和要求进行说明。设计说明内容包括：设计依据、设计范围、供电设计、电气照明设计、建筑物的防雷保护、弱电设计等。

3）设计图样。初步设计的图样有供电总平面图、供电系统图、变配电所平面图、照明系统图及平面图、弱电系统图与平面图、主要设备材料表、计算书等。

7.5.3　施工图设计

初步设计文件经有关部门审查批准以后，就可以进行施工图设计。施工图设计阶段的主要工作有以下几方面。

1. 准备工作 检查设计的内容是否与设计任务和有关的设计条件相符；核对各种设计参数、资料是否正确；进一步收集必要的技术资料。

2. 设计计算 深入进行系统计算；进一步核对和调整计算负荷；进行各类保护计算、导线与设备的选择计算、线路与保护的配合计算、电压损失计算等。

3. 各专业间的配合与协调 对初步设计阶段互提的资料进行补充和深化。如向建筑专业提供需要他们配合的有关电气设备用房的平面布置图；需要结构专业配合的有关留预埋件或预留孔洞的条件图；向水暖专业了解各种用电设备的控制、操作、联锁要求等。

4. 编制施工图设计文件 施工图设计文件一般由图纸目录、设计说明、设计图样、主要设备及材料表、工程预算等组成。图纸目录中应先列出新绘制的图样，后列出选用的标准图、重复利用图及套用的工程设计图。

当本专业有总说明时，在各子项工程图样中应加以附注说明；当子项工程先后出图时，应分别在各子项工程图样中写出设计说明，图例一般在总说明中。

7.5.4　工程设计技术交底

电气施工图设计完成以后，在施工开始以前，设计人员应向施工单位的技术人员或负责人作电气工程设计的技术交底。其主要介绍电气设计的主要意图、强调指出施工中应注意的事项，并解答施工单位提出的技术疑问，补充和修改设计文件中的遗漏和错误。其间应作好会审记录，并最后作为技术文件归档。

7.5.5　施工现场配合

在按图进行电气施工的过程中，电气设计人员应常去现场帮助解决图样上或施工技术上的问题，有时还要根据施工过程中出现的新问题作一些设计上的变动，并以书面形式发出修改通知或修改图。

7.5.6　工程竣工验收

设计工作的最后一步是组织设计人员、建设单位、施工单位及有关部门对工程进行竣工验收。电气设计人员应检查电气施工是否符合设计要求，即详细查阅各种施工记录，并现场查看施工质量是否符合验收规范，检查电器安装措施是否符合图样规定，将检查结果逐项写入验收报告，并最后作为技术文件归档。

7.6　建筑电气设计施工图的绘制

工程设计施工图是用来直观的表达设计意图的工程语言。它也是指导施工人员安装操作和设备运行维护的依据，同时还是设备订货的依据。所以施工图样表达要规范、准确、完整、清楚，文字要简洁。

7.6.1　电气工程图的图形符号和文字符号

在电气工程图中，设备、元件、线路及其安装方法等，都是用统一的图形符号和文字符号来表达的。图形符号和文字符号犹如电气工程语言中的"词汇"，所以要设计、绘制和阅读电气图样，应首先熟悉这些"词汇"，并弄清它们各自代表的意义。

电气图样中的电气图形符号通常包括系统图图形符号、平面图图形符号、电气设备文字符号和系统图的回路标号。这些符号和标号都有统一的国家标准。在实际工程设计中，若统一图例（国标）不能满足图样表达的需要时，可以根据工程的具体情况，自行设定某些图形符号，此时必须附有图例说明，并在设计图样中列出来。一般而言，每项工程都应有图例说明。

常用建筑电气图例和文字标准见第 8 章第 3 节内容。

7.6.2 电气工程施工图的组成

一般而言，一项工程的电气设计施工图总是由系统图、平面图、设备布置图、安装图、电气原理图等内容组成。电气工程的规模有大有小，电气项目也各不相同，反映不同规模的工程图纸的种类、数量也是不相同的。

1. 系统图 系统图是用来表示系统的网络关系的图样，系统图应表示出系统的各个组成部分之间的相互关系、连接方式，以及各组成部分的电器元件和设备及其特性参数。通过系统图可以了解工程的全貌和规模。

当工程规模较大、网络比较复杂时，为了表达更简洁、方便，也可先画出各干线系统图，然后分别画出各子系统，层层分解，有层次地表达。

系统图上需要表达的内容如下：

1）电缆进线（或架空线路进线）回路数、型号规格、敷设方式及穿管管径。例如，某照明系统图中标注有 BV（3×50+2×25）SC50-HC，表示该线路是采用铜芯塑料绝缘线，三根 $50mm^2$，两根 $25mm^2$，穿钢管敷设，管径 50mm，沿地面暗设。

本例中导线型号 BV 中加一个 L 成 BLV，则表示铝芯塑料绝缘电线。BX 是铜芯塑料绝缘橡胶绝缘线。电缆及导线的型号繁多，可以参见电气施工图册或产品样本。

2）总开关、熔断器的规格型号，出线回路数量，用电负载功率，各条照明支路分相情况。

3）配电系统图上，还应表示出该工程总的设备容量、需要系数、计算容量、计算电流、配电方式等。也可以采用绘制一个小表格的方式标出用电参数。

4）电气系统图中各条配电线路中，应标出该回路编号和照明设备的总容量。例如，有一栋楼，电源进户线标注 VLV23（3×50+2×25）SC50-BC，表示该线路是采用铝芯塑料绝缘、塑料护套钢带铠装五芯电力电缆，其中三芯是 $50mm^2$，两芯是 $25mm^2$，穿钢管暗敷设，管径 50mm，暗敷设在梁内。

2. 平面图 平面图是表示所有电气设备和线路的平面位置、安装高度、设备和线路的型号、规格、线路的走向和敷设方法、敷设部位的图样。

平面图按工程内容的繁简分层绘制，一般每层绘制一张或数张。同一系统的图画在一张图上。

平面图还应标注轴线、尺寸、比例、楼面标高、房间名称等，以便于图形校审、编制施工预算和指导施工。

3. 设备布置图 它表示各种电气设备的平面与空间位置相互关系以及安装方式。通常由平面图、立面图、剖面图及各种构件详图等组成。这种图一般都是按三视图的原理绘制的。

4. 安装图 它是表示电气工程中某一部分或某一部件的具体安装要求和做法的图样，同时还表明安装场所的形态特征。这类图一般都有统一的国家标准图。需要时尽量选用标准图。

5. 电气原理图 电气原理图是表示某一具体设备或系统的电气工作原理的图样。用以指导具体设备与系统的安装、接线、调试、使用与维护。在原理图上，一般用文字简要地说明控制原理或动作过程，同时在图样上还应列出原理图中的电气设备和元件的名称、规格型号及数量。

总之，电气施工图的绘制，应力求用较少的图样准确、明了地表达设计意图，使施工和维护人员读起来感到条理清楚。此外，在一个具体工程中，往往可以根据实际情况适当增加或者减少某些图。

7.6.3 建筑电气工程施工图的设计内容

1. 施工图设计说明书 施工图设计说明可在初步设计说明书的基础上，重点修改和补充以下内容：

1）在设计依据中，说明初步设计审批文件的名称、文件号。
2）说明初步设计审批文件对施工图设计提出的修改内容。
3）补充施工图设计修改内容的做法和重要细节问题。
4）补充说明有关设备订货、施工要求和投产运行有关注意事项。

2. 施工图图样部分

1）电气主接线图、低压接线图及其他系统接线图。

①图中各种电气设备、材料均应注明形式、主要规格，主要元件应注明名称编号。电气主接线的范围应包括各级电压出线及高压厂（所）用变压器。

②一般用单线图表示。为说明相别或三相设备不一致，可局部用三线图表示；单线图中应注明负荷（或设备）容量及总的计算负荷。

③对于扩（改）建工程，应区别本期工程和原有接线部分。

④开关柜应注明型号、方案编号、柜内主要设备形式规格。

2）电气总平面图高、低压配电装置平断面图，主控制室布置图，主厂房和辅助间电气布置图。

①应标明所有电气设备及其辅助设施的轮廓外形、相别，定位尺寸、总尺寸、必要的安全净距校验尺寸，设备搬运尺寸，门、窗楼梯位置。

②电气构筑物中的土建结构应按比例表示。

③注明与附近建筑物、道路的相对尺寸。

④屋内配电装置应有配置接线图，屋外配电装置断面图应有解释性电路图，配电装置应注明间隔名称。

⑤对于扩（改）建工程，应注明原有部分和扩（改）建部分。

3. 设备安装图

1）应注明图样比例及所取断面、详图，应能清晰表达安装示意图。

2）非标准零件必要时另绘详图。

3）安装材料应正确齐全。

4. 二次原理图、展开图

1）标明设备符号、回路编号、回路说明、设备安装地点及其数量和有关规格。

2）同一设备在两张图表示时，应在一张图内表示设备的所有线圈及接点，并注明不在本图中的接点用途，在另一张图中表示接点来源。

3）对有方向性的设备应标注极性。

4）展开图中的接点应表示不带电状态时的位置。

5. 屏面布置图

1）屏上的设备尺寸齐全，设备符号应与展开图一致。

2）模拟母线注明电压等级。

3）设备表中列明设备形式、规格、数量，并按不同安装单位分别开列。

6. 端子排及其安装接线图

1）端子排齐全，预留公用的备用端子。

2）标明电缆编号、去向，注明芯数、截面。

3）标明设备端子编号和互感器的极性。

4）安装接线图中应有设备材料表。

7. 电缆敷设及电缆表

1）布线图尽可能按比例表示设备的位置和外形轮廓。

2）画出建筑物的柱、墙、楼梯、门窗，电缆构筑物注明净空尺寸，建筑物标明标高。

3）对电缆夹层要画出支架位置，注明尺寸；电缆交叉处应表示过渡支架、埋管注明管径、根数、形式。

4）敷设图应标明电缆起点、终点、电缆构筑物进出口的编号，室外直埋电缆应标明进出口及拐点坐标。电缆排列剖面是否需要出图，可根据具体情况确定。

5）有关厂房的电缆埋管，应附在土建图内（电气专业提要求）。

6）电缆表应有每一根电缆的编号、型号、规格、长度、起点终点。

8. 防雷接地图

1）标明避雷针高度、坐标、保护高度及范围、被保护物外形。

2）对接地有特殊要求的构筑物（如微波楼）应画出室内接地网布置。凡需利用钢筋接地者应与结构专业落实，并予以说明。

3）画出接地极及接地线位置。

9. 电气照明图

1）照明系统图标明设备规格、用途代号、负荷、导线（电缆）截面等。

2）布置图标明各路配线及配管的规格，敷设方式，建筑物的梁柱、门窗、楼梯、留孔、设备外形、管道位置、屏台和开关柜（盘）的位置。

3）注明灯具的数量、功率、标高、型号。特殊灯具应出安装图。

4）布线一般用单线表示，也可用多线表示。

5）对于防爆厂房、场所的照明设计，应在平面图中说明采用的防爆等级。

10. 送配电线路

1）标明线路起点、终点及转折点位置坐标及指示方位。

2）标明导线、地线型号，杆塔档距，线路总长度。

3）标明被穿（跨）越铁路、公路、线路等标高及需要标明的交叉角。

4）注明杆型组装图、零件图及导线紧线选用的弧垂曲线等图样档案号。

5）标明特殊杆形或地段基础的处理方法及要求。

6）线路平断面图：①标明里程（百米桩）杆位标高、杆塔档距、耐张段长度及代表档距；②标明转角、直线桩的里程、标高，交叉跨越物的里程、标高、名称，绘出杆塔位置、定位高度、弧垂安全地面线，标注杆塔编号、杆形等；③图形比例一般按纵断面1∶200、横断面1∶2000 标注。

7.6.4　建筑电气施工图的设计要求

1. 建筑电气专业设计文件　在施工图设计阶段，建筑电气专业设计文件应包括图样目录、施工设计说明、设计图样主要设备表、计算书（供内部使用及存档）。

2. 施工设计说明

1）工程设计概况。应将经审批定案后的初步（或方案）设计说明书中的主要指标录入。

2）各系统的施工要求和注意事项（包括布线、设备安装等）。

3）设备订货要求（也可附在相应图样上）。

4）防雷及接地保护等其他系统有关内容（也可附在相应图样上）。

5）本工程选用标准图图集编号、页号。

3. 设计图样

1）施工设计说明、补充图例符号、主要设备表可组成首页，当内容较多时，可分设专页。

2）电气总平面图（仅有单体设计时，可无此项内容）。

① 标注建（构）筑物名称或编号、层数或标高、道路、地形等高线和用户的安装容量。

②标注变、配电站位置、编号；变压器台数、容量；发电机台数、容量；室外配电箱的编号、型号；室外照明灯具的规格、型号、容量。

③架空线路应标注：线路规格及走向，回路编号，杆位编号，档数、档距、杆高，拉线、重复接地、避雷器等（附标准图集选择表）。

④电缆线路应标注：线路走向、回路编号、电缆型号及规格、敷设方式（附标准图集选择表）、人（手）孔位置。

⑤ 比例、指北针。

⑥图中未表达清楚的内容可附图做统一说明。

3）变（配）电站系统图。

①高、低压配电系统图（一次线路图）。图中应标明母线的型号、规格；变压器、发电机的型号、规格；标明开关、断路器、互感器、继电器、电工仪表（包括计量仪表）等的型号、规格、整定值。图下方表格标注：开关柜编号、开关柜型号、回路编号、设备容量，计算电流、导体型号及规格、敷设方法、用户名称、二次原理图方案号（当选用分格式开关柜时，可增加小室高度或模数等相应栏目）。

② 平、剖面图。按比例绘制变压器、发电机、开关柜、控制柜、直流及信号柜、补偿

柜、支架、地沟、接地装置等平、剖面布置、安装尺寸等，当选用标准图时，应标注标准图编号、页次；标注进出线回路编号、敷设安装方法，图样应有比例。

③继电保护及信号原理图。继电保护及信号二次原理方案，应选用标准图或通用图。当需要对所选用标准图或通用图进行修改时，只需绘制修改部分并说明修改要求。控制柜、直流电源及信号柜、操作电源均应选用企业标准产品，图中标示相关产品型号、规格和要求。

④竖向配电系统图。以建（构）筑物为单位，自电源点开始至终端配电箱止，按设备所处相应楼层绘制，应包括变、配电站变压器台数、容量，发电机台数、容量，各处终端配电箱编号，自电源点引出回路编号（与系统图一致）及接地干线规格。

⑤相应图样说明。图中表达不清楚的内容，可随图作相应说明。

4）配电、照明系统图。

①配电箱（或控制箱）系统图，应标注配电箱编号、型号，进线回路编号；标注各开关（或熔断器）型号、规格、整定值；配出回路编号、导线型号规格（对于单相负荷应标明相别），对有控制要求的回路应提供控制原理图；对重要负荷供电回路宜标明用户名称。上述配电箱（或控制箱）系统内容在平面图上标注完整的，可不单独出配电箱（或控制箱）系统图。

②配电平面图，应包括建筑门窗、墙体、轴线、主要尺寸、工艺设备编号及容量；布置配电箱、控制箱，并注明编号、型号及规格；绘制线路始、终位置（包括控制线路），标注回路规格、编号、敷设方式，图样应有比例。

③照明平面图，应包括建筑门窗、墙体、轴线及主要尺寸；标注房间名称、绘制配电箱、灯具、开关、插座、线路等平面布置；标明配电箱编号，干线、分支线回路编号、相别、型号、规格、敷设方式等；凡需二次装修部位，其照明平面图随二次装修设计，但配电或照明平面图上应相应标注预留的照明配电箱，并标注预留容量；图样应有比例。

④图中表达不清楚的，可随图作相应说明。

5）建筑设备监控系统及系统集成。

①监控系统方框图、绘至DOC站止。

②随图说明相关建筑设备监控（测）要求、点数、位置。

③配合承包方了解建筑设备情况及要求，审查承包方提供的深化设计图样。

6）防雷、接地及安全系统图。

①绘制建筑物顶层平面，应有主要轴线号、尺寸、标高，标注避雷针、避雷带、引下线位置。注明材料型号规格、所涉及的标准图编号、页次，图样应标注比例。

②绘制接地平面图（可与防雷顶层平面重合），绘制接地线、接地极、测试点、断接卡等的平面位置，标明材料型号、规格、相对尺寸等及涉及的标准图编号、页次（当利用自然接地装置时，可不出此图），图样应标注比例。

③当利用建筑物（或构筑物）钢筋混凝土内的钢筋作为防雷接闪器、引下线、接地装置时，应标注连接点，接地电阻测试点，预埋件位置及敷设方式，注明所涉及的标准图编号、页次。

④随图说明可包括：防雷类别和采取的防雷措施（包括防侧击雷，防雷击电磁脉冲，防高电位引入）；接地装置型式，接地极材料要求、敷设要求，接地电阻值要求；当利用桩基、基础内钢筋做接地极时，应采取的措施。

⑤除防雷接地外的其他电气系统的工作或安全接地的要求（如电源接地形式，直流接地，局部等电位、总等电位接地等），如果采用共用接地装置，应在接地平面图中叙述清楚，叙述不清楚的应绘制相应图样（如局部等电位平面图等）。

7）火灾自动报警系统图。

①火灾自动报警及消防联动控制系统图、施工设计说明、报警及联动控制要求。

②各层平面图，应包括设备及器件布点、连线，线路型号，规格及敷设要求。

8）其他系统图。

①各系统的系统框图。

②说明各设备定位安装、线路型号规格及敷设要求。

③配合系统承包方了解相应系统的情况及要求，审查系统承包方提供的深化设计图样。

4. 主要设备表　主要设备表应注明主要设备名称、型号，规格、单位、数量。

5. 计算书（供内部使用及归档）　施工图设计阶段的计算书，只补充初步设计阶段时应进行计算而未进行计算的部分，修改因初步设计文件审查变更后，需重新进行计算的部分。

7.7　建筑电气设计说明

7.7.1　初设阶段的说明

初设阶段以说明为主，而图纸为辅，工程规模不同其要求也不完全一样。

1. 中小型工程说明要点　中小型工程设计范围（项目）主要有一般照明、事故照明、工艺设备供电、建筑设备机泵供电及控制、电梯供电、工艺设备控制、声光信号系统、电话配线、广播配线、共用天线电视系统、防雷接地等。因此，说明要点一般包括：

1）主要照明电源。

2）电力负荷级别及预计设备容量。

3）供电电源落实情况。

4）安全保护措施（防雷、防火、防爆级别、接零、接地保护等）。

5）主要设备及线路安装方式和选材。

6）典型房间电气布置的说明，可在建筑平面图中示意或在设计说明中用文字叙述。

2. 大型建筑工程说明要点　对于大型工程，其设计项目一般比较多，常见的有照明系统、变配电系统、自备电源系统、防雷接地系统、电梯电力系统、电话、广播、电视、事故照明、消防报警与控制、空调自动化、机电设备自动化、业务管理自动化等。因此，对于大型工程一般要求：

1）对工程设计范围要逐项说明，并绘出必要的布置图、主接线或系统框图。

2）每个系统均应简要说明其主要结构、设备选型、管路走向等，同时绘出主接线图。

3）初步设计还应进行建筑电气工程的概算，以控制工程的总投资。

7.7.2　施工图说明

在施工图设计阶段以图为主，说明为辅。施工图中的说明主要是那些图纸上不易表达或可以统一说明的问题。其要点：

1) 叙述工程土建概况。
2) 阐述工程设计范围及工程级别（防火、防爆、防雪、负荷级别）。
3) 电源概况。
4) 照明灯具、开关插座的选型。
5) 说明配电盘（箱、柜）的选型。
6) 电气管线敷设。
7) 保安接地方式。
8) 施工安装要求及设计依据。

7.7.3 设计说明书的编制

设计说明书是工程设计中不可缺少的设计文件。在建筑电气设计中，不同的项目，其说明书的内容及要求也不同。

1. 供电设计的说明

1) 说明供电电源与设计工程的方位、距离关系；输电线路的形式（专用线或非专用线，电缆或架空线）；供电的可靠程度；供电系统短路数据和远期发展情况。
2) 用电负荷的性质及等级；总电力供应主要指标（总设备容量、总计算容量、需要系数、选用变压器容量及台数等）及供电措施。
3) 说明供电系统的形式，即备用电源的自动投入切换；变压器低压侧之间的联络方式及容量；对供电安全所采取的措施等。
4) 说明变配电所总电力负荷分配情况及计算结果（给出总设备容量、计算容量、计算电流、补偿前后的功率因数）；变电所之间备用容量分配的原则；变电所数量、位置及结构形式。
5) 功率因素补偿方式、应补偿容量以及补偿结果。
6) 高、低压供电线路的形式和敷设方法。
7) 设备过电压和防雷保护的措施；接地的基本原则，接地电阻的要求；对跨步电压所采取的措施等。

2. 电力设计的说明

1) 电源由何处引来；配电系统的形式（树干式、放射式、混合式）；负荷类别及供电保护措施。
2) 根据用电设备类别和环境特点（正常、灰尘、潮湿、高温有爆炸危险等），说明设备选择的原则和大容量用电设备的起动和控制方法。
3) 导线选择及线路敷设方式。
4) 安全用电措施，即防止触电危险所设置的接地、触电保护开关等。

3. 电气照明设计说明

1) 照明电源、电压、容量、照度选择及配电系统形式的选择。
2) 光源与照明灯具选择。
3) 导线的选择及线路敷设方式。
4) 应急照明电源的切换方式。

4. 建筑物的防雷保护设计说明

1）说明按自然条件、当地雷电日数以及根据建筑物的高度和重要程度，确定的防雷等级和防雷措施。

2）按防雷等级和安装位置，确定接闪器和引下线的形式和安装方法。如果利用建筑物的构件防雷时，应阐述设计确定的原则和采取的措施。

3）说明接地电阻值的确定，接地极处理方式和采用的材料。

5. 弱电设计说明

1）设计的内容和依据。

2）各项弱电系统的概述和站址的确定。

3）各系统的确定和设备的选择。

4）各系统的供电方式等。

5）需提请在设计审批时解决或确定的主要问题。

7.8　建筑电气设计施工图预算简介

施工图预算是确定工程造价的文件。它是在施工图设计阶段完成以后，以施工图为依据进行编制的。编制施工图预算是一项政策性和技术性很强的经济工作。施工图预算是确定建筑安装工程造价的依据，它是建筑单位和施工单位签订工程合同造价的依据，是银行拨款的依据，也是工程价款结算的依据。因此正确地编制施工图预算，可以加强工程经济管理，控制工程投资。所以，它是当前我国工程建设经济管理上重要的、必不可少的文件。

7.8.1　预算的组成

电气施工的预算主要由直接费、综合间接费、独立费和营业税四部分组成。

1. 直接费　直接费是指直接耗用在电气安装工程的各种费用。它包括主材费（如灯具、表盘、开关电器、各种导线等）和安装费两大部分。主材费按照安装工程材料预算价格套用，安装费中又包括人工费、安装材料费和安装机械设备费等三个组成部分。这里的人工费是指直接从事电气安装施工工人的基本工资，不包括其他各种辅助费。安装材料费是指为完成安装工程所耗用的材料、物件、零件和半成品的费用及周转性材料的摊销费。安装机械设备费是指安装工程施工中使用施工机械所支付的费用。

2. 综合间接费　综合间接费由施工管理费和其他间接费组成。施工管理费是指安装企业为了组织与管理施工的各项经营管理费用，这种费用不是直接耗用在工程上，而是为工程服务的费用。它的计算方法有两种：一种是以工程直接费为基础按取费的百分率计取；另一种是以直接费中的人工费为基础按百分率计取。其他间接费包括临时设施费、劳动保护支出、计划利润、利息支出等。

3. 独立费　独立费是指为进行安装工程施工而发生的，但未包括在上述工程直接费和综合间接费范围之内而应单独计算的费用。它包括属于直接费用性质的冬（雨）季施工费、远征（郊）施工增加费、预算外费用、包干费等，以及属于间接费用性质的施工机构迁移费、临时设施费、技术装备费、劳保支出费等。每个工程中独立费的取费办法和标准，按国家发改委、省、市建委，建设银行颁发的有关文件执行。

4. 营业税 营业税是按工程预算成本（不包括临时设施费和技术装备费）计取的，费率依照税务管理部门的规定办理。

建筑工程预算项目及计算式见表 7-2。

表 7-2　建筑工程预算项目及计算式

序号	项　目	计　算　式
1	直　接　费	全国统一预算定额基价×各地方工程造价直接费系数以及材料预算价格调整系数
2	综合间接费	预算定额人工费×综合间接费率
3	独　立　费	预算定额人工费×独立费率
4	工程造价（预算成本）	1+2+3
5	营　业　税	按省、市税务部门有关规定计取
6	合　　计	4+5

7.8.2　编制施工图预算的定额和依据

1. 定额 定额是指在正常的施工条件下，为完成一定计量单位的合格产品所必需的劳动力、机械台班、材料和资金消耗的数量标准。它是国家或各省市自治区根据各自的特点，从考察总体生产过程中的各生产因素，归结出社会平均必需的数量标准制订出来的。它反映一定时期的社会生产力水平，具有相对的稳定性，但也并非长期不变。

定额既是安装工程中计划、设计、施工等各项工作取得最佳经济效益的有效工具，又是衡量、考核上述工作经济效益的尺度。它在企业管理中占有十分重要的地位。

定额的种类很多，可分以下几类：

1）按生产要素分为劳动定额、机械台班定额、材料消耗定额。

2）按编制程序和用途分为工序定额、施工定额、预算定额、概算定额和概算指标。

3）按定额的主编单位和适用范围分为全国统一定额、地区统一定额、企业定额等。

4）按专业划分为建筑工程定额、安装工程定额、市政工程定额、水利工程定额、铁路工程定额等。

5）按费用划分为直接费定额、间接费定额等。

其中施工定额是编制施工预算的依据；预算定额是编制施工图预算的依据；概算定额与预算定额相比，更具有综合的性质，它是编制概算用于招标工程编制标底、标价的依据。

为了使用方便，各地区编制出将工资、材料费、机械费三项汇总在一起，称为单位估价汇总表。它经过当地建委批准后，即成为法定的单价，凡在规定区域范围内的所有基建和施工部门都必须执行。未经批准不得任意变动。

2. 编制施工图预算的依据

1）经过技术交底与会审的电气工程设计施工图和各有关工程的施工图及设计施工说明。它是计算工程量和选、套定额的依据。

2）预算定额和补充定额。它是确定单项工程项目、计算工程量和换算定额单价的依据。

3）施工组织设计或施工方案。它是确定施工方法、材料加工及堆放点、计算工程量、选、套单价和计算有关费用的依据。

4）国家或地区规定的各项费用标准、工资标准、材料预算价格、地区单位估价汇总表、补充单位估价表和上级主管部门的有关文件规定等。它们是确定直接费用的文件和资料。

5）合同或协议书。

7.8.3 编制施工图预算的程序

1. 看懂全部图样并了解施工方案　一般来说，电气安装单位工程的施工图样包括电气平面布置图、配电系统图、施工大样图和总说明、通用图册等。

1）检查图样。首先要按图样目录查收核对，保证图样齐全，然后按要求把所需要的有关标准图集和施工图册准备好。

2）审查图样。要仔细地对每张图样及其细节进行审查，对看不清、看不懂和疑难点以及限于条件不能施工的地方等随时记录下来。对土建、给排水和暖通等的工程图样也要参阅，以解决与电气工程的竖向和交叉等问题。

3）由建设单位组织设计单位和施工单位共同进行图样会审和设计技术交底。在会审过程中，设计单位主要介绍施工图的主要特点和施工要求以及一些特殊的或难度较大的施工方法，并介绍工程概算情况等。

预算人员必须参加图样会审和设计技术交底，并提出审图过程中的问题，请设计单位解答。

4）由建设、设计和施工三方单位共同签发会审记录或工程设计变更单。会审记录或变更单上应附有文字说明或图样。这种设计变更单具有与施工图同等重要的作用，应与施工图一起妥善保管好。

5）了解施工组织设计和施工方案。由施工单位编制的施工组织设计和施工方案对预算的编制有直接的影响。所以预算编制人员必须对施工方案了解得一清二楚，才能做出符出实际的预算。

2. 确定合适的预算定额和单位估价汇总表及确定分部工程项目　同一项电气安装工程，有各部门出版的多种预算定额，不能盲目套用这些定额，应该使用工程所在的省、市（区）编制的预算定额和单位估价汇总表。

预算定额和单位估价汇总表是按分部分项工程编制的。电气安装工程一般可划分为照明、动力、电信等工程。其中照明工程有室内、室外之分，而室内照明工程又可划分配管配线、灯具器具、照明控制设备、防雷及接地装置等分部工程。还要按照定额编号的名称和先后顺序列出工程细目。

3. 按规则计算工程量　工程量是确定工程直接费、编制施工组织设计、统计实物工程量和基本建设财物管理的重要依据。它是决定工程造价的重要因素。因此正确地计算工程量，是编制预算的主要环节。

（1）工程量计算原则　①按预算定额中各分部的分项划分项目，使计算出的工程量单位能与预算定额的分项和单位对上口径，以便以量套价。②只有根据施工图样所标的比例、尺寸、数量以及设备明细表等计算出工程量，然后套用适当的预算单价，才能正确地计算出工程的直接费。计算过程中不能随意加大或缩小各部位的尺寸。③对施工图样中没有表示出来的，而施工中必须进行的工程量项目也应计算。④工程量计算应采用表格方式，在表中列出计算公式,以便审核。填写外形尺寸的程序要统一按"长×宽×高"的顺序。

(2) 工程量的计算顺序　目前对工程量的计算顺序尚无统一的方法,下述顺序仅供参考:

1) 设备工程量计算。首先按照设备布置图或平面图,以分层或设备位置号逐台清点。再根据设备明细表核对其规格、型号和数量。核对无误后,编制设备工程量汇总表。

2) 电气管线和其他材料用量的计算。根据平面图和系统图按照进户线、总配电盘、各分配电箱(盘)直至用电设备或照明灯具的顺序,逐项进行电气管线和其他材料用量的计算。各分配电箱(盘)和配电回路可按编号顺序进行计算。每计算完一个分配电箱(盘)和一条配电回路要做好明显的标记,以防重复计算和漏算。当全部计算完毕后,再编制材料用量汇总表。

3) 除按施工图样计算工程量外,还要计算会审记录和工程设计变更或补充的文字说明中需要计算的工程量。

随着定型设计的推广,工程量计算工作将逐步表格化、手册化。

4. 套用预算定额和单位估价表　套用预算定额和单位估价表时必须注意下列各点。

1) 分项工程的名称、规格、计时单位和顺序等都必须与定额或估价表中所列内容完全一致,即从预算定额或单位估价表中能找出与之相适应的子项编号,查出该项工程的单价(即安装费)。

2) 根据施工图样要求和定额内容,可直接套用定额单价的,只填列其定额编号或序号。

3) 当定额中没有相应的定额单价采用,也没有相接近的定额单价可以参照时,则必须重新编制补充定额单价。这项工作要在调查研究、收集和积累数据的基础上进行。

采用补充定额单价编制预算时,其编号应写明"补"字以示区别。

编制好的补充定额单价,如果是多次使用的,一般要报有关主管部门审批,或与建设单位进行协商,取得同意后,方能生效。

4) 当现行预算定额中某个工程细目中列出的材料与施工图中要求使用的材料型号、规格不同,而又允许换算时,应根据规定进行换算。

5) 凡预算定额尚未列入的新材料、新工艺,可参照近似的材料和工艺暂估价格,完工后,再根据实际价格进行结算。

5. 认真细致地计算直接费　将人工费、材料费和机械费相加就是工程的直接费。可先按分部工程(如配管、配线)中各工程细目相加,即小计,然后再合计进行计算。

6. 按有关规定计算施工综合间接费、独立费、营业税

7. 计算技术经济指标,编制材料分析表进行工料分析

8. 写编制说明　在预算书说明中应包括单位工程的编号和工程名称、工程内容、投资组成和编制依据等。其中编制依据应包括:①施工图名称、编号及设计变更或洽商记录等;②预算定额或单位估价表的名称及所采用的材料预算价格;③其他费用定额的名称或有关文件名称和文号;④编制补充定额单价的依据及其基础资料;⑤计算材料调价所依据的文件及文号。

在编制说明中还应包括没有经过建设单位或设计单位同意而列的项目或价格的说明。

9. 填写预算书封面　将预算书封面,编制说明,工程预算书、表,材料调价表,工程量计算表或计算依据等表格、资料等,按顺序编页并装订成册。编制者签字或盖章,请有关负责人审核、签字或盖章,填写好编制日期,同时加盖企业公章,这样预算的编制工作才算完成。

7.8.4 编制施工图预算需要注意的问题

要保证编制出的施工图预算的准确性,关键在于计算工程量的正确和选用定额项目的正确与否,避免重项或漏项。因此在编制进程中还要注意以下问题:

1) 在定额中选取需要的项目后,应仔细核对技术特征、工作内容及定额已计价的材料。这是正确使用定额的关键。

2) 按照定额规定的规则计算。定额中已经包括的材料不能重算,定额工作内容已包括了的施工程序也不能再套用定额项目,以免重项。

3) 定额中未包括的材料(主材)应按定额项目规定的数量计算主材费,并且不要将定额规定的损耗量漏算。

4) 工程量的计量单位选取应与定额中的单位一致。

5) 填写定额编号时,应填写定额编号的全称,以便核对和审核。如果定额项目的技术特征和工作内容与设计要求基本相符,则需要作适当调整或换算后才能采用,并且应在该定额项目前面或后面写上一个"调"字或"换"字,以便于校对审核。

本节仅对建筑电气设计工程施工图预算作一简单介绍,如需深入了解,可参阅有关概预算方面的专门书籍。

7.9 建筑电气施工质量验收

7.9.1 建筑电气施工质量验收的一般标准

1) 建筑电气工程施工现场的质量管理,除应符合现行国家标准《建筑工程施工质量验收统一标准》(GB 50300—2013)中的施工现场质量管理应有相应的施工技术标准,还应符合下列规定:

①安装电工、焊工、起重吊装工和电气调试人员等,需按有关要求持证上岗。

②安装和调试用各类计量器具,应检定合格,并在有效期内使用。

2) 除设计要求外,承力建筑钢结构构件上,不得采用熔焊连接固定电气线路、设备和器具的支架、螺栓等部件;且严禁热加工开孔。

3) 额定电压交流 1kV 及以下、直流 1.5kV 及以下的应为低压电器设备、器具和材料;额定电压大于交流 1kV、直流 1.5kV 的应为高压电器设备、器具和材料。

4) 电气设备上计量仪表和与电气保护有关的仪表应检定合格,并须在有效期内使用。

5) 建筑电气动力工程的负荷试运行,依据电气设备及相关建筑设备的种类、特性,编制试运行方案或作业指导书,并应经施工单位审查批准、监理单位确认后执行。

6) 动力和照明工程的漏电保护装置应做模拟动作试验。

7) 高压电气设备和布线系统及继电保护系统的交接试验,必须符合现行国家标准《电气装置安装工程 电气设备交接试验标准》(GB 50150—2016)的规定。

8）送至建筑智能化工程变送器的电量信号精度等级应符合设计要求，状态信号应正确；接收建筑智能化工程的指令应使建筑电气工程的自动开关动作符合指令要求，且手动、自动切换功能正常。

9）接地（PE）或接零（PEN）支线必须单独与接地（PE）或接零（PEN）干线相连接，不得串联连接。

7.9.2 主要设备、材料、成品和半成品的进场验收

1）主要设备、材料、成品和半成品进场检验结论应有记录，确认符合相关规定后才能在施工中应用。

2）如验收有异议则需送有资质实验室进行抽样检测，实验室应出具检测报告，确认产品符合该验收标准和相关技术标准规定，才能在施工中应用。

3）依法定程序批准进入市场的新电气设备、器具和材料进场验收，除符合验收标准规定外，尚应提供安装、使用、维修和试验要求等技术资料。

4）进口电气设备、器具和材料进场验收，除符合验收标准规定外，尚应提供商检证明和中文的质量合格证明文件、规格、型号、性能检测报告以及中文的安装、使用、维修和试验要求等技术文件。

5）经批准的免检产品或认定的名牌产品，当进场验收时，可以不做抽样检测。

6）变压器、预装式变电站、高压电器及绝缘制品应符合下列规定。

①查验合格证和随带技术文件，变压器有出厂试验记录。

②外观检查。铭牌、附件齐全，绝缘件无缺损、裂纹，充油部分不渗漏，充气高压设备气压指示正常，涂层完整。

7）高低压成套配电柜、蓄电池柜、不间断电源柜、控制柜（屏、台）及动力、照明配电箱（盘）应符合下列规定。

① 检查合格证和随带技术文件，实行生产许可证和安全认证制度的产品，有许可证编号和安全认证标志。不间断电源柜有出厂试验记录。

② 外观检查。有铭牌，蓄电池柜内电池壳体无碎裂、漏液，柜内元器件无损坏丢失、接线无脱落脱焊，充油、充气设备无泄漏，涂层完整，无明显碰撞凹陷。

8）柴油发电机组应符合下列规定。

①依据装箱单，核对主机、附件、专用工具、备品备件和随带技术文件；查验合格证和出厂试运行记录，发电机及其控制柜需有出厂试验记录。

②外观检查。有铭牌，设备无缺件无损坏丢失，涂层完整。

9）电动机、电加热器、电动执行机构和低压开关设备等应符合下列规定。

①开箱后查验合格证和随带技术文件，实行生产许可证和安全认证制度的产品需有许可证编号和安全认证标志。

②外观检查。有产品铭牌，电气接线端子完好，设备器件无缺损，产品附件齐全，涂层完整。

10）照明灯具及附件应符合下列规定。

①查验合格证，新型气体放电灯应有随带技术文件。

②外观检查。灯具涂层完整，无损伤，附件齐全。普通灯具有安全认证标志。防爆灯具

铭牌上有防爆标志和防爆合格证号。

③对成套灯具的绝缘电阻、内部接线等性能进行现场抽样检测。灯具的绝缘电阻值不小于2MΩ，内部接线为铜芯绝缘电线，芯线截面积不小于$0.2mm^2$，橡胶或聚氯乙烯（PVC）绝缘电线的绝缘层厚度不小于0.6mm。对游泳池和类似场所灯具（水下灯及防水灯具）的密闭和绝缘性能有异议时，按批抽样送有资质的实验室检测。

11）开关、插座、接线盒和风扇及其附件应符合下列规定。

①查验合格证，防爆产品有防爆标志和防爆合格证号，实行安全认证制度的产品有安全认证标志。

②外观检查。开关、插座的面板及接线盒盒体完整、无碎裂、零件齐全，风扇无损坏，涂层完整，调速器等附件适配。

③对开关、插座的电气和机械性能进行现场抽样检测。检测规定为

a. 绝缘电阻值不小于5MΩ。

b. 不同极性带电部件间的电气间隙和爬电距离不小于3mm。

c. 用自攻锁紧螺钉或自切螺钉安装的，螺钉与软塑固定件旋合长度不小于8mm，软塑固定件在经受10次拧紧退出试验后，无松动或掉渣，螺钉及螺纹无损坏现象。

d. 金属间相旋合的螺钉螺母，拧紧后完全退出，反复5次仍能正常使用。

④对开关、插座、接线盒及其面板等塑料绝缘材料阻燃性能有异议时，按批抽样送有资质的试验室检测。

12）电线、电缆应符合下列规定。

①按批查验合格证，合格证有生产许可证编号，按《额定电压450/750V及以下聚氯乙烯绝缘电缆》（GB 5023.1~5023.7—2008）标准生产的电线、电缆有安全认证标志。

②外观检查。耐热、阻燃的电线、电缆外护层有明显标识和制造厂标；包装完好，抽检的电线绝缘层完整无损，厚度均匀。电缆无压扁、扭曲，铠装不松卷。

③按制造标准，现场抽样检测绝缘层厚度和圆形线芯的直径；线芯直径误差不大于标称直径的1%；常用的BV型绝缘电线的绝缘层厚度不小于表7-3的规定。

表7-3　BV型绝缘电线的绝缘层厚度

序　号	1	2	3	4	5	6	7	8	9	10	11	12	13	14	15	16	17
电线芯线标称截面积/mm^2	1.5	2.5	4	5	10	16	25	35	50	70	95	120	150	185	240	300	400
绝缘层厚度规定值/mm	0.7	0.8	0.8	0.8	1.0	1.0	1.2	1.2	1.4	1.4	1.6	1.6	1.8	2.0	2.2	2.4	2.6

④对电线、电缆绝缘性能、导电性能和阻燃性能有异议时，按批抽样送有资质的实验室检测。

13）导管应符合下列规定。

①按批查验合格证；对绝缘导管及配件的阻燃性能有异议时，按批抽样送有资质的实验室检测。

②外观检查。钢导管无压扁、内壁光滑。非镀锌钢导管无严重锈蚀，涂层完整；镀锌钢导管镀层覆盖完整、表面无锈斑；绝缘导管及配件不碎裂、表面有阻燃标记和制造厂标。

③按制造标准现场抽样检测导管的管径、壁厚及均匀度。

14）电缆桥架、线槽、母线应符合下列规定。

①查验合格证和随带安装技术文件。

②外观检查。电缆桥架、线槽部件齐全，表面光滑、不变形；钢制桥架涂层完整，无锈蚀；玻璃钢制桥架色泽均匀，无破损碎裂；铝合金桥架涂层完整，无扭曲变形，不压扁，表面不划伤。插接母线上的静触头无缺损、表面光滑、镀层完整；防潮密封良好，各段编号标志清晰，附件齐全，外壳不变形，母线螺栓搭接面平整、镀层覆盖完整、无起皮和麻面。

15）裸母线、裸导线应符合下列规定。

①查验合格证。

②外观检查。包装完好，裸母线平直，表面无明显划痕，测量厚度和宽度符合制造标准；裸导线表面无明显损伤，不松股、扭折和断股（线），测量线径符合制造标准。

7.9.3 建筑电气施工验收的工序交接确认

1. 架空线路及杆上电气设备　架空线路及杆上电气设备安装应按以下程序进行。

1）线路方向和杆位及拉线坑位测量埋桩后，经检查确认，才能挖掘杆坑和拉线坑。

2）检查确认杆坑、拉线坑的深度和坑型后才能立杆和埋设拉线盘。

3）杆上高压电气设备需交接试验合格后通电。

4）架空线路做绝缘检查，且经单相冲击试验合格，才能通电。

5）架空线路的相位经检查确认，才能与接户线连接。

2. 变压器、预装式变电站　变压器、预装式变电站安装应按以下程序进行。

1）变压器、预装式变电站的基础验收合格，且对埋入基础的电线导管、电缆导管和变压器进、出线预留孔及相关预埋件进行检查，才能安装变压器、预装式变电站。

2）杆上变压器的支架紧固检查后，才能吊装变压器且就位固定。

3）变压器及接地装置交接试验合格，才能通电。

3. 成套配电柜、控制柜（屏、台）和动力、照明配电箱（盘）　成套配电柜、控制柜（屏、台）和动力、照明配电箱（盘）安装应按以下程序进行。

1）埋设的基础型钢和柜、屏、台下的电线沟等相关建筑物检查合格，才能安装柜、屏、台。

2）室内外落地动力配电箱的基础验收合格，且对埋入基础的电线导管、电缆导管进行检查后才能安装箱体。

3）墙上明装的动力、照明配电箱（盘）的预埋件（金属埋件、螺栓），在抹灰前预留和预埋；暗装的动力、照明配电箱的预留孔和动力、照明配线的线盒及电线导管等，经检查确认到位，才能安装配电箱（盘）。

4）接地（PE）或接零（PEN）连接完成后，核对柜、屏、台、箱、盘内的元件规格、型号，且交接试验合格，才能投入试运行。

4. 低压电动机、电加热器及电动执行机构　低压电动机、电加热器及电动执行机构应与机构设备完成连接，绝缘电阻测试合格，经手动操作符合工艺要求，才能接线。

5. 柴油发电机组　柴油发电机组安装应按以下程序进行。

1）基础验收合格，才能安装机组。

2）地脚螺栓固定的机组经初平、螺栓孔灌浆、精平、紧固地脚螺栓、二次灌浆等机构安装程序；安放式的机组将底部垫平、垫实。

3）油、气、水冷、风冷、烟气排放等系统和隔振防噪声设备安装完成；按设计要求配置的消防器材齐全到位；发电机静态试验、随机配电盘控制柜接线检查合格，才能空载试运行。

4）发电机空载试运行和试验调整合格，才能负荷试运行。

5）在规定时间内，连接无故障负荷运行合格，才能投入备用状态。

6. 不间断电源 不间断电源按产品技术要求试验调整，应检查确认，才能接至馈电网路。

7. 低压电气动力设备 低压电气动力设备试验和试运行应按以下程序进行：

1）设备的可接近裸露导体接地（PE）或接零（PEN）连接完成，经检查合格，才能进行试验。

2）动力成套配电（控制）柜、屏、台、箱、盘的交流工频耐压试验，保护装置的动作试验合格，才能通电。

3）控制回路模拟动作试验合格，盘车或手动操作，电气部分与机械部分的转动或动作协调一致，经检查确认，才能空载试运行。

8. 裸母线、封闭母线、插接式母线 裸母线、封闭母线、插接式母线安装应按以下程序进行：

1）变压器、高低压成套配电柜、穿墙套管及绝缘子等安装就位，经检查合格，才能安装变压器和高低压成套配电柜的母线。

2）封闭、插接式母线安装，在结构封顶、室内底层地面施工完成或已确定地面标高、场地清理、层间距离复核后，才能确定支架设置位置。

3）与封闭、插接式母线安装位置有关的管道、空调及建筑装修工程施工基本结束，确认扫尾施工不会影响已安装的母线，才能安装母线。

4）封闭、插接式母线每段母线组对接续前，绝缘电阻测试合格，绝缘电阻值大于20MΩ，才能安装组对。

5）母线支架和封闭、插接式母线的外壳接地（PE）或接零（PEN）连接完成，母线绝缘电阻测试和交流工频耐压试验合格，才能通电。

9. 电缆桥架安装及电缆敷设 电缆桥架安装和桥架内电缆敷设应按以下程序进行：

1）测量定位，安装桥架的支架，经检查确认，才能安装桥架。

2）桥架安装检查合格，并且敷设前绝缘测试合格才能敷设电缆。

3）电缆电气交接试验合格，且对接线去向、相位和防火隔堵措施等检查确认，才能通电。

10. 电缆在沟内、竖井内支架上敷设 电缆在沟内、竖井内支架上敷设应按以下程序进行：

1）电缆沟、电缆竖井内的施工临时设施、模板及建筑废料等清除，测量定位后，才能安装支架。

2）电缆沟、电缆竖井内支架安装及电缆导管敷设结束，接地（PE）或接零（PEN）连接完成，经检查确认，且电缆敷设前绝缘测试合格，才能敷设电缆。

3）电缆交接试验合格，且对接线去向、相位和防火隔堵措施等检查确认，才能通电。

11. 电线导管、电缆导管和线槽敷设　电线导管、电缆导管和线槽敷设应按以下程序进行：

1）除埋入混凝土中的非镀锌钢导管外壁不做防腐处理外，其他场所的非镀锌钢导管内外壁均做防腐处理，经检查确认，才能配管。

2）室外直埋导管的路径、沟槽深度、宽度及垫层处理经检查确认，才能埋设导管。

3）现浇混凝土板内配管在底层钢筋绑扎完成，上层钢筋未绑扎前敷设，且检查确认，才能绑扎上层钢筋和浇捣混凝土。

4）现浇混凝土墙体内的钢筋网片绑扎完成，门、窗等位置已放线，经检查确认，才能在墙体内配管。

5）被隐蔽的接线盒和导管在隐蔽前检查合格，才能隐蔽。

6）在梁、板、柱等部位明配管的导管套管、埋件、支架等检查合格，才能配管。

7）吊顶上的灯位及电气器具位置先放样，且与土建及各专业施工单位商定，才能在吊顶内配管。

8）顶棚和墙面的喷浆、油漆或壁纸等基本完成，才能敷设线槽、槽板。

12. 电线、电缆穿管及线槽敷线　电线、电缆穿管及线槽敷线应按以下程序进行：

1）接地（PE）或接零（PEN）及其他焊接施工完成，与导管连接的柜、屏、台、箱、盘安装完成，管内积水及杂物清理干净，经检查确认，才能穿入电线或电缆以及线槽内敷线。

2）电缆穿管前绝缘测试合格，才能穿入导管。

3）电线、电缆交接试验合格，且对接线去向和相位等检查确认，才能通电。

13. 电缆头制作和接线　电缆头制作和接线应按以下程序进行：

1）电缆连接位置、连接长度和绝缘测试经检查确认，才能制作电缆头。

2）控制电缆绝缘电阻测试和校对合格，才能接线。

14. 照明灯具　照明灯具安装应按以下程序进行：

1）安装灯具的预埋螺栓、吊杆和吊顶上嵌入式灯具安装专用骨架等完成，按设计要求做承载试验合格，才能安装灯具。

2）影响灯具安装的模板、脚手架拆除；顶棚和墙面喷浆、油漆或壁纸等及地面清理工作基本完成后，才能安装灯具。

3）导线绝缘测试合格，才能给灯具接线；若是高空安装的灯具，地面通断电试验合格，才能安装。

15. 照明开关、插座、风扇　安装照明开关、插座、风扇，要在电线绝缘测试应合格，顶棚和墙面的喷浆、油漆或粘贴壁纸等也基本完成才能进行。

16. 照明系统　照明系统的测试和通电试运行应按以下程序进行：

1）电线的接续完成后进行电线绝缘电阻测试。

2）在就位前或接线前完成照明箱（盘）、灯具、开关、插座的绝缘电阻测试。

3）备用电源或事故照明电源作空载自动投切试验前拆除负荷，空载自动投切试验合格，才能做有载自动投切试验。

4）电气器具及线路绝缘电阻测试合格，才能通电试验。

5）照明全负荷试验必须在上述 1）、2）、4）步完成后进行。

17. 接地装置 接地装置的安装应按以下程序进行：

1）建筑物基础接地体：底板钢筋敷设完成，按设计要求做接地施工，经检查确认，才能支模或浇捣混凝土。

2）人工接地体：按设计要求位置开挖沟槽，经检查确认，才能打入接地极和敷设地区接地干线。

3）接地模板：按设计位置开挖模块坑，并将地下接地干线引到模块上，经检查确认，才能相互焊接。

4）装置隐蔽：检查验收合格，才能覆土回填。

18. 等电位联结 等电位联结应按以下程序进行：

1）总等联结：对可作导电接地体的金属管道入户处和供总等电位联结的接地干线位置的检查确认，才能安装焊接总等电位联结端子板，按设计要求做总等电位联结。

2）辅助等电位联结：对供辅助等电位联结的接地母线位置检查确认，才能安装焊接辅助等电位联结端子板，按设计要求做辅助等电位联结。

3）对特殊要求的建筑金属屏蔽网箱，网箱施工完成，经检查确认，才能与接地线连接。

19. 防雷装置

（1）引下线安装程序

1）利用建筑物柱内主筋作引下线，在柱内主筋绑扎后，按设计要求施工，经检查确认，才能支模。

2）直接从基础接地体或人工接地体暗敷入粉刷层内的引下线，经检查确认不外露，才能贴墙面砖或刷涂料等。

3）直接从基础接地体或人工接地体引出明敷的引下线，先埋设或安装支架，经检查确认，才能敷设引下线。

（2）接闪器的安装 应在接地装置和引下线施工完成，才能安装接闪器，且与引下线连接。

（3）防雷接地系统的测试 应在接地装置施工完成且测试合格；避雷接闪器安装完成，整个防雷接地系统连成回路，才能系统测试。

7.9.4 建筑电气安装主控项目

1. 变压器、预装式变电站安装

1）变压器安装应位置正确，附件齐全，油浸变压器油位正常，无渗油现象。

2）接地装置引出的接地干线与变压器的低压侧中性点直接连接；接地干线与预装式变电站的 N 母线和 PE 母线直接连接；变压器箱体、干式变压器的支架或外壳应接地（PE）。所有连接应可靠，紧固件及防松零件齐全。

3）变压器必须按规定交接试验合格。

4）预装式变电站及落地式配电箱的基础应高于室外地秤，周围排水通畅。用地脚螺栓固定的螺母齐全，拧紧牢固；自由安放的应垫平放正。金属预装式变电站及落地式配电箱，箱体应接地（PE）或接零（PEN）可靠，且有标识。

5）预装式变电站的交接试验，必须符合下列规定：

①由高压成套开关柜、低压成套开关柜和变压器三个独立单元组合成的预装式变电站高压电气设备部分，按规定交接试验合格。

②高压开关、熔断器等与变压器组合在同一个密闭油箱内的预装式变电站，交接试验按产品提供的技术文件要求执行。

③低压成套配电柜交接试验符合以下的规定：

a. 每路配电开关及保护装置的规格、型号，应符合设计要求。

b. 相间和相对地间的绝缘电阻值应大于 0.5MΩ。

c. 电气装置的交流工频耐压试验电压为 1kV，当绝缘电阻值大于 10MΩ 时，可采用 2500V 兆欧表摇测替代，试验持续时间 1min，无击穿闪络现象。

2. 成套配电柜、控制柜（屏、台）和动力、照明配电箱（盘）安装

1）柜、屏、台、箱、盘的金属框架及基础型钢必须接地（PE）或接零（PEN）可靠；装有电器的可开启门，门和框架的接地端子间应用裸编织铜线连接，且有标识。

2）低压成套配电柜、控制柜（屏、台）和动力、照明配电箱（盘）应有可靠的电击保护。柜（屏、台、箱、盘）内保护导体应有裸露的连接外部保护导体的端子，当设计无要求时，柜（屏、台、箱、盘）内保护导体最小截面积 S_p 不应小于表 7-4 的规定。

表 7-4　保护导体的最小截面积　　　　　　　　　　（单位：mm²）

相线的截面积 S	相应保护导体的最小截面积 S_p	相线的截面积 S	相应保护导体的最小截面积 S_p
$S \leqslant 16$	S	$400 < S \leqslant 800$	200
$16 < S \leqslant 35$	16	$S > 800$	$S/4$
$35 < S \leqslant 400$	$S/2$		

注：S 是指柜（屏、台、箱、盘）电源进线相线截面积，且两者（S、S_p）材质相同。

3）手车、抽出式成套配电柜推拉应灵活，无卡阻碰撞现象。动触头与静触头的中心线应一致，且触头接触紧密，投入时，接地触头先于主触头接触；退出时，接地触头后于主触头脱开。

4）高压成套配电柜必须按规定交接试验合格，且应符合下列规定。

①继电保护元器件、逻辑元件、变送器和控制用计算机等单体校验合格，整组试验动作正确，整定参数符合设计要求。

②凡经法定程序批准，进入市场投入使用的新高压电气设备和继电保护装置，按产品技术文件要求交接试验。

5）低压成套配电柜交接试验，必须符合规定。

6）柜、屏、台、箱、盘间线路的线间和线对地间绝缘电阻值，馈电线路必须大于 0.5MΩ；二次回路必须大于 1MΩ。

7）柜、屏、台、箱、盘间二次回路交流工频耐压试验，当绝缘电阻值大于 10MΩ 时，用 2500V 绝缘电阻表摇测 1min，应无闪络击穿现象；当绝缘电阻值在 1~10MΩ 时，做 1000V 交流工频耐压试验 1min，应无闪络击穿现象。

8）直流屏试验，应将屏内电子器件从线路上退出，检测主回路线间和线对地间绝缘电阻值应大于 0.5MΩ，直流屏所附蓄电池组的充、放电应符合产品技术文件要求；整流器的控制调整和输出特性试验应符合产品技术文件要求。

9）照明配电箱（盘）安装应符合下列规定：

①箱（盘）内配线整齐，无铰接现象。导线连接紧密，不伤芯线，不断股。垫圈下螺丝两侧压的导线截面积相同，同一端子上导线连接不多于 2 根，防松垫圈等零件齐全。

②箱（盘）内开关动作灵活可靠，带有漏电保护的回路，漏电保护装置动作电流不大于 20mA，动作时间不大于 0.1s。

③照明箱（盘）内，分别设置零线（N）和保护地线（PE 线）汇流排，零线和保护地线经汇流排配出。

3. 裸母线、封闭母线、插接式母线安装

1）绝缘子的底座、套管的法兰、保护网（罩）及母线支架等可接近裸露导体应接地（PE）或接零（PEN）可靠。不应作为接地（PE）或接零（PEN）的持续导体。

2）母线与母线或母线与电器接地线端子，当采用螺栓搭接连接时，应符合下列规定：

①母线接触面保持清洁，涂电力复合脂，螺栓孔周边无毛刺。

②连接螺栓两侧有平垫圈，相邻垫圈间有大于 3mm 的间隙，螺母侧装有弹簧垫圈或锁紧螺母。

③螺栓受力均匀，不使电器的接线端子受额外应力。

3）封闭、插接式母线安装应符合下列规定：

①母线与外壳同心，允许偏差为 ±5mm。

②母线的连接方法要符合产品技术文件要求。

③当段与段连接时，两相邻母线及外壳对准，连接后不使母线及外壳受额外应力。

4）室内裸母线的最小安全净距应符合表 7-5 的规定。

表 7-5 室内裸母线的最小安全净距　　　　　　　　（单位：mm）

序号	适用范围	额定电压/kV			
		0.4	1~3	6	10
1	A_1 （1）带电部分至接地部分之间 （2）网状和板状遮拦向上延伸线距地 2.3m 处与遮拦上方带电部分之间	20	75	100	125
2	A_2 （1）不同相的带电部分之间 （2）断路器和隔离开关的断口两侧带电部分之间	20	75	100	125
3	B_1 （1）栅状遮拦至带电部分之间 （2）交叉的不同时停电检修的无遮拦带电部分之间	800	825	850	875
4	B_2 网状遮拦至带电部分之间	100	175	200	225
5	C 无遮拦裸导体至地（楼）面之间	2300	2375	2400	2425
6	D 平行的不同时停电检修的无遮拦裸导体之间	1875	1875	1900	1925
7	E 通向室外的出线套管至室外通道的路面	3650	4000	4000	4000

5）高压母线交流工频耐压试验必须按规定交接试验合格。

6）低压母线交接试验应符合规定。

4. 开关、插座、风扇的安装

1）当交流、直流或不同电压等级的插座安装在同一场所时，应有明显的区别，且必须选择不同结构、不同规格和不能互换的插座；配套的插头应按交流、直流或不同电压等级区别使用。

2）插座接线应符合下列规定：

①单相两孔插座，面对插座的右孔或上孔与相线连接，左孔或下孔与零线连接；单相三孔插座，面对插座的右孔与相线连接，左孔与零线连接。

②单相三孔、三相四孔及三相五孔插座的接地（PE）或接零（PEN）线接在上孔。插座的接地端子不与零线端子连接。同一场所的三相插座，接线的相序一致。

③接地（PE）或接零（PEN）线在插座间不串联连接。

3）特殊情况下插座安装应符合下列规定：

①当接插有触电危险家用电器的电源时，采用能断开电源的带开关插座，开关断开相线。

②潮湿场所采用密封型并带保护地线触头的保护型插座，安装高度不低于1.5m。

4）照明开关安装应符合下列规定：

①同一建筑物、构筑物的开关采用同一系列的产品，开关的通断位置一致，操作灵活、接触可靠。

②相线经开关控制；民用住宅无软线引至床边的床头开关。

5）吊扇安装应符合下列规定：

①吊扇挂钩安装牢固，吊扇挂钩的直径不小于吊扇挂销直径，且不小于8mm；挂销的防松零件齐全、可靠；有防振橡胶垫。

②吊杆间、吊杆与电机间螺纹连接，啮合长度不小于20mm，且防松零件齐全紧固。

③吊扇扇叶距地高度不小于2.5m。

④吊扇组装不改变扇叶角度，扇叶固定螺栓防松零件齐全。

⑤吊扇接线正确，当运转时扇叶无明显颤动和异常声响。

6）壁扇安装应符合下列规定：

①壁扇底座采用尼龙塞或膨胀螺栓固定；尼龙塞或膨胀螺栓的数量不少于2个，且直径不小于8mm。固定牢固可靠。

②壁扇防护罩扣紧，固定可靠，当运转时扇叶和防护罩无明显颤动和异常声响。

5. 防雷与接地装置的安装

（1）避雷引下线和变配电室接地干线的敷设

1）暗敷在建筑物抹灰层内的引下线应有卡钉分段固定；明敷的引下线应平直、无急弯，与支架焊接处，油漆防腐，且无遗漏。

2）变压器室、高低压开关室内的接地干线应有不少于2处与接地装置引出干线连接。

3）当利用金属构件、金属管道做接地线时，应在构件或管道与接地干线间焊接金属跨接线。

（2）接闪器的安装　建筑物顶部的避雷针、避雷带等必须与顶部外露的其他金属物体连成一个整体的电气通路，且与避雷引下线连接可靠。

(3) 接地装置的安装

1) 人工接地装置或利用建筑物基础钢筋的接地装置必须在地面以上按设计要求位置设测试点。

2) 测试接地装置的接地电阻值必须符合设计要求。

3) 防雷接地的人工接地装置的接地干线埋设，经人行通道处理地深度不应小于1m，且应采取均压措施或在其上方铺设卵石或沥青地面。

4) 接地模板顶面埋深不应小于0.6m，接地模块间距不应小于模块长度的3~5倍。接地模块埋设基坑，一般为模块外形尺寸的1.2~1.4倍，且在开挖深度内详细记录地层情况。

5) 接地模块应垂直或水平就位，不应倾斜设置，保持与原土层接触良好。

(4) 建筑物等电位联结

1) 建筑物等电位联结干线应从与接地装置有不少于2处直接连接的接地干线或总等电位箱引出，等电位联结干线或局部等电位箱间的连接形成环形网路，环形网路应就近与等电位联结干线或局部等电位箱连接。支线间不应串联连接。

2) 等电位联结的线路最小允许截面应符合表7-6的规定。

表7-6 等电位联结的线路最小允许截面　　　　（单位：mm^2）

材料	截面	
	干线	支线
铜	16	6
钢	50	16

3) 等电位联结的可接近裸露导体或其他金属部件、构件与支线连接应可靠，熔焊、钎焊或机械紧固应导通正常。

4) 需等电位联结的高级装修金属部件或零件，应有专用接线螺栓与等电位联结支线连接，且有标识；连接处螺母要紧固、防松零件应齐全。

7.9.5 建筑电气分部（子分部）工程验收

1. 检验批的划分规定 当建筑电气分部工程施工质量检验时，检验批的划分应符合下列规定。

1) 室外电气安装工程中分项工程的检验批，依据庭院大小、投运时间先后、功能区块不同划分。

2) 变配电室安装工程中分项工程的检验批，主变配电室为1个检验批；有数个分变配电室，且不属于子单位工程的子分部工程，各为1个检验批，其验收记录汇入所有变配电室有关分项工程的验收记录中；如各分变配电室属于各子单位工程的子分部工程，所属分项工程各为1个检验批，其验收记录应为一个分项工程验收记录，经子分部工程验收记录汇入分部工程验收记录中。

3) 供电干线安装工程分项工程的检验批，依据供电区段和电气线缆竖井的编号划分。

4) 电气动力和电气照明安装工程中分项工程及建筑物等电位联结分项工程的检验批，其划分的界区，应与建筑土建工程一致。

5) 备用和不间断电源安装工程中分项工程各自成为1个检验批。

6）防雷及接地装置安装工程中分项工程检验批，人工接地装置和利用建筑物基础钢筋的接地体各为1个检验批，大型基础可按区块划分成几个检验批；避雷引下线安装6层以下的建筑为1个检验批，高层建筑依均压环设置间隔的层数为1个检验批；接闪器安装同一屋面为1个检验批。

2. 建筑电气验收质量控制资料　当验收建筑电气工程时，应核查下列各项质量控制资料，且检查分项工程质量验收记录和分部（子分部）质量验收记录应正确，责任单位和责任人的签章齐全。

1）建筑电气工程施工图设计文件和图样会审记录及洽商记录。
2）主要设备、器具、材料的合格证和进场验收记录。
3）隐蔽工程记录。
4）电气设备交接试验记录。
5）接地电阻、绝缘电阻测试记录。
6）空载试运行和负荷试运行记录。
7）建筑照明通电试运行记录。
8）工序交接合格等施工安装记录。

此外，根据单位工程实际情况，检查建筑电气分部（子分部）工程所含分项工程的质量验收记录应无遗漏缺项。核查各类技术资料应齐全，且符合工序要求，有可追溯性，各责任人均应签章确认。

3. 单位工程质量抽检　当单位工程质量验收时，建筑电气分部（子分部）工程实物质量的抽检部位如下，且抽检结果应符合规定。

1）大型公用建筑的变配电室，技术层的动力工程，供电干线的竖井，建筑顶部的防雷工程，重要的或大面积活动场所的照明工程，以及5%自然间的建筑电气动力、照明工程。
2）一般民用建筑的配电室和5%自然间的建筑电气照明工程，以及建筑顶部的防雷工程。
3）室外电气工程以变配电室为主，且抽检各类灯具的5%。

4. 检验方法　检验方法应符合下列规定。

1）电气设备、电缆和继电保护系统的调整试验结果，查阅试验记录或试验时旁站。
2）空载试运行和负荷试运行结果，查阅试运行记录或试运行时旁站。
3）绝缘电阻、接地电阻和接地（PE）或接零（PEN）导通状态及插座接线正确性的测试结果，查阅测试记录或测试时旁站用适配仪表进行抽测。
4）漏电保护装置动作数据值，查阅测试记录或用适配仪表进行抽测。
5）负荷试运行时大电流节点温升测量用红外线遥测温度仪抽测或查阅负荷试运行记录。
6）螺栓紧固程度用适配工具做拧动试验；有最终拧紧力矩要求的螺栓用扭力扳手抽测。
7）需吊芯、抽芯检查的变压器和大型电动机、吊芯、抽芯时旁站或查阅吊芯、抽芯记录。
8）需做动作试验的电气装置，高压部分不应带电试验，低压部分做无负荷试验。
9）水平度用铁水平尺测量，垂直度用线锤吊线尺量，盘面平整度用拉线尺量，各种距离的尺寸用塞尺、游标卡尺、钢尺、塔尺或采用其他仪器仪表等测量。

10) 外观质量情况目测检查。

11) 设备规格型号、标志及接线，对照工程设计图纸及其变更文件检查。

同时，为方便检测验收，高低压配电装置的调整试验应提前通知监理和有关监督部门，实行旁站确认。变配电室通电后可抽测的项目主要是：各类电源自动切换或通断装置、馈电线路的绝缘电阻、接地（PE）或接零（PEN）的导通状态、开关插座的接线正确性、漏电保护装置的动作电流和时间、接地装置的接地电阻和由照明设计确定的照度等。抽测的结果应符合本规范规定和设计要求。

复习思考题

1. 建筑电气设备的类型有哪些？建筑电气系统一般由哪三大基本部分组成？
2. 建筑的总体电气设计一般分为哪几个阶段？在各阶段主要需做些什么工作？
3. 建筑电气设计原则是什么？
4. 建筑电气设计的具体步骤有哪些？需收集哪些设计资料？
5. 在建筑电气图样中的电气图形符号通常有哪些？
6. 电气设计施工图主要有哪些？什么叫系统图？什么叫电气原理图？
7. 建筑电气施工图图样部分设计深度是怎样的？
8. 建筑电气施工图设计要求有哪些？
9. 电气施工的预算主要由哪几部分费用组成？各部分费用的含义是什么？
10. 编制施工图预算的依据是什么？按什么程序进行编制？
11. 建筑电气施工验收的一般标准是什么？
12. 开关、插座、接线盒和风扇及其附件需按哪些规定进行进场验收？
13. 变压器、预装式变电站安装工序交接确认程序是什么？
14. 成套配电柜、控制柜（屏、台）和动力、照明配电箱（盘）安装工序交接确认程序是什么？
15. 电线导管、电缆导管和线槽敷设应按哪些程序进行交接？
16. 防雷与接地装置安装主控项目有哪些？
17. 建筑电气分部（子分部）工程验收抽测的主要项目是什么？

第8章 建筑电气工程图识读

8.1 建筑电气工程图的种类及用途

8.1.1 电气图的种类

依据国家标准《电气技术用文件的编制 第1部分：规则》（GB/T 6988.1—2008），电气图可分为以下15种。

1）系统图或框图：用符号或带注释的框线，概略表示系统或分系统的基本组成、相互关系及其主要特征的一种简图。

2）功能图：表示理论的或理想的电路而不涉及现实方法的一种简图，其用途是提供绘制电路图和其他有关简图的依据。

3）逻辑图：主要用二进制逻辑单元图形符号绘制的一种简图。只表示功能而不涉及现实方法的逻辑图，称为纯逻辑图。

4）功能图表：表示控制系统（如一个供电过程或一个生产系统的控制系统）的作用和状态的图表。

5）电路图：用图形符号并按工作顺序排列，详细表示电路、设备或成套装置的全部基本组成和连接关系，而不考虑其实际位置的一种简图。目的是便于详细理解工作原理，分析和计算电路特性。

6）等效电路图：表示理论的或理想的元件及其连接关系的一种功能图，供分析和计算电路特性和状态之用。

7）端子功能图：表示功能单元全部外接端子，并用功能图、表图或文字表示其功能的一种简图。

8）程序图：详细表示程序单元和程序段及其互连关系的一种简图，而要素和模块的布置应能清楚地表示出其相互关系，目的是便于对程序的理解。

9）设备元件表：表示成套装置、设备或装置中各组成部分和相应数据列成的表格。其用途是表示各组成部分的名称、型号、规格和数量等。

10）接线图或接线表：表示成套装置、设备或装置的连接关系，用以进行接线和检查的一种简图或表格。

11）单元接线图或单元接线表：表示成套装置或设备中一个结构单元内的连接关系的一种接线图或接线表。

12）互连接线图或互连接线表：表示成套装置或设备的不同单元之间连接关系的一种接线图或接线表。

13）端子接线图或端子接线表：表示成套装置或设备的端子以及接在端子上的外部接线（必要时包括内部接线）的一种接线图或接线表。

14）数据单：对特定项目给出详细信息的资料。

15）位置图或位置简图：表示成套装置、设备或装置中各个项目的位置的一种图或简图。

8.1.2　建筑电气工程图的用途

建筑电气工程图是用来说明建筑中电气工程的构成和功能，描述电气装置的工作原理，提供安装技术数据和使用维护依据的图样。根据一个建筑电气工程规模大小的不同，其图样的数量和种类是不同的，常用的有以下几类。

1）图样目录：内容有序号、图样名称、图样编号及图样张数等。

2）设计说明（施工说明）：主要阐述电气工程设计的依据、工程的要求和施工原则、建筑特点，电气安装标准、安装方法，工程等级、工艺要求及有关设计的补充说明等。

3）图例：即图形符号，通常只列出本套图样中涉及的一些图形符号。

4）设备材料明细表：主要列出该项电气工程所需要的设备和材料的名称、型号、规格和数量，供设计概算和施工预算时参考。

5）电气系统图：表示电气工程的供电方式、电能输送、分配控制关系和设备运行情况的图样。从电气系统图可看出工程的概况。电气系统图有变配电系统图、动力系统图、照明系统图及弱电系统图等。

6）电气平面图：表示电气设备、装置与线路平面布置的图样，是进行电气安装的主要依据。电气平面图以建筑总平面图为依据，在图上绘出电气设备、装置及线路的安装位置、敷设方法等。常用的有变配电所平面图、动力平面图、照明平面图、防雷与接地平面图及弱电平面图等。

7）设备布置图：表示各种电气设备和器件的平面与空间的位置、安装方式及其相互关系的图样，通常由平面图、立面图、剖面图及各种构件详图等组成。

8）安装接线图：又称安装配线图，是用来表示电气设备、电器元件和线路的安装位置、配线方式、接线方法及配线场所特征等的图样。

9）电气原理图：表示某一电气设备或系统的工作原理的图样，它是按照各个部分的动作原理采用展开法来绘制的。电气原理图可用来指导电气设备和器件的安装、接线、调试、使用与维修。

10）大样图：又称详图，一般用来表示电气工程中设备的某一部分的具体安装要求和方法的图样。一般非标的控制柜（箱），检测元件和架空线路的安装等都要用到大样图。

8.1.3　建筑电气工程项目的分类

建筑电气工程通常包括以下项目。

1）内线工程：室内动力、照明电气线路及其他线路。

2）外线工程：室外电源供电线路，包括架空电力线路及电缆线路。

3）变配电工程：由变压器、高低压配电柜、绝缘子、母线、电缆、继电保护与电气计量等设备组成的变配电所，其电压等级一般在35kV及以下。

4）室内配线工程：主要有线管配线、桥架线槽配线、绝缘子配线、钢索配线、线卡配线等。

5)动力工程:各种风机、水泵、电梯、机床、起重机、电热等动力设备和控制器与动力配电箱。

6)照明工程:照明灯具、开关、插座、电扇和照明配电箱等设备。

7)防雷工程:建筑物、电气装置和其他设备的防雷设施。

8)接地工程:各种电气装置的工作接地、保护接地、重复接地、防雷接地以及防静电接地系统。

9)发电工程:自备发电站及附属设备的电气工程,一般为400V的备用柴油发电机组。

10)弱电工程:广播、电话、闭路电视系统,综合布线系统,消防报警系统,安全防范系统及办公自动化系统等。

8.2 建筑电气工程图的基本规定

8.2.1 电气工程图的格式与幅面尺寸

1. 图样的格式 一张图样的完整图面是由边框线、图框线、标题栏、会签栏等组成的,其格式如图8-1所示。

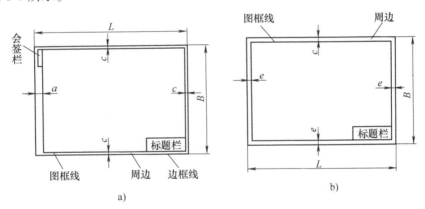

图 8-1 图样的格式
a) 留装订边 b) 不留装订边

2. 图纸的幅面尺寸 由边框线所围成的图面,称为图纸的幅面。幅面尺寸共分5类:A0~A4,其尺寸见表8-1。其中A0~A2号图纸一般不可以加长,A3、A4号图纸可根据需要加长,加长图纸幅面尺寸见表8-2。

表 8-1 图纸的基本幅面尺寸　　　　　　　　　　　　　(单位:mm)

幅面代号	A0	A1	A2	A3	A4
宽×长	841×1189	594×841	420×594	297×420	210×297
留装订边边宽(c)	10	10	10	5	6
不留装订边边宽(e)	20	20	10	10	10
装订侧边宽(a)	25				

表 8-2　加长图纸幅面尺寸　　　　　　　　　　（单位：mm）

代　号	尺　寸	代　号	尺　寸
A3×3	420×891	A4×4	297×841
A3×4	420×1189	A4×5	297×1051
A4×3	297×630		

8.2.2　电气工程图的标题栏和图幅分区

1. 标题栏　标题栏又名图标，它是用以确定图样的名称、图号、张次、更改和有关人员签署等内容的栏目，位于图样的右下方。标题栏的格式，目前我国尚没有统一规定，各设计单位标题栏格式可能不一样，常用的标题栏格式，如图 8-2 所示。

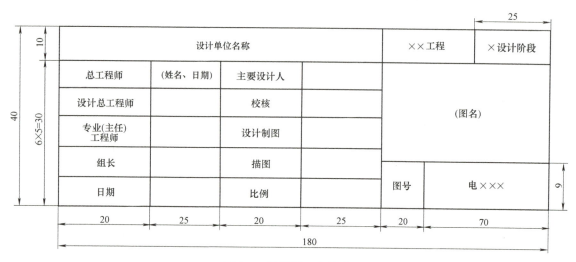

图 8-2　标题栏一般格式

2. 图幅分区　一些幅面较大、内容复杂的电气图，需要进行分区，以便于在读图或更改图的过程中，能迅速找到相应的部分。

图幅分区的方法一般是将图纸相互垂直的两边各自加以等分。分区的数目根据图的复杂程度而定，但要求每边必须为偶数，每一分区的长度为 25~75mm。竖边方向分区代号用大写拉丁字母从上到下编号，横边方向分区代号用阿拉伯数字从左到右编号，如图 8-3 所示。这样一来，图纸上内容在图上的位置可被唯一确定。

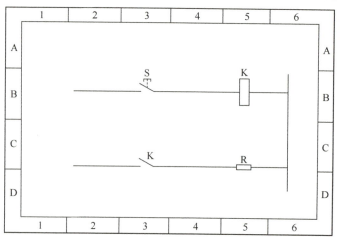

图 8-3　图幅分区示例

8.2.3 电气工程图的图线、指引线及中断线

1. 图线　绘制电气图所用各种线条称为图线,图线的线型、线宽及用途见表 8-3。

表 8-3　图线的线型、线宽及用途

图线名称	图线形式	代号	图线宽度/mm	电气图应用
粗实线	——————	A	$b = 0.5 \sim 2$	母线,总线,主电路线
细实线	——————	B	约 $b/3$	可见导线,各种电气连接线,信号线
虚线	- - - - - -	F	约 $b/3$	不可见导线,辅助线、屏蔽线
细点画线	—·—·—·—	G	约 $b/3$	功能和结构图框线
双点画线	—··—··—	K	约 $b/3$	辅助图框线

2. 指引线　指引线用于指示注释的对象,其末端指向被注释处,并在其末端加注不同标记,如图 8-4 所示。

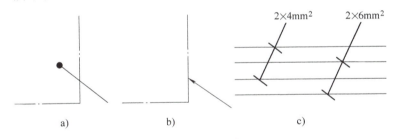

图 8-4　指引线

a) 末端在轮廓线内　b) 末端在轮廓线上　c) 末端在电路线上

3. 中断线　在电气工程图中,为了简化制图,广泛使用中断线的表示方法,如图 8-5、图 8-6 所示。

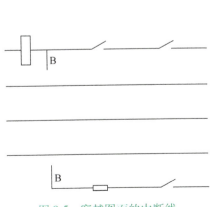

图 8-5　穿越图面的中断线

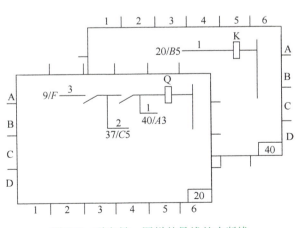

图 8-6　引向另一图样的导线的中断线

8.2.4 建筑图的特征标志

1) 方向、风向频率标记如图 8-7 所示。
2) 安装标高如图 8-8 所示。

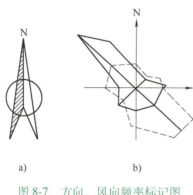

图 8-7 方向、风向频率标记图
a) 方向标记 b) 风向频率标记

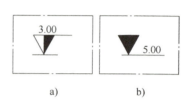

图 8-8 安装标高的表示方法
a) 室内标高 b) 室外标高

3) 等高线如图 8-9 所示。
4) 定位轴线。凡承重墙、柱、梁等承重构件的位置所画的轴线，称为定位轴线，如图 8-10 所示。电力、照明和电信布置等类电气工程图通常是在建筑平面图、断面图基础上完成的，在这类图上一般标建筑物定位轴线。

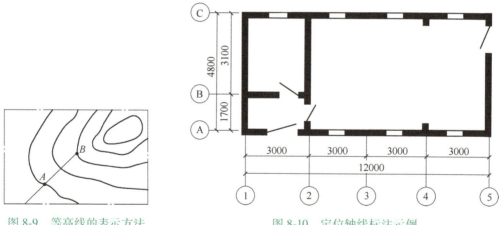

图 8-9 等高线的表示方法　　　　图 8-10 定位轴线标注示例

8.3 建筑电气工程图的图形符号和文字符号

8.3.1 建筑电气工程图的图形符号

建筑电气工程图形符号的种类很多，一般都画在电气系统图、平面图、原理图和接线图上，用以标明电气设备、装置、元器件及电气线路在电气系统中的位置、功能和作用。

常见的建筑电气图形符号见表 8-4。

第8章 建筑电气工程图识读

表8-4 常见的建筑电气图形符号

序号	图 例	名 称	说 明
1	○	变电站、变电所（规划的）	可在符号内加上任何有关变电站详细类型的说明
2	●	变电站、变电所（运行的）	
3	⌀	双绕组变压器，一般符号	应用于电路图、接线图、平面图、系统图
4	▭	控制屏、控制台	配电室及进线用开关柜
5	▭	电力配电箱（板）	画于墙外为明装、墙内为暗装
6	▬	工作照明配电箱（板）	画于墙外为明装、墙内为暗装
7	◨	多种电源配电箱（板）	画于墙外为明装、墙内为暗装
8	⊸	开关一般符号	单联单控开关
9	⟋×	断路器	
10	⟋	负荷隔离开关	
11	⟋	接触器	
12	⟋	隔离器	
13	─▭─	避雷器	
14	⊸∥	双联单控开关	
15	⊸∦	三联单控开关	
16	⊸	拉线开关	
17	(1) (2)	双控开关（单线三极）	(1) 明装 (2) 暗装
18	─/·─/·─	接地或接零线路	
19	─/○/○/─	接地或接零线路（有接地极）	
20	⏚	接地、重复接地	
21	─▭─	熔断器	除注明外均为RCIA型瓷插式熔断器

(续)

序号	图例	名称	说明
22	—//—	交流配电线路	铝（铜）芯时为2根2.5(1.5)mm², 注明者除外
23	—///—	交流配电线路	3根导线
24	—////—	交流配电线路	4根导线
25	—/////—	交流配电线路	5根导线
26	—×——×—	避雷线	
27	⊗	灯具一般符号	
28	⊢——⊣	单管荧光灯	每管附装相应容量的电容器和熔断器
29	◐	壁灯	
30	◡	吸顶灯（天棚灯）	
31	●	球形灯	
32	⊿	深照型灯	
33	⊽	广照型灯	
34	⊙	防水防尘灯	
35	☾	局部照明灯	
36	⊖	安全灯	
37	⊙	隔爆灯	
38	✳	花灯	
39	○	平底灯座	
40	●	避雷针	
41	⊥	电源插座、插孔一般符号	用于不带保护极的电源插座
42	⊥³ ⊥⊥⊥	多个电源插座	符号表示3个插座
43	⊥	带保护极的电源插座	
44	⊥	单相二、三极电源插座	
45	⊥	带保护极和单极开关的电源插座	

8.3.2 建筑电气工程图的文字符号

建筑电气工程图文字符号分为基本文字符号和辅助文字符号两种。一般标注在电气设备、装置、元器件图形符号上或其近旁,以标明电气设备、装置、元器件的名称、功能、状态和特征。

1. 基本文字符号　基本文字符号分为单字母符号和双字母符号。单字母符号是用大写的拉丁字母将各种电气设备、装置和元器件划分为 23 大类,每大类用一个专用字母符号表示,如 "R" 表示电阻类;"K" 表示继电器、接触器类等,见表 8-5。

表 8-5　项目种类的代码表

字母代码	项目种类	举　例
A	组件、部件	分离元件放大器、磁放大器、激光器、微波激射器、印制电路板等
B	变换器	热电传感器、热电池、光电池、测功计、晶体换能器、送话器、拾音器、扬声器、耳机、自整角机、旋转变压器
C	电容器	
D	二进制单元、存储器件	数字集成电路和器件、磁芯存储器、寄存器等
E	杂项	光器件、热器件等
F	保护器件	熔断器、过电压放电器件、避雷器
G	发电机、电源	旋转发电机、电池、振荡器
H	信号器件	光指示器、声指示器
K	继电器、接触器	
L	电感器、电抗器	感应线圈、电抗器等
M	电动机	
N	模拟集成电路	运算放大器
P	测量设备	指示、记录、计算、测量设备
Q	电力电路开关	断路器、隔离开关
R	电阻器	可变电阻器、电位器、分流器、变阻器、热敏电阻
S	控制电路的开关选择器	控制开关、按钮、限制开关、选择开关、拨号接触器等
T	变压器	电压互感器、电流互感器
U	调制器、变换器	解调器、变频器、编码器、逆变器、变流器等
V	电真空器件 半导体器件	电子管、气体放电管、晶体管、晶闸管、二极管
W	传输通道、波导、天线	导线、电缆、母线、波导、偶极天线等
X	端子、插头、插座	插头、插座、测试塞孔、端子板、焊接端子片、连接片、电缆封端和接头
Y	电气操作的机械装置	制动器、离合器、气阀
Z	终端设备、限幅器、混合变压器、滤波器、均衡器	电缆平衡网络、压缩扩展器、晶体滤波器、网络

双字母符号是由一个表示种类的单字母符号与另一个表示功能的字母结合而成，其组合形式以单字母符号在前，而另一个字母在后的次序标出。如用"K"表示继电器、接触器类，而过电流继电器就用"KA"表示，这样能更详细更具体地表述电气设备、装置、元器件，见表8-6。

表8-6 常用的基本文字符号

名称	符号		名称	符号	
	单字母	双字母		单字母	双字母
发电机	G		笼型电动机	M	MC
直流发电机	G	GD	绕组	W	
交流发电机	G	GA	电枢绕组	W	WA
同步发电机	G	GS	定子绕组	W	WS
异步发电机	G	GA	转子绕组	W	WR
永磁发电机	G	GP	励磁绕组	W	WE
转换开关	S	SC	控制绕组	W	WC
刀开关	Q	QK	励磁机	G	GE
电流表切换开关	S	SA	电动机	M	
试验按钮	S	ST	直流电动机	M	MD
限位开关	S	SQ	交流电动机	M	MA
终点开关	S	SE	同步电动机	M	MS
微动开关	S	SM	断路器	Q	QF
按钮开关	S	SB	变压器	T	
接近开关	S	SP	电力变压器	T	TM
继电器	K		控制变压器	T	TC
电压继电器	K	KV	升压变压器	T	TU
电流继电器	K	KA	降压变压器	T	TD
时间继电器	K	KT	电磁离合器	Y	YC
频率继电器	K	KF	电阻器	R	
压力继电器	K	KP	变阻器	R	
控制继电器	K	KC	电位器	R	RP
信号继电器	K	KS	起动电阻器	R	RS
接地继电器	K	KE	制动电阻器	R	RB
接触器	K	KM	频敏电阻器	R	RF
电磁铁	Y	YA	附加电阻器	R	RA
制动电磁铁	Y	YB	电容器	C	
牵引电磁铁	Y	YT	电感器	L	
异步电动机	M	MA	电抗器	L	

2. 辅助文字符号 辅助文字符号用以表示电气设备、装置和元器件以及线路的功能、状态和特征。如"ON"表示闭合，"RD"表示红色信号灯等。辅助文字符号也可放在表示种类的单字母符号后边，组合成双字母符号，见表8-7。

第8章 建筑电气工程图识读

表8-7 常用辅助文字符号

名称	符号	名称	符号	名称	符号	名称	符号
高	H	低	L	升	U	降	D
主	M	辅	AUX	中	M	正	FW
反	R	红	RD	绿	GN	黄	YE
白	B	蓝	BL	直流	DC	交流	AC
电压	V	电流	A	时间	T	闭合	ON
断开	OFF	附加	ADD	异步	ASY	同步	SYN
自动	AUT, A	手动	M, MAN	起动	ST	停止	STP
控制	C	信号	S				

3. 补充文字符号 如果基本文字符号和辅助文字符号不够使用，还可进行补充。当需要区别电路图中相同设备或电气元件时，可使用数字序号进行编号，如"1G"（或"G1"）表示1号发电机，"2T"（或"T2"）表示2号变压器等。

8.4 建筑电气工程图的识读方法

8.4.1 建筑电气工程图的识读程序

一套建筑电气工程图所包含的内容比较多，图样往往有很多张，一般应按以下顺序依次阅读并做必要的参阅对照。

1) 看标题栏和图样目录。了解工程名称、项目内容及设计日期等。

2) 看总说明。了解工程总体概况及设计依据，了解图样中未能表达清楚的有关事项。如供电电源的来源、电压等级、线路敷设方式、设备安装高度及安装方式，补充使用的非国标图形符号和施工时应注意的事项等。有些分项局部问题是在各分项工程的图样上说明的，看分项工程图样时，也要先看设计说明。

3) 看系统图。各分项图纸中都包含系统图，如变配电工程的供电系统图，电力工程的电力系统图，电气照明工程的照明系统图以及各种弱电工程的系统图等。看系统图的目的是了解系统的基本组成，主要电气设备，元器件等连接关系及它们的规格、型号、参数等，掌握该系统的基本概况。

4) 看电路图和接线图。了解系统中用电设备的电气自动控制原理，用来指导设备的安装和控制系统的调试工作。因电路图多是采用功能布局法绘制的，看图时应该依据功能关系从上至下或从左至右，一个回路、一个回路地阅读。若能熟悉电路中各电器的性能和特点，对读懂图样将有很大的帮助。在进行控制系统的配线和调试工作中，还可以同时配合阅读接线图和端子图。

5) 看平面布置图。平面布置图是建筑电气工程图样中的重要图样之一。如变配电站设备安装平面图（还应有剖面图）、电力平面图、照明平面图、防雷接地平面图等，都是用来表示设备安装位置、线路敷设部位、敷设方法及所用导线型号、规格、数量、管径大小的，是安装施工、编制工程预算的主要依据图样，必须熟读。对于施工经验还不太丰富的人员，可对照相关的安装大样图一起阅读。

6）看安装大样图（详图）。安装大样图是按照机械制图方法绘制的用来详细表示设备安装方法的图样，也是用来指导施工和编制工程材料计划的重要图纸。特别是对于初学安装的人员更显重要，甚至可以说是不可缺少的。安装大样图多是采用全国通用电气装置标准图集。

7）看设备材料表。设备材料表提供该工程所使用的设备、材料的型号、规格和数量，是编制购置主要设备、材料计划的重要依据之一。

阅读图纸的顺序没有统一的规定，可根据需要，灵活掌握，并有所侧重。在读图方法上，可采取先粗读、后细读、再精读的步骤。

粗读就是先将施工图从头到尾大概浏览一遍，主要了解工程的概况，做到心中有数。

细读就是按照读图程序和要点仔细阅读每一张施工图，有时一张图纸需反复阅读多遍。为更好地利用图纸指导施工，使之安装质量符合要求，阅读图纸时，还应该配合阅读有关施工及检验规范、质量检验评定标准以及全国通用电气装置标准图集，以详细了解安装技术要求及具体安装方法等。

精读就是将施工图中的关键部位及设备、贵重设备及元件、电力变压器、大型电机及机房设施、复杂控制装置的施工图重新仔细阅读，系统掌握中心作业内容和施工图要求，做到成竹在胸。

8.4.2 读图应具备的知识技能和注意事项

1. 读图应具备的知识技能

（1）建筑电气专业方面的知识技能

1）熟练掌握建筑图形符号、文字符号、标注方法及其含义，熟悉建筑电气工程制图标准、常用画法及图样类别等。

2）熟悉建筑经常采用的标准图册图集、电气装置安装工程施工及验收规范、设计规范、安装工程质量验收标准及有关部委标准规范等。

3）掌握建筑电气变配电基本知识，能看懂变配电及弱电系统图和原理图。

4）熟练掌握建筑电气工程中常用的电气设备、元件、材料（如变压器、电动机、开关设备、导线电缆、起动柜、绝缘子、避雷器、低压电器、电气仪表、灯具、电气控制装置、信号装置、继电器、探测器、传感器、管材、钢材及小五金件等）的性能作用、工作原理和规格型号，了解其生产厂家和市场价格。

5）熟悉电气工程有关设计的规程规范及标准，了解设计的一般程序、内容及方法。

6）熟悉一般电气工程的安装工艺、程序、方法及调试方法。

（2）土建专业知识　熟悉土建工程、装饰工程和混凝土工程施工图中常用的图形符号、文字符号和标注方法；了解土建工程的制图标准及常用画法，了解一般土建工程施工工艺和程序。

（3）建筑管道和采暖通风专业知识　熟悉建筑管道、采暖卫生、通风空调工程施工图中常用的图形符号、文字符号和标注方法；了解制图标准及常用画法；熟悉建筑管道、采暖卫生、通风空调工程施工工艺和程序，掌握与电气关联部位及其一般要求。

2. 读图的注意事项

1）读图应精细。读图切忌粗糙，而应精细，必须掌握一定的内容，了解工程的概况，做到心中有数。

2)读图时要做好记录。做好读图记录,一方面是帮助记忆,另一方面为了便于携带,以便随时查阅。

3)读图忌杂乱无章。一般应按房号、回路、车间、某一子系统、某一子项为单位,按读图程序阅读。

4)读图时必须弄清各种图形符号和文字符号,弄清各种标注的意义。

5)读图时,对图中所有设备、元件、材料的规格、型号、数量、备注要求要准确掌握。其中材料的数量要按工程预算的规则计算,图中列出的材料数量只是一个估计数,不以此为准。同时手头应有常用电气设备及材料手册,以便及时查阅。

6)读图时,凡遇到涉及土建、设备、通暖及空调等其他专业的问题时,要及时翻阅对应专业的图样,除详细记录外,应与其他专业负责人取得联系,对其中交叉跨越、并行或冲突或其他需要互相配合的问题要取得共识,并且在会审图样纪要上写明责任范围,共同遵守。

7)读图应注意比例。读图时应注意图中采用的比例,特别是图量大时,各种图上的比例都不同,否则对编制预算和材料单将会有很大影响。导线、电缆、管路、槽钢及防雷线等以长度单位计算工作量都要用到比例。

8)常用的建筑材料图例。阅读电气工程图时,还应对常用的建筑材料图例有所了解,见表 8-8。

表 8-8 常用建筑材料图例

名 称	图 例	名 称	图 例
自 然 土		天然石材	
夯 实 土		毛 石	
砂、灰土		方整石、条石	
砂砾石、碎砖三合土		普 通 砖	
空 心 砖		胶 合 板	
饰 面 砖		焦渣、矿渣	
耐 火 砖		多孔材料	
混 凝 土		石 膏 板	

(续)

名　称	图　例	名　称	图　例
钢筋混凝土		玻璃	
加气混凝土		松散材料	
加气钢筋混凝土		纤维材料	
花纹钢板		防水材料	
金属、塑料等网状材料		金属	
木材		液体	

8.5　建筑电气工程图图例

8.5.1　建筑供配电工程图实例

1. 建筑供配电系统图　供配电系统图就是用单线将流过主电流或一次电流的某些设备，按照一定的顺序连成的电路图，也称为一次主接线图。

供配电系统图能清楚地反映电能输送、分配和控制的关系以及设备运行情况，它是供电规划与设计、进行电气计算、选择主要电气设备的依据。通过阅读供配电系统图，可以了解整个供配电工程的规模和电气工作量的大小，理解供配电工程系统各部分之间的关系，同时，供配电系统图也是日常操作维护的依据。通常在变配电站和控制室内，将供配电系统图做成模拟板挂在墙上，指导操作。

供配电系统图对供配电站电气设备的选择、配电布置、运行的可靠性和经济性均有重要影响。通常要求系统主接线具有良好的安全性、可靠性、灵活性和经济性。其中，安全可靠是首要的，决不允许在运行或检修时，由于设计得不合理而发生人身伤害和重要设备损坏事故，经济上要考虑投资和运行费用，使系统整体性能价格比最优。

识读供配电所系统图是对该配电系统的全盘了解，是非常重要的一项内容。图 8-11 所示为某建筑供配电所系统图，变配电所为独立变配电所，供电电源经与供电部门协商，从城网 10kV 电缆干线分支箱上取得。该建筑为三级负荷，现从左到右进行识读分析。

（1）电源进线　该变配电所电源由市供电部门提供，由电缆分支箱提供一路 10kV 电缆进线，采用一台高压环网柜 G-1 进行控制，柜型 HXGN-10，柜子尺寸 1000mm×900mm×2200mm，高压柜内控制开关采用负荷开关 FN11-12/630 型，进线短路保护采用 SFLAJ/40 型熔断器，进线电缆采用 YJV22-10-3×50 穿钢管埋地进入配电室。

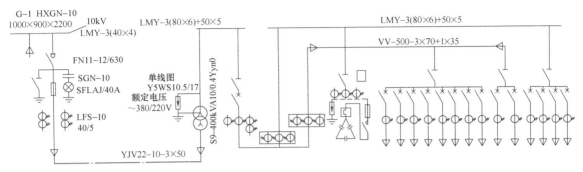

图 8-11 某建筑供配电所系统图

（2）变压器 变压器采用室内新型节能变压器 S9-400kVA 型，变压器容量 400kVA，变比 10/0.4kV，变压器绕组采用 Yyn0 联结。变压器单独安装在变压器室内。

（3）低压出线 变压器低压侧总控制采用编号为 D-1 屏，型号 GGD-08 低压配电屏，屏内断路器采用万能式低压空气断路器 DW15-630 型；该配电系统计量设在变压器低压侧，总计量屏采用编号为 D-2 屏，型号 GGD1-J 计量屏，对该建筑动力用电和办公用电分开计费（多部电价制）。从 D-2 屏到办公回路电缆一段采用 VV-500-3×70+1×35 供电；该低压配电系统采用 LMY-3(80×6)+50×5 低压母线。低压出线由两台低压配电屏组成，编号为 D-4、D-5 屏，型号 GGD1-39G、GGD1-34，屏内采用 HSM1-125S 型、HSM1-250S 型低压空气断路器，共 14 回低压配出线回路，每回出线负荷电流大小、导线型号规格、电流互感器变比等，如图 8-11 所示。

（4）无功功率补偿 为满足电力用电对功率因数的要求，该接线考虑低压集中补偿。采用一台 GGJ1-01 低压补偿屏，编号为 D-3，补偿容量为 160kvar。

2. 建筑供配电平、剖面图实例 建筑供配电平、剖面图是具体表示变配电所的总体布置和一次设备安装位置的图样，是根据《建筑制图标准》（GB/T 50104—2010）的规定，按三维视图原理并依据一定比例绘制的，属于位置图。它是设计单位提供给施工单位进行电气设备安装所依据的主要技术图样。

变配电所的布置必须满足安全、可靠、经济、适用的原则，并应便于安装、检修及运行维护。变配电所的设备布置，应符合国家相关标准的规定。

图 8-12 为某建筑的变配电所平面图。该变电站位于建筑物地下一层，变电站内共分为高压室、低压室、变压器室、值班室及操作室等。其中，低压配电室与变压器室相邻，变压器室内共设有 4 台变压器，由变压器向低压配电屏采用封闭母线配电，封闭母线距地面高度不能低于 2.5m。低压配电屏采用 L 形布置，低压配电屏包括无功补偿屏，本系统的无功补偿在低压侧进行。高压室内共设 12 台高压配电柜，采用两路 10kV 电缆进线，电源为两路独立电源，每一路分别供给两台变压器供电。在高压室侧壁预留孔洞，值班室紧邻高、低压室，且有门直通，便于维护、检修，操作室内设有操作屏。

图 8-13、图 8-14 分别为高压、低压配电柜安装平、剖面图，图中给出了配电柜下及柜后电缆沟做法。由高压柜向变压器配电及低压配电柜引出至各设备配电箱的线缆，在变电站各配电室的电缆沟内敷设。

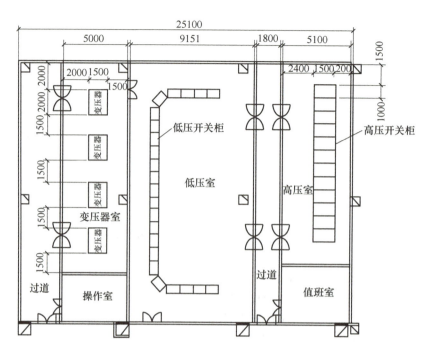

图 8-12 某建筑的变配电所平面图

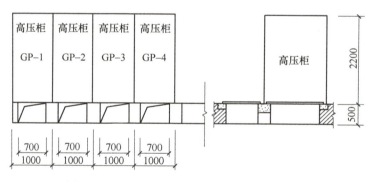

图 8-13 变配电室高压配电柜安装平、剖面图

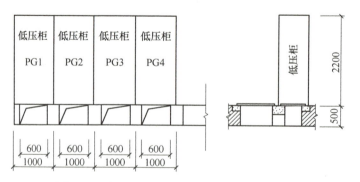

图 8-14 变配电室低压配电柜安装平、剖面图

8.5.2 电力线路施工图实例

1. 低压架空电力线路工程平面图 某 380V 低压架空电力线路工程平面图，如图 8-15 所示。这是一个建筑工地的施工用电总平面图，它是在施工总平面图上绘制的。低压电力线路为配电线路，要把电能输送到各个不同用电场所，各段线路的导线根数和截面积均不相同，需在图上标注清楚。

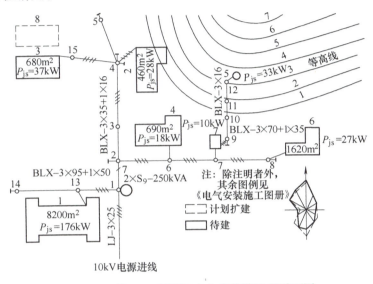

图 8-15 某 380V 低压架空电力线路工程平面图

图中待建建筑为工程中将要施工的建筑，计划扩建建筑是准备将来建设的建筑。每个待建建筑上都标有建筑面积和用电量，如 1 号建筑面积 8200m²，用电量为 176kW，P_{js} 表示计算功率。图右上角是一个小山坡，画有山坡的等高线。

电源进线为 10kV 架空线，从场外高压线路引来。在 1 号杆处为两台变压器，图中 $2\times S_9$-250kVA 是变压器的型号标注，S_9 表示 9 系列三相油浸自冷式铜绕组变压器，额定容量为 250kVA。

图中 BLX-3×95+1×50 为线路标注，其中 BLX 表示橡胶绝缘铝导线，3×95 表示 3 根导线截面为 95mm²，1×50 表示 1 根导线截面为 50mm²。这一段线路为三相四线制供电线路，3 根相线 1 根中性线。电源进线使用铝绞线（LJ），LJ-3×25 为 3 根 25mm² 导线，接至 1 号杆。

从 1 号杆到 14 号杆为 4 根 BLX 型导线（BLX-3×95+1×50），其中 3 根导线的截面为 95mm²，1 根导线的截面为 50mm²。14 号杆为终端杆，装一根拉线。从 13 号杆到 1 号建筑做架空接户线。

从 1 号杆到 2 号杆上为两层线路，一路为到 5 号杆的，4 根 BLX 型导线（BLX-3×35+1×16），其中 3 根导线的截面为 35mm²、1 根导线的截面为 16mm²；另一路为横向到 8 号杆的线路，4 根 BLX 型导线（BLX-3×70+1×35），其中 3 根导线的截面为 70mm²、1 根导线的截面为 35mm²。1 号杆到 2 号杆间线路标注为 7 根导线，这是因为在这一段线路上两层线路共用 1 根中性线，在 2 号杆处分为两根中性线。2 号分支杆要加装一组拉线，5 号杆、8 号杆为终端杆也要加装拉线。

线路在 4 号杆分为三路：第一路到 5 号杆；第二路到 2 号建筑物，要做 1 条接户线；最后一路经 15 号杆接入 3 号建筑物。为加强 4 号杆的稳定性，在 4 号杆上装有两组拉线。5 号杆为线路终端，同样安装了拉线。

在 2 号杆到 8 号杆的线路上，从 6 号杆处接入 4 号建筑物，从 7 号杆处接入 7 号建筑物，从 8 号杆处接入 6 号建筑物。

从 9 号杆到 12 号杆是给 5 号设备供电的专用动力线路，电源取自 7 号建筑物。动力线路使用 3 根截面为 16mm² 的 BLX 型导线（BLX-3×16）。

2. 电缆线路工程平面图　某 10kV 电缆线路工程竣工平面图，如图 8-16 所示。图中标出了电缆线路的走向、敷设方法、各段线路的长度及局部处理方法。

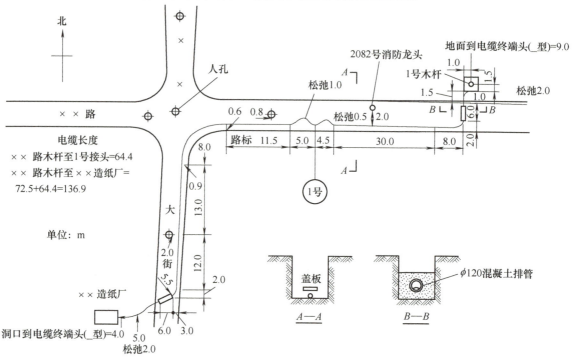

图 8-16　某 10kV 电缆线路工程竣工平面图

电缆采用直接埋地敷设，电缆从××路北侧电杆引下，穿过道路沿路南侧敷设，到××大街转向南，沿街东侧敷设，终点为造纸厂，在造纸厂处穿过大街，按规范要求在穿过道路的位置要穿混凝土管保护。

图右下角为电缆敷设方法的断面图。剖面 A-A 是整条电缆埋地敷设的情况，采用铺沙子盖保护板的敷设方法，剖切位置在图中 1 号位置右侧。剖面 B-B 是电缆穿过道路时加保护管的情况。剖切位置在图中 1 号木杆下方路面上。这里电缆横穿道路时使用的是直径 120mm 混凝土保护管，每段管长 6m，在图右上角电缆起点处和左下角电缆终点处各有一根保护管。

电缆全长 136.9m，其中包含了在电缆两端和电缆中间接头处必须预留的松弛长度。

图中间标有 1 号的位置为电缆中间接头位置,1 号点向右直线长度 4.5m 内做了一段弧线,这里要有松弛量 0.5m,这个松弛量是为了将来此处电缆头损坏修复时所需要的长度而预留的。向右直线段 30m+8m=38m,转向穿过公路,路宽 2m+6m=8m,电缆距路边 1.5m+1.5m=3m,这里有两段松弛量共 2m(两段弧线)。电缆终端头距地面为 9m。电缆敷设时距路边 0.6m,这段电缆总长度为 64.4m。

从 1 号位置向左 5m 内做一段弧线,松弛量为 1m。再向左经 11.5m 直线段进入转弯向下,弯长 8m。向下直线段 13m+12m+2m=27m 后,穿过大街,街宽 9m。造纸厂距路边 5m,留有 2m 松弛量,进厂后到电缆终端头长度为 4m。这一段电缆总长为 72.5m,电缆敷设距路边的 0.9m 与穿过道路的斜向增加长度相抵不再计算。

8.5.3　电气照明工程图实例

1. 电气照明系统图实例　图 8-17 所示为某三层砖混结构综合楼照明系统图。系统图上的进线标注为 VV22-4×16-SC50-FC,说明本楼使用全塑铜芯铠装电缆,规格为 4 芯,截面积为 $16mm^2$,穿直径为 50mm 焊接钢管,沿地下暗敷设进入建筑物的首层配电箱。三个楼层的配电箱均为 PXT 型通用配电箱,一层 AL-1 箱尺寸为 700mm×650mm×200mm,配电箱内装一只总开关,使用 C45N-2 型单极组合断路器,容量为 32A。总开关后接本层开关,也使用 C45N-2 型单极组合断路器,容量为 15A。另外的一条线路穿管引上二层。本层开关后共有 6 个输出回路,分别为 WL1~WL6。其中 WL1、WL2 为插座支路,开关使用 C45N-2 型单极组合断路器;WL3、WL4、WL5 为照明支路,使用 C45N-2 型单极组合断路器;WL6 为备用支路。

一层到二层的线路使用 5 根截面积为 $10mm^2$ 的 BV 型塑料绝缘铜导线连接,穿直径为 32mm 焊接钢管,沿墙内暗敷设。二层配电箱 AL-2 与三层配电箱 AL-3 相同,均为 PXT 型通用配电箱,尺寸为 500mm×280mm×160mm。箱内主开关为 C45N-2 型 15A 单极组合断路器,在开关前分出一条线路接往三层。主开关后为 7 条输出回路,其中 WL1、WL2

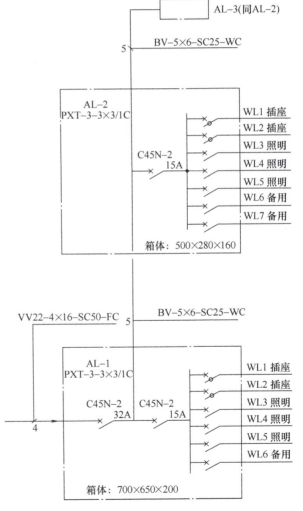

图 8-17　某三层砖混结构综合楼照明系统图

为插座支路，使用带漏电保护断路器；WL3、WL4、WL5 为照明支路；WL6、WL7 为备用支路。

从二层到三层使用 5 根截面积为 6mm² 的塑料绝缘铜线连接，穿直径为 25mm 焊接钢管，沿墙内暗敷设。

2. 电气照明平面图实例　某综合楼首层电气平面图，如图 8-18 所示，图中图例见表 8-4。

在首层电气平面图中，进线电缆位于图右侧Ⓒ轴线下方，连接到⑥轴线左侧的配电箱 AL-1，从 AL-1 配电箱向上引出五个支路。

第一条为插座支路 WL1。从配电箱向右到⑦轴线，向上到Ⓓ轴线处装一只双联五孔插座，从⑦轴线到④轴线右侧装另一只双联五孔插座，继续到③轴线左侧装第三只双联五孔插座，插座均为暗装。图中未注明的插座支路和照明支路，导线均是截面积为 2.5mm² 的塑料绝缘铜线，穿直径为 15mm 焊接钢管。

第二条为插座支路 WL2。从配电箱向右下方到Ⓐ轴，在⑦轴左侧装一只双联五孔插座，向左到③、②、①轴右侧各装一只双联五孔插座。

第三条为楼道照明支路 WL3。从配电箱向下到 314 灯，314 灯为吸顶安装，内装 1 只 40W 灯泡。从灯头盒处分出三条线：向下引至本灯的单极开关；向右引至楼门口，接一只单极开关，控制门外墙上的双火壁灯 101，壁灯内装两只 60W 灯泡，安装高度 2.1m；从灯头盒向左边引至两盏 314 灯及开关。从楼梯口灯头盒向左上 3 轴侧装一只双控开关，开关旁为一根立管，导线向上穿。从双控开关向左进休息室，先接一只单极开关，再接 306 灯。306 灯是四火吸顶灯，内装 4 只 40W 灯泡。从 306 灯向左引入卫生间，卫生间装两盏 314 吸顶灯，各装 1 只 40W 灯泡。从 306 灯向右接 2 号楼梯灯。楼梯灯为一只吸顶灯，内装 1 只 40W 灯泡。右侧有一只单极开关。图中所标尺寸均为水平尺寸。

第四条为会议室照明支路 WL4，接一只双极开关。从开关向下引出三根导线，一根为零线，两根为开关线，接到荧光灯灯头盒。会议室内为一圈嵌入式荧光灯带，共有 20 套双管荧光灯，分为两组，每根灯管 40W。

第五条为教室和办公室照明支路 WL5。教室内有六套双管荧光灯，嵌入式安装，每根灯管 40W，开关在Ⓒ轴和⑦轴相交处，为一只三极开关，从灯到开关用 4 根导线连接。三组灯的横向连线右侧为 4 根线，左侧为 3 根线，其中的一根相线和一根零线从Ⓒ轴和④轴相交处的灯头盒向左下，引至两间办公室，每间办公室内有两套嵌入式双管 40W 荧光灯，开关在门旁，均为暗装单极跷板开关。

8.5.4　建筑防雷与接地工程图实例

建筑物防雷接地工程图一般包括防雷工程图和接地工程图两部分。某住宅建筑防雷平面图和立面图，如图 8-19 所示。该住宅建筑的接地平面图，如图 8-20 所示。

1. 工程概况　由图 8-19 可知，该住宅建筑避雷带沿屋面四周女儿墙敷设，支持卡子间距为 1m。在西面和东面墙上分别敷设 2 根引下线（25mm×4mm 扁钢），与埋地下的接地体连接，引下线在距地面 1.8m 处设置引下线断接卡子。固定引下线支架间距 1.5m。由图 8-20 可知，接地体沿建筑物基础四周埋设，埋设深度在地平面以下 1.65m，在-1.65m 开始向外，距基础中心距离为 0.65m。

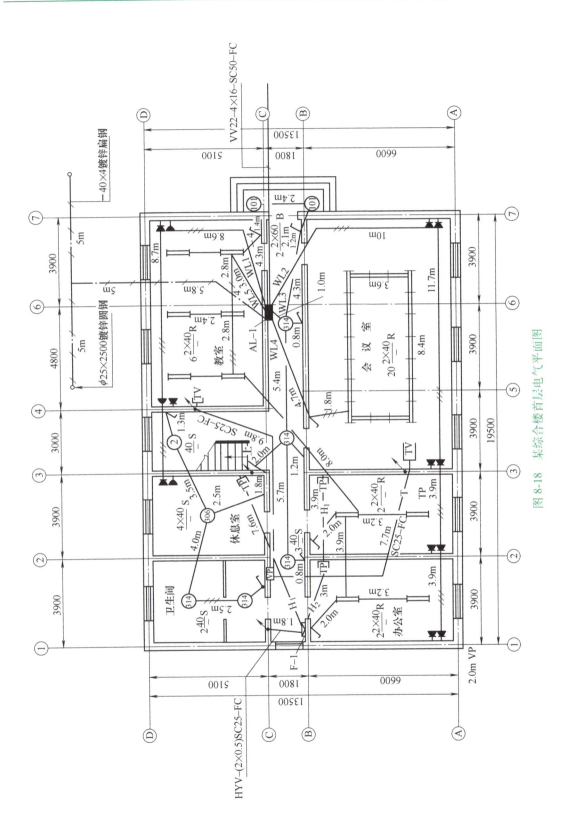

图 8-18 某综合楼首层电气平面图

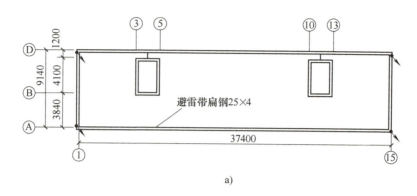

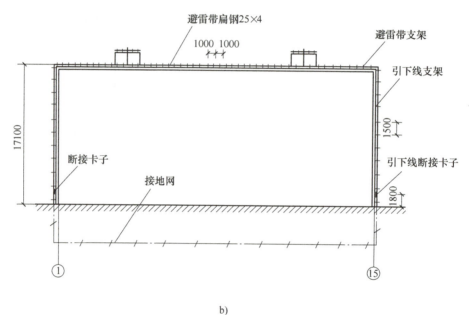

图 8-19 某住宅建筑防雷平面图和立面图
a) 平面图 b) 立面图

2. 施工说明

1) 避雷带、引下线均采用 25mm×4mm 的扁钢，镀锌或做防腐处理。

2) 引下线在地面上 1.7m 至地面下 0.3m 一段，用 φ50mm 硬塑料管保护。

3) 本工程采用 25mm×4mm 扁钢做水平接地体，绕建筑物一周埋设，其接地电阻不大于 10Ω。施工后达不到要求时，可增设接地极。

4) 施工采用国家标准图集 D562、D563，并应与土建密切配合。

3. 避雷带及引下线的敷设　首先在女儿墙上埋设支架，间距为 1m，转角处为 0.5m，然后将避雷带与扁钢支架焊为一体。引下线在墙上明敷设与避雷带敷设基本相同，也是在墙上埋好扁钢支架之后再与引下线焊接在一起。

避雷带及引下线的连接均用搭接焊接，搭接长度为扁钢宽度的 2 倍。

4. 接地装置安装　该住宅建筑接地体为水平接地体，一定要注意配合土建施工。在土

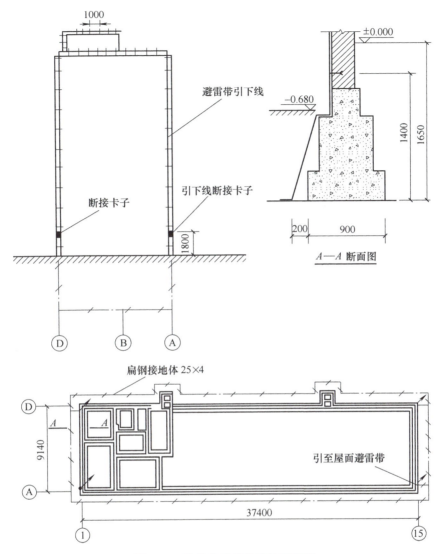

图 8-20 某住宅建筑的接地平面图

建基础工程完工后，未进行回填土之前，将扁钢接地体敷设好，并在与引下线连接处引出一根扁钢，做好与引下线连接的准备工作。扁钢连接应焊接牢固，形成一个环形闭合的电气通路，实测接地电阻达到设计要求后，再进行回填土。

5. 避雷带、引下线和接地装置的计算 避雷带、引下线和接地装置都是采用25mm×4mm的扁钢制成，它们所消耗的扁钢长度计算如下所述。

（1）避雷带 避雷带由女儿墙上的避雷带和楼梯间屋面阁楼上的避雷带组成，女儿墙上的避雷带的长度为（37.4m+9.14m）×2=93.08m。

楼梯间阁楼屋面上的避雷带沿其顶面敷设一周，并用25mm×4mm的扁钢与屋面避雷带连接。因楼梯间阁楼屋面尺寸没有标注全，实际尺寸为宽4.1m、长2.6m、高2.8m。屋面上的避雷带的长度为（4.1m+2.6m）×2=13.4m，因为共有两个楼梯间阁楼，故为13.4m×2=26.8m。

299

因女儿墙的高度为1m，阁楼上的避雷带要与女儿墙上的避雷带连接，阁楼距女儿墙最近的距离为1.2m。连接线长度为1m+1.2m+2.8m=5m，两条连接线共10m。因此，屋面上的避雷带总长度为93.08m+26.8m+10m=129.88m。

（2）引下线　引下线共4根，分别沿建筑物四周敷设，在地平面以上1.8m处用断接卡子与接地装置连接，考虑女儿墙后，引下线的长度为（17.1m+1m−1.8m）×4=65.2m。

（3）接地装置　接地装置由水平接地体和接地线组成。水平接地体沿建筑物一周埋设，距基础中心线为0.65m，其长度为[（37.4m+0.65m×2）+（9.14m+0.65m×2）]×2=98.28m。

接地线是连接水平接地体和引下线的导体，不考虑地基基础的坡度时，其长度约为（0.65m+1.65m+1.8m）×4=16.4m。

（4）引下线的保护管　引下线的保护管采用硬塑料管制成，其长度为（1.7m+0.3m）×4=8m。

（5）避雷带和引下线支架　安装避雷带所用支架的数量可根据避雷带的长度和支架间距算出。引下线支架的数量计算也依同样方法，还有断接卡子的制作等，所用的25mm×4mm的扁钢总长可以自行统计。

8.6　建筑弱电工程图图例

8.6.1　综合布线系统工程图实例

1. 综合布线系统工程中的图形符号　综合布线系统工程中的图形符号见表8-9。

表8-9　综合布线系统工程中的图形符号

序号	图形符号	说　明	序号	图形符号	说　明
1	MDF	总配线架	10	⧖	建筑群配线架（CD）
2	ODF	光纤配线架	11	ADO/DO	家居配线装置
3	FD	楼层配线架	12	CP	集合点
4	FD	楼层配线架	13	TO	分界点
5	⧖	楼层配线架（FD或FST）	14	TO	信息插座（一般表示）
6	⊗	楼层配线架（FD或FST）	15	▭	信息插座
7	BD	建筑物配线架（BD）	16	nTO	信息插座（n为信息孔数）
8	⧖	建筑物配线架（BD）	17	—○nTO	信息插座（n为信息孔数）
9	CD	建筑群配线架（CD）	18	TP	电线出线口

(续)

序号	图形符号	说　明	序号	图形符号	说　明
19	TV	电线出线口	25		电视机
20	PABX	程控用户交换机	26		电话机
21	LANX	局域网交换机	27		电话机（简化形）
22		计算机主机	28		光纤或光缆的一般表示
23	HUB	集线器	29		整流器
24		计算机			

2. 建筑工程的综合布线系统图实例　某建筑工程综合布线系统图实例，如图 8-21 所示。

（1）设计说明

1）数据主干光缆由电信网络引来，经弱电井引至五楼计算中心——机房的以太网交换机。进户处穿镀锌钢管 SC80 保护，并预留一备用管。

2）语言主干电缆采用大对数电缆从市电话网络分支引接至五楼计算中心的机房总配线架（MDF）。

3）水平配线子系统均采用超五类 UTP 非屏蔽双绞线，沿走廊吊顶内的金属线槽敷设，再穿钢管沿墙或地暗敷至工作区的双孔插座。插座采用超五类非屏蔽模块。

4）竖井内垂直干线沿金属线槽 200mm×100mm 敷设，水平走线采用金属线槽 100mm×50mm 线槽，从吊顶内线槽到信息插座采用焊接钢管在吊顶或楼板内暗敷设，信息插座间采用钢管在楼板或墙内暗敷设超五类 UTP 线，穿管原则为 1~2 根穿 SC15，3~4 根穿 SC20。

5）信息插座用暗盒置于墙内，底边距地 0.3m，配线机柜采用 19″ 标准机柜落地安装。

6）HUB、配线架、光电转换器的型号规格由单位招标确定。以上设备均装于 19″ 机柜内。大对数电缆、超五类非屏蔽双绞线、六芯室内光缆也由单位招标确定。

7）本建筑物光缆和电话的进出钢管在入户处采用 40mm×4mm 镀锌扁钢与总等电位箱 MEB 端子排连接。

8）各层综合布线应采用 BVR-1~25mm² 导线从弱电竖井的接地干线铜排引接后沿金属线槽敷设，且与金属线槽的始端、分段处和终端可靠连接。

（2）综合布线系统图识读　本综合布线划分为 5 个部分，各个部分的组成如下。

1）设备间。设备间就是第五层的计算中心。它主要包括计算机网络系统的服务器、第五层的工作站、以太网交换机、外连路由器、调制解调器以及用于连接干线的主配线架等。机房内的工作站、打印机、连接公用网的路由器及调制解调器等，可以直接连接到交换机或者集线器上。设备间采用不间断电源供电。

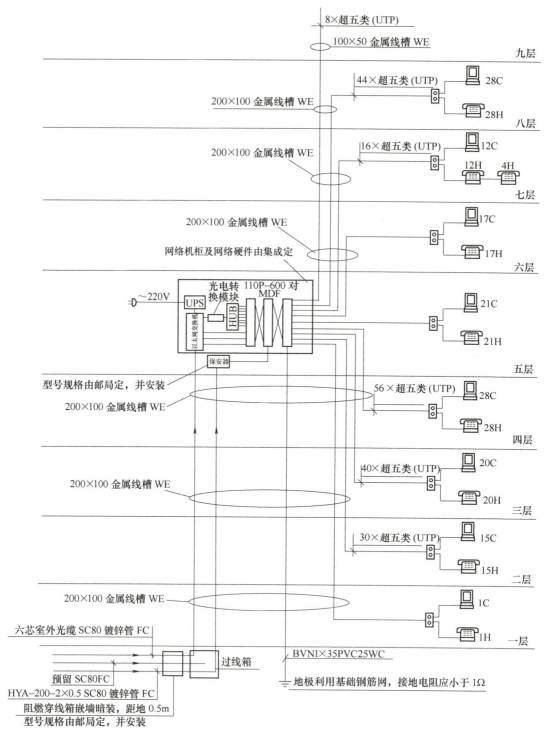

图 8-21 某建筑工程综合布线系统图实例

2）管理区。根据综合布线设计规范，该综合布线工程设 8 个管理区，每个管理区配线间放置标准机柜。机柜上方安装配线架，下方放置网络交换机或集线器。

3）干线子系统。语音主干电缆采用超五类 8 对电缆从主机房的配线架引出，通过建筑弱电间分别引入各管理区相应配线间。

4）水平子系统。水平子系统分层阅读，如第七层，从主机房配线架引出 16 对超五类非屏蔽双绞电缆线，通过在配线架上进行简单的跳线，就可以把数据插口作为语音插口，或把语音插口作为数据插口来用，第七层中有 16 对电话数据线与 12 对计算机数据线。

5）工作区。工作区包括固定在墙上适当位置的 RJ45 插座、转接器，以及用于连接入网的终端设备（微机、电话机等）的两段装有 RJ45 插头的超五类符合 100Base-T 标准的双绞线电缆，或两端装有 RJ11 的插头电缆。RJ45 插座都选用双口插座，初始布线连接选用其中一口用于接入数据设备，另一口用于接入语音设备。如上所述，通过简单的跳线就可以按照用户需要接入相应的设备。

8.6.2 CATV 系统工程图实例

1. CATV 系统工程图图形符号　CATV 系统工程图图形符号见表 8-10。

表 8-10　CATV 系统工程图图形符号

名称	图形符号	说　　明
天线	![符号]	天线（VHF、UHF、FM 频段用）
天线	![符号]	矩形波导馈线的抛物面天线
前端	![符号]	带本地天线的前端（示出一路天线） 注：支线可在圆上任意点画出
前端	![符号]	无本地天线的前端（示出一路干线输入，一路干线输出）
放大器	![符号]	放大器，一般符号
放大器	![符号]	具有反向通路的放大器
放大器	![符号]	桥接放大器（示出三路支线或分支线输出） 注：①其中标有黑色的一端输出电平较高；②符号中支线或分支线可按任意适当角度画出
放大器	![符号]	干线桥接放大器（示出三路支线输出）
放大器	![符号]	（支路或激励馈线）末端放大器，示出一个激励馈线输出

（续）

名称	图形符号	说　明
混合器或分路器		混合器
		有源混合器（示出五路输入）
		分路器（示出五路输出）
分配器		二路分配器
		三路分配器 注：同桥接放大器注①
		定向耦合器
用户分支器与系统输出口		用户一分支器 注：①圆内允许不画线而标注分支数；②当不会引起混淆时，用户线可省去不画；③用户线可按任意适当角度画出
		用户二分支器
		用户三分支器
		用户四分支器
		系统输出口（用户盒）
		串接式系统输出口（串接分支用户盒）
均衡器和衰减器		固定均衡器
		可变均衡器
		固定衰减器
		可变衰减器
调制器、解调器、频道变换器和导频信号发生器		调制器、解调器的一般符号 注：①使用本符号应根据实际情况加输入线、输出线；②根据需要允许在方框内或外加注定性符号

(续)

名称	图形符号	说 明
	V/S 符号	电视调制器
	V/S 符号	电视解调器
	f_1/f_2 符号	变频器，频率由 f_1 变到 f_2，f_1 和 f_2 可用频率数值代替
	G 符号	正弦信号发生器 注：星号（＊）可用具体频率值代替
匹配用终端	终端符号	终端负载

2. 某住宅共用天线电视工程图实例

（1）共用天线电视工程系统图　某住宅共用天线电视工程系统图，如图 8-22 所示。图中共用天线电视系统电缆从室外埋地引入，穿直径为 32mm 的焊接钢管（TV-SC32-FC）。三个单元首层各有一只电视配电箱（TV-1-1、TV-1-2、TV-1-3），配电箱的尺寸为 400mm×500mm×160mm，安装高度距地 0.5m。每只配电箱内装一只主放大器及电源和一只二分配器，电视信号在每个单元放大，并向后传输，TV-1-3 箱中的信号如需要还可以继续向后面传输。单元间的电缆也是穿焊接钢管埋地敷设（TV-SC25-FC）。每个单元为 6 层，每层 2 户，每个楼层使用一只二分支器，二分支器装在接线箱内，接线箱的尺寸为 800mm×180mm×120mm，安装高度距地 0.5m。楼层间的电缆穿焊接钢管沿墙暗敷设（TC-SC20-WC）。每户内有两个房间有用户出线口，第一个房间内使用一只串接一分支单元盒，对电视信号进行分配，另一个房间内使用一只电视终端盒。

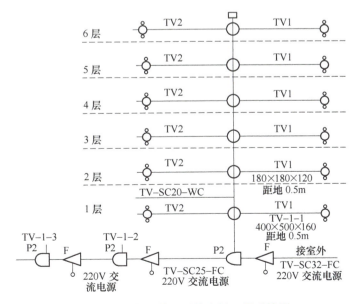

图 8-22　某住宅共用天线电视工程系统图

（2）共用天线电视工程平面图　与系统图对应的有整个楼首层电气平面图，说明电视系统干线的敷设位置。还有单元弱电平面图，说明各户室内电视终端盒的位置，如图 8-23 所示。

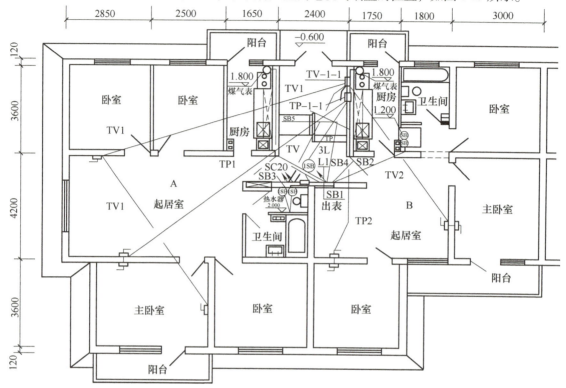

图 8-23　单元首层弱电平面图

图 8-23 中一层的二分支器装在 TV-1-1 箱中。分出的 B 户一路信号 TV2 向左下到起居室用户终端盒，隔墙是主卧室的用户终端盒。A 户一信号 TV1 向右下到起居室用户终端盒，再向左下到主卧室用户终端盒。

单元干线 TV 从 TV-1-1 箱向右下到楼梯对面墙，沿墙从一楼向上到六楼，每层都装有一只分支器箱，各层的用户电缆从分支器箱引向户内。干线 TV 左侧有本单元配电箱，箱内 3L 线是 TV-1-1 箱电源线。楼内使用的电缆是 SYV-75-5 同轴电缆，型号中 SYV 表示同轴电缆类型，75 表示特性阻抗 75Ω，5 表示规格是直径 5mm。

8.6.3　安全防范系统工程图实例

图 8-24 所示为某大厦的防盗报警系统图。该设计根据大厦的特点和安全要求，在首层各出入口各装置 1 个双签探测器（被动红外/微波探测器），共装置 4 个双签探测器，对所有出入口的内侧进行保护。2 层至 9 层的每层走廊进出通道各配置两个双签探测器，共配置 16 个双签探测器；同时每层各配置 4 个紧急按钮，共配置 32 个紧急按钮，其安装位置视办公室具体情况而定。

8.6.4　火灾自动报警系统工程图实例

火灾自动报警系统工程图包括火灾自动报警系统图和火灾自动报警系统平面图。

第 8 章 建筑电气工程图识读

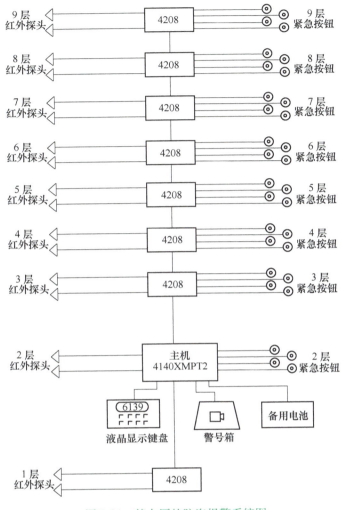

图 8-24 某大厦的防盗报警系统图

1. 火灾自动报警系统工程图常用图形符号 火灾自动报警系统工程图常用图形符号见表 8-11。

表 8-11 火灾自动报警系统工程图常用图形符号

序号	图形符号	说 明	序号	图形符号	说 明
1	B	火灾报警控制器	5		感烟探测器
2	B-O	区域火灾报警控制器	6		感温探测器
3	B-J	集中火灾报警控制器	7		火焰探测器
4		火灾部位显示盘（层显示）	8		红外光束感烟发射器

307

(续)

序号	图形符号	说 明	序号	图形符号	说 明
9		红外光束感烟接收器	24		排烟阀
10		可燃气体探测器	25		正压送风口
11		手动报警按钮	26		消火栓箱内启泵按钮
12		火灾警铃	27		紧急启、停按钮
13		火灾扬声器	28		短路隔离器
14		火灾声光信号显示装置	29	P	压力开关
15		火灾报警电话（实装）	30		启动钢瓶
16	T	火灾报警对讲机	31	C	控制模块
17		水流指示器	32	M	输入监视模块
18		压力报警阀	33	D	非编码探测器接口模块
19		带监视信号的检修阀	34	GE	气体灭火控制盘
20		防火阀（70℃熔断关闭）	35	DM	防火门磁释放器
21	E	防火阀（24V电控及70℃温控开关）	36	RS	防火卷帘门电气控制器
22	280	防火阀（280℃熔断关闭）	37	LT	电控箱
23		防火排烟阀	38		配电中心

2. 火灾自动报警系统图 火灾自动报警系统图主要反映系统的组成和功能以及组成系统的各设备之间的连接关系等。系统的组成随被保护对象的分级不同，所选用的报警设备不同，基本形式也有所不同。一般有：区域报警系统、集中报警系统和控制中心系统等。图8-25为一火灾自动报警及联动控制系统图。

该系统由火灾自动报警控制器和联动控制器两部分构成。火灾自动报警控制器是一种可现场编程的二总线制通用报警控制器，既可用作区域报警控制器，又可用作集中报警控制器。该控制器最多有8对输入总线，每对输入总线可带探测器和节点型信号127个。最多有

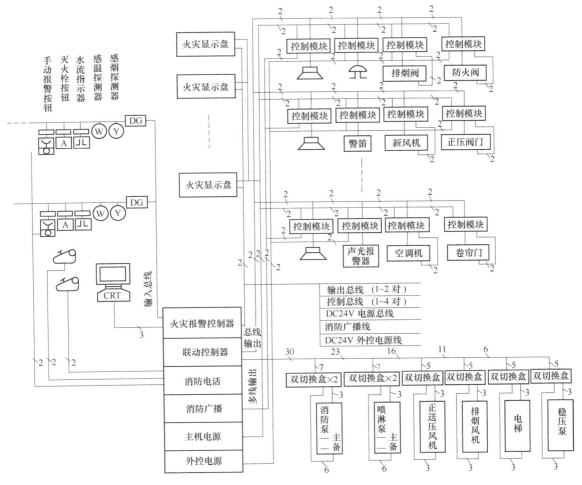

图 8-25 火灾自动报警及联动控制系统图

两对输出总线，每对输出总线可带 32 台火灾显示盘。通过串行通信方式将报警信号送入联动控制器，以实现对建筑物内消防设备的自动、手动控制。通过另一串行通信接口与计算机连机，实现对建筑的平面图、着火部位等的彩色图形显示。每层设置一台重复显示屏，可作为区域报警控制器，显示屏可进行自检，内装有四个输出中间继电器，每个继电器有输出触头 4 对，可控制消防联动设备。

联动控制系统中一对（最多 4 对）输出控制总线（即二总线控制），可控制 32 台火灾显示盘（或远程控制器）内的继电器来达到每层消防联动设备的控制。二总线可接 256 个信号模块；设有 128 个手动开关，用于手动控制重复显示屏（或远程控制箱）内的继电器。

中央外控设备有喷淋泵、消防泵、电梯及排烟、送风机等，可以利用联动控制器内 16 对控制触头，去控制机器内的中间继电器，用于手动和自动控制上述集中设备（如消防泵、排烟、风机等）。

消防电话连接二线直线电话，电话一般设置于手动报警按钮旁，只需将手提式电话机的插头插入电话插孔即可向总机（消防中心）通话。消防电话的分机可向总机报警，总机也可呼叫分机进行通话。

消防广播装置由联动控制器实施着火层及其上、下层的紧急广播的联动控制。当有背景音乐（与火灾事故广播兼用）的场所火警时，由联动控制器通过其执行件（控制模块或继电器盒）实现强制切换到火灾事故广播的状态。

3. 火灾自动报警系统平面图　火灾自动报警系统平面图主要反映报警设备及联动设备的平面布置、线路的敷设等，均采用标准图形符号进行绘制。

图 8-26 所示是某楼层火灾自动报警及联动控制系统平面图，平面图示出了火灾探测器、火灾显示盘、警铃、喇叭、非消防电源箱、水流指示器、排烟、送风、消火栓按钮等的平面位置。

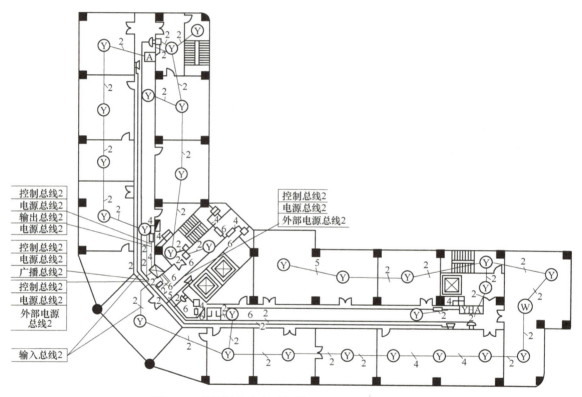

图 8-26　某楼层火灾自动报警及联动控制系统平面图

8.6.5　电话系统工程图实例

1. 电话系统工程图中的图形符号　电话系统工程图中的图形符号见表 8-12。

表 8-12　电话系统工程图中的图形符号

序号	名　　称	图形符号	序号	名　　称	图形符号
1	总配线架	▦	4	落地交接箱	⊠
2	中间配线架	⊞	5	壁龛交接箱	⊠
3	架空交接箱	⊠	6	在地面安装的电话插座	⊥TP

2. 某住宅楼电话工程图　某住宅楼电话工程系统图，如图 8-27 所示。在图中可以看到进户使用 HYA 型电缆［HYA-50(2×0.5)-SC50-FC］，电缆为 50 对线 2×0.5mm²，穿 φ50mm 焊接钢管埋地敷设。电话组线箱 TP-1-1 为一只 50 对线电话组线箱（STO-50），箱体尺寸为 400mm×650mm×160mm，安装高度距地 0.5m。进线电缆在箱内与本单元分户线和分户电缆及到下一单元的干线电缆连接。下一单元的干线电缆为 HYV 型 30 对线电缆［HYV-30(2×0.5)-SC40-FC］，穿 φ40mm 焊接钢管埋地敷设。

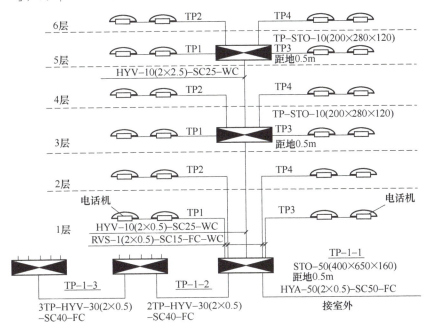

图 8-27　某住宅楼电话工程系统图

1、2 层用户线从电话线箱 TP-1-1 引出，各用户线使用 RVS 型双绞线，每条为 2×0.5mm²［RVS-1(2×0.5)-SC15-FC-WC］，穿 φ15mm 焊接钢管埋地、沿墙暗敷设。从 TP-1-1 到 3 层电话组线箱用一根 10 对线电缆［HYV-10(2×0.5)-SC25-WC］，穿 φ25mm 焊接钢管沿墙暗敷设。在 3 层和 5 层各设一个电话组线箱 STO-10（200mm×280mm×120mm），两个电话组线箱均为 10 对线电话组线箱，箱体尺寸为 200mm×280mm×120mm，安装高度距地 0.5m。3 层到 5 层也为一根 10 对线电缆。3 层和 5 层电话组线箱连接上、下层四户的用户电话出线口，均使用 RVS 型 2×0.5mm² 双绞线。每户内有两个电话出线口。

图 8-27 中从 1 层的组线箱 TP-1-1 箱，引出 1 层 B 户电话线 TP3 向下到起居室电话出线口，隔墙是卧室的电话出线口；1 层 A 户电话线 TP1 向右下到起居室电话出线口，隔墙是主卧室的电话出线口。每户的两个电话出线口为并联关系，两部电话机并接在一条电话线上。2 层用户电话线从 TP-1-1 箱直接引入 2 层户内，位置与 1 层对应。1 层线路沿 1 层地面内敷设，2 层线路沿 1 层顶板内敷设。

单元干线电缆 TP 从 TP-1-1 箱向右下到楼梯对面墙，干线电缆沿墙从 1 层向上到 5 层，3 层和 5 层装有电话组线箱，各层的电话组线箱引出本层和上一层的用户电话线。

复习思考题

1. 常用的建筑电气工程图有哪几类？
2. 建筑电气工程项目通常包括哪几类？
3. 建筑图的特征标志有哪些？
4. 建筑电气工程图文字符号分哪两种，其作用是什么？
5. 建筑电气工程图的识读程序是怎样的？
6. 识读建筑电气工程图应具备的知识技能和注意事项有哪些？
7. 如何识读建筑供配电工程图？
8. 如何识读电力线路施工图？
9. 如何识读建筑防雷与接地工程图？
10. 建筑弱电工程图有哪些？如何识读？

参 考 文 献

[1] 陈众励,程大章. 现代建筑电气工程师手册 [M]. 北京:中国电力出版社,2020.
[2] 注册电气工程师执业资格考试复习指导教材编委会. 注册电气工程师执业资格考试相关标准(供配电专业)[M]. 北京:中国电力出版社,2008.
[3] 中国电力百科全书 [M]. 3版. 北京:中国电力出版社,2014.
[4] 中国航空工业规划设计研究院. 工业与民用供配电设计手册 [M]. 4版. 北京:中国电力出版社,2016.
[5] 陈一才. 现代建筑电气设计与禁忌手册 [M]. 北京:机械工业出版社,2002.
[6] 王宏玉. 建筑供电与照明 [M]. 北京:中国建筑工业出版社,2019.
[7] 汪永华. 工厂供电 [M]. 北京:机械工业出版社,2020.
[8] 中国计划出版社. 电力建设工程常用规范汇编 [M]. 北京:中国计划出版社,2016.
[9] 全国建筑物电气装置标准化技术委员会. 建筑物电气装置国家标准汇编 [M]. 3版. 北京:中国标准出版社,2015.
[10] 孙成群. 建筑电气设计与施工资料集 [M]. 北京:中国电力出版社,2019.
[11] 《钢铁企业电力设计手册》编委会. 钢铁企业电力设计手册 [M]. 北京:冶金工业出版社,2013.